BIBLIOTHÈQUE DE L'ENSEIGNEMENT AGRICOLE

PUBLIÉE SOUS LA DIRECTION DE

M. A. MÜNTZ

Professeur à l'Institut National Agronomique

DES

RÉSIDUS INDUSTRIELS

DANS

L'ALIMENTATION DU BÉTAIL

PAR

Ch. CORNEVIN

Professeur à l'École vétérinaire de Lyon
Membre correspondant de la Société nationale d'Agriculture de France

PARIS

LIBRAIRIE DE FIRMIN-DIDOT ET Cⁱᵉ

IMPRIMEURS DE L'INSTITUT

56, RUE JACOB, 56

RÉSIDUS INDUSTRIELS

DANS

L'ALIMENTATION DU BÉTAIL

TYPOGRAPHIE FIRMIN-DIDOT ET Cⁱᵉ. — MESNIL (EURE).

BIBLIOTHÈQUE DE L'ENSEIGNEMENT AGRICOLE

PUBLIÉE SOUS LA DIRECTION DE

M. A. MÜNTZ

Professeur à l'Institut National Agronomique

DES

RÉSIDUS INDUSTRIELS

DANS

L'ALIMENTATION DU BÉTAIL

PAR

CH. CORNEVIN

Professeur à l'École vétérinaire de L...

Membre correspondant de la Société nationale d'Ag...ure de France

PARIS

LIBRAIRIE DE FIRMIN-DIDOT ET Cᴵᴱ

IMPRIMEURS DE L'INSTITUT

56, RUE JACOB, 56

1892

PRÉFACE

L'agriculteur trouve dans la plante un admirable appareil de réduction et de synthèse soutirant à l'air et au sol des matières qu'il transforme. Le résultat de ce travail est quelquefois un produit dangereux qui, introduit dans l'organisme humain ou animal, y cause des désordres ou en provoque la destruction. Dans un précédent volume de la *Bibliothèque de l'Enseignement agricole* nous avons fait connaître les végétaux doués de cette funeste propriété et qu'il faut éloigner de l'alimentation.

Mais à côté de ces plantes, il en est heureusement un très grand nombre qui n'élaborent que des matières utiles : sucres, huiles, gommes, fécules, amidons, gluten. Les unes sont données directement aux animaux, en vert ou après dessiccation. Les autres plus riches, quelquefois sélectionnées en vue de la production maximum d'un corps spécial, sont prises par l'industrie qui en extrait l'utilité qu'elles ont emmagasinée et restitue les résidus à l'agriculture.

Dépouillés seulement d'une de leurs matières constituantes primitives, ces résidus conservent les autres. Le volume que nous publions aujourd'hui est consacré à l'étude du rôle qu'ils peuvent et doivent jouer dans l'alimentation du bétail.

En effet, si la chimie a fait connaître la composition du plus grand nombre d'entre eux, d'autres questions se présentent. L'exploration des régions chaudes, le développement du commerce d'importation et les grands progrès de la technique industrielle ont fait introduire chez nous des fruits, inconnus il y a trente ans ou connus seulement des botanistes voyageurs ; quelques industries·, particulièrement celle de l'extraction des huiles, s'en emparent. Que faut-il penser des résidus? Sont-ils inoffensifs? N'ont-ils ni goût ni saveur qui les fassent repousser du bétail ou qui déprécient le lait ou la chair? Si, par exemple, le commerce offre à l'agriculteur des tourteaux de Mowra, doivent-ils être réservés à la fumure des terres ou peuvent-ils être distribués aux animaux? Autant que je l'ai p u, j'ai étudié expérimentalement ces *nouveautés* tant à mon laboratoire qu'à la ferme d'application de l'école vétérinaire de Lyon, de façon à pouvoir indiquer ce qui est acceptable comme alimentaire et ce qui doit être repoussé comme dangereux.

Quant aux résidus provenant des plantes indigènes, si leur emploi à l'état frais est suffisamment ancien et généralisé pour qu'aucune surprise ne soit à craindre, il est pourtant trois points qui préoccupent actuellement la pratique, ce sont : 1° les moyens de conservation de ces aliments; 2° les accidents qui se montrent quand la conservation a été défectueuse; 3° les falsifications dont ils sont l'objet. Ils ont été examinés.

Parmi les procédés de conservation, il en est un, la dessiccation, qui met l'aliment dans un état physique particulier. Il lui communique une avidité pour l'eau dont il faut se préoccuper parce qu'elle ne serait pas sans dangers lors de la consommation si l'on ne restait dans des limites imposées par la conformation même de l'appareil digestif. Ces limites ont été recherchées.

Pour la section consacrée aux accidents qui résultent de la distribution de résidus mal conservés, un maître en bactériologie, M. Arloing, a mis gracieusement à ma disposition le fruit de ses travaux les plus récents sur la « maladie de la pulpe ». Je le remercie d'avoir enrichi ce livre.

Les falsifications dont plusieurs aliments industriels sont l'objet ont toujours pour mobile la substitution d'un produit de moindre valeur à un autre de prix plus élevé. Parfois le produit substitué est inerte, d'autres fois il est vénéneux. Je me suis attaché à dévoiler ces fraudes et parmi les moyens indiqués pour chaque cas particulier, j'insiste sur les services rendus par l'examen micrographique.

La première partie de ce livre est consacrée aux résidus d'origine végétale, la seconde traite de ceux d'origine animale. Habituellement destinés à l'alimentation humaine, les produits animaux s'avarient plus rapidement et plus facilement encore que ceux de provenance végétale; quelquefois ils sont altérés du vivant de l'animal, celui-ci étant malade. Doit-on invariablement les transformer en engrais et n'existe-t-il pas de circonstances où ils pourraient être donnés au porc, au chien, aux oiseaux de basse-cour? L'analyse de ces circonstances est faite ici à l'aide des acquisitions récentes sur la biologie des agents de contagion; elle permet de se prononcer en connaissance de cause. La grande valeur nutritive des substances animales explique que nous ayons insisté sur ces points; c'est la même raison qui nous a fait consacrer tout un chapitre à l'emploi de cette catégorie d'aliments dans la nourriture des herbivores, tout étrange et exceptionnel que cela paraisse au premier abord.

Il nous a été demandé de plusieurs côtés de donner des exemples de rations dans lesquelles entrent les résidus étudiés. Nous avons beaucoup hésité, parce que nous étant tenu au courant des travaux exécutés en France et à l'étranger dans ce dernier quart de siècle sur l'alimentation rationnelle et les principes des substitutions alimentaires, nous en avons retiré la convic-

tion que malgré l'importance des résultats acquis,
l'œuvre n'est pas achevée et le moment non encore
venu où la théorie peut établir rigoureusement une
ration sans aléa pour la pratique. On a insisté, nous
avons cédé, mais en prenant le parti de publier seulement des spécimens de rations expérimentées à la
ferme de notre École ou que des agriculteurs avec
lesquels nous entretenons de vieilles et amicales relations nous ont communiquées. On voudra donc les
considérer *uniquement comme des jalons* autour
desquels l'initiative de chaque praticien devra s'exercer, en groupant tels ou tels aliments suivant les
mille circonstances qui influencent les opérations zoo-
techniques.

Je ne livre jamais un livre à la publicité sans être
assailli d'appréhensions. Le manuscrit de celui-ci a
été récemment couronné par la Société d'Encouragement à l'Industrie nationale qui lui a décerné le prix
qu'elle avait attribué pour 1892 aux recherches sur
l'alimentation du bétail. Qu'il me soit permis d'invo-
quer cette récompense comme un témoignage des soins
apportés à ce travail et comme un appel à la faveur
du lecteur!

Cн. CORNEVIN.

Lyon, 12 juillet 1892.

DES
RÉSIDUS INDUSTRIELS

DANS

L'ALIMENTATION DU BÉTAIL

CONSIDÉRATIONS GÉNÉRALES.

Quelle que soit la spéculation zootechnique à laquelle on s'adonne, qu'on utilise dans une entreprise industrielle le travail des animaux, ou qu'on se livre à la production du lait et de ses dérivés, à celle de la viande grasse, de la laine ou des jeunes, qu'on soit éleveur ou engraisseur, moutonnier ou homme de cheval, le problème de l'alimentation de la machine animale, pour l'entretenir et lui faire produire ce que l'on en attend, est le principal et le premier qui se pose aux intéressés.

Il est complexe, car il ne s'agit pas seulement de nourrir les animaux domestiques de façon que leur organisme ne subisse aucune détérioration autre que celle que le temps inexorable amène avec lui passé un cer-

tain âge, ni même de les amener à produire intensi-
vement, à donner des produits maxima dans le minimum de temps. Il faut que cette production intensive
soit lucrative, que les produits aient été fabriqués au
taux le plus bas afin que l'écart entre le prix de revient
et le prix de vente soit aussi grand que possible puisque de là découle le bénéfice de l'opération.

Avec l'alimentation dite normale, c'est-à-dire constituée par les fourrages et les grains habituellement
distribués en nature aux animaux de la ferme il n'en
est pas toujours ainsi, le bénéfice est trop souvent maigre
et parfois absent. Pour ne citer qu'un exemple, je
rappellerai ici — certain de n'être pas démenti — que l'engraissement à l'étable avec des fourrages est une opération qui trois fois sur quatre laisse à peine le fumier
comme bénéfice. Ce n'est pas rien assurément, mais
c'est trop peu.

Une telle situation n'est pourtant point sans remè-
des, les données scientifiques permettent de la modifier. Il ne s'agit pas, nous nous empressons de le
dire une fois pour toutes, de diminuer, dans le sens
absolu du mot, les rations habituelles des animaux, ce
serait l'économie la plus mal placée et la plus fausse
qui se puisse faire ; nous cherchons à les améliorer et
l'économie que nous préconisons porte sur leur coût.

Lorsqu'on parle de l'alimentation naturelle, normale,
des animaux domestiques, on envisage celle à laquelle ils
seraient livrés, s'ils vivaient dans la condition de liberté.
On vise l'herbe sèche ou verte pour les herbivores, les
racines, les tubercules et les fruits pour le porc, les grains
et les semences pour les oiseaux granivores. On oublie
que la domestication les a considérablement modifiés,
on perd particulièrement de vue que l'organisme cherche avant tout à vivre et qu'il s'adapte à des con-

ditions fort diverses. Au milieu des exemples que nous
en pourrions citer, qu'on nous laisse rapporter le
suivant, parce qu'il est récent et qu'il porte sur un
animal, le cheval, que beaucoup regardent comme
un de ceux dont on peut le moins varier l'alimentation. Il a été recueilli non dans un laboratoire, mais
par l'explorateur Nansen lors de son expédition au
Groënland :

« Le poney que nous avions embarqué en Islande
était devenu pour nous un embarras; la provision de
foin avait été épuisée. Nous lui donnâmes alors de la
viande fraîche de phoque, il la mangea. Après cela, on es-
saya de la viande sèche, puis des guillemots et du goë-
mon, il avala tout ».

Cet exemple, auquel on voudra bien ne donner que
la signification que nous lui accordons nous-même,
c'est-à-dire la facile adaptation d'un organisme qui ne
veut pas périr à une alimentation aussi éloignée que
possible de celle qualifiée de normale, est fait pour
rassurer les timides.

Il nous sert de transition pour rappeler qu'il est
toute une catégorie de substances qui peuvent être
et qui sont d'ailleurs distribuées aux animaux domestiques, avec grand profit. La plupart dérivent, il est
vrai, des matières premières fournies par la culture,
mais elles ont subi diverses modifications; elles sont
connues sous le nom de *résidus industriels*.

La fabrication du sucre, de l'alcool et des liquides
alcooliques, de la bière, de la fécule et de l'amidon,
l'extraction de l'huile, l'industrie de la meunerie, de
la laiterie, de la stéarinerie, de la triperie, des conserves alimentaires, etc., utilisent des matières qu'elles
demandent à l'agriculture. Après extraction de produits
commerciaux qui payent plus ou moins complètement

ces matières, il reste des résidus dont la valeur alimentaire n'est jamais négligeable et parfois élevée; leur
prix, en raison de leur origine, doit rester abordable.

§ I. — *Avantages économiques résultant de l'emploi
des résidus industriels.*

Depuis longtemps, dans les pays où les industries
précitées se sont implantées, on utilise ces résidus pour
alimenter le bétail. Avec la facilité des communications, surtout si les tarifs de transport s'abaissent, cet
emploi doit se généraliser. Plusieurs motifs militent
en faveur de cette généralisation :

En raison de leur prix, les résidus doivent faire ressortir le prix des rations alimentaires à un taux inférieur à celui qu'elles atteignent quand les fourrages
sont seuls employés.

Ils permettent de se soustraire, en partie tout au moins,
aux fluctuations du prix des denrées alimentaires dites
normales, les foins et les avoines en particulier, qui
elles-mêmes sont sous la dépendance de l'abondance
ou de la disette des récoltes. C'est là un avantage énorme
qui en entraîne un autre, celui de pouvoir conserver un cheptel à peu près constant en jeunes bêtes.
L'élévation du prix des fourrages, résultat de leur ra-
reté, amène une dépréciation des animaux; craignant
d'être pris au dépourvu, la majorité des possesseurs d'a-
nimaux en vend le plus possible et le grand nombre
de têtes de bétail jetées simultanément sur le marché
en abaisse le prix. Il est clair que si l'on assure l'alimentation du cheptel, en ce temps de disette fourragère,
par une distribution de rations composées non exclusivement avec des fourrages, on gagne à retarder le

moment de la vente et à attendre des cours plus élevés. En toutes choses, chaque fois qu'on peut choisir son heure, il n'y faut pas manquer.

D'autres avantages découlent de la conservation d'un effectif en bétail à peu près constant : le fumier est produit en quantité suffisante, les bâtiments ne restent point inoccupés, on n'a pas à congédier temporairement une partie du personnel d'écurie pour le rappeler ultérieurement.

L'emploi des aliments industriels donne plus de liberté à l'agriculteur pour ses combinaisons culturales et ses assolements. S'il arrive que certaines cultures de céréales ou de plantes industrielles soient exceptionnellement avantageuses, il doit pouvoir y consacrer une grande étendue de ses terres sans avoir trop à se préoccuper de ses soles fourragères. Les formules invariables ne doivent pas exister dans les opérations agricoles, celles-ci sont sous la dépendance des circonstances économiques. Une seule chose est formelle et jamais négligeable, c'est la restitution au sol, sous forme d'engrais, des principes soustraits par l'enlèvement des récoltes. Or l'entretien d'un cheptel à effectif peu variable y pourvoit.

Les résidus industriels permettent d'élever sur un domaine plus d'espèces simultanément. Par exemple, si à leur aide, on entretient une nombreuse étable de vaches laitières, on pourra avoir une porcherie bien peuplée dont les sujets seront nourris avec les déchets de l'industrie laitière. On abaisse ainsi par contrecoup le prix de la ration d'une espèce autre que celle pour laquelle les acquisitions d'aliments industriels sont faites et par cette association d'animaux de sortes différentes, on se met mieux en mesure de résister à la dépréciation des cours, car en général les

diverses espèces animales ne baissent pas simultanément de prix sur le marché.

Enfin leur usage a pour conséquence d'accélérer le
renouvellement du capital-bétail. Avec l'appoint que
les tourteaux apportent dans les rations d'engraissement, il est possible de conduire plus vivement cette
opération et de l'étendre à un plus grand nombre de
têtes. Faisant passer plus rapidement les animaux à la
boucherie, on est obligé d'accélérer la production et
nul n'ignore que la circulation et le renouvellement
d'un capital sont les moyens d'en accroître le rendement.

Si les avantages que retire le producteur par l'introduction des aliments industriels dans les rations de ses
animaux ressortent avec évidence, il est sûr aussi que
le consommateur y trouve son profit, car le prix de
la viande n'est plus aussi étroitement lié au cours des
fourrages et l'appoint que les déchets apportent dans
l'alimentation du bétail n'est nullement négligeable.
En un mot, la nourriture dont il s'agit ne fait pas
qu'affranchir, au moins partiellement, le taux de
l'argent placé dans les spéculations animales d'une
corrélation trop étroite avec le prix des fourrages, elle
dégage en même temps le prix de la viande de cette
même solidarité.

On devine bien que les conditions les plus favorables pour l'obtention de déchets sont celles où l'a-
griculteur est doublé d'un industriel. Quand l'usine est
à côté de la ferme, qu'elle transforme les produits du
domaine, les résidus qui restent peuvent être donnés
aux meilleures conditions économiques aux bestiaux
de la ferme même. Les conditions s'en rapprochent
quand, sans posséder lui-même une usine, l'agriculteur conduit ses productions végétales à l'établissement

voisin, reçoit le prix de la matière qui en est extraite et ramène les résidus de la fabrication chez lui.

Il y trouve un double bénéfice. Il procure à son bétail des aliments dont le prix est faible en général, relativement à leur valeur et il restitue à la terre, après les avoir fait passer par le tube digestif de ses animaux, une partie des éléments qu'il avait exportés en vendant des grains, des tubercules, des racines. Qu'on remarque bien que ce sont précisément les éléments les plus importants, ceux qui ne sont pas ou sont très exceptionnellement rendus à la terre et à la plante par l'atmosphère, qu'il ramène à la ferme. Un cultivateur vend son blé à une fabrique d'amidon voisine; il exporte de ce fait des matières azotées, des substances ternaires et des sels. S'arrange-t-il avec le fabricant pour que celui-ci lui restitue la drèche après extraction de l'amidon, il retrouve dans les deux parties principales de cette drèche, son et gluten, les matières quaternaires et les phosphates que le blé a empruntés au sol sur lequel il a végété, il pourra les lui restituer. Et cette restitution a une autre importance que celle des matières ternaires, puisque celles-ci et particulièrement l'amidon sont fournies par l'atmosphère aux plantes qui en opèrent l'élaboration en soustrayant le carbone, l'oxygène et souvent l'hydrogène à l'air.

Il est une autre sorte de considérations qui a son importance. S'il est vrai que plusieurs résidus, à leur sortie de l'usine, sont encombrants et d'un transport onéreux, par contre il en est qui sont des aliments concentrés dans l'acception rigoureuse du mot. Les touraillons, les glutens des amidonneries, les tourteaux, les poudres de viandes, sont d'un charroi facile et d'une haute valeur alimentaire. Ce sont de véritables biscuits que l'industrie fournit à l'alimentation animale; ils peuvent rendre de signalés services aux grandes administrations et peut-être à la plus importante de toutes, à la Guerre.

La proximité de sucreries, de brasseries, d'huileries est donc une bonne condition pour l'agriculteur; celle d'un grand centre n'est pas moins favorable. Un agriculteur d'esprit souple peut y trouver à des conditions avantageuses, outre les résidus de l'une quelconque des industries que toute ville possède toujours, des matières alimentaires primitivement destinées à l'homme et qui, sans être malsaines, ne sont plus présentables pour lui. Les balayures des fabriques et des magasins de pâtes alimentaires, les aliments salis ou détériorés, les rognures sont à utiliser, sans parler des résidus de cuisine, des eaux grasses, des débris d'abattoir qu'on peut trouver à bon compte. Le choix des aliments dépend des circonstances; rien ne peut suppléer à l'initiative du chef de maison qui doit être constamment au courant des mercuriales et rechercher pour ses animaux les sources les moins coûteuses.

Parmi ces sources, une mention doit être faite aux produits exotiques. D'année en année, ils abordent plus nombreux dans les ports européens. Généralement manufacturés en Europe, ils y laissent soit pour l'alimentation du bétail, soit pour la fumure des terres, des résidus de valeur; quand ils ont été transformés aux lieux de production, les déchets ont parfois assez de prix pour nous être expédiés. La série des graines oléagineuses exotiques qui laissent des tourteaux, se place au premier rang, mais il est bien d'autres produits tels que les fruits à sucre et à alcool, les poudres de viande, les débris de pêcheries qui sont utilisés.

Il est vrai que toutes les espèces animales domestiques ne se prêtent pas aussi bien les unes que les autres aux tentatives d'alimentation dont nous parlons.

Les omnivores, le porc parmi les mammifères et le canard dans la basse-cour, sont ceux qui s'y prêtent le plus largement, viennent ensuite les grands et petits ruminants, puis les équidés en dernière ligne.

§ II. — *Les résidus peuvent entrer dans la constitution de bonnes rations alimentaires.*

Les avantages économiques des déchets industriels acceptés, reste la question capitale : peuvent-ils constituer de bonnes rations alimentaires?

Pour y répondre, il faut d'abord rappeler ce qui est la base de la physiologie de l'alimentation, à savoir que la nutrition animale est *indirecte*. Les principes des aliments, introduits dans le tube digestif, au contact des liquides que sécrètent ses glandes annexes ou propres, et sous l'attaque de ferments divers s'émulsionnent, se dissolvent, se transforment, puis quand ils ont été dépouillés de leurs caractères physiques et de leur constitution chimique première, ils sont déversés dans le sang par l'intermédiaire duquel l'animal se fabrique à lui-même des muscles, de la graisse, du lait, des phanères, etc.

Puisque la nutrition animale est indirecte, il en découle que deux conditions suffisantes pour qu'une alimentation puisse être qualifiée de bonne, sont que les aliments soient acceptés des animaux et qu'ils mettent à leur disposition la quantité nécessaire des principes multiples destinés à se transformer dans le tube digestif avant d'être distribués à l'organisme.

Ces principes sont :

1° Les matières *azotées* ou protéiques, 2° les matières *amylacées* et *sucrées*, 3° les matières *grasses*, 4° la *cel-*

lulose, chimiquement très voisine de l'amidon mais différente quant à la digestibilité. Chaque groupe de ces principes est uni à une proportion de *substances minérales* dont le rôle physiologique est important.

Les tissus animaux étant constitués par des agrégats de matières azotées, sucrées, grasses, unies à des matières minérales, analogues mais non identiques à celles qui existent dans les plantes et la nutrition étant indirecte, il en résulte que pour que celle-ci puisse s'exécuter il faut 1° que les principes alimentaires offerts soient digestibles et assimilables, 2° que ces principes soient associés suivant certaines proportions et non isolés.

La nécessité de la digestibilité ou assimilabilité est évidente par elle-même. Il n'est pas besoin de démonstration pour convaincre l'esprit que ce n'est point ce qui est ingéré, mais ce qui est digéré qui sert à la nutrition. Or la digestibilité est sous la dépendance de l'état physique des principes élémentaires ou, si l'on veut, de la gangue qui les emprisonne et liée à la solubilité de ces principes. Il est de la protéine insoluble qui ne fait que traverser le tube digestif et qui est rejetée sous forme d'excréments ; la cellulose âgée est inassimilable. L'analyse chimique des aliments ne peut renseigner sur leur digestibilité ; les carex, par exemple, constituent d'après l'analyse de Mayer, des foins de forte teneur en protéine et pourtant ces fourrages sont de médiocres aliments, parce que leur protéine est peu assimilable, que sa gangue est à tissu dense et ne la livre pas facilement à l'attaque des sucs digestifs.

Diverses manœuvres augmentent la digestibilité des aliments : la division, la cuisson, la fermentation sont les principales et les plus usitées dans la technique alimentaire du bétail. La division, de quelque façon qu'elle s'effectue, fragmentant les aliments en brise, en déchire la gangue. La cuisson les ramollit, elle facilite la désagrégation des fibres, elle volatilise des principes qui parfois sont nuisibles à la santé, et elle amène des transformations utiles, telles que celles de l'amidon insoluble en dextrine. La fermentation agit d'une façon qui à certains égards, se rapproche de la cuisson : ramollissement de la gangue, désagrégation et surtout transformation de principes insolubles et assez difficiles à attaquer en principes plus solubles et plus assimilables par conséquent ; c'est le résultat de l'action de certains microbes, bienfaisants céux-là.

Les divers composés organiques cités plus haut doivent être associés, d'abord parce que donnés seuls, ils sont incapables de nourrir le sujet qui les reçoit, ainsi que Magendie l'a démontré le premier dans des expériences inoubliables et que l'ont confirmé après lui divers autres expérimentateurs. On ne pourrait pas plus entretenir la vie d'un animal en le nourrissant de sucre pur, qu'en l'alimentant exclusivement avec de la caséine ou qu'en lui distribuant seulement de la graisse. *A fortiori* n'en pourrait-on rien retirer comme machine destinée à fournir des produits marchands.

La nécessité de l'association s'impose encore parce qu'elle augmente la digestibilité de chaque sorte d'aliments ce qui, économiquement, est un avantage énorme. De la fécule donnée seule est digérée en quantité moindre que si on l'associe à de la protéine et il y a déjà longtemps que Crusius a prouvé que les graisses influencent la digestibilité des matières azotées.

Mais si cette association est nécessaire, elle doit se faire suivant certaines règles. Ainsi, nous venons de dire que la graisse agit sur la digestibilité de la protéine, mais son action est favorable quand sa proportion ne dépasse pas la moitié de la quantité de celle-ci, au delà elle est nulle ou même défavorable, d'après Hofmeister, Wolf et G. Kühn.

Le mieux pour prendre une idée exacte des proportions suivant lesquelles les diverses sortes de principes organiques doivent être associés pour constituer une bonne alimentation aux herbivores domestiques, est de les suivre dans le foin des prairies naturelles. D'après les tables de Th. Von Gohren, sa composition chimique moyenne est la suivante :

```
Eau............................................  14.3
Matière sèche totale..........................  85.7
Protéine......................................   8.5
Matières grasses..............................   3.0
Extractifs non azotés.........................  38.3
Ligneux.......................................  29.3
```

Si l'on met en rapport la protéine avec l'ensemble des matières non azotées, on a :

$$\text{MAz} : \text{MNAz} :: 1 : 8,3.$$

En laissant de côté le ligneux, on obtient la proportion 1 : 4,85 et en mettant seulement les matières grasses en parallèle avec les substances quaternaires on obtient MAz : MGr :: 2,83 : 1. Enfin, en comparant le ligneux ou cellulose avec la protéine, la graisse et les extractifs ternaires réunis on voit qu'elle est à ceux-ci comme 1 : 1,72.

La forte quantité de cellulose qu'on rencontre dans le foin proportionnellement à la teneur en protéine, a fait qualifier cet aliment de *non concentré* par opposition à ceux où elle est plus faible, qu'on appelle *concentrés*, et qui n'en ont jamais au delà de 20 % et

habituellement moins. On les subdivise en *fortement*
ou *faiblement* concentrés suivant qu'ils ont ou non
plus de 12 % de protéine.

Les graines sont des aliments concentrés; la féve-
rolle, que nous prenons comme exemple, a pour composition chimique :

Eau	14.1
Matière sèche totale	85.9
Protéine	25.1
Matière grasse	1.6
Extractifs non azotés	44.5
Ligneux	11.7

Ce qui donne $\frac{1}{2,3}$ pour le rapport de la protéine avec
l'ensemble des matières non azotées et $\frac{1}{1,83}$ pour ce même
rapport, déduction faite du ligneux. La comparaison de
la proportion de ligneux avec celle de la protéine, de
la graisse et des extractifs ternaires réunis donne $\frac{1}{6,08}$.

A la lumière de ces données élémentaires, la réponse
à la question de savoir si les résidus d'industrie peuvent constituer de bonnes rations se déduit d'elle-
même. Tous ces résidus renferment les quatre sortes
de principes organiques signalés plus haut comme nécessaires, on le verra dans tout le cours du présent ouvrage, puisque la composition chimique de chacun
d'eux sera donnée. Les proportions respectives de ces
principes sont variées, de sorte qu'il est des déchets,
comme les tourteaux, qui constituent des aliments très
concentrés et d'autres comme les résidus de féculeries
qui en fournissent de non concentrés. Cette diversité
est une circonstance très heureuse pour la pratique de
l'alimentation, elle permet de les associer entre eux, de
les mêler à des fourrages ou à des graines, de les subs-

tituer en partie à tel autre aliment rare ou temporairement devenu cher.

Pour réaliser ces associations et ces substitutions,
on s'appuiera sur la composition chimique. Il vaudrait beaucoup mieux, sans doute, qu'au lieu de se
contenter des chiffres moyens fournis par les analystes,
l'analyse chimique des aliments qu'on va faire consommer fût effectuée à chaque fois, car les écarts entre
les maxima et les minima de composition sont grands;
les conditions dans lesquelles les végétaux ont accompli
leur développement et celles qui ont présidé à l'utilisation industrielle des matières premières varient beaucoup. Il ne faut donc attribuer à ces données qu'une
valeur relative; le tact pratique, l'habileté du nouris-
seur ont grandement à s'exercer pour corriger les aléas,
mais telles qu'elles sont, ces données servent au moins
de jalons dans la constitution des rations. Elles permettent d'établir comme on le veut les rapports réci-
proques des groupes constituants de principes organiques, ce qu'on appelle habituellement la relation nutritive. Qu'on juge à propos de conserver les divers
rapports indiqués au sujet du bon foin ou qu'on veuille
les modifier dans le sens d'une plus grande prédomi-
nance de la protéine, de la graisse, des matières amylacées ou sucrées, on le peut facilement. On a généralement intérêt à opérer ces modifications puisqu'il a
été démontré que la digestibilité s'accroît quand la
relation nutritive se resserre et inversement. On n'oubliera pas davantage que les recherches de Henneberg
ont montré que la digestibilité relative du ligneux est
sous la dépendance des extractifs non azotés, que quand
la proportion de ceux-ci s'élève, elle diminue et réciproquement.

Mais si la composition chimique des aliments est fort

utile puisqu'elle permet d'agencer la relation nutritive comme on le veut, il ne faut pas perdre de vue qu'il est un autre élément de première importance dans la question de l'alimentation, il concerne l'état physique des aliments.

Il suffit de se rappeler que les déchets industriels ont tous subi l'une des opérations qui le modifient, ils ont été divisés, égrugés, ramollis, soumis les uns à la fermentation, les autres à la cuisson, à la germination, à la macération; leur gangue a été déchirée et leurs éléments plus ou moins dissociés. Toutes autres choses égales, ils sont plus facilement attaquables par les sucs digestifs que les matières premières dont ils émanent.

La preuve est donc faite qu'ils peuvent constituer de bonnes rations pour le bétail, et qu'on aurait grand tort d'en négliger l'emploi.

Il est pourtant, à propos de quelques-uns d'entre eux, des lacunes importantes en ce qui concerne leur conservation. Il importerait d'autant plus de les combler, que ces résidus ne sont pas fournis uniformément pendant toute l'année; il est des saisons où la fabrication en est très active, et d'autres où elle chôme. De bons procédés de conservation permettraient à l'agriculteur de se soustraire à leur pénurie aussi bien qu'à l'encombrement. Il y a de fortes probabilités aussi pour qu'une bonne solution du problème fît disparaître les accidents qui se déclarent sur les animaux consommateurs de résidus mal conservés et dont nous aurons à parler. Double motif pour combler les lacunes dont il s'agit.

§ III. — *Indications à suivre pour faire accepter les résidus aux animaux.*

. S'il n'est pas douteux que pour vivre, l'organisme éperonné par la nécessité, se plie à un régime différent de celui auquel il paraissait naturellement destiné, il n'est pas moins vrai que l'habitude a une influence considérable, parfois supérieure à celle de la nécessité. Quand des animaux ont été habitués à recevoir telle nourriture, que depuis longtemps ils sont soumis à un régime déterminé, il n'est pas toujours facile et quelquefois il est impossible de leur faire accepter des aliments d'une autre nature.

, Les naturalistes en ont recueilli de très curieux exemples. Spallanzani ayant nourri de chair un pigeon, cet oiseau refusa les graines. On lit dans Cuvier qu'une biche de la Louisiane et un cerf à dagues nourris de pain sur le vaisseau qui les transportait, acceptèrent difficilement dans la suite l'herbe fraîche qu'on leur présenta, et restèrent plusieurs jours sans manger plutôt que de toucher au foin. M. G. Colin dit que les phoques, nourris d'une espèce de poisson, refusent les autres et se laissent mourir de faim plutôt que de toucher à une proie qui n'est point de la nature de celles qu'ils ont reçue dans le principe.

Il n'est pas d'agriculteur qui n'ait été à même d'observer des faits de même ordre sur son cheptel. A chaque changement de régime, il est toujours quelques animaux, sinon tous, qui *boudent* vis-à-vis des aliments nouveaux. Le chien est probablement l'animal domestique qui en fournit l'exemple le plus probant. Est-il habitué à un régime végétarien, quand on lui présente de la viande, il la flaire longtemps avant d'y toucher. On dit même qu'il est des individus qui, habitués à se nourrir de viande provenant d'une espèce déterminée, refusent obstinément celle d'autres espèces; si, pressés par la faim, ils la mangent, ils la digèrent mal et des vomissements surviennent.

On pressent donc que, quand les résidus industriels sont introduits pour la première fois dans une ration, ils peuvent ne pas être acceptés d'emblée. A plus forte raison, en est-il ainsi quand ces résidus répandent une odeur spéciale comme les drèches et les pulpes ensilées, ou possèdent une saveur particulière, ainsi qu'on le constate pour certains tourteaux.

Quelques précautions sont nécessaires pour habituer les animaux à leur usage.

1° Des agriculteurs, pour vaincre le refus des animaux, placent dans la crèche l'aliment nouveau, le résidu à essayer, et ne donnent aucune autre nourriture. Après quelque temps de jeûne, les animaux finissent par prendre, d'abord avec hésitation, puis plus résolument, l'aliment qu'ils n'avaient jamais reçu auparavant. Quand ils sont habitués à son usage, on peut revenir à d'autres aliments qu'on mélange à celui-ci; ils ne le délaissent pas pour cela. Cette *méthode du jeûne* n'est pas la meilleure à employer, parce qu'il est des sujets qui résistent longtemps, maigrissent beaucoup et sont parfois dans un pitoyable état quand ils se décident à manger. C'est du temps de perdu, un arrêt dans l'accroissement s'il s'agit d'animaux d'élevage, une diminution dans la production du lait, de la graisse, etc.

2° D'autres personnes, avec le résidu nouveau, font des *pâtons*, des *bols*, et les portent dans le fond de la bouche des animaux; elles les forcent à les avaler. Cette pratique, imitée de ce qui se fait en médecine vétérinaire pour les électuaires et les bols contenant des médicaments amers, n'est pas applicable à tous les résidus. Il serait difficile, par exemple, de l'employer pour les pulpes et les vinasses, mais pour les tourteaux et les farines, elle rend des services. Une fois les animaux habitués au goût et à la saveur de l'aliment pris d'abord sous forme de bol, ils l'acceptent ensuite et le prennent spontanément dans leur crèche.

3° L'addition de *condiments* aux résidus est une méthode plus générale que les précédentes. On recourt habituellement au sel, on en saupoudre l'aliment à faire accepter ou on l'arrose d'eau salée. Cette manœuvre réussit fréquemment vis-à-vis des ruminants qui sont friands de sel, mais elle échoue quelque fois, surtout quand ces animaux sont habitués à avoir constamment du sel à leur disposition. On peut dans ce cas, se servir de miel, de mélasse ou d'eau miellée. Nous avons vu employer aussi des substances adoucissantes et sucrées, telles que poudres de réglisse, de guimauve; leur prix n'a rien qui en restreigne l'emploi.

4° Au lieu de condiments et de médicaments, on emploie quelques *aliments préférés* des animaux qu'on mélange aux résidus; ils leur servent d'excipients. L'avoine pour tous les herbivores, les pommes de terre cuites ou le petit-lait pour les porcs, sont les plus usités. On commence par ne mêler qu'une faible quantité du résidu à l'aliment recherché, puis on augmente chaque jour, et finalement on le donne seul. C'est la méthode préférable; par sa mise en pratique, on arrive le plus sûrement, le plus promptement et le plus souvent à triompher des difficultés.

En résumé, ne pas faire passer brusquement les animaux d'un régime à un autre, ne pas les soumettre exclusivement et sans transition, à une alimentation nouvelle, mais y arriver graduellement, en diminuant quotidiennement la part des aliments anciens au profit des nouveaux, est la méthode à la fois la plus rationnelle et la plus pratique pour faire entrer les résidus industriels dans l'alimentation du bétail.

Les résidus industriels dont nous avons à connaître sont les uns d'origine *végétale* et les autres d'origine *animale*. Examinons-les tour à tour.

PREMIÈRE PARTIE.

DES RÉSIDUS INDUSTRIELS D'ORIGINE VÉGÉTALE.

Les industries qui utilisent des matières premières tirées du règne végétal et laissent des résidus alimentaires pour les animaux de la ferme, sont celles de la fabrication du sucre, de la bière, de l'alcool et des boissons alcooliques, de la fécule et de l'amidon, la meunerie et la préparation des pâtes alimentaires, celle de l'extraction de l'huile et enfin quelques branches très spécialisées, comme la chocolaterie et la confiserie.

Les déchets de plusieurs de ces industries ont des noms communs; les principaux sont : les *pulpes*, les *drèches*, le *malt*, les *touraillons*, les *marcs*, les *tourteaux*, les *sons*, *recoupes* et *farines troisièmes*.

CHAPITRE PREMIER.

DES PULPES.

D'une façon générale, l'appellation de pulpe s'applique à toute partie charnue des végétaux et même à quelques tissus animaux qu'on a réduits en une pâte peu consistante.

Au point de vue spécial où nous nous plaçons, on entend sous ce nom la matière molle et en partie désorganisée provenant des racines, des tubercules et des fruits que l'industrie a traités pour en extraire les matières sucrées ou amylacées. Histologiquement, les pulpes sont donc constituées par l'écorce ou enveloppe de la partie utilisée, la membrane des cellules et la portion de leur protoplasma épuisée d'une partie de ses hydrates de carbone. L'enveloppe cellulaire joue le rôle principal.

Section première. — Origines des pulpes ; leur composition chimique.

Les pulpes les plus répandues proviennent de la betterave utilisée dans l'industrie sucrière, et de la pomme de terre traitée pour l'extraction de la fécule ou de l'al-

cool. On emploie aussi le topinambour et différe nts
fruits pour en retirer le sucre ou l'alcool.

§ I. — *Pulpes de sucreries.*

Dans l'Europe centrale, la betterave joue, pour la
production du sucre, le rôle de la canne dans les pays
chauds.

Sans entrer dans des détails qui ne seraient pas à leur
place ici, nous rappellerons le grand intérêt qu'a le cultivateur à produire des betteraves à forte teneur saccharine, puisque pour une surface donnée il obtient un plus
fort rendement en sucre et aussi parce que le jus des
betteraves riches est plus pur et donne moins de
déchet.

La feuille est le laboratoire où naissent les hydrates de carbone. Corenwinder a donné la démonstration directe de l'influence de la feuille de la betterave sur la formation du sucre; il a montré que
quand on en fait l'ablation, la souche perd une partie
de son sucre, tandis que ses matières salines, qui nuisent à la production saccharine qualitativement et quan-
titativement, augmentent. M. A. Girard, de son côté,
a fait voir que la saccharose, élaborée dans les limbes
des feuilles sous l'influence des radiations solaires, se diffuse pendant la nuit et se localise dans la souche, où
elle s'emmagasine peu à peu. Il semble en même
temps « qu'à travers les tissus de la plante s'accomplit
constamment un double mouvement osmotique en sens
opposé, d'où il résulte l'apport à la feuille de matières minérales empruntées au sol, l'apport à la souche
de saccharose développée dans la feuille sous l'influence
de la lumière ». Le sol joue donc un rôle dans la pro-

duction du sucre; avec lui plusieurs autres circonstances, aujourd'hui bien mises en lumière, favorisent cette élaboration.

Elles sont relatives au choix des variétés de betteraves, au mode de culture et aux engrais.

Les betteraves à sucre sont choisies habituellement parmi les quatre races suivantes : 1° La blanche de Silésie, 2° le collet vert, 3° le collet rose, 4° le collet gris, mais la pratique seule permet de dire quelle est celle qui convient le mieux à la nature du sol et aux conditions météorologiques de la région qu'on habite. On s'est attaché, ces dernières années, avec raison, à faire une sélection dans les porte-graines, en ne conservant que les plus riches en sucre, et dont la forme et le poids ont été reconnus les meilleurs. Sous ces derniers points de vue, on élimine les souches trop racineuses, bi ou tri furquées, et celles qui sont ou trop petites ou trop grosses. L'analyse a fait voir que dans chaque race, il existe un poids moyen correspondant à la richesse maximum en sucre, il oscille entre 600 et 900 grammes. A l'aide de cette sélection, on est parvenu à augmenter de 30 % la richesse saccharine primitive.

La pratique a montré que les labours profonds conviennent pour la culture de la betterave à sucre (fig. 1), et M. Pagnoul a observé qu'en semis serrés, elle fournit des souches plus riches en sucre et plus pauvres en sels, ce qui tient à ce que ces souches restent de grosseur moyenne. S'il s'agissait de betteraves fourragères (fig. 2), la culture serrée ne serait pas à recommander, puisqu'elle diminue le rendement pondéral brut à l'hectare, mais pour les betteraves à sucre, c'est différent, car ce qui importe avant tout, c'est le rendement en sucre à l'hectare et non le poids brut. La mise en pratique de la culture serrée doit avoir pour corollaire la vente de la betterave d'après sa richesse et non d'après son poids.

Les agronomes et les praticiens ont poursuivi de nombreuses recherches sur les meilleurs engrais à donner aux terres complantées de betteraves. L'acide phos-

FIG. 1. — MODE DE VÉGÉTATION DE LA « BETTERAVE A SUCRE ».

phorique est placé en tête, et le nitrate de soude est généralement préféré au sulfate d'ammoniaque.

La betterave fournit la saccharose $(C^{12} H^{22} O^{11})$ dont la présence dans ce végétal avait été indiquée par Olivier de Serres et fut démontrée en 1747 par Margraff.

A François Achard revient l'honneur d'avoir créé, à la fin du dernier siècle, l'industrie du sucre de betteraves. Depuis ce moment, les procédés d'extraction se sont modifiés et perfectionnés. Comme la valeur alimentaire des résidus laissés lors de l'extraction des

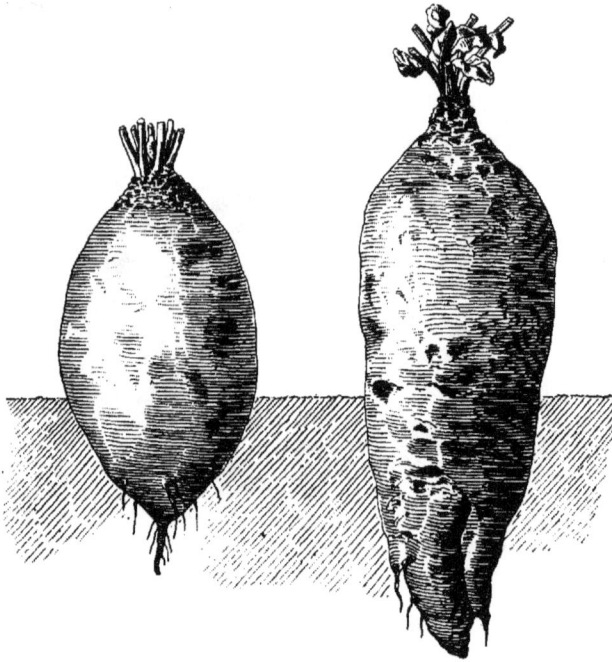

FIG. 2. — MODE DE VÉGÉTATION DE LA « BETTERAVE FOURRAGÈRE »

jus sucrés est très différente selon les procédés employés, il est nécessaire de décrire brièvement ceux-ci.

Avant de les mettre en pratique, il est indispensable de soumettre les betteraves au lavage et au décolletage. Il faut les *laver* parce que la terre souillerait les résidus dont nous allons parler, qui servent à l'alimentation du bétail, et aussi parce qu'elle détériorerait et userait rapidement les râpes et couteaux chargés de diviser les racines.

Une fois lavées, les betteraves sont *étêtées, décolletées, débarrassées des parties altérées* ou considérées comme inutiles, en un mot préparées pour l'extraction du jus.

Bien que l'industrie sucrière apporte chaque année de nouveaux perfectionnements aux procédés d'extraction, on peut pour le moment réunir ceux-ci sous trois chefs :

1º Procédés par pression.
2º   —   macération.
3º   —   diffusion.

Chaque sorte de procédés présente des variantes; on en combine même entre eux, de façon à créer des méthodes mixtes qui, souvent, ne sont pas les moins avantageuses.

Procédés par pression. — Les betteraves sont d'abord travaillées par une râpe puissante qui les dilacère et les réduit en pulpe. Celle-ci est alors soumise à l'action de la presse.

Autrefois, on employait exclusivement la presse hydraulique dont la force était amenée jusqu'à 800,000 kilogrammes. Comme elle est encombrante et exige une main-d'œuvre coûteuse, dans plusieurs usines elle est remplacée par des presses continues. Avec celles-ci, la pression se fait en deux temps; la pulpe passe d'abord entre deux cylindres et son jus filtre à travers une toile spéciale. Par la pression, la pulpe forme des plaques dont une partie se détache spontanément des toiles et l'autre en est détachée mécaniquement. Elle est rassemblée et conduite à une se-

conde presse après avoir été imbibée d'eau, ce qui fait
que, nécessairement, le jus de cette seconde pression
est dilué et moins riche en sucre que le premier. La
pulpe, épuisée par ces deux pressions, est recueillie et
mise en tas jusqu'à sa vente ou sa distribution aux
animaux.

On a perfectionné récemment les presses de manière à
faire la seconde pression à chaud et à avoir des pulpes
plus sèches.

Procédés par macération. — Mathieu de Dom-
basle paraît avoir eu le premier l'idée, les betteraves
étant coupées en rondelles minces dites *cossettes*, de les
épuiser par l'eau bouillante. A l'usage, on reconnut
que sous l'influence de l'ébouillantage, une proportion
importante de la pectose de constitution se transforme
en pectine soluble qui se mêlant au jus sucré entrave
la cristallisation du sucre. Aussi fut-il recommandé de
ne pas dépasser 84°, température suffisante pour la
désorganisation des cellules à saccharose, mais non pour
la transformation de la pectose.

C'est d'après ces indications que Robert établit des
batteries de macération, constituées par des cylindres
en tôle réunis entre eux par des tuyaux qui amènent le jus de la partie inférieure de chacun à la partie supérieure du cylindre suivant. En haut se trouve
un tuyau d'arrivée pour l'eau et en bas un robinet de
vidange. Une fois les cylindres remplis de cossettes, l'eau
arrive dans le premier et agit sur elles, le jus extrait
se collecte au fond puis remonte par le tuyau de jonc-
tion, se répand sur les cossettes du second cylindre
en se concentrant, remonte dans le troisième et ainsi de
suite. Quand ce liquide a atteint le degré de concentration regardé comme normal, on laisse écouler celui du dernier cylindre dans la chaudière à déféquer.

Les cossettes du premier cylindre étant complètement épuisées par le passage continu de l'eau, on les retire et, après nettoyage, ce cylindre est rempli à nouveau et placé de façon qu'il devienne le dernier de la série au lieu de rester le premier. On devine comment l'opération se continue et aussi comment par cette lévigation, le jus des cossettes est entraîné et remplacé par l'eau.

Dans un autre système de macération, on opère non sur des cossettes mais sur la pulpe de râpage et on emploie l'eau froide.

La lévigation a été également appliquée aux gâteaux de pulpe provenant d'une première pression par les presses hydrauliques, afin de les épuiser plus complètement.

Procédés par diffusion. — Ce procédé peut être considéré comme une modification du précédent et sa mise en pratique comporte des instruments identiques. On agit sur des cossettes coupées aussi régulièrement que possible, de façon que les membranes des cellules restent intactes et que l'extraction du jus ait lieu par application des phénomènes d'endosmose et d'exosmose. L'extraction se fait dans une série de vases placés en batterie et reliés par des tuyaux munis de robinets. La circulation du liquide est provoquée soit par l'eau en pression, soit par l'air comprimé, ce qui implique une parfaite clôture des vases.

Il a été imaginé de débarrasser les cossettes ainsi traitées d'une partie de l'eau qui les imbibe, au moyen de presses. On a proposé aussi, dans le même but, l'emploi d'hydro-extracteurs ou turbines à force centrifuge.

La tendance des industriels est de substituer de plus en plus les procédés de macération et surtout de diffusion à la pression; les perfectionnements incessants apportés dans l'industrie sucrière portent tout particulièrement sur les premiers.

On comprend de suite que la betterave, traitée par des procédés différents, laisse des résidus de valeur inégale, et les agriculteurs sont fort excusables quand ils accueillent avec défiance les pulpes qui proviennent d'un mode d'extraction du jus auquel ils ne sont pas habitués. Une modification qui, de prime-abord ne paraît pas très considérable, par exemple un changement dans la quantité d'eau mise à la râpe, modifie la composition de la pulpe. Comme le dit judicieusement M. Pagnoul, pour déterminer exactement « la valeur nutritive et par suite la valeur commerciale des pulpes, il faudrait connaître pour chacune : sa richesse en matières protéiques, en matière grasse, en cellulose, en sucre, en alcool, en phosphates; il faudrait tenir compte de la proportion d'eau qui affaiblit les propriétés nutritives et augmente les frais de transport; il faudrait enfin faire contrôler les résultats obtenus par la pratique en recherchant les effets produits sur les animaux eux-mêmes » (1).

M. Pagnoul s'est mis à l'œuvre et voici, condensés dans le tableau ci-dessous, les résultats qu'il a obtenus :

(1) A. Pagnoul, Recherches sur les pulpes de betteraves des sucreries, dans les *Annales agronomiques,* 1883, page 51.

Moyenne de composition de pulpes fraîches de sucreries.

	EAU	SUCRE	CENDRES INSOLUBLES	Matière azotée pour 100 de sec.	MATIÈRE SÈCHE. Totale. (1)	Moins les cendres insolubles. (2)	Moins les cendres insolubles et le sucre. (3)	VALEUR PROPORTIONNELLE. (1)	(2)	(3)	Poids équivalent à 200 k. de pulpes hydrauliques. (1)	(2)	(3)
Pulpes de presse hydraulique	75.71	6.82	1.95	6.08	24.79	22.34	15.52	10.00	10.00	10.00	200	200	200
— presses continues	81.21	5.77	0.83	6.30	18.79	17.96	12.19	7.74	8.04	7.85	258	248	254
— diffusion	87.61	0.70	0.54	6.83	12.39	11.85	11.15	5.10	5.30	7.18	392	377	278
— macération	92.54	0.48	0.99	12.33	7.46	6.47	5.99	3.07	2.90	3.86	651	690	518

M. Pagnoul commente ces résultats, en disant que le plus simple serait de prendre pour base le poids de la matière sèche totale ; mais les pulpes ordinaires renferment de 1 à 3 % de cendres insolubles provenant surtout de la terre qui reste adhérente aux racines, la proportion de ces cendres a pu dépasser 8 % avec des betteraves mal lavées ; il est évident que ces matières terreuses inertes ne peuvent être comptées comme matières nutritives et qu'il y a lieu de les déduire avec plus de raison encore que l'eau elle-même. Il serait donc plus rationnel de prendre pour base les chiffres de la colonne suivante, donnant le poids de la matière sèche diminuée des cendres insolubles.

« Une troisième colonne contient les poids de la matière sèche diminuée des cendres insolubles et du sucre et ces chiffres représenteraient une base plus équitable encore. Sans doute, le sucre joue un rôle comme substance alimentaire et il serait juste d'en tenir compte si la pulpe était employée exclusivement à l'état frais, mais généralement on ne l'emploie qu'après un séjour plus ou moins prolongé en silo et alors le sucre a presque entièrement disparu ; l'alcool qui résulte de la fermentation du sucre se perd lui-même bientôt ou se transforme en partie en acide acétique, et cet acide d'ailleurs ne paraît pas provenir seulement de la fermentation du sucre, car il existe en quantités à peu près égales dans les pulpes de presse hydraulique et dans celles de diffusion. Il n'est donc pas juste de faire payer aux cultivateurs un produit destiné en quelque sorte à s'évanouir entre leurs mains.

« Il est d'ailleurs évident, à un autre point de vue, que la place du sucre n'est pas dans la pulpe ; tous les efforts doivent tendre à lui en laisser le moins possible et exiger des pulpes riches en sucre serait arrêter tous les progrès que l'industrie sucrière cherche à réaliser, ce serait exiger une destruction absolument inutile de ce qu'elle a pour but de produire. Une pulpe parfaite pour le fabricant comme pour le cultivateur serait une pulpe retenant toutes les matières albuminoïdes de la betterave sans trace de sucre et c'est la pulpe de diffusion qui se rapproche le plus aujourd'hui de cet idéal. »

On reproche, il est vrai, à la pulpe de diffusion, son excès d'eau qui occasionne un surcroît de frais de transport et qui pourrait, si l'on n'y veillait, être nuisible dans l'alimentation. Mais il ne faut pas perdre de vue qu'on soumet ces pulpes à l'action de presses spéciales qui ne laissent que 87 à 88 % d'eau et que d'autre part, comme nous le montrerons plus loin, il est toujours possible de combiner des rations de façon que l'excès d'humidité soit corrigé par des aliments concentrés ou très secs.

Les pulpes de macération sont passibles des mêmes observations que celles de diffusion.

§ II. — *Pulpes de distilleries.*

Trois plantes traitées couramment par l'industrie de la distillation fournissent des pulpes destinées à l'alimentation du bétail, ce sont la betterave, le topinambour et la pomme de terre. D'autres, telles que la Patate, l'ulluque tubéreux, le melon, l'asphodèle et le dahlia ne sont utilisées qu'exceptionnellement ou dans des régions bien circonscrites. L'alcoolisation de la betterave et du topinambour est en quelque sorte directe, puisque le sucre y est complètement formé, bien qu'ayant besoin d'être interverti; celle de la pomme de terre est indirecte, car il faut d'abord saccharifier sa fécule.

A. — **Pulpes de betteraves.** — La betterave n'est pas seulement employée à la production du sucre, on l'utilise aussi très largement pour la production de l'alcool. Sa distillation, en tant qu'industrie, ne remonte pas au delà de 1850; Dubrunfaut et Champonnois en sont les promoteurs et vraiment les créateurs. Elle a pris une rapide extension, car la betterave fournissant un jus sucré, l'alcoolisation est une opération relativement simple et la consommation de l'alcool allant toujours en croissant, un débouché certain est assuré à ce produit.

Le sucre contenu dans la betterave et qui doit être converti en alcool, n'est pas directement fermentescible, il faut le transformer en sucre interverti. Mais cette interversion ne se fait point avant la fermentation, c'est inutile, puisque la levure a la faculté de la produire en même temps qu'elle amène la transformation en alcool.

Il résulte de cette particularité que les opérations précédant la fermentation, lavage, découpage et extraction des jus sucrés, sont les mêmes que celles dont il a été parlé à propos des sucreries. Mais il y a dans l'extraction des jus, qu'on ait recours à la macération, à la diffusion ou à la pression, une particularité qui fait que les pulpes qui en résultent diffèrent de celles qui proviennent des sucreries, c'est l'*acidification*.

Pour procéder à l'acidification, on se sert habituellement d'acide sulfurique du commerce (à 60-66° Baumé) et on acidifie directement les cossettes en les mélangeant à l'eau qui va servir à la macération.

Les raisons de l'acidification sont multiples : on a remarqué que l'acide sulfurique décompose les sels

des jus, met les acides en liberté et prépare ainsi à la
levure un milieu de culture des plus favorables à son
développement et à sa multiplication. Elle rend l'albumine du jus plus diffusible et par suite plus assimilable pour la levure. Il en résulte une transformation
plus complète et plus rapide du sucre en alcool et,
comme conséquence, une augmentation dans le rendement de ce dernier produit. Une autre raison de
l'acidification est qu'un milieu acidulé n'est pas favorable au développement de plusieurs sortes de microorganismes, causes de fermentations secondaires
contre lesquelles on a toujours à se défendre. En s'oppo-
sant à ces fermentations secondaires on empêche une
perte d'alcool, car les infiniment petits qui en sont les
agents vivent et se multiplient aux dépens du sucre.

La quantité d'acide sulfurique nécessaire varie et
dépend d'un certain nombre de circonstances qui tiennent particulièrement aux betteraves qu'on emploie
et surtout à l'acidité des vinasses quand on a recours
à ce procédé. Durin conseille de calculer, disent Fritsch
et Guillemin, la quantité d'acide de façon à avoir
dans le jus qu'on veut faire fermenter une acidité de
2 gr. 40 à 2 gr. 50 par litre, calculée en acide sulfurique monohydraté (1).

Il est un procédé qui comporte l'emploi d'une faible
quantité d'acide sulfurique, c'est celui de la macération
à la vinasse. Il ne diffère de celui de la macération ordinaire dont nous avons parlé qu'en ce que l'eau employée à l'épuisement est remplacée par des *vinasses*
chaudes ou jus fermentés d'opérations précédentes, sortant de l'appareil à distiller. La distillation leur a en-

(1) Fritsch et Guillemin, *Traité de la distillation des produits agricoles
et industriels;* Paris, 1890.

levé l'alcool, une partie de leur eau et de leurs acides
volatils, mais elle a laissé la presque totalité de l'acide
apporté pour la fermentation précédente ; il n'y a donc
qu'à maintenir cette acidité dans les limites convenables par une addition d'acide qu'on calcule à chaque
opération.

Au point de vue spécial de la qualité des résidus,
qu'on acidifie directement par l'acide sulfurique ou
qu'on emploie les vinasses, le résultat est le même.

Une fois l'extraction des jus opérée, il reste des pulpes dont la valeur alimentaire nous préoccupe avant
tout, puisque nous n'avons point à suivre la fermentation des moûts pas plus que la distillation et la rectification des alcools.

Les pulpes de betteraves provenant des distilleries
ont-elles une valeur égale ou inégale, et, dans cette dernière supposition, une valeur supérieure ou inférieure à
celles des sucreries? L'acidification et surtout l'emploi
des vinasses ont-ils une influence sur leur constitution
chimique? L'analyse montre qu'il n'y a pas égalité
entre les pulpes des deux provenances, que la supériorité est en faveur des pulpes de distillerie et surtout à
l'avantage de celles qui proviennent de la macération
à la vinasse, ou autrement dit, au système Champonnois.
Cela tient à ce que, dans ce procédé, les cossettes bai-
gnent dans un liquide qui renferme tous les éléments
contenus dans leur intérieur, sauf le sucre; le courant
de diffusion ne peut pas s'établir pour ces éléments des
cellules de la betterave à la vinasse, ceux-ci restent dans
la cossette qui se dépouille par contre de son sucre très
facilement, puisque la vinasse n'en renferme point. Il
y a donc double bénéfice : extraction plus complète du
sucre et très faible prélèvement des matières azotées et
minérales.

Ces assertions sont confirmées par les analyses de Briem, de Wolff et de Siegel, que nous reproduisons d'après Fritsch et Guillemin (1).

	Pulpes de distillerie pressées.	Pulpes de sucrerie.
Eau......................	84.68	86.30
Fibres	3.63	3.10
Cendres.................	0.81	0.90
Matières grasses.........	0.22	0.30
Protéine brute...........	1.71	1.50
Extractif non azoté......	8.95	7.90

Ce qui fait en matière sèche, 15.32 et 13.70
Dans 100 de matière sèche, il y a :

Fibres	23.70	22.62
Cendres.................	5.27	6.57
Matières grasses.........	1.42	2.19
Protéine brute...........	11.20	10.95
Extractif non azoté......	58.41	57.67

De son côté, Siegel a mis en évidence les différences qui existent entre les pulpes provenant de la macération des cossettes à l'eau et celles qui dérivent de la macération à la vinasse.

	Pulpe de macération à l'eau chaude. %	Pulpe de macération à la vinasse chaude. %
Eau......................	93.11	92.62
Cendres.................	0.55	0.84
Fibres brutes............	1.48	1.44
Sucre	1.72	1.34
Hydrates de carbone.......	2.93	2.99
Protéine	0.21	0.77

(1) Fritsch et Guillemin, *loc. cit.*, page 389.

La supériorité des pulpes de distillerie sur celles de sucrerie ressort particulièrement de leur plus forte teneur en matières protéiques; il en est de même de celle des pulpes de macération à la vinasse sur celles de macération à l'eau.

Reste à savoir si l'emploi de l'acide sulfurique rend les résidus de distillerie aussi inoffensifs pour le bétail qui les consomme que le sont ceux de sucrerie; cette question sera examinée plus loin.

B. — **Pulpes de topinambour**. — Le topinambour est une plante de la famille des Composées (*Helianthus tuberosus*) qui fournit un tubercule dont l'utilisation industrielle ne peut qu'aller en grandissant, ce qui est d'ailleurs fort désirable en se plaçant au point de vue agricole. En effet, le végétal en question est un des plus rustiques de notre flore, des plus accommodants pour le choix du terrain, et qui végète vigoureusement dans des terres pauvres, incapables de pourvoir aux besoins d'autres plantes industrielles, comme la betterave ou la pomme de terre. Une fois ses tubercules confiés au sol, il n'y a plus à s'occuper de leur végétation; on peut les laisser en terre pendant l'hiver et ne les arracher qu'au fur et à mesure des besoins; si on en laisse quelques-uns, ils réensemencent le terrain et économisent ainsi la main-d'œuvre.

Le topinambour fournit à l'alimentation du bétail ses feuilles et ses tubercules qui constituent une nourriture appétée et substantielle, ainsi qu'on en pourra juger par les moyennes suivantes provenant d'analyses de MM. Muntz et Girard (1).

---

(1) Muntz et Girard, *Étude sur le Topinambour* dans les *Annales de l'Institut agronomique*, 8ᵉ année, 1883-84.

	Tubercules.	Feuilles (récoltées en octobre)
Eau........................	79.02	84.20
Matières azotées............	2.10	3.08
Sucre et inuline...........	13.36	0.38
Matières grasses...........	0.11	1.39
Cellulose	0.80	1.39
Corps pectiques............	3.10	3.31
Matières minérales.........	1.49	3.25

Ces analyses prouvent que la teneur des tubercules du topinambour en matières sucrées est élevée et se rapproche de celle de la betterave. Il y a cependant entre ces deux plantes saccharifères une différence essentielle : dans le topinambour, on trouve deux sortes de matières sucrées, la *synanthrose* ou lévuline et l'*inuline*. La première, soluble dans l'eau, doit, pour fermenter, être convertie en glucose; la seconde, qui a besoin de subir la même transformation, est insoluble dans l'eau froide, mais soluble dans l'eau chaude, en proportion croissante avec la température.

Il résulte de cette circonstance que les procédés employés pour la distillation de la betterave doivent être modifiés quand il s'agit du topinambour. Ces procédés sont d'ailleurs nombreux et, presque chaque année, des inventeurs apportent des transformations à ceux en usage ou en font connaître de nouveaux.

Nous avons surtout à examiner l'extraction du jus. Il en est où elle se fait par pression et où la saccharification de la synanthrose et de l'inuline n'a lieu qu'après; dans d'autres, on agit directement sur les cossettes en produisant la saccharification sous pression de vapeur. On a préconisé le traitement des cossettes et des moûts par l'acide sulfureux, la cuisson et la saccharification du tubercule non découpé, la fermentation de toute la masse pâteuse suivie de distillation du moût très épais qui en résulte, la macération simple et la macération à la vinasse suivie de sa saccharification.

L'expérience a appris que les pulpes qui proviennent des presses, alors qu'on traite ultérieurement les jus par les acides pour opérer la transformation des sucres spéciaux à distiller, sont très bonnes pour l'alimentation des animaux. Le traitement direct des cossettes ou des pulpes par le saccharificateur agissant sous pression est un moyen d'obtenir de hauts rendements alcooliques.

A l'heure actuelle, nous ne connaissons que la composition chimique des pulpes de topinambour dont le jus a été extrait à la presse et qui n'ont subi, conséquemment, ni l'acidification, ni la saccharification directe, ni la cuisson; nous la devons à MM. Muntz et Girard. Il est regrettable que nous manquions de renseignements sur celle des pulpes d'autres provenances, puisque nous sommes, de ce fait, empêchés d'établir des comparaisons entre les unes et les autres.

Dans les essais de MM. Muntz et Girard, une presse Samain, exerçant une pression de 500 kilogr., a laissé pour 100 de topinambour, 14 de pulpe, dont la composition fut la suivante :

Eau	69.35
Matières azotées......................	3.37
Matières saccharifiables...............	11.95
Cellulose	3.81
Matière grasse.......................	0.26
Cendres	2.26

Avant de clore ce qui a trait aux pulpes de topinambour, nous devons signaler un procédé, dit de P. Kyll, à qui un grand avenir paraît réservé, à la fois à cause des rendements élevés qu'il donne en alcool et de ses avantages pour l'alimentation du bétail.

Il consiste à traiter le topinambour par cuisson et à faire opérer la saccharification par le malt vert. Il en résulte, il est vrai, des résidus insuffisamment épais et qui, donnés seuls au bétail, lui conviendraient moins que les pulpes pressées. Mais cet inconvénient disparaît car les appareils destinés au travail du topinambour sont combinés de façon qu'on peut, si on le désire, agir simultanément ou alternativement sur ce tubercule ou sur le maïs. Cette combinaison a le grand avantage d'empêcher les chômages, inévitables quand on ne travaille que le topinambour et qui entraînent des complications de diverses natures dans l'usine et la ferme. Ces chômages évités, on a sans cesse des résidus frais pour alimenter les animaux, et *surtout on peut associer les résidus de maïs avec ceux de topinambour*. Cette heureuse association permet de corriger ce que les pulpes de topinambour seules ont d'insuffisamment solide et d'offrir au bétail un aliment mieux coordonné, qui lui plaît et lui est très profitable, ainsi que l'expérience l'a démontré.

C. — **Pulpes de patate, d'ulluque tubéreux et de melon.** — La patate douce (*Batatas edulis*, Chois; *Convolvulus batatas*, L.) est une plante vivace, de la famille des Convolvulacées, dont la racine pivotante, volumineuse, charnue, est riche en fécule et en sucre. On la dit originaire de l'Inde, mais elle est très répandue aujourd'hui dans le sud de l'Espagne, aux Açores, sur le côte occidentale de l'Afrique, à la Martinique, à la Guadeloupe.

Les essais faits dans quelques-unes de nos colonies ont montré qu'on trouve dans la patate la matière première pour la fabrication de l'alcool. Comme sa culture ne présente aucune difficulté et que son rendement peut atteindre et même dépasser une moyenne de 3o,ooo kilogr. à l'hectare par année, elle peut facilement, dans l'alimentation des distilleries coloniales, jouer le rôle de la pomme de terre dans les pays tempérés ou froids.

Après traitement industriel, il reste une pulpe qui doit être donnée aux animaux de la même façon que celle de pommes de terre.

L'ulluque tubéreux (*Ullucus tuberosus,* Loz), végétal de la famille des Chénopodées, a une souche rameuse, donnant naissance à des tubercules souterrains de bon volume, très irréguliers et riches en fécule. Il est originaire du Pérou comme la pomme de terre et en raison de ce qu'il est vivace, sa culture a été préconisée pour ses tubercules. Nous ne savons point ce que l'avenir réserve aux essais d'acclimatation et d'expansion de l'ulluque. Si cette plante se répand, rien n'empêchera de la traiter industriellement comme la patate et la pomme de terre ni d'utiliser pour l'alimentation des animaux les pulpes qui résulteront du traitement.

Le melon, qui croît avec tant de vigueur et de rapidité, surtout dans les pays méridionaux, a été rarement employé comme source d'alcool. La grande quantité d'eau qu'il renferme (90 à 93 %) en rend l'exploitation industrielle peu avantageuse. Si on arrive à l'utiliser à cette fin, les pulpes restantes devront être données au bétail. Tous les animaux de la ferme d'ailleurs mangent avidement les cucurbitacées.

D. — **Pulpes d'asphodèle et de dahlia.** — On trouve dans le midi de la France, et surtout en Algérie, une plante à racine tuberculeuse qui croît spontanément dans les bois et les lieux incultes. Elle ap-

partient à la famille des Liliacées et au genre Asphodèle.
On en rencontre deux espèces principales, l'asphodèle
à fleurs blanches (*Asphodelus albus,* Wild) et l'asphodèle rameuse (*Asphodelus ramosus,* L.) (fig. 3). Leurs tubercules allongés et fasciculés contiennent un principe

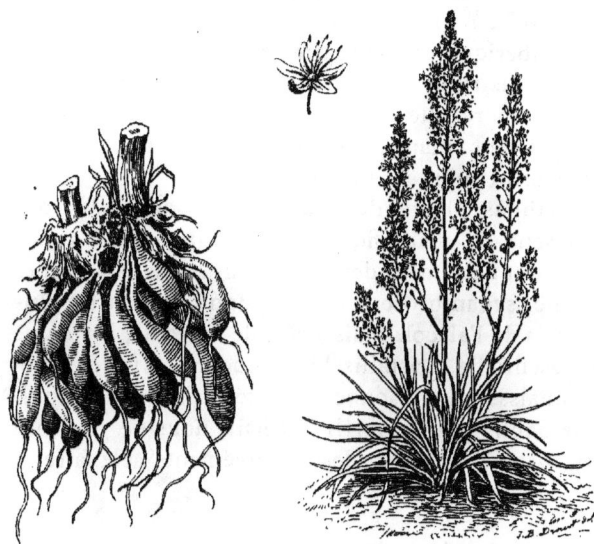

FIG. 3. — ASPHODÈLE.

âcre que détruit l'eau bouillante, et de la fécule qu'on a
eu l'idée de saccharifier et de transformer en alcool. —
La distillation de l'asphodèle ne s'est point étendue en
raison du goût spécial de l'alcool qu'on en retire,
encore bien qu'on puisse l'utiliser pour les usages industriels; c'est regrettable, car la plante croissant
spontanément dans des sols incultes, il n'y a qu'à la

recueillir et ce serait un moyen de mettre ces terres en valeur.

En raison du principe âcre contenu dans les racines, les pulpes d'asphodèle obtenues par pression ou par macération à froid ne conviennent point pour la nourriture du bétail, mais celles de diffusion peuvent leur être distribuées, puisque ce principe est détruit par l'eau chaude. A preuve, dans quelques parties de la péninsule ibérique on fait cuire les racines d'asphodèle et on les distribue aux animaux qui les consomment sans qu'il en résulte d'accidents. On dit même que les porcs peuvent manger impunément les racines sans qu'elles aient subi la cuisson.

Les dahlias, plantes de la famille des Composées, qui fournissent de magnifiques fleurs automnales à nos jardins, ont également des racines tuberculeuses, riches en fécule, synanthrose et inuline, dont on a extrait plusieurs fois de l'alcool. Mais à côté de la fécule, il y a une huile essentielle, cristallisable, d'odeur très forte. A notre connaissance, personne n'a tenté l'utilisation des pulpes de dahlia pour nourrir le bétail; nous ne pouvons point dire s'il y aurait des inconvénients à le faire.

§ III. — *Pulpes de féculeries.*

Bien que plusieurs tubercules, rhizomes, bulbes et fruits puissent être traités pour l'extraction de la fécule, nous n'envisagerons ici que la pomme de terre, car seule elle est travaillée sur une vaste échelle en Europe.

D'une culture facile, se plaisant particulièrement dans les terrains sablonneux, d'un rendement élevé s'il y a eu fumure, fournissant à l'alimentation de l'homme et des

animaux domestiques un appoint important, source de
fécule, de dextrine, de glucose et d'alcool, la pomme
de terre, pour toutes ces raisons, occupe une place très
importante en agriculture. Les races et variétés qui se
sont formées sous l'influence des soins qu'on lui a
donnés et de la sélection qui a été faite, sont très nombreuses; si l'on ajoute à cela que la nature du sol, les
engrais, le degré de maturation et même la grosseur
du tubercule ont aussi une part d'influence, on ne
s'étonnera point d'apprendre que la composition chimique de la pomme de terre est assez variée. On s'attache surtout à augmenter la teneur en fécule qui est
l'élément industriellement utilisable, et il n'est que juste
de signaler les travaux de M. Aimé Girard dans ce sens.
Mais comme on dépouille de ce corps les résidus dont
nous avons à nous occuper, ces variations de composition n'ont pas, à notre point de vue spécial, une importance aussi considérable que quand on envisage les
choses différemment.

Une analyse de Payen donne comme composition
de la pomme de terre d'une bonne variété :

Eau	74.00 %
Fécule	20.00 —
Épiderme, tissu cellulaire, pectose..	1.65 —
Protéine	1.50 —
Asparagine	0.12 —
Graisses	0.10 —
Sucre, résine, essence	1.07 —
Sels minéraux et acides organiques.	1.56 —

On voit que la teneur en fécule est élevée; aussi
était-il naturel qu'on songeât à l'extraire. Elle est renfermée dans les cellules du parenchyme qui, de dimensions un peu variables, sont pressées les unes

contre les autres et entre lesquelles courent quelques
faisceaux aboutissant aux *yeux*.

Lorsqu'on veut extraire la fécule, il faut, les pommes de terre ayant été préalablement bien lavées, les
soumettre à un râpage poussé aussi loin que possible
afin de mettre les grains de fécule en liberté par déchirure de la membrane qui les enveloppe. La pulpe
provenant de ce râpage est portée sur tamis et soumise à l'action de l'eau qui entraîne la fécule; un résidu composé du tissu cellulaire reste sur les tamis;
il est généralement soumis à un second lessivage pour
achever de l'épuiser.

Ce résidu pulpeux est de moindre consistance que
ceux dont il a déjà été parlé, mais on peut le débarrasser de son excès d'eau en le pressant ou en le turbinant avant de le distribuer aux animaux.

D'après Dietrich et Kœnig, la composition des fibres
et des pulpes de pomme de terre est la suivante :

	Pulpes de pommes de terre.	Fibres de pomme de terre.
Eau	86.11	85.5
Matières azotées..............	0.68	1.
Matières grasses brutes........	0.12	»
Principes extractifs non azotés..	10.94	11.9
Cellulose brute...............	1.95	1.1
Cendres......................	0.20	0.50

Ce qui donne comme composition centésimale de
la substance sèche :

Taux de la substance sèche....	13.89	14.5
Matières azotées..............	4.89	6.89
Matières grasses	0.86	0.86
Matières extractives non azotées.	78.77	82.06
Cellulose brute...............	14.04	7.58
Cendres......................	1.44	3.44

Dans des pulpes pressées, l'analyse n'a plus décelé que 53,5 d'eau et par conséquent 46,5 de matière solide.

Section II. — Conservation des pulpes.

L'obstacle principal qui a empêché les pulpes d'être utilisées en dehors d'un périmètre relativement étroit autour des usines à sucre, à alcool et à fécule est la difficulté de leur conservation. Le travail de la betterave en particulier ne dure guère que deux à trois mois; pendant cette période, les fabricants produisent plus de pulpes que le bétail de leur rayon d'approvisionnement n'en peut consommer. En raison de la grande proportion d'eau que ces résidus contiennent, si l'on n'avisait aux moyens de les conserver, ils s'altéreraient promptement, et ce serait un déficit dans l'alimentation animale.

On s'est donc ingénié à trouver des modes de conservation. Nous en indiquerons deux : l'un, déjà ancien, est l'*ensilage;* l'autre, plus récent, est la *dessiccation.*

Conservation de la pulpe en silos. — Les fosses ou silos destinées à recevoir les pulpes varient en dimensions suivant la quantité à emmagasiner. Fréquemment on adopte les dimensions suivantes :

Longueur............	20 mètres.
Largeur.............	$3^m, 5o$
Profondeur..........	$1^m, 3o$

Quand le sol est ferme et qu'il n'y a point d'éboulis à craindre, on laisse les côtés dans l'état où la bêche et la houe les ont mis; dans le cas contraire, on épaule le terrassement ou on construit de petits murs en maçonnerie. Il est des fermes où l'on construit des silos complètement maçonnés, soit à ras de terre, au fond d'une grange ou d'un hangar, ce qui est commode pour l'extraction quand le moment est venu, soit en contre-bas, avec toiture.

Quelle que soit la disposition adoptée, on donne 1 centimètre de pente par mètre au fond du silo, afin de permettre l'écoulement de l'eau. A l'extrémité du silo, on creuse un puits boit-tout qu'on remplit de galets ou de scories et qui est destiné à recevoir les eaux d'écoulement. On en évite ainsi la stagnation, on diminue les chances d'infection putride qui, dans la saison des chaleurs, communique aux pulpes un goût détestable en même temps qu'elle vicie l'air de la ferme.

La portion de pulpe ensilée qui dépasse le niveau du sol ou celui des murs sera disposée en talus ou en dos d'âne et aménagée comme il va être dit.

Le moment venu de déposer la pulpe en fosses, on garnit le fond de celles-ci d'une couche de balles de céréales ou menues pailles et, à leur défaut, de paille hachée, épaisse de 4 à 5 centimètres. Sur cette couche, on en étale une de pulpe de 15 centimètres de hauteur, puis une autre de menue paille de 3 centimètres et on continue de cette façon la stratification jusqu'à ce qu'on soit arrivé à la hauteur fixée à l'avance. Lorsqu'elle est atteinte, on prend des bottes de paille de seigle, de blé ou même d'avoine très propre et semblable à celle qui a été préparée pour la confection des liens ou la réparation des toits de chaume, on les étale de façon que le pied de chaque botte touche le sol et que la partie supérieure vienne rencontrer et se mêler à celle du côté opposé. Une fois toute cette partie bien garnie et une sorte de toiture constituée, on recouvre d'une couche de 25 centimètres de terre qu'on tasse aussi fortement que possible. Quelquefois on fait la couche de terre moins épaisse et on tasse avec des madriers ou des pierres.

Tant que le tassement n'est pas opéré, il faut surveiller les silos et boucher les fentes qui se produisent dans la couverture; car si l'on n'a point cette précaution, l'accès de l'air entrave la fermentation de la masse ensilée, favorise la multiplication des moisissures et cause de réels dommages aux résidus.

Après quelque temps d'ensilage, la pulpe entre en fermentation lente, elle s'échauffe quelque peu et prend une odeur spéciale. Les pailles et menues pailles s'imbibent des jus de la pulpe, se ramollissent et leur cellulose de constitution est attaquée.

Le bétail, les bêtes bovines surtout, prennent bien les pulpes ensilées, l'acidification qu'elles ont subie leur plaît et elles les mangent peut-être plus avidement que les pulpes fraîches.

Pour qu'il en soit ainsi, la fermentation doit avoir évolué régulièrement et ne point avoir été entravée par des fermentations adventices et notamment par la fermentation putride. Le soin avec lequel on a stratifié les couches de paille hachée et de pulpe y est pour beaucoup ainsi que la proportion respective de l'une et de l'autre. Lorsque les conditions de réussite ont été bien observées, les pulpes ont une odeur agréable, caractéristique, due à la formation d'alcool et d'autres principes volatils. Dans la pratique de l'ensilage, le grand avantage du mélange d'un fourrage, paille, balles, etc., avec les pulpes, est d'empêcher le suc de celles-ci de s'écouler dans le boit-tout et de les appauvrir en entraînant des principes nutritifs. Nous avons déjà fait remarquer que, de leur côté, les fourrages mélangés se ramollissent et sont à leur tour plus facilement attaquables par les sucs digestifs. Ceci amène à préconiser l'utilisation de

foins provenant de prairies basses, marécageuses, dans
les mélanges en question. Ces foins renferment toujours une forte proportion de Cypéracées et de Typha-
cées qui les déprécient. Or, s'il est incontestable que ces
plantes distribuées à l'état de foin au bétail sont peu
nourrissantes et peu appétées, ce n'est pas parce qu'elles
sont pauvres en éléments alibiles et notamment en protéine, les analyses de Mayer ont prouvé le contraire;
mais parce que ces éléments sont emprisonnés dans une
gangue qui les rend difficilement assimilables. Passées
au hache-paille et mises au contact des pulpes, surtout
des pulpes de diffusion, leur gangue est attaquée et
leur coefficient de digestibilité s'élève. Ce que nous
disons ici du foin composé de joncs, de massettes, de
souchets, s'applique à beaucoup d'autres aliments
durs, grossiers, ligneux, tels que les siliques et les
tiges de crucifères, les tiges de polygonées, de quelques
graminées, etc.

On a recherché si, par l'ensilage, les pulpes perdent
de leurs matières utiles. M. Pagnoul, qui s'est spécialement occupé de ce sujet, a vu qu'après un an, en tenant
compte de la perte d'eau qui est de 10 à 20 % pour les
pulpes de presses hydrauliques et de 20 à 40 pour celles
de diffusion, il y a une perte de matières sèches d'environ

3 % pour les pulpes de presses hydrauliques.
2 1,2 —   —   —   continues.
1   —   —   de   diffusion.

Ces pertes s'expliquent par la transformation du
sucre en alcool qui se volatilise et en acide carbonique,
et vraisemblablement par l'oxydation d'autres matières.
Voici, d'ailleurs, le résultat de quelques analyses de
M. Pagnoul (1) :

(1) *Loc. cit.*, p. 55.

NATURE DES PULPES CONSERVÉES EN SILOS.	COMPOSITION POUR 100.					MATIÈRE SÈCHE.		Matières azotées pour 100 de mat. sèche.	Acide acétique.
	Eau.	Matières azotées.	Matières non azotées.	Cendres alcalines.	Cendres insolubles.	Total.	Moins les cendres insolubles.		
Pulpes de presse hydraulique..........	79.92	1.32	14.86	0.43	3.95	20.07	16.12	6.63	1.44
— avec feuilles de betteraves........	81.14	1.61	13.53	0.67	3.05	18.86	15.81	8.56	1.68
— avec fragments de betteraves.......	85.16	1.31	11.32	1.15	1.05	14.83	13.78	9.	1.60
Pulpes de la presse Lachaume..........	84.96	1.12	11.06	0.60	2.26	15.04	12.78	7.44	»
— — Collette.........	82.97	1.42	13.21	0.53	1.87	17.03	15.16	8.37	1.28
— — Flament.........	86.43	1.03	11.28	0.41	0.85	13.57	12.72	7.62	0.78
Pulpes de diffusion.........	88.88	1.09	8.59	0.08	1.39	11.14	9.76	14.43	1.20
Pulpes de macération avec paille......	85.95	1.91	9.94	0.11	2.09	14.05	11.96	13.56	0.90
— sans paille......	90.11	1.43	7.06	0.16	1.27	9.88	8.61	14.48	0.70

En prenant la teneur en acide acétique comme l'expression de l'acidité de ces pulpes, on constate qu'il n'y a pas de grands écarts entre celles de presses hydrauliques, de presses continues (système Collette) et de diffusion. L'écart est un peu plus élevé quand il s'agit de pulpes de macérations seules ou même mélangées à de la paille. La faible différence constatée entre la quantité d'acide acétique des pulpes de pression et celles de diffusion prouve que ce corps ne provient pas seulement de la fermentation du sucre.

Conservation des pulpes par dessiccation. — Le grand obstacle à l'expansion de la pulpe alimentaire au delà d'un certain rayon tient à ce qu'elle est encombrante, gorgée d'eau s'il s'agit de résidus de diffusion et de macération, entraînant des charrois onéreux. On a bien cherché à la comprimer et on s'est servi de la presse de Schoettler, de celle de Kluseman, des appareils de Selvig et Lange, et surtout des presses nouveau modèle de Bergreen, mais avec l'eau exprimée, il y a une partie des substances utiles d'éliminées. Aussi a-t-on été amené à poursuivre des recherches dans une autre direction; on a songé à l'évaporation. M. Bénard a fait connaître dernièrement, d'après Gieseker, trois systèmes de dessiccation de la pulpe, essayés en Allemagne sous les auspices du Comité central des fabricants de sucre; le mieux est de lui emprunter sa description (1) :

« 1° L'appareil de Garner est formé d'une toile métallique convexe d'environ 10 mètres de long sur $2^m,80$ de large, sous laquelle se trouvent deux rangées de foyers maçonnés dans lesquels on entretient un peu de coke ; une double voie suspendue passant dans le sens

_____

(1) J. Bénard, « La dessiccation des cossettes de diffusion, » dans le _Journal de l'Agriculture_, 1891, page 153.

de la longueur de la toile métallique sert à conduire les cossettes et à les enlever. Les produits de combustion du coke traversent la toile et les cossettes et sont évacués chargés de la vapeur d'eau contenue dans ces cossettes. On obtient ainsi une dessiccation suffisante.

« 2° L'appareil Vernuleth et Ellenberger, de Darmstadt, se compose de deux cylindres creux en fonte, d'un diamètre de 1 mètre, tournant en sens contraire, et de 3 mètres de long, comprimant entre eux les cossettes. Ces cylindres sont mus par une machine à vapeur et chauffés directement par la vapeur. Sur les parois ainsi chauffées, les cossettes restent adhérentes en une couche mince et sont enlevées par des racloirs spéciaux, de là elles tombent dans une auge en tôle également chauffée par la vapeur, d'où elles sont extraites après avoir été remuées par un agitateur. Ce système a l'inconvénient de développer dans l'usine une grande quantité de vapeur et d'occasionner pour la dessiccation du quintal de cossettes, une dépense supérieure au précédent.

« 3° L'appareil de Büttner et Meyer se compose de six arbres à palettes formant pétrins et superposés par paire sur trois étages en maçonnerie. La partie inférieure à l'avant de l'appareil est formée par un foyer sur la grille duquel on brûle du coke ; à l'arrière est placé un ventilateur qui aspire à travers les pétrins superposés les gaz chauds du foyer amenés à la partie supérieure de l'appareil par une cheminée latérale. Une hélice amène la pulpe humide sur le pétrin supérieur où débouchent les gaz chauds, et une seconde hélice la sort sèche de l'appareil à l'extrémité du pétrin inférieur ; enfin des pyromètres indiquent la température des gaz chauds dans le pétrin supérieur (450°) et à la sortie des ventilateurs (95°). L'installation de ce procédé est moins coûteuse que celle des précédents ; son fonction-

nement est relativement facile et occasionne une dépense
également moindre. Il a déjà été essayé en France ; il
donne une pulpe blanche, qui peut très bien se conserver. »

Depuis la publication de M. Bénard, on a fait connaître les résultats obtenus dans quelques établissements par les fours de MM. Büttner et Meyer, et nous
avons eu l'occasion d'étudier les pulpes desséchées par
ce procédé. Voici la composition d'un échantillon que
MM. Müntz et Girard ont bien voulu analyser :

Eau...............................	8,00 %
Matières minérales	4,65 —
— grasses	0,89 —
— azotées....................	8,45 —
Cellulose..........................	16.08 —
Extractifs non azotés................	61,93 —

Ces pulpes sont inodores, insipides, de couleur grise,
constituées par des cossettes ridées et réduites à de petites
lanières cassantes à la façon des pâtes alimentaires,
passablement dures à la mastication. Leur poids moyen
est de 275 gr. le litre ou 27 à 28 kilogr. l'hectolitre.
Mises en contact avec l'eau, elles en absorbent 5 fois
leur poids et leur volume devient près de trois fois
(exatement 2, 83) plus considérable.

Les cossettes en se gonflant, reprennent l'aspect qu'elles
avaient avant la dessiccation sauf quelques-unes qui ont
été roussies ou noircies pendant l'opération. Elles sont
également sans odeur après le contact avec l'eau.

Elles ne sont point encombrantes et leur conservation
est facile. On estime que 5 kilog. de cossettes sèches
représentent 45 kilog. de pulpe non desséchée. Les
résultats obtenus par la consommation de ces cossettes
desséchées seront exposés tout à l'heure.

Si le prix du combustible ne met pas obstacle à
l'adoption de la dessiccation des pulpes et qu'elle se
généralise, ce sera au mieux pour l'industrie sucrière
et l'exploitation du bétail.

Il faut examiner successivement : 1° la distribution
de pulpes aqueuses, fraîches ou ensilées; 2° celle de
pulpes desséchées.

A. — **Pulpes aqueuses.** — En raison de leurs différences d'origine, il y a peu de considérations communes à
toutes les pulpes quand on les envisage en vue de l'alimentation du bétail. Il faut surtout se préoccuper du
rôle que joue l'eau dans ces résidus frais, particulièrement
dans ceux de diffusion et de macération qui en contiennent près de 90 %. A poids égal de matière sèche,
est-il indifférent de donner une pulpe très aqueuse ou
une pulpe pressée, sauf à faire varier, bien entendu, le
poids brut de l'une ou de l'autre? En d'autres termes,
l'introduction dans l'organisme animal de l'eau incorporée à la pulpe est-elle indifférente quant à son
quantum?

Un chimiste, M. Ladureau, qui s'est préoccupé de ce
point, a dit à ce propos au Congrès betteravier de 1882 :

« Je crois bon de retenir ce fait que les pulpes de
diffusion sont généralement plus riches que les pulpes
de presse hydraulique en matières nutritives et surtout
en matières albuminoïdes coagulables par la température élevée à laquelle ces pulpes ont été portées. C'est
un fait qu'il est bon de signaler, parce que c'est une
idée généralement répandue que la pulpe de diffusion

vaut beaucoup moins que l'autre. *Je crois qu'à poids égal de matière sèche, elle est préférable* (1). »

Mais le Congrès a refusé de se prononcer dans le sens de M. Ladureau, tant qu'il n'aurait pas été éclairé par des expériences complètes faites sur le bétail. Or, le docteur Mœrcker, en Allemagne, en a institué d'intéressantes (2). En expérimentant sur des cossettes de diffusion légèrement pressées et renfermant encore de 88 à 90% d'eau, il a vu que, pour un bœuf du poids de 600 k., il ne faut pas introduire journellement plus de 35 à 40 kilog. d'eau incorporée aux cossettes. Quand on va au delà, le poids vif diminue au lieu d'augmenter. Cela tient à ce que les sucs digestifs sont trop dilués par cette surabondance d'eau, les digestions sont imparfaites et la secrétion urinaire excessive. Une autre cause, d'après Mœrcker, tient à l'augmentation des exhalaisons pulmonaires et cutanées chez les animaux nourris d'aliments très aqueux; la chaleur nécessaire pour porter l'eau à l'état de vapeur est fournie par l'animal à ses propres dépens. Admettons, dit-il, qu'un animal absorbe par jour 60 kilog. d'eau incorporée aux résidus et que 40 % de cette eau soient exhalés par la peau et les poumons, les 20% autres étant expulsés par les urines; il y aura donc 24 kilog. d'eau qui seront journellement exhalés à l'état de vapeur; et comme la chaleur latente de vaporisation de l'eau est 542 calories, il faudra $542 \times 24 = 13,008$ calories, soit la chaleur produite par 3 kilog. 33 d'amidon qui sont dès lors perdus pour l'entretien ou le développement de l'organisme.

On voit donc que si l'on ne se maintient pas dans

(1) *Comptes rendus du Congrès betteravier de* 1882, p. 111.
(2) *Zeitschr. f. Spiritusind Ergänzungsheft.* 1889. et relation in *Journal de la Distillerie française,* 1889.

certaines limites, l'eau d'incorporation diminue la valeur
alimentaire des résidus. Heureusement qu'il est possible d'atténuer cet inconvénient. On abaisse facilement la teneur en eau, soit en pressant ou en turbinant
les pulpes, ce qui n'est pas le moyen le plus recommandable, attendu qu'il y a dans ce cas, inévitablement,
quelques matières alibiles d'entraînées avec l'eau, soit
en faisant des mélanges avec des aliments secs et concentrés.

Nous savons déjà que les mélanges s'exécutent avantageusement lors de la mise en silos. Quand on se sert
de pulpe fraîche ou de pulpe qui a été ensilée sans addition de paille ou de foin hachés, il est toujours utile
de faire des mélanges avec des fourrages divisés ou des
aliments concentrés, tels que les tourteaux, les grains entiers ou concassés, le son. Nous indiquerons tout à l'heure
les proportions qui peuvent être adoptées pour ces mélanges.

Il n'y a que des avantages à faire fermenter les pulpes
fraîches avec les aliments dont on les additionne. Dans
une cuve ou un réservoir, on mélange 200 kilog. de
pulpe avec un volume triple de menue paille ou de foin de
deuxième qualité passé préalablement au hache-paille.
On arrose, si besoin est, d'un peu d'eau tiède quand on a
affaire à des pulpes pressées, ou on réchauffe une certaine quantité de jus des pulpes de diffusion, afin de
hâter la fermentation. Il est bon d'avoir deux cuves;
pendant que le contenu de l'une est en distribution,
celui de l'autre fermente.

Un autre moyen de pallier aux effets débilitants de
racines et de tubercules pulpés trop aqueux, consiste à
chauffer ces résidus et à les donner aussi chauds que
les animaux peuvent les absorber. Puisqu'il a été dit
plus haut qu'une cause importante des effets déprimants

consécutifs à une ingestion trop grande d'eau, est la
dépense de calorique nécessitée pour mettre cette eau à
la température du corps, cette dépense est écartée
quand on a eu le soin de chauffer l'aliment aqueux
avant de le présenter au bétail. Si l'on dispose d'un
générateur de vapeur, le mieux est de faire passer un
tuyau dans le réservoir à pulpe; on amène celle-ci
rapidement et au moment opportun à la température
voulue. La cuisson à la vapeur est préférable à la cuisson à feu direct, parce que dans ce dernier mode, les
pulpes s'attachent au fond des chaudières et brûlent.

Les pulpes chauffées sont distribuées aux bêtes à
l'engrais, mais plus avantageusement aux vaches laitières. Ce même fait se présentant pour les drèches
avec plus de netteté encore, nous en renvoyons la démonstration au moment où nous nous occuperons de
celles-ci.

Parmi les animaux de la ferme, les bêtes bovines et
ovines sont celles auxquelles on donne habituellement
les pulpes; parfois on en distribue aux porcs et même
aux lapins. A la rigueur, on en peut donner au cheval,
à la condition qu'elles soient pressées au maximum ou
mieux desséchées, à cause de la capacité stomacale
restreinte de cet animal. En aucun cas les pulpes de
diffusion ou de macération non pressées ne peuvent lui
être présentées; elles lui encombreraient l'estomac sans
le nourrir suffisamment, et il y aurait lieu de craindre
des fermentations avec des troubles de la santé pour
conséquence.

Les pulpes entrent avec avantage dans la ration des
bœufs et des moutons qu'on engraisse, à la condition
qu'on ne dépassera pas, s'il s'agit de pulpes de diffusion et de macération, 42 à 45 kilog. par jour et par
bœuf, et 2 kilog. à 2 kilog. 500 par mouton. Il est pré-

férable de se maintenir en deçà et de resserrer davantage la relation nutritive de la ration en adjoignant des aliments concentrés. Voici, comme exemples, des types de rations, choisies parmi celles qui furent employées à la ferme d'application de l'École vétérinaire de Lyon (ferme de la Tête-d'or), dans des opérations d'engraissement en stabulation pendant l'hiver :

RATIONS POUR BŒUF.

1° Pulpe de betterave (distillerie). 40 kilogr.
Foin......................... 5 —
Menues-pailles................ 5 —
Tourteau d'arachide........... 3 —

2° Pulpe de pomme de terre (féculerie)..................... 30 kilogr.
Graines de foin (provenant d'un quartier de cavalerie)........ 7 —
Tourteau de coton décortiqué... 3 —

RATIONS POUR MOUTON.

1° Pulpe de betterave.............. 2 k. 400
Foin.......................... 1 k. 400
Tourteau de coton décortiqué.... 0 k. 300
Orge .... 0 k. 200

2° Pulpe de pommes de terre........ 2 k. 000
Menues pailles................... 1 k. 000
Fleurage....................... 0 k. 400
Féveroles...................... 0 k. 500

3° Pulpe de betteraves............. 1 k. 500
Regain .... 2 k. 000
Son.......................... 0 k. 250
Tourteau de colza.............. 0 k. 200

Dans la ration pour bœufs inscrite sous le n° 1, chaque animal recevait quotidiennement, d'après les tables d'analyses :

En matières azotées ...　r k. 960
En matières grasses...　o k. 640 ⎫
En amylo-glycosides...　7 k. 560 ⎭ non azotées = 8 k. 200.

La moyenne de l'accroissement journalier dans cette opération fut de 969 grammes.

Dans la ration n° 2, chaque animal recevait par jour :

En matières azotées....　2 k. 050
En matières grasses....　o k. 480 ⎫
En amylo-glycosides...　5 k. 730 ⎭ non azotées = 6 k. 210.

L'accroissement moyen, par jour, fut de 800 gr.

L'occasion nous ayant manqué pour expérimenter avec la pulpe de topinambour, nous empruntons les résultats obtenus dans l'exploitation de M. de Beauchamp, à Verrière (Vienne), où une distillerie de topinambours a été installée.

On fait faire trois repas chaque jour aux bœufs à l'engrais. A chaque repas, on distribue 26 litres de résidus *tièdes*, soit 78 litres dans la journée; une demi-heure après chaque repas, on ajoute 3 kilog. 300 de foin, soit 10 kilog. au maximum. L'augmentation moyenne en poids vif est, dit-on, de 1 kilog. par journée d'engraissement.

Nous n'avons pas besoin de faire remarquer qu'il s'agit ici de résidus consommés sur place et distribués tièdes, sans frais de réchauffage. La supériorité de ce mode est évidente.

On sait déjà qu'il est sans danger d'introduire une plus grande quantité d'eau dans l'organisme de la vache laitière. C'est dire qu'on peut élever le quantum précédemment indiqué; et, bien que le poids moyen de la vache soit inférieur à celui du bœuf, on a la latitude de lui donner jusqu'à 50 kilog. de pulpes très aqueuses.

Voici deux exemples de rations usitées quelque temps
à la ferme de la Tête-d'or :

1°	Pulpes de betteraves.............	40 k.
	Tourteau de coton..............	3 k.
	Foin...........................	3 k. 1/2
2°	Pulpes de pommes de terre.......	30 k.
	Regain........................	10 k.

Au début, sous l'influence de cette alimentation
aqueuse, la production en lait s'élève, ainsi qu'elle le
fait quand on introduit une forte proportion d'eau dans
l'économie de la bête laitière. L'augmentation est particulièrement nette quand on donne des résidus tièdes,
comme elle l'est vraisemblablement pour le même motif
quand on distribue de l'eau tiède au lieu d'eau froide.

Il est impossible d'indiquer des règles générales sur
la proportion de pulpes à introduire dans la ration,
attendu que cette proportion est réglée par les mercuriales des fourrages, sans compter les conventions qui
lient le producteur de betteraves ou de pommes de
terre au fabricant de sucre, au distillateur et au fabricant de fécule. Les mercuriales étant variables d'année
en année, l'habileté de l'engraisseur ou du nourrisseur
consiste à agencer les rations de son bétail de façon que
leur prix soit au minimum.

Les personnes qui utilisent ces matières industrielles
pour leurs animaux ont à se demander si la qualité
des produits obtenus, viande, graisse et lait, est la même
que quand on emploie directement les fourrages, les
graines, les racines et les tubercules. Question importante, car il ne faudrait pas que les bénéfices réalisés
sur le prix de la ration fussent annihilés ou pis encore par une moins-value des produits. Or, l'expérience a montré que quand on a le soin d'opérer des

mélanges, comme ceux dont nous venons de donner quelques exemples et qu'on peut varier de bien des façons, il n'y a point de craintes de dépréciation des produits à redouter.

Il n'en est plus de même quand on donne en proportions trop élevées et exclusivement ou à peu près les pulpes de distillerie. Les dents des bêtes bovines prennent peu à peu une teinte jaunâtre, les organes internes et la graisse revêtent cette même coloration. En raison de la dissémination de la graisse dans les muscles pour former le persillé, la chair elle-même paraît teintée en jaune. Si l'on persiste trop longtemps, des troubles digestifs surviennent et à l'abatage la parôi du rumen est comme tannée et plus noire qu'à l'état normal.

On attribue, à tort ou à raison, ce résultat à l'acidification que subit la pulpe de distillerie, et on a conseillé d'ajouter de la craie pour éviter cet inconvénient. Quelque satisfaisants que puissent être les effets de la saturation par la craie, il est hors de doute qu'il ne faut pas donner exclusivement des pulpes de distillerie; les mélanges sont recommandés.

On s'est, à juste titre, préoccupé de l'action que les pulpes peuvent avoir sur la qualité du lait des vaches qui en sont nourries. MM. Audouard et Dezaunay, qui ont étudié cette question (1) en utilisant des pulpes de diffusion, sont arrivés aux conclusions suivantes :

1° La pulpe de diffusion conservée en silo et donnée à une vache à la dose de 5 kilog. par jour augmente sa production en lait de près d'un tiers.

2° Cette nourriture n'a pas d'influence sensible sur

(1) Audouard et Dezaunay, *Influence de la pulpe de diffusion sur le lait de vache.* — *Comptes rendus de l'Académie des sciences,* 8 octobre 1884.

la richesse du lait en caséine et en matière minérale, mais elle augmente la proportion de beurre, surtout celle du sucre;

3° Elle communique au lait une saveur spéciale et lui donne une prédisposition certaine à la fermentation acide.

Il en est de l'alimentation de la vache laitière comme de celle des bœufs à l'engrais, la pulpe ne doit pas constituer exclusivement sa ration, les mélanges sont indispensables. Cette recommandation est particulièrement de rigueur quand il s'agit de pulpes de pommes de terre provenant des féculeries. Ce sont celles qui procurent les résultats les plus faibles sur les vaches laitières.

Nous devons ajouter que les vaches exclusivement nourries aux pulpes de pommes de terre, donnent un lait qui devient nocif; les veaux qui le prennent ne tardent guère à être atteints de diarrhée. Présenté aux enfants, ceux-ci l'acceptent difficilement et sont aussi pris de coliques diarrhéiques, on voit même se produire sur eux une éruption eczémateuse (Hennig) qu'on peut rapprocher de celles dont il va être question plus loin.

B. — **Pulpes desséchées**. — A l'état sec, la pulpe est prise sans hésitation par le bœuf, le mouton, le lapin et le cobaye. Le cheval qui en reçoit pour la première fois est hésitant et parfois refuse d'y toucher. Pour la lui faire prendre, on commence par la mêler à son poids d'avoine entière ou de préférence concassée, parce que le mélange se fait mieux; aux repas suivants, on diminue la proportion d'avoine et on arrive en deux jours à lui faire accepter les pulpes seules. Jetées dans des eaux grasses ou du petit lait, elles sont bien appétées du porc; pour cet animal, le petit lait est un des aliments les plus convenables à leur ajouter, car il leur apporte les éléments sucrés dont elles ont été dépouillées.

Toutes les considérations relatives à l'alimentation par la pulpe desséchée sont dominées par la très grande puissance absorbante de cet aliment. On ne perdra pas de vue qu'il incorpore cinq fois son poids d'eau, laquelle est empruntée aux liquides salivaires et gastriques, et qu'il triple de volume dans le tube digestif. Oublier ces deux particularités, surtout quand il s'agit des monogastriques, cheval, âne, mulet, porc, lapin, est s'exposer à voir survenir des accidents analogues à ceux qu'amène l'ingestion d'une trop [forte proportion de son sec, c'est-à-dire l'indigestion par surcharge et quelquefois la rupture de l'estomac. Ce n'est point une hypothèse que nous avançons, car M. Bénard nous a déjà fait connaître la mort d'un cheval alimenté d'une façon irrationnelle avec la pulpe sèche. Nous estimons qu'il ne faut pas en donner au cheval, par repas, plus de 400 à 500 grammes, représentant en volume 1 litre 600 à 2 litres. Quand on tient compte des observations ci-dessus et qu'on règle judicieusement le mode d'emploi de la pulpe sèche, elle tient bien sa place dans l'alimentation, car elle est riche en matières azotées (8, 45 %) et se rapproche des aliments concentrés.

Les expériences exécutées en Allemagne et recueillies par Mœrcker (1) ainsi que celles qui nous sont personnelles témoignent que cette sorte de pulpe convient très bien aux ruminants. Pour eux, on l'associera à des aliments très aqueux, tels que vinasses et drèches liquides, ou on la fera tremper au préalable dans l'eau; il sera toujours préférable d'employer l'eau chaude pour celle

(1) Mœrcker und Morgen, *Wesen und verwertung der getrockneten Diffusionsrückstände der Zuckerfabriken*, Berlin, 1891.

que doivent recevoir les bêtes laitières et de la leur donner au moins tiède. Mais pour toutes les raisons développées tout à l'heure à propos des recherches de Moercker sur les pulpes très aqueuses, on ne restituera point à ces résidus toute l'eau qu'ils ont perdue à la dessiccation et on ne les immergera pas dans les cinq parties de liquide qu'ils peuvent absorber; dans nos essais, trois parties d'eau ont été suffisantes. On en pourra donner davantage s'il s'agit des vaches et que la distribution se fasse à chaud; en tous cas, cette possibilité de graduer la proportion d'eau à incorporer n'est pas l'un des moindres avantages de l'emploi des pulpes desséchées.

Nous avons observé que le cheval accepte moins bien la pulpe qu'on a fait gonfler dans l'eau ordinaire qu'à l'état sec, mais si l'on se sert d'eau additionnée de mélasse, qui apporte à cet aliment le sucre qui lui manque, il la mange sans hésitation.

Section IV. — Accidents occasionnés sur le bétail par la pulpe altérée ou donnée exclusivement et avec exagération.

Les pulpes sont facilement fermentescibles et rapidement envahies par des cryptogames; il en résulte des altérations ou des modifications qui font qu'elles ne sont plus consommées sans danger. Elles peuvent être : 1° moisies; 2° avoir subi la *fermentation alcoolique;* 3° être envahies par des microbes producteurs de la *maladie dite de la pulpe;* 4° celles de pomme de terre renferment un alcaloïde vénéneux capable de produire un *exanthème spécial;* 5° données exclusivement ou à peu près, on les accuse de produire une maladie spéciale du système osseux, *l'ostéomalacie.*

1° **Pulpes moisies**. — Les pulpes de sucrerie en-
silotées moisissent latéralement et à la partie supérieure du silo. Elles moisissent aussi quand, fraîches,
elles sont exposées à l'air. Mais cet envahissement
par des moisissures prend fin aussitôt que les liquides
qui s'écoulent de la masse ensilée et qui primitivement
étaient neutres, deviennent acides, ce qui a lieu très
rapidement. Les pulpes de distillerie qui sont acides
dès le moment de leur production, ne moisissent pas.
En un mot, l'acidité de la masse constitue un milieu
défavorable à la végétation des moisissures. (Arloing.)

Une économie mal entendue ne doit pas pousser à
distribuer des pulpes moisies aux animaux ; elles sont
d'ailleurs peu appétées et une grande partie est gaspillée.
Si pressées par la faim, les bêtes les prennent, c'est
parfois au détriment de leur santé. Plusieurs auteurs,
Wehenkel entre autres, ont rapporté que la distribution
de pulpes ainsi altérées a occasionné de véritables
empoisonnements.

Les moisissures dont il s'agit n'ont point encore
été déterminées botaniquement ; il n'est donc pas possible d'incriminer une espèce plutôt qu'une autre. On
est également empêché de dire si elles jouent réellement
le rôle de plantes vénéneuses dans cette circonstance ou
si, par les altérations que leur mycelium fait subir à la
pulpe, elles préparent seulement le terrain à des cryptogames d'autres sortes, réalisant ainsi une de ces associations plus communes sans doute qu'on le pense
habituellement, dans la flore cryptogamique.

2° **Pulpes ayant subi la fermentation alcoolique**. — Avant l'introduction et la généralisation
du traitement de la betterave par la macération et la
diffusion, les pulpes qui avaient subi simplement la
pression renfermaient toujours du jus sucré, resté en

quantité d'autant plus grande que les appareils étaient moins perfectionnés. Si les pulpes n'étaient point consommées de suite et que les conditions favorables à la fermentation se réalisassent, il y avait transformation du sucre en alcool. Ces pulpes alcoolisées étant distribuées aux animaux occasionnaient, notamment sur les bêtes bovines, de *l'ivresse* et parfois une véritable *intoxication alcoolique.*

Les symptômes de cet état sont généralement plus alarmants que réellement graves. Sort-on de l'étable les animaux sous le coup de cette intoxication, ils chancellent et tombent de tout leur long, on les dirait paralysés ou encore foudroyés par l'apoplexie cérébrale. Mais habituellement ces symptômes alarmants durent peu, les animaux se relèvent, se secouent et reprennent les attitudes de l'état normal.

Il est pourtant des cas où la terminaison n'est point aussi favorable; les animaux meurent de congestion ou l'intoxication passe à l'état chronique si rien n'est modifié dans l'alimentation. Dans ce dernier cas, les allures sont incertaines; il y a du balancement du train postérieur, de l'hébétude, de l'inappétence, les yeux sont enfoncés dans l'orbite, les muqueuses oculaires tuméfiées. Il ne reste qu'à choisir entre un changement de régime ou l'abatage immédiat pour la boucherie.

L'abandon des procédés à la presse hydraulique rend ces intoxications alcooliques par la pulpe de plus en plus rares.

3° **Pulpes envahies par des microbes et occasionnant la maladie dite de la pulpe.** — Cette maladie fait des ravages importants dans les pays de grande culture où l'on s'adonne à la fabrication du sucre et de l'alcool.

On l'a observée sur les bœufs et les moutons nourris

aux pulpes ensilées. Elle se traduit symptomatologi-
quement par des troubles gastro-intestinaux, avec épanchement séreux dans le péritoine, de la météorisation
avec surcharge, de la diarrhée. L'inflammation de la caillette est une des lésions les plus constantes, aussi a-t-on
commencé par désigner du nom de *maladie de la caillette* l'ensemble des troubles visés; ce n'est que plus
tard qu'on s'est servi, en France, de l'expression de *maladie de la pulpe* (Rossignol, Butel), pour la désigner,
expression qui en rappelait l'étiologie. En Allemagne,
on l'appelle Schnitzelkrankeit, *maladie des cossettes.*
Toutefois, en raison de différences dans les symptômes
observés sur le mouton et sur le bœuf, il s'éleva un
différend entre les vétérinaires qui avaient occasion
d'observer cette maladie, sur le point de savoir s'il s'a-
gissait d'une même affection à symptomatologie diverse
ou de maladies différentes. Il y avait lieu également de
rechercher si les animaux succombaient simplement
aux effets d'une alimentation trop aqueuse ou si d'autres facteurs intervenaient. Bref, une étude méthodique
de la maladie de la pulpe s'imposait. Elle vient d'être
faite à l'École vétérinaire de Lyon par M. Arloing (1);
nous allons en résumer les résultats principaux :

M. Arloing a d'abord recherché si les pulpes ensilées
sont envahies par des microorganismes; il ne les en a
pas trouvées aussi riches qu'on pourrait le supposer, ce
qui est attribuable 1° à la température assez élevée à laquelle on épuise les cossettes, 2° à l'acidité immédiate
des pulpes de distillerie, 3° à l'acidification qui s'établit
dans toutes les pulpes quelle que soit leur origine. La
flore microbienne des pulpes est composée de bacilles,

---

(1) Arloing, *Ébauche d'une Étude expérimentale de l'affection des Ruminants soumis à l'usage des pulpes de betteraves*, 1892.

sauf le cas où ces résidus se laissent envahir par le *Leu-conostoc mesenteroïdes*. Ces bacilles sont aérobies-facul-tatifs. Ils végètent très bien dans le bouillon de bœuf peptoné, salé et phosphaté, neutre ou légèrement alcalin. Les cultures aérobies sont plus abondantes que les ana-érobies, elles marchent avec rapidité à 35°-38°.

FIG. 4. — BACILLE α.

En procédant à l'isolement des espèces de bacilles, M. Arloing en a trouvé trois dans les pulpes de sucre-ries et quatre dans celles de distillerie. Provisoirement, il les désigne sous les noms de bacille α, bacille β, ba-cille γ, bacille δ.

Le bacille α (fig. 4) est formé d'articles de $0^{mm},0010$ à $0^{mm},0012$ de largeur, de $0^{mm},0040$ à $0^{mm},0050$ de longueur, isolés ou réunis par deux ou par quatre. Les articulations sont tantôt nettes, tantôt vaguement indiquées, tantôt presque invisibles. Dans ce dernier cas, ce bacille semble acquérir $0^{mm},010$ de longueur. Ce microorganisme est le plus abondant dans les pulpes de

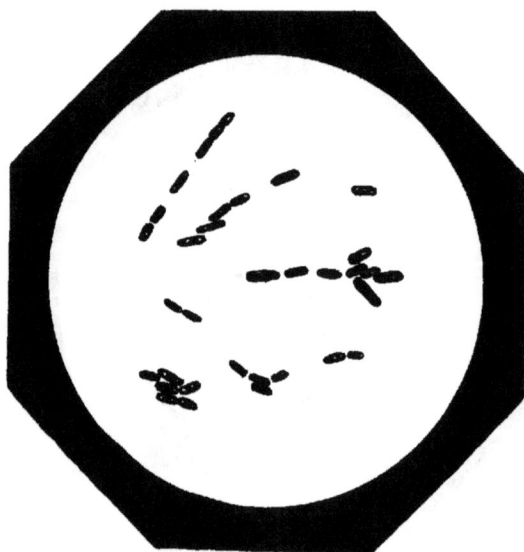

FIG. 5. — BACILLE β.

sucrerie; il existe aussi dans les pulpes de distillerie.

Le bacille β (fig. 5) est un gros organisme trapu, de $0^{mm},003$ à $0^{mm},005$ de longueur sur $0^{mm},0017$ à $0^{mm},0020$ de largeur, à extrémités mousses et arrondies. Parfois deux individus sont si intimement soudés bout à bout qu'ils paraissent former un bacille de $0^{mm},0060$ à $0^{mm},0062$ de longueur. Il végète bien dans les cultures

anaérobies. On peut le trouver dans des pulpes de distillerie, mais on le rencontre surtout dans les pulpes de
sucrerie.

Le bacille γ (fig. 6) est, comme le précédent, fort bien
caractérisé non tant par la forme et les proportions de

FIG. 6. — BACILLE γ.

ses articles que par le nombre sous lequel ces derniers
se rapprochent quelquefois bout à bout. Les articles ont
environ $0^{mm},0010$ à $0^{mm},0012$ de largeur et $0^{mm},0037$
à $0^{mm},0040$ de longueur. Quelquefois isolés, le plus souvent ils sont rapprochés par deux, quatre et au-delà. Ce
bacille est commun aux pulpes de distillerie et de sucrerie.

Le bacille δ (fig. 7) est un organisme très petit, de $0^{mm},0010$ à $0^{mm},0012$ de largeur sur $0^{mm},0018$ à $0^{m},0025$, de longueur; les plus petits ne sont donc guère plus longs que larges. Les extrémités sont légèrement arrondies. Cette espèce n'a été rencontrée par M. Arloing que

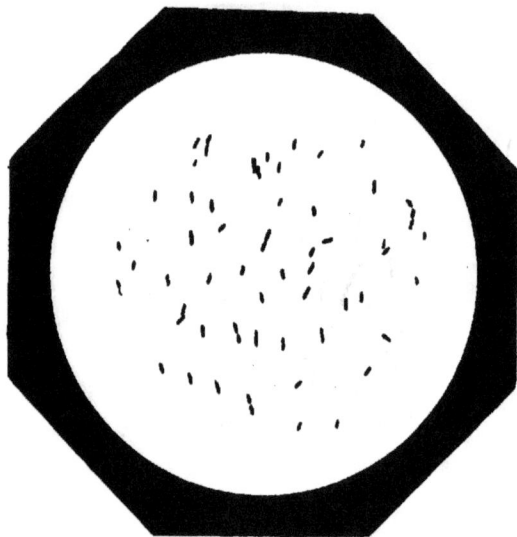

FIG. 7. — BACILLE δ.

dans les pulpes de distillerie, notamment dans des résidus ensilés depuis deux mois. Il pense néanmoins qu'elle peut exister dans certaines pulpes de sucrerie.

Dans une étude expérimentale serrée, M. Arloing s'est assuré que les bacilles dont il vient d'être question secrètent des matières toxiques qui imprègnent les pulpes et qui, introduites avec celles-ci dans l'organisme des

bestiaux, occasionnent la maladie de la pulpe. Suivant la
toxicité de ces liquides, la dose ingérée et la suscepti-
bilité des animaux, un empoisonnement rapide survient
ou de simples troubles fonctionnels. Ces troubles sont-
ils répétés et prolongés, ils peuvent entraîner la phlogose
de la muqueuse digestive, un état paralytique des vaso-
moteurs suivi d'exosmose intestinale et de diarrhée,
d'épanchements dans les séreuses.

Par eux-mêmes, les microbes ne sont pas toxiques,
ce sont les produits qu'ils élaborent qui sont dangereux ;
leur rôle est donc indirect dans la production de la maladie de la pulpe, mais l'état pathologique étant produit
par les poisons solubles, ils peuvent consécutivement
déterminer des localisations qui compliquent l'empoisonnement et hâtent le dénouement fatal.

M. Arloing a séparé les matières toxiques en deux catégories, les unes sont précipitables par l'alcool, les autres solubles dans ce réactif. Il s'est assuré que les unes
et les autres jouissent de propriétés toxiques et contribuent à produire les troubles de la maladie de la pulpe,
mais leur rôle dans la genèse de l'intoxication n'est pas
le même. Elles altèrent profondément l'innervation cardiaque et l'innervation vaso-motrice, elles amènent l'hypersécrétion intestinale; la différence la plus considérable
entre elles résulte dans leur action sur le système nervo-
moteur. Les substances solubles dans l'alcool sont con-
vulsivantes, et par cela, plus dangereuses que les autres.
Si elles s'accumulent dans l'économie, elles entraînent
promptement la mort. Toutefois leurs effets ne semblent
pas prédominer dans l'affection naturelle, vraisemblablement parce que ces substances sont relativement en
petite quantité dans la pulpe ou que la lenteur de l'absorption intestinale les empêche de s'accumuler dans le
sang.

Enfin M. Arloing s'est assuré que l'ébullition, qui tue un certain nombre de microbes et dénature plusieurs poisons, diminue la toxicité des liquides des pulpes. Une ébullition d'un quart d'heure produit déjà des effets très appréciables.

Cette constatation a une importance pratique indéniable, puisqu'en soumettant des pulpes nocives à une cuisson suffisante, on les peut rendre inoffensives. A plus forte raison, si on emploie la dessiccation. Enfin les matières toxiques étant particulièrement en solution dans le liquide de pulpe, l'égouttage est un moyen très simple qui contribue déjà à diminuer la nocivité des résidus.

4° **Production de l'ostéomalacie par les pulpes données seules.** — Bien qu'il soit contraire à tous les principes de l'alimentation rationnelle de nourrir les animaux avec la pulpe seule, exclusivement, il est pourtant quelques fermes où ce régime est pratiqué ou à peu près, parce qu'il est économique; on y ajoute seulement un peu de menues pailles ou de paille. Les vaches laitières qui y sont soumises s'épuisent rapidement et on voit parfois apparaître sur elles une maladie spéciale, l'ostéomalacie; les bœufs y sont moins sujets, mais ils n'y échappent pas complètement.

L'ostéomalacie est le ramollissement des os par résorption des sels calcaires. Elle ne se traduit objectivement comme suit que quand elle est arrivée à une période avancée : raideur et douleur dans les mouvements, boiteries de début brusque, tuméfactions articulaires, craquement des jointures, sécheresse de la peau, diminution de l'appétit, puis fêlures et fractures sous l'action de causes légères et sans tendance au cal, mort dans la cachexie si les animaux ne sont pas sacrifiés à temps.

A l'autopsie, on trouve la décalcification et le ramol-

lissement des os avec agrandissement de la cavité médullaire; parfois un liquide jaunâtre est accumulé dans
les articulations. Les lésions de la cachexie se superpo-
sent à celles-là quand elle vient terminer la scène morbide.

Ce n'est point en vertu d'une action propre et parce
que les pulpes contiennent quelque principe spécial que,
pendant l'alimentation avec ces résidus, l'ostéomalacie
survient. D'autres causes la produisent et l'étiologie
de ce mal est encore incomplète.

Parmi les théories enfantées pour l'expliquer, celle
dite de l'inanition compte le plus de partisans. Elle
admet que l'insuffisance des sels calcaires dans les aliments est le facteur principal. Quand à cette insuffisance se joint une déperdition de ces matières calcaires
par la secrétion mammaire, le mal apparaît plus rapidement, ainsi qu'on le constate sur les vaches laitières.

Quelles que soient l'étiologie ainsi que la nature
vraie de l'ostéomalacie, quand les pulpes entrent dans
l'alimentation, il convient de les mêler à des aliments plus concentrés, de façon à avoir une relation
nutritive convenable : c'est le moyen de n'avoir point à
craindre la maladie en cause. A-t-elle apparu, il faut
changer le régime, en substituer un très substantiel et
riche en sels calcaires.

5° **Production de l'eczéma par les pulpes de
pommes de terre**. — Les pulpes de pommes de terre
sont seules en cause ici, celles de betteraves et de topinambours n'ont point été incriminées.

Quand on donne aux animaux de trop grandes quantités de pulpes et de vinasses de pomme de terre, et
qu'on n'a pas la précaution d'y ajouter une proportion
suffisante d'aliments substantiels et secs, on voit apparaître, quinze jours à trois semaines après le début du
régime, un peu plus tôt ou un peu plus tard selon la

quantité de résidus de pomme de terre distribuée, de la rougeur et de la tuméfaction de la peau. Cette hyperhémie débute généralement par le paturon. « Les animaux ont quelque peine à reprendre l'attitude debout, les mouvements et les membres atteints sont gênés et la démarche est raide. Sur la peau hyperhémiée, douloureuse, apparaissent des vésicules souvent confluentes qui bientôt se déchirent ; il se forme ainsi des surfaces humides où le derme est à vif ; plus tard, ces lésions se dessèchent et deviennent croûteuses ; les poils sont hérissés, l'extrémité du membre est engorgée. L'éruption envahit généralement tout le paturon et s'étend jusqu'au genou ou au jarret ; elle peut même remonter à la face interne des cuisses, jusqu'aux bourses chez le mâle, jusqu'au pis chez la femelle. Dans certains cas, elle s'étend au tronc (abdomen, poitrine, encolure, dos, etc.), qui est parfois couvert de croûtes impétigineuses. La peau tuméfiée se plisse, se fissure, se crevasse, laisse suinter un exsudat liquide, purulent, qui se prend en croûtes plus ou moins épaisses. Avec ces altérations locales, il existe des troubles généraux. Au début, on observe une fièvre légère, de l'inappétence, un retard de la défécation, de l'injection et une hypersécrétion de la conjonctive, de la salivation. A ces symptômes s'ajoutent une diarrhée rebelle, de l'affaiblissement et de l'amaigrissement. Lorsque l'affection n'est pas enrayée, cet état s'aggrave et les animaux meurent d'épuisement, de septicémie, ou de pyohémie. Parfois en pénétrant dans les locaux où règne l'eczéma, on perçoit une odeur particulière de moisi (1) ».

Lorsqu'on dépasse 40 litres de pulpes et vinasses par

(1) Friedberger et Frohner. *Pathologie et thérapeutique spéciales des animaux domestiques*, traduction Cadiot et Ries.

jour, on voit apparaître l'eczéma; si on arrive à 80 litres, on le détermine à coup sûr.

A-t-on la précaution de modifier le régime, de suspendre l'administration de la pomme de terre pulpée, d'en réduire la proportion, la terminaison de l'affection eczémateuse arrive dans la quinzaine; il y a desquamation de l'épiderme et chute des poils, la diarrhée s'arrête et les malades se remettent en état. Si on ne modifie rien à l'alimentation ou si des causes déprimantes ajoutent leur action à celle de la pulpe, étables défectueuses, grande malpropreté, état déjà maladif des sujets, la mort peut être la conséquence de la maladie. C'est ainsi qu'en Galicie, pendant l'année 1885, Baranski a noté 20 % de pertes. Il y a d'ailleurs de grandes susceptibilités individuelles parmi les animaux nourris à la pulpe de pomme terre.

Il est utile de savoir qu'une première atteinte d'exanthème ne préserve point d'attaques ultérieures; chaque fois qu'on revient au régime qui le produit, il se montre. On a observé des bœufs qui ont subi six fois dans une année les atteintes du mal.

Celui-ci n'est guère connu que depuis un demi-siècle, c'est-à-dire depuis l'installation des féculeries et des distilleries, et l'utilisation des résidus. Il est plus commun en Allemagne qu'en France, ce qui n'a rien que de très naturel puisque la distillation de la pomme de terre s'y fait beaucoup plus largement que dans notre pays.

Bien des opinions ont été émises sur sa nature; on a voulu l'identifier à la « maladie du marc » que produit quelquefois l'ingestion de marc de raisin et de drêches, au « feu d'herbe ou rafle » occasionné par les rafles et les feuilles de vigne et aussi par d'autres plantes; on l'a rapproché de la fièvre aphteuse, des eaux aux jambes; enfin on a voulu y voir une gale symbiotique.

Johne a parlé des sels de potasse renfermés dans la pomme de terre comme les facteurs de l'exanthème, hypothèse injustifiée. On a incriminé les acides incorporés aux pulpes directement ou résultant des fermentations, mais cette hypothèse n'est pas plus soutenable que celle de Johne, puisque les autres résidus acides n'occasionnent point l'eczéma pas plus que les pulpes de betteraves provenant des distilleries qui ont été traitées par l'acide sulfurique.

Les alcools inférieurs ont été accusés; ils ne sont point inoffensifs assurément, mais on remarquera qu'ils sont en moindre quantité dans la pulpe et les vinasses de pomme de terre que dans d'autres résidus, tels que les drèches de seigle qui produisent l'intoxication alcoolique, mais point l'eczéma. D'autre part, Schmitz et Nessler ont étudié la fermentation de la glycose de pomme de terre; ils ont vu que les produits de cette fermentation, une fois ingérés, occasionnent de la difficulté dans la respiration, des sueurs froides, des nausées et une violente céphalalgie, tous symptômes qui n'ont point de rapports avec ceux de l'eczéma. Il y a donc un autre principe qu'il faut accuser.

Nous pensons que c'est la solanine. Notre conviction est basée sur les deux ordres de faits suivants :

Quand on remplace les pulpes et les vinasses par la pomme de terre elle-même, crue ou cuite, l'eczéma ne s'arrête point, il suit son cours, tandis que l'amélioration se montre quand on lui substitue un autre aliment, le maïs par exemple.

Nous avons eu l'occasion de suivre les effets produits sur les bêtes bovines par l'ingestion de fanes de pommes de terre. Il en est résulté une affection eczémateuse, avec son cortège de fièvre, de diarrhée, d'amaigrisse-

ment que rien ne différenciait — à mon jugement tout
au moins — de l'eczéma de la pulpe.

J'en conclus que le principe nocif qui se trouve dans la
tige verte de la pomme de terre est le même que celui
qu'on retrouve dans les vinasses et les pulpes de cette
solanée après son passage à l'usine. Je reconnais que
quand on détermine expérimentalement un empoisonnement avec la solanine préparée chimiquement, on obtient
des phénomènes de narcotisme et de paralysie qui ne
se montrent pas dans l'eczéma; mais une longue
expérimentation m'a appris qu'autre chose est de donner à des sujets d'expérience un alcaloïde chimiquement pur ou la plante entière qui l'a fourni ou encore
le suc de celle-ci. Les phénomènes sont rarement identiques, soit parce que le toxique est trop dilué dans
l'organisme du végétal, soit parce qu'il y est associé à
des corps qui en modifient l'action.

CHAPITRE II.

DES DRÈCHES.

Primitivement, le nom de drèche s'appliquait exclusivement au résidu de l'orge qui avait servi à la fabrication de la bière; aussi l'appelait-on et l'appelle-t-on encore fréquemment *son de bière*. Mais le sens de ce mot s'est élargi avec les progrès de l'industrie, et aujourd'hui on l'emploie pour désigner les résidus de tous les grains traités pour en extraire les matières amylacées et sucrées.

SECTION PREMIÈRE. — ORIGINE ET COMPOSITION CHIMIQUE DES DRÈCHES.

Les grains traités industriellement en vue du but qui vient d'être indiqué sont nombreux; avec l'orge, citons le froment, le maïs, le seigle, le sorgho et le dari, l'avoine, le riz, les fèves et les féveroles. Quatre industries les utilisent : la brasserie, l'amidonnerie, la glucoserie et la distillerie.

§ I. — *Des résidus de brasseries.*

Personne n'ignore que l'industrie du brasseur a pour but la fabrication de la bière, boisson alcoolique usitée dans tous les pays du Nord où la vigne ne croît pas ou ne mûrit pas ses fruits, à la place du vin dans la consommation journalière. Elle est également prise dans des pays de latitude plus méridionale, surtout en été, comme boisson rafraîchissante. La consommation en est considérable; il reste nécessairement une grande quantité de résidus pour une industrie aussi importante.

L'alcool de la bière provient de matières amylacées qui ont subi la saccharification puis la fermentation alcoolique. On y ajoute les principes aromatiques et amers du houblon pour donner à la bière la saveur particulière qui la caractérise.

On s'adresse généralement à l'orge qui fournit la substance amylacée à transformer. Pour certaines bières à goût spécial, comme celle de Louvain, on ajoute à l'orge, du blé et de l'avoine moulus. L'avoine possède un principe aromatique analogue à celui de la vanille, mais beaucoup plus faible, qui communique à la bière une saveur particulière. On s'est servi quelquefois du maïs. Enfin on ajoute des matières sucrées, mélasse, glucose, qui rendent le travail plus facile, *donnent du corps* à la bière et en assurent la conservation.

On emploie les variétés d'orge les plus recommandables. Par la sélection, on en a créé qui doivent être choisies de préférence aux autres, comme on a créé des variétés parmi les betteraves à sucre et les pommes de terre à fécule. M. Mœrcker a reconnu que quand l'orge est très riche en protéine, une partie des matières albuminoïdes se dissout, mais il reste toujours un trouble, de sorte que la bière a une apparence louche et se conserve mal. On comprend donc que les brasseurs recherchent les orges les plus riches en amidon et les plus pauvres en matières azotées. Or, il a été reconnu que l'orge est d'autant plus riche en substance amylacée que ses enveloppes sont plus minces, tout en entourant un grain de grosseur suffisante; l'orge Chevalier est le type de cette sorte. Le poids des grains proportionnellement à celui de leurs enveloppes est fort variable, puisque d'après M. Mœrcker, il faut de 19 à 33 grains pour peser un gramme.

La couleur claire est préférable à la couleur brune, elle indique que l'orge n'a point été mouillée. On aime mieux pour la brasserie, les grains tendres que ceux de consistance vitreuse, l'analyse ayant montré que les premiers sont pauvres en protéine. L'aspect vitreux des grains reconnaîtrait pour cause, d'après Mœrcker, l'étroitesse des espaces intercellulaires, qui permet plus difficilement la pénétration de l'eau pour la germination. A l'inverse de la brasserie, la distillerie recherche les grains vitreux parce que les matières albuminoïdes alimentent la levure (1).

Après avoir reconnu que les grains sont suffisamment lourds (1 litre de bonne orge doit peser en moyenne 650 grammes) et sains, c'est-à-dire capables de germer, le brasseur les mouille.

Le *mouillage* a pour but principal d'hydrater les grains afin d'en déterminer la germination, et pour but accessoire d'éliminer les corps étrangers mêlés accidentellement à l'orge, ainsi que les grains vides, trop légers,

(1) Mœrcker, *Die Tigenschaften guter Brawgerste. Landwirthsch Zeitu. Anseiger*, 1884.

recoltés avant maturité, brûlés pendant la formation
embryonnaire, en un mot incapables de germer. On les
enlève avec une sorte d'écumoire.

1° **Menues graines d'orge**. — Elles fournissent
un premier résidu qu'on emploie à la nourriture de tous
les animaux de la ferme, depuis le cheval jusqu'aux
oiseaux de basse-cour. Leur composition est extrêmement variable comme les causes qui les ont rendues
incapables de germer. L'analyse d'orge de bonne qualité
a donné les résultats suivants à MM. Muntz et Girard :

Eau...............................	16.46 %
Matières azotées.....................	11.58 —
— grasses.....................	1.93 —
— amylacées et sucrées........	46.78 —
Cellulose saccharifiable.............	7.91 —
— brute.....................	4.23 —
Substances indéterminées...........	8.9 —
Matières minérales.................	2.21 —

Les grains d'orge enlevés lors du mouillage n'ont
point une aussi riche composition; néanmoins, leur
valeur n'est pas nulle.

2° **Touraillons**. — Une fois suffisamment hydratée,
l'orge est portée au germoir. Là, une température de
14° à 18°, aussi constante que possible, favorise la germination. Cette opération a pour but de faire développer la
diastase qui doit opérer la transformation de l'amidon
en glucose ; c'est une des plus délicates, car il faut qu'on
obtienne suffisamment de diastase, et d'autre part, il faut
éviter que la germination se prolongeant par trop, il y ait
une trop forte consommation d'amidon. On admet que
la germination est suffisante quand la gemmule a atteint une longueur égale aux deux tiers de celle du
grain. Lorsque ce moment est arrivé, et cela se pré-

sente vers le 9e jour en été, et le 12e dans les autres
saisons, on arrête la germination en desséchant l'orge,
d'abord en l'étendant sur un grenier, à l'air, puis en
la plaçant dans une étuve appelée *touraille* où elle est
soumise à un courant d'air graduellement chauffé. La
nécessité de graduer la chauffe pendant le séchage
s'impose, car si l'on débutait par une température trop
élevée, d'au moins 60°, l'amidon du grain formerait empois, puis se desséchant constituerait une masse dure,
fort difficile à hydrater et par conséquent à saccharifier.
On perd parfois des brassins entiers pour cette raison.

Nous n'avons point à nous occuper des diverses sortes d'étuves et de tourailles, ni des perfectionnements
qu'on leur apporte soit afin d'éviter que les produits
aient une odeur de fumée ou de caramélisation, soit
pour rendre l'opération plus économique.

L'orge germée étant sèche, il faut en détacher les
radicelles et les tigelles. Autrefois, on y arrivait en
faisant piétiner par un ouvrier chaussé de galoches à
semelles de cuir, les grains au sortir de la touraille.
Aujourd'hui on emploie de préférence les moyens mécaniques, les tarares à brosses et à ventilateurs. Quel que
soit d'ailleurs le moyen employé, l'essentiel est d'effectuer la séparation le plus tôt possible, car alors radicelles et tigelles sont cassantes, tandis qu'avec le temps
elles s'hydratent à nouveau et se brisent moins facilement.

Ces déchets sont désignés sous le nom de *touraillons*.
De couleur jaune-brunâtre, d'odeur très légère de miel,
ils sont constitués par des radicelles contournées, cassées de diverses sortes et mesurant 5 à 8 millimètres de
long, d'une largeur de 3 à 4 dixièmes de millimètres,
les plus fins débris constituent une poussière brune.
On y trouve quelques pellicules de l'enveloppe du

grain ou son d'orge et aussi quelques grains entiers qui ont été enlevés avec les touraillons. Ils sont très avides d'eau et, d'après nos essais, ils en absorbent jusqu'à 5 fois et demie leur poids.

Ces touraillons ont été, jusque dans ces derniers temps, utilisés comme engrais. On les répandait directement sur les terres, on les plaçait sous les animaux comme litière ou enfin on les arrosait de purin. Payen, dans la 5ᵉ édition de son *Traité de Chimie industrielle*, publiée en 1867, ne signale encore que cet emploi.

On se privait ainsi d'un aliment excellent pour le bétail et très facilement accepté par lui. Sa composition chimique est la suivante :

Eau....................................   11.09
Substance sèche.......................   89.91

Pour 100 de substance sèche, il y a :

Matières azotées......................   26.89
—   grasses.....................   2.33
—   extractives non azotées........   46.86
Cellulose brute.......................   15.93
Cendres...............................   7.99

Sa teneur en protéine est très forte, et le rapport des matières azotées aux matières non azotées est :: 1 : 1,8. Sa digestibilité doit être élevée comme elle l'est généralement pour les aliments fournis par des végétaux très jeunes. Enfin comme il est très sec, sa conservation est facile et son transport plus commode et moins onéreux que celui de la plupart des résidus. Voilà donc plusieurs raisons qui justifient amplement son introduction dans l'alimentation du bétail et l'éloge qu'on en a fait.

3° **Malt.** — L'orge germée et desséchée prend le nom de *malt*, de même qu'on appelle malterie la partie des bâtiments où on le produit, et malteurs (*malters,* en angl.) ceux qui se sont fait une spécialité de cette préparation.

Il peut se faire que, pour des causes diverses, dont la plus commune est un chauffage trop brusque et trop élevé lors de la dessiccation qui empêche, comme il a été dit, la saccharification ultérieure de l'amidon, le malt ne soit pas employé à la fabrication de la bière; il doit être donné aux animaux. Il arrive parfois que l'orge germée leur est distribuée à l'état frais, avec ses radicelles et sa tigelle, avant d'être touraillée. D'après les tables de Th. von Gohren, la composition moyenne de ces deux sortes de malt est la suivante :

	MALT FRAIS avec ses germes.	MALT TOURAILLÉ sans germes.
Teneur en eau...............	47.5	7.5
Matière sèche.................	52.5	92.5

Dans 100 parties de matières sèches il y a :

Protéine.....................	6.5	9.4
Matières grasses..............	1.5	2.4
Extractifs non azotés..........	70.5	38.5
Cellulose brute...............	»	4.3
Cendres.....................	0.68	1.5

D'une façon générale, la germination enrichit en sucre les graines de céréales et les appauvrit en matières grasses; le gluten se modifie, se transforme partiellement en albumine soluble et ne convient plus aussi bien pour le travail de la panification.

Les animaux prennent le malt sans difficulté et en font bon profit. J.-B. Lawes dit que quand il s'agit de terminer l'engraissement de sujets qu'on prépare pour une exposition ou un concours, le malt convient très bien. Tout brasseur qui disposera de malt qu'il ne peut ou ne veut employer pour la fabrication de la bière, tout agriculteur qui trouvera à en acheter à bon compte feront très bien de l'utiliser pour le bétail. Mais comme toute question d'alimentation est doublée d'un côté économique, il faut se demander si un poids de malt provenant d'une quantité déterminée d'orge ordinaire est plus avantageux que cette quantité même. Des personnes intéressées à résoudre la question dans un sens plutôt que dans l'autre ont affirmé la supériorité du malt sur l'orge. M. Lawes, de Rothamsted, a étudié ce point avec sa conscience habituelle (1).

« Ses expériences portèrent sur 20 vaches à lait; 10 reçurent, outre une nourriture appropriée, une quantité déterminée d'orge et les 10 autres la quantité de malt provenant d'un poids d'orge semblable. De même 10 bœufs reçurent de l'orge et 10 autres de l'orge germée provenant d'un poids semblable de grains. Les expériences durèrent vingt semaines; pendant ce même temps, cinq lots de moutons de douze chacun reçurent respectivement de l'orge ou le poids correspondant d'orge avec un mélange de grains germés et non germés. Enfin l'expérience fut étendue pendant 10 semaines à six lots de porcs comprenant chacun huit animaux; en tout environ 148 animaux furent soumis aux essais. »

Le résultat de ces expériences fut qu'un poids donné d'orge est plus avantageux à la fois pour la production du lait et pour l'augmentation en poids vif que

(1) J.-B. Lawes, Emploi de l'orge germée dans l'alimentation des animaux domestiques, *The Agricultural Gazette*, mai 1876, traduit dans les *Annales agronomiques*, 1876, page 318.

le même poids de grain transformé en malt. Il est confirmatif des réponses faites à l'enquête de Thomas et Robert Dundas sur le même sujet. On se souviendra d'ailleurs que par l'acte même de la germination, l'orge perd environ 7 % de matière solide.

4° **Drèches.** — Quand le moment de se servir du malt est arrivé, on le soumet à la mouture. Cette opération ne s'effectue que quelques jours à l'avance, car le malt sec se conserve beaucoup mieux à l'état de grains entiers que moulu. On a la précaution à ce moment d'exposer le malt à l'air ou même de l'asperger d'une main très légère, afin de communiquer un peu d'humidité au spermoderme et de l'empêcher de se pulvériser par trop à la mouture. Pour la même raison, on donne un écartement suffisant aux meules ou aux cylindres; on pratique plutôt un concassage qu'une mouture véritable.

Le malt est ensuite soumis à la trempe ou au brassage proprement dit. On le dépose dans les *cuves-matières* qui sont pourvues d'un double fond criblé de trous. Celui-ci est placé à quelque distance du propre fond, et dans l'intervalle laissé entre les deux se trouvent un tube d'arrivée pour l'eau chaude et un robinet de vidange. Un couvercle ferme la cuve.

Le malt étant placé sur le faux fond, on fait arriver par-dessous une fois et demie en poids de malt, de l'eau à 65° et l'on brasse, puis on laisse reposer pour que l'hydratation se fasse bien et qu'il y ait dissolution des principes solubles. On amène une nouvelle coulée d'eau à 90°, on brasse, on ferme la cuve et on laisse en repos pendant environ trois heures. C'est pendant ce laps de temps que la diastase issue de la germination transforme en dextrine et en glucose une grande partie de la matière amylacée; le liquide sucré résultant du mélange de l'eau employée et du glucose dissous est le *moût* qu'on soutire de la cuve-matière pour le conduire dans d'autres récipients.

Après ce soutirage qui a enlevé environ 0, 6 de glucose au malt, celui-ci est soumis à une deuxième trempe avec de l'eau à 90°; de moitié ou des 2/3 moindre en quantité que précédemment; on brasse, on laisse reposer : une nouvelle saccharification se produit. On soutire le moût ainsi formé et on le mélange au précédent.

Une troisième trempe accompagnée des mêmes opérations et des mêmes manipulations active l'épuisement, mais généralement le produit n'est point mélangé aux précédents, il sert à la préparation de la petite bière.

Nous ne suivrons pas le moût dans sa mise en contact avec la décoction de houblon qui doit fournir à la bière son arome, son amertume et aider à sa conservation, dans sa décantation et son refroidissement, sa fermentation et sa clarification, toutes opérations qui, avec quelques variantes régionales, aboutissent à la production de la bière. Nous avons à réserver notre attention sur le malt épuisé et resté dans la cuve-matière après les soutirages successifs du moût. Il constitue *la drèche*.

Celle-ci est constituée par l'assemblage des enveloppes de grains d'orge grossièrement et inégalement déchirées; à leur face interne sont restées adhérentes des particules blanchâtres, de volume très inégal. Souvent plusieurs grains concassés et partiellement vidés sont adhérents. La couleur de la drèche est d'un jaune brun un peu plus foncé que celle de l'orge; elle a une odeur qu'on retrouve dans la bière et qui est assez particulière.

Examinée au microscope, elle montre d'abord les enveloppes du fruit dont la constitution histologique sera étudiée plus loin à propos du son. On trouve ensuite quelques grains d'amidon qui ont échappé à la saccharification et que l'eau iodée met en pleine évidence, du gluten qui, traité par l'acide azotique et la potasse, donne une coloration brune; puis en abondance des cellules de levûre (*Saccharomyces cerevisiæ*), à tous les états de végétation, et à côté quelques bactéries dont le nombre augmente avec l'âge de la drèche.

De même que le malt n'a pas été épuisé complètement de son amidon, il ne s'est pas dépouillé complètement de son glucose lors du soutirage du moût, et le lavage des drèches *fraîches* en décèle toujours.

La composition moyenne des drèches est la suivante (Dietrich et Kœnig) :

Eau.................................   77.65
Matière sèche.........................   22.35

Pour 100 de matière sèche, il y a :

Matières azotées.......................   20.65
—   grasses......................   6.83
Extractifs non azotés..................   46.07
Cellulose brute........................   21.32
Cendres..............................   5.13

M. Flourens qui a essayé un certain nombre de drèches des brasseries du Nord, donne les résultats suivants :

Eau........................   74.50 à 76.90
Amidon et substances dérivées..   4.25 à 6.50
Matières azotées...............   4.20 à 4.20
Matières non azotées...........   13.65 à 15.90
Matières minérales............   0.75 à 1.00

Ces analyses confirment les données fournies par le

microscope et indiquent que quelques grains n'ont pas germé ou que de l'amidon s'est transformé en empois à la touraille et qu'il y a eu production de grains vitrés.

Cette résistance de l'amidon est évidemment fâcheuse pour le brasseur; elle est avantageuse pour ceux qui font consommer les drèches. La valeur de celles-ci en est augmentée d'autant.

Le gros et le petit bétail prennent très bien les drèches et, de temps immémorial, on utilise ces résidus, dans les régions septentrionales, à leur alimentation. On en reconnaît d'ailleurs de mieux en mieux la valeur et la consommation s'en étend de plus en plus, même au loin des brasseries.

§ II. — *Des résidus d'amidonneries.*

Parmi toutes les graines qui renferment de l'amidon, l'industrie s'adresse particulièrement au blé, au maïs, au riz, aux fèves et féveroles, pour en opérer l'extraction.

Parmi les nombreuses variétés de blé qu'on cultive aujourd'hui, on choisit de préférence les *blés blancs* ou *tendres* qui sont les plus pauvres en matières azotées et grasses, mais les plus riches en substance amylacée. On s'adresse particulièrement à l'amidonnier (*Triticum amyleum*), dont l'épillet retombant, comprimé, donne un grain de forte teneur en amidon. L'amidonnier blanc, d'Alsace, et l'amidonnier roux, de Wurtemberg, sont les plus estimés; ce sont des blés de printemps.

On emploie aussi des blés demi-durs ou intermédiaires; les blés durs conviennent peu. Le froment ordinaire sans barbes (*T. vulgare muticum*), notamment dans les variétés suivantes : blé blanc de Flandre, tou-

zelle blanche de Provence, richelle de Naples, blé de
Saumur, est également fort employé.

Les analyses suivantes, dues à Payen, donnent la raison du choix fait par les industriels :

	TENEUR EN				
	Amidon.	Gluten et autres matières azotées.	Dextrine et Glucose.	Graisse.	Cellulose.
Blé dur de Venezuela...	58.12	22.75	9.50	2.61	4.00
— — d'Afrique........	64.57	19.50	7.60	2.12	3.50
— demi-dur de Brie ...	68.65	16.25	7.00	1.95	3.40
— blanc (Touzelle).....	75.31	11.65	6.05	1.87	3.00
Maïs..................	67.55	12.50	4.00	8.80	5.90
Riz...................	89.15	7.05	1.00	0.80	1.10

Le prix peu élevé des fèves et féverolles, ainsi que
celui du maïs et du riz, quand les récoltes sont abondantes
et l'importation non entravée par des mesures fiscales trop
rigoureuses, est la raison, avec la qualité particulière des
produits fournis par quelques-unes de ces graines, de
leur emploi dans l'industrie de l'amidonnerie.

Celle-ci laisse à l'alimentation du bétail : 1° les drèches ;
2° les eaux. Quelques explications sur les procédés d'extraction de l'amidon montreront l'origine des deux résidus ci-dessus et renseigneront déjà quelque peu sur
leur valeur alimentaire.

Autrefois, pour retirer l'amidon d'un grain donné, on
s'efforçait de détruire, par une fermentation spéciale, le
gluten ou matière azotée qui l'accompagne. Après avoir
concassé le grain, on le laissait immergé plusieurs se-

maines dans une eau à laquelle on avait ajouté du liquide
d'une opération antérieure, dite *eau sûre des amidon-
niers*. Celle-ci apportait à la masse les ferments nécessaires pour la liquéfaction du gluten, opération qui s'accompagne d'un dégagement d'ammoniaque et d'hydrogène sulfuré, et répand une odeur si infecte que les
amidonneries où ce procédé est usité sont rangées dans
la catégorie des industries insalubres de 1re classe. Le
gluten étant liquéfié, on étend d'eau toute la masse, on
tamise, puis le liquide filtré est abandonné au repos et
l'amidon se dépose. Il est ensuite recueilli, purifié,
blanchi et desséché.

Ce procédé n'est recommandable que quand il s'agit
de traiter des grains ou des farines avariées qu'on ne
pourrait soumettre aux opérations dont il va être question. A part cela, il doit être rejeté, 1° parce qu'il laisse
perdre le gluten, c'est-à-dire une matière azotée qui serait avantageusement utilisée pour la nourriture de
l'homme ou du bétail; 2° parce que le rendement en
amidon ne dépasse pas 40 à 45 p. % de la farine employée, tandis qu'avec d'autres procédés on va à 60 et
62 %; 3° parce que c'est une industrie franchement
insalubre.

Un autre procédé consiste à laisser tremper les grains
dans l'eau pendant quelques jours seulement, pour les
gonfler et les ramollir, à les laver, à les écraser sous une
série de meules entre lesquelles on fait continuellement
arriver un filet d'eau qui entraîne l'amidon. On tamise
pour séparer les enveloppes et le gluten de l'amidon;
celui-ci se dépose dans des cuves ou mieux sur des plans
inclinés; on le sépare, suivant sa qualité, pour le puri-
fier et le dessécher.

Le résidu, resté sur le tamis d'extraction, est constitué par le son. Le gluten et une certaine proportion de

grains d'amidon emprisonnés dans ce dernier, constituent la *drèche d'amidonnerie.*

Dans les usines où l'on opère sur le maïs, indépendamment de la drèche, on recueille un autre produit qui
se vend aujourd'hui sous l'appellation de *gluten de
maïs.* C'est l'eau laiteuse qui après avoir déposé son amidon sur les plans inclinés tombe dans des citernes où on
la laisse déposer. Le dépôt constitué, après égouttage, par
des matières azotées emprisonnant de l'amidon, est
précisément ce qu'on désigne du nom trop exclusif de
gluten.

Un troisième mode d'extraction de l'amidon, dit procédé Martin, de Grenelle, du nom de son inventeur, a
la préférence de beaucoup de personnes, parce qu'il donne
des amidons plus beaux et plus abondants que les précédents, que le gluten se retire intact et que l'opération
n'offre rien d'insalubre.

Dans ce procédé, on agit habituellement sur la farine
et non sur le grain entier. On mêle de l'eau (12 d'eau
pour le poids de farine) à la farine, on la transforme en
pâte bien homogène par un pétrissage mécanique. Cette
pâte est soumise, dans un appareil dit amidonnière, à un
lavage méthodique qui dure environ une heure et amène
la séparation de l'amidon. Le liquide chargé de ce corps
qu'on laisse s'échapper de l'amidonnerie tombe sur des
plans inclinés pour que le dépôt d'amidon s'effectue
comme précédemment. Mais le liquide n'est jamais dépouillé complètement; il entraîne encore de petites pellicules ou petits sons, des fragments de gluten et un peu
d'amidon; aussi le recueille-t-on dans des réservoirs, pour
qu'il y puisse déposer l'amidon restant. Ce qui surnage
au-dessus de ce dépôt constitue les *eaux* ou *vinasses
d'amidonnerie, les drèches liquides,* qu'on utilise soit
pour le bétail, soit pour la distillation.

Ces vinasses qu'on peut recueillir aussi par le
deuxième procédé qui a été indiqué, sont les seuls résidus que fournit pour le bétail le procédé Martin, car
le gluten resté dans l'amidonnière est utilisé pour la
fabrication de pain et de pâtes alimentaires réservés à
l'homme.

Il est possible d'appliquer le procédé Martin au traitement non seulement de la farine, mais du grain concassé ; dans cette occurrence, le gluten étant mélangé
aux enveloppes, va dans la crèche du bétail.

Connaissant l'origine des trois produits : drèches,
gluten et vinasse, fournis par les amidonneries, il reste
à en voir l'aspect et la composition chimique.

Drèches. — L'aspect extérieur des drèches est variable comme les sortes de grains employés. La drèche
de maïs ressemble peu à celle de blé et celle-ci peu à
celles de fèves ou de riz décortiqué. Elles sont faciles
à distinguer et on leur attribue leur provenance sans
difficultés : l'enveloppe de chacune d'elles a ses caractères particuliers, dont il sera traité avec détails à
propos des sons et farines, qui la différencient. En faisant porter l'examen microscopique sur la masse fari-
neuse, on trouve toujours des granules amylacés qui
ont échappé au lavage et qui permettent de deviner leur
origine en raison de leurs formes, de leurs dimensions
et de leur structure dont il sera également question
plus loin.

D'une façon générale, la drèche d'amidonnerie est
constituée par des grains plus divisés et par des fragments plus ténus et plus nombreux que celle de brasserie ; c'est une nécessité des procédés mécaniques à l'aide
desquels on extrait l'amidon, mais le gluten agglutine
les fragments.

La composition des drèches varie non seulement

suivant l'espèce de céréale ou de légumineuse qui les a fournies, mais encore dans chaque espèce, d'après la variété.

Ne pouvant entrer dans l'exposé de la composition de toutes ces variétés pour lesquelles, au reste, les documents ne sont pas complets, nous allons donner la composition de drèches de blé, de maïs et de riz.

DRÈCHES FRAICHES DE BLÉ (Dietrich et Kœnig).

Eau............................	74.02 %
Matières azotées...................	4,35 —
— grasses...................	2.20 —
Amidon et autres extractifs non azotés.........................	15.43 —
Cellulose........................	3.38 —

DRÈCHES FRAICHES DE MAÏS (Flourens).

Eau............................	70. %
Matières azotées...................	5.16 —
Amidon.........................	18. —
Autres matières non azotées........	6. —
Substances minérales..............	0.8 —

DRÈCHES FRAICHES DE RIZ (Flourens).

Eau............................	75. %
Matières azotées...................	2.05 —
Amidon.........................	18.50 —
Autres matières non azotées........	4.15 —
Substances minérales..............	0.3 —

Ces analyses renforcent la démonstration donnée par le microscope, à savoir qu'une proportion d'amidon qui peut dépasser 18% n'est point enlevée par les procédés mécaniques mis en usage.

Si les drèches sont destinées à être consommées sur place par le bétail, on les laisse telles que nous venons de les décrire; on les égoutte plus ou moins énergiquement quand elles doivent être charriées. Inutile de dire que l'égouttage, en leur enlevant de l'eau, en hausse la valeur.

Gluten. — Le produit improprement désigné de ce nom, se présente sous forme d'une pâte mal liée, diversement hydratée suivant l'égouttage qu'elle a subi, de couleur variant du jaune franc au blanc sale.

Flourens a donné la composition suivante du gluten de maïs frais et égoutté.

Eau..................................	70.00
Matières azotées.....................	7.50
Amidon..............................	13.80
Autres matières non azotées...........	8.28
Substances minérales.................	0.42

Comparé aux drèches proprement dites, ce produit a une teneur plus élevée en azote et une moindre en amidon, c'est peut-être ce qui a porté à l'appeler gluten, encore que strictement le total de ses matières ternaires l'emporte de beaucoup sur celui de la protéine.

Il constitue un aliment qui entre dans la ration du porc et de la vache laitière.

Vinasses d'amidonnerie ou drèches liquides. — Les vinasses d'amidonnerie diffèrent beaucoup, suivant leur provenance : les unes ne sont guère qu'une eau blanche ayant quelque analogie avec les boissons blanchies à la farine qu'on distribue parfois aux animaux, les autres constituent un véritable gluten égoutté. Qu'on en juge par les chiffres suivants (Dietrich et Kœnig) :

SUR 100 PARTIES DE	IL Y A	
	Eau.	Subst. solides.
Vinasses de blé...................	89.2	10.8
— riz....................	48.29	51.71
— maïs................	70.84	29.16

RÉSIDUS INDUSTRIELS. 7

D'après les mêmes auteurs, la composition centésimale de la substance sèche de ces vinasses est la suivante :

Nature des résidus.	Matières azotées.	Matières grasses.	Extractifs non azotés.	Cellulose brute.	Cendres.
Vinasses de blé...	12.77	5.27	76.88	3.05	2.03
— de riz....	18.70	4.63	74.59	1.06	1.02
— de maïs..	16.72	0.56	80.84	1.15	0.73

§ III. — *Des résidus des glucoseries et des distilleries de grains.*

Nous réunissons les deux industries de la glucoserie
et de la distillerie, parce que dans l'une et l'autre, il faut
saccharifier l'amidon. Dans les glucoseries, cette première phase constitue toute l'opération tandis qu'elle
n'est qu'une étape dans les distilleries.

Dans plusieurs glucoseries, on se sert actuellement
de fécules ou d'amidons comme matière première ; on les
fait venir directement des amidonneries ou des féculeries et on les transforme. La transformation se faisant
intégralement, il n'y a pas de résidus pour les animaux.
Dans d'autres usines, on agit sur les grains ou les tubercules ; on obtient un déchet. Tout ce qui a été ou ce
qui va être dit des résidus des matières qu'on saccharifie s'applique ici et ne comporte aucune mention
spéciale.

La distillation des grains, plus répandue à l'étranger
et spécialement en Allemagne qu'en France, s'adresse
communément au seigle, au maïs, au sorgho, au dari et

au riz, et exceptionnellement au froment, à l'avoine, à l'orge et au sarrasin.

Le seigle est, avec le maïs, la céréale la plus généralement employée à la production de l'alcool. Les raisons de ce choix se trouvent dans son prix relativement peu élevé en comparaison de son rendement en alcool, dans sa richesse en azote très propice à la levure et fournissant des drèches nourrissantes, et enfin en ce qu'il n'est pas difficile sur le terrain et s'accommode de terres médiocres ou d'altitudes telles que d'autres céréales et en particulier le blé n'y croîtraient pas ou difficilement.

E. Wolff attribue la composition suivante au seigle.

Eau............................	14.3	%
Matières azotées..................	11º	—
— grasses...................	2º	—
Amidon, dextrine, etc..............	67.4	—
Cellulose.......................	3.5	—
Matières minérales................	1.8	—

Le climat et les engrais influent sur la composition chimique du seigle. Celui de Russie a une forte teneur en protéine; le taux s'en élève également quand on fume les terres qui doivent le recevoir.

Au paragraphe précédent, on a vu la composition chimique du maïs et particulièrement sa richesse en amidon; si l'on y ajoute son prix et la qualité des résidus qu'il laisse, on aura le motif de la préférence dont il est l'objet de la part des distillateurs.

Il est des régions et des terrains qui s'accommodent mieux de la végétation du sorgho que de celle du maïs, d'autres où une habitude séculaire en impose la culture. Il était tout indiqué aux industriels qui se trouvent dans de telles conditions d'en utiliser les graines.

Depuis plusieurs années, il s'est créé en Europe un courant d'importation de *Dari* (durra, dhaira), graines du *Sorghum tartaricum,* très largement cultivé en Égypte, dans le Turquestan, en Syrie, dans les Indes anglaises et dans l'Afrique du Sud.

Le sorgho importé d'Égypte est à grains noirs, celui de Syrie à grains blancs, et celui d'Afrique est grisâtre. Les Anglais paraissent en avoir été les premiers importateurs pour la nourriture de leur bétail, puis on l'a distillé, notamment en Écosse et en Irlande; l'exemple n'a pas tardé à être imité par les distillateurs belges et français. La teneur en amidon, qu'on appréciera par le tableau suivant (1) de la composition du dari de diverses provenances, justifie le choix dont il a été l'objet.

	Dari égyptien.	Dari syrien.	Dari sud-africain.
Eau......................	10.05	10.37	8.04
Matières azotées..........	7.05	9.88	10.31
— grasses..........	6.11	3.52	4.42
— extractives......	74.20	72.82	73.32
Ligneux................	0.97	1.63	1.77
Cendres................	1.62	1.78	2.14

L'analyse chimique du riz donnée à la page 92 a fait voir combien cette graminée est riche en amidon; aussi, outre son utilisation dans les amidonneries, est-il naturel qu'on ait songé à s'en servir pour la distillation; il donne en effet un fort rendement d'alcool fin.

Occupant, et de beaucoup, la première place dans les cultures des pays chauds, humides et suffisamment plats pour pouvoir être irrigués à volonté, le riz est l'a-

---

(1) Fritsch et Guillemin, *op. cit.*, p. 14.

liment par excellence de populations très nombreuses,
surtout de celles de l'extrême-Orient. La plus grande
partie de celui qui est consommé en Europe est importée; on apprendra donc sans surprise que les pays
européens' possesseurs de colonies dans les régions
chaudes, se sont particulièrement occupés de l'utilisation
industrielle du riz non consommé par l'homme. La
Hollande, par exemple, avec le riz, fabrique l'arrac,
eau-de-vie estimée. Actuellement, on s'occupe aussi
de l'alcoolisation du riz sur les lieux de production,
au Tonkin en particulier.

Les grains de riz intacts et de bonne qualité sont réservés, a-t-il été dit, pour l'alimentation humaine, mais
ceux de qualité inférieure ou qui ont été cassés, écrasés, avariés, s'offrent au distillateur.

« Les balles de riz provenant de la décortication contiennent encore une notable proportion d'amidon; vu
leur bas prix, elles peuvent être avantageusement utilisées pour la fabrication de l'alcool; de plus, ces produits contiennent une quantité de matières grasses qui
augmente la valeur nutritive des drèches » (Fritsch et
Guillemin.)

Très rarement, le froment est employé dans la distillation; on n'utilise que les grains avariés, insuffisamment mûrs, brûlés, qu'on ne veut pas soumettre à
la mouture.

Quant à l'orge et à l'avoine, les distillateurs les
emploient plutôt pour la préparation des malts que
pour les soumettre directement à la fermentation et aux
opérations subséquentes.

Quels que soient les grains employés pour la distillerie, une fois l'opération terminée, tous laissent des drèches qui, suivant les procédés usités, sont *solides, liquides* ou *pressées*. Leur valeur n'est point identique,

pas plus que la façon dont elles doivent entrer dans les rations. Ainsi que nous l'avons fait pour la sucrerie, la brasserie et l'amidonnerie, nous allons donner les quelques détails de fabrication strictement nécessaires pour comprendre l'origine de ces trois sortes de drèches et leur différence de valeur.

La fabrication de l'alcool de grains comporte quatre opérations principales : 1° la saccharification de l'amidon; 2° la fermentation du sucre; 3° la distillation de l'alcool produit par la fermentation ; 4° la rectification.

Au point de vue spécial où nous sommes placés, nous laisserons de côté la rectification. En effet, cette opération par laquelle on épure les flegmes ou alcools bruts, et on les dépouille des huiles de fusel ou huiles essentielles qui les déprécient, ne laisse pas de résidus comestibles pour les animaux. Les produits séparés de l'alcool sont constitués par une série de corps issus des fermentations secondaires et accessoires et consistant principalement en alcools amylique, éthylique, propylique, isopropylique, butylique, isobutylique, en aldhéhyde et en éthers caproïques, caprylique et caprique; il s'agit donc de substances ou très volatiles ou dont l'usage ne serait pas sans danger, car plusieurs sont toxiques.

Dans la fabrication de l'alcool, il est habituel de traiter ensemble plusieurs sortes de grains, le seigle et l'orge, le maïs et le riz, ou des grains et des tubercules; le prix de ces grains, le plus ou moins de facilité de se procurer telle ou telle sorte, l'abondance ou la pénurie des arrivages de l'étranger, en sont les principales causes. Il en est encore une autre, c'est la différence des moûts obtenus selon le grain employé; par exemple le seigle donne un moût épais et l'orge un moût clair, on peut donc corriger l'un par l'autre. Enfin on a remarqué que le mélange est souvent favorable à la fermentation, la levure trouvant des aliments plus divers et plus appropriés dans deux ou trois espèces de grains que dans une seule.

La saccharification de l'amidon s'obtient par les procédés suivants, dont plusieurs comportent des variantes : 1° l'emploi du malt; 2° celui des acides; 3° celui d'une moisissure.

Un mot seulement sur ce dernier, uniquement applicable au riz, employé seulement en Extrême-Orient et qui disparaîtra vraisemblablement quand cette région se sera plus complètement et plus largement ouverte à l'influence européenne.

Au Japon et en Indo-Chine, on obtient la transformation de l'amidon du riz en se servant de koji, qui joue le rôle du malt en Europe. Le koji est du riz qui a été soumis intentionnellement aux attaques d'une moisissure appelée par Ahlburg qui l'a bien étudiée *Eurotium Orizæ*. Lorsque le riz est couvert d'un feutrage de mycelium, on le met en tonneaux et on le conserve, comme on le fait du malt, pour s'en servir au moment voulu. Celui-ci arrivé, on mêle le koji au riz à saccharifier et il joue le rôle de diastase (1). On s'en sert beaucoup au Japon pour la préparation d'une boisson, le saké.

Les drèches du riz traité au koji sont envahies par l'*Eurotium Orizæ*. Sont-elles ou seraient-elles mangées par les animaux? Il ne nous a pas été possible de nous procurer des renseignements sur ce point qui est, d'ailleurs, dépourvu d'intérêt pour l'Européen.

La saccharification au malt a une autre importance; suivant qu'on la pratique par tel ou tel mode, on obtient

---

(1) G. Petit, L'alcool de riz, *Revue scientifique*, 1891, p. 75.

ou non des drèches solides ou drèches proprement
dites.

**Drèches proprement dites ou drèches soli-
des.** — Les drèches solides sont obtenues en distillerie
quand on travaille les grains par le procédé dit anglais.
Dans ce mode, on suit la même marche que pour la fabrication de la bière, avec cette différence qu'au lieu
d'agir uniquement sur du malt, on opère sur du grain
concassé additionné de 30 % environ de malt. On place
dans une cuve-matière et on fait de deux à cinq trempes à l'eau chaude, afin d'épuiser. Habituellement, lorsqu'on fait plus de deux trempes, le produit des deux
premières seules est mélangé et mis directement en
fermentation ; les suivantes sont employées le lendemain comme eau de première trempe. Les moûts sou-
tirés sont clairs et les drèches restées en cuve ressemblent
à celles des brasseries. Elles leur sont d'autant plus
semblables qu'il y a toujours des résidus d'orge puisqu'on se sert invariablement de malt. Il en résulte que
ce qui a été dit à propos des drèches de brasserie s'applique ici. Ajoutons qu'il est difficile de donner une
composition moyenne de ces résidus, puisque les pratiques sont très variées, et qu'une drèche qui n'a subi
que deux trempes n'est point épuisée comme celle qui
en a subi cinq.

En résumé, il s'agit de drèches provenant de la saccharification des grains ; ceux-ci n'ont point éprouvé
les opérations consécutives qui ont porté exclusivement
sur des moûts clairs. On pourrait les réunir avec celles
de brasserie sous la dénomination de *drèches de saccharification*.

Drèches liquides. — Les résidus dont il s'agit
proviennent de grains qui, outre la transformation de
leur amidon par le malt, ont subi la fermentation et la

distillation. En d'autres termes, ils résultent de la distillation ; ils n'ont été séparés de l'alcool qu'ils ont produit que par cette dernière opération ; jusque-là, avec l'eau et le sucre en solution, ils formaient des moûts pâteux.

Plusieurs procédés se concurrencent pour l'obtention de moûts pâteux. Dans celui qu'on appelle « ancien procédé allemand » le grain concassé est d'abord mis en trempe avec de l'eau chaude et le malt dans des macérateurs spéciaux pourvus d'un délayeur et d'un barboteur ; la transformation s'opère à 70° environ. L'introduction peut se faire en une fois, mais on préfère habituellement la fractionner tant pour la mouture que pour le malt. On brasse et on laisse la saccharification s'opérer, ce qui demande environ deux heures. On obtient alors un moût blanc et farineux qui finit par se colorer en jaunâtre et prendre un goût sucré. Cette masse pâteuse est déversée dans des bacs pour se refroidir, étendue d'eau si c'est nécessaire pour obtenir le degré aréométrique voulu, puis soumise à la fermentation et enfin à la distillation.

Dans ce qu'on qualifie de « nouveau procédé allemand » on effectue la cuisson des grains entiers, sous pression, sans mouture et avec ou sans trempe préalable. La cuisson terminée, les grains cuits sont amenés dans un macérateur où l'on a déposé du lait de malt ; la transformation s'effectue et il ne reste plus qu'à soumettre le moût à la fermentation et à la distillation. Ce procédé s'applique particulièrement au seigle, au maïs et au dari.

Ce serait sortir de notre cadre que d'entrer dans le détail des perfectionnements apportés à ces procédés, qui ont tous pour but d'augmenter la proportion d'amidon transformée. Pour y arriver, on a cherché à faire agir parallèlement la saccharification et la fermentation, afin que le sucre étant détruit au fur et à mesure de sa production, la transformation de l'amidon soit portée à son maximum.

Quoi qu'il en soit, les moûts préparés sont déversés dans les cuves de fermentation et additionnés de levains ou levures, en supposant que cette addition n'ait pas été pratiquée dans le macérateur. La fermentation se met en marche et la transformation en alcool se fait avec une rapidité qui varie principalement avec la température; elle oscille de 48 à 75 heures.

A côté de la fermentation alcoolique ou principale, s'en produisent d'intercurrentes qu'on qualifie généralement de fermentations vicieuses et qui donnent des acides acétique, lactique, des éthers, etc. Enfin il faut tenir compte aussi des substances qui n'ont point été touchées par les fermentations : cellulose, dextrine, matières minérales. Par la distillation, on sépare l'alcool et les corps volatils des matières non volatiles. Celles-ci constituent les drèches liquides ou vinasses dont nous avons à nous occuper.

La dilution des drèches est variable suivant les appareils de distillation employés. Il en est où le chauffage des colonnes à distiller se fait par barbotage de vapeur à la partie basse; cette vapeur finit par se condenser dans les résidus, elle se mêle à eux et en augmente le volume et la dilution. Dans l'appareil Vernuleth et Ellenberger, les drèches sont moins aqueuses.

On estime que leur teneur en eau va de 89 à 96 %. Quant à leur composition, elle est corrélative de celle des grains dont elles dérivent; et, comme en définitive, toute la série d'opérations qui aboutit à la production des flegmes n'a point eu d'influence sur les matières autres que les hydrates de carbone, il s'ensuit que connaissant la composition du

grain employé et soustrayant l'amidon et le sucre, on
peut en déduire approximativement celle de la drèche, en ramenant à la matière sèche. Tel est le motif
principal pour lequel nous avons cru devoir donner la
constitution chimique des principaux grains employés
en distillerie.

Voici, d'après Dietrich et Kœnig, la composition de
deux sortes de vinasses :

	Eau.	Matières azotées.	Matières grasses.	Ext. non azotés.	Cellulose brute.	Cendres.
Vinasses de seigle....	92.16	1.64	0.34	4.30	1.17	0.39
— de maïs.....	90.61	1.98	1.04	4.95	0.99	0.43

Les drèches liquides sont acides par suite de la présence des acides lactique et acétique formés par les fermentations intercurrentes. Dans un échantillon étudié
par M. Flourens, l'acidité correspondait à $2^{gr}25$ d'acide
sulfurique monohydraté par litre. Quand elle ne dépasse
pas ce taux, cette acidité n'est point un obstacle à la consommation, puisque les hygiénistes vétérinaires recom-
mandent pour les animaux l'usage de limonade sulfurique qui a précisément cette teneur. Les vinasses
sont d'ailleurs recherchées par les ruminants domestiques, surtout par les vaches laitières qui les prennent
avidement.

Drèches pressées. — Il n'a été question jusqu'ici
que de la saccharification de l'amidon par diastase; on
traite aussi les matières amylacées par les acides. Soumises à une ébullition prolongée dans de l'eau aiguisée
par un acide fort (sulfurique, phosphorique, chlorhy-

drique), elles se transforment en dextrine puis en glucose. En se basant sur ce fait, on a installé des glucoseries et des distilleries où les acides remplacent le malt.
On saccharifie à l'air libre ou en vases clos.

Dans la saccharification à l'air libre, le grain concassé
est placé dans une cuve où bout de l'eau acidulée; cette
cuve établie très solidement est munie d'un barboteur
qui amène la vapeur destinée à fournir le calorique
indispensable à la transmutation. On laisse bouillir
pendant 8 à 12 heures pour que la transformation s'o-
père; ce résultat obtenu, l'excès d'acide est neutralisé et
on fait fermenter puis distiller.

Ce procédé a l'inconvénient de nécessiter de grandes
dépenses en combustible et en acide; on a cherché à y
remédier en se servant d'un appareil en cuivre où la
pression, combinée à un certain degré de température
déterminé pour chaque espèce de grain employé, réalise
toutes les conditions de la réaction. Il y a évidemment
là un progrès.

Du moment qu'il y a emploi d'acide et que les opérations successives auxquelles on soumet les matières
premières ne le détruisent point, l'agriculteur se demande s'il peut utiliser les résidus dans l'alimentation
de son cheptel ou s'il n'a point à craindre qu'en vertu
de leurs propriétés spéciales, ces acides mêlés aux drèches et introduits dans l'économie n'amènent des accidents.

Les industriels emploient ou l'acide sulfurique ou
l'acide chlorhydrique; dans le procédé de cuisson sous
pression on ne se sert que du second, parce qu'il n'attaque guère le cuivre à l'abri de l'air, et on en met environ
1 kilogr. par 22 kilogr. de grains de maïs. Dans la méthode de cuisson à air libre, on met 1 kilogr. 250 d'acide
sulfurique ou 2 kilogr. 500 de chlorhydrique par

25 kilogr. de grain, dilués bien entendu dans quantité
suffisante d'eau. En établissant le degré d'acidification
de l'eau par l'acide chlorhydrique dans le procédé de
cuisson sous pression, on trouve de 20 à 27 gr. d'a-
cide par litre.

Cette proportion est trop considérable pour qu'on
puisse donner impunément ces vinasses aux animaux;
elle l'est trop également pour que la fermentation du
moût s'opère convenablement; aussi avons-nous déjà
dit que la saccharification effectuée, on neutralise l'excès
d'acide, en ne laissant qu'une acidité représentée par
environ 0^{gr}, 8 d'acide par litre, calculé en acide sulfurique.

La neutralisation se fait soit avec la chaux, soit avec
le carbonate de soude. Lorsque l'acidification a été faite
à l'aide de l'acide sulfurique, on emploie la chaux qui
se combinant avec cet acide forme du sulfate de chaux
qui est mêlé aux résidus. Pour l'utilisation de ceux-ci,
il faut absolument les débarrasser de ce sel; si on
ne le fait pas, ils ne doivent pas être donnés au bétail, mais servir seulement comme engrais. Dans l'emploi du carbonate de soude pour neutraliser l'acide sulfurique, il y a production de sulfate de soude, corps
soluble qui communique ses propriétés purgatives aux
vinasses et les rend inutilisables si on n'arrive pas à
l'éliminer.

Quand on s'est servi d'acide chlorhydrique pour l'a-
cidification, on emploie habituellement le carbonate de
soude pour la neutralisation. Bien que d'un prix supérieur à la chaux, ce corps a l'avantage en se combinant avec l'acide chlorhydrique, de former du chlorure
de sodium ou sel de cuisine, qui est inoffensif à moins
qu'il ne soit donné en trop forte quantité.

Dans le procédé de saccharification par l'acidification,

l'emploi d'acide chlorhydrique et sa neutralisation par
le carbonate de soude, est la seule méthode qui permette
d'employer les drèches à l'alimentation sans leur faire
subir un traitement ultérieur qui les débarrasse des corps
nuisibles qu'elles renferment. Mais comme, en définitive, la distillation des grains est avant tout une industrie agricole, si l'on ne peut pas utiliser les résidus
ou ne les utiliser qu'exceptionnellement pour nourrir
les animaux, le prix de l'alcool obtenu s'élèvera d'autant.

Le travail des grains par les acides aurait donc fata-
lement disparu devant la transformation par le malt, si
l'on n'eût trouvé le moyen de débarrasser les résidus
de ce qui les rendait inutilisables. On y est arrivé par
l'emploi de filtres-presses. Lorsque la saccharification
est terminée et la neutralisation de l'excès d'acidité
opérée, on fait passer les moûts dans des filtres-presses.
Ils y laissent leurs parties solides et des jus clairs sont
envoyés à la fermentation. Ces parties solides retenues
sont pressées et forment galettes; on les brise et on les
délaye dans de l'eau, on les repasse une seconde fois
au filtre-presse afin de les épuiser complètement du
glucose qui pouvait y être resté et aussi de les débarrasser de l'acide, du sulfate de soude et du chlorure de
sodium formés pendant la neutralisation et qui, étant
solubles, sont entraînés par les eaux de lavage. Rien
n'empêche alors d'utiliser ces *drèches pressées* pour la
nourriture des animaux.

Section II. — Conservation des drèches.

Les drèches liquides devant être données aussi chaudes que le bétail peut les ingérer, on a tout avantage à

les faire consommer sur place. Comme ce sont des matières très encombrantes, on ne peut les transporter bien loin. Leur conservation ne peut pas se prolonger longtemps. Le réservoir où on les dépose doit être en rapport avec un tuyau de vapeur qui les maintient à une température suffisamment élevée pour que les fermentations lactique, acétique et putride ne se développent pas. Ce n'est donc que dans les établissements où l'on dispose d'un générateur à vapeur et ou d'autres travaux paient le combustible, que la conservation temporaire des vinasses est possible et pratique.

Les drèches consistantes se conservent 1º par ensilage; 2º par pression; 3º par dessiccation.

Conservation en silos. — Tout ce qui a été dit précédemment, à propos de l'ensilage des pulpes, est applicable aux drèches. On s'y reportera pour les dispositions à donner aux silos et pour le dépôt des drèches. Une fois entassées, celles-ci se mettent à fermenter, et comme elles n'ont encore subi que la saccharification, puisqu'il ne s'agit que des résidus de brasserie ou des drèches provenant de grains destinés à la distillation et traitées par le procédé anglais, elles subissent la fermentation alcoolique, à laquelle succèdent l'acétique, la lactique, la butyrique. Dès le lendemain, la température intérieure de la masse s'élève à 40º pour atteindre 65º et 72º dans la huitaine. Le glucose qui existe toujours dans les drèches fraîches disparaît rapidement, car dès le quatrième jour, nous n'en avons plus trouvé dans des résidus qui avant l'ensilage en renfermaient 3 ^{gr}, 703 par kilogr.

Par suite de ces fermentations, la composition des drèches ensilées est différente de celle des drèches fraîches.

L'analyse suivante, faite au laboratoire de MM. Müntz

et Girard, a porté sur des drèches de brasserie ensilées
depuis six mois et dont on alimenta les bêtes bovines de
notre ferme pendant l'hiver :

Eau............................	71.75	%
Matières azotées.................	5.74	—
— grasses........	3.19	—
— minérales	1.20	—
Cellulose........................	4.38	
Extractifs non azotés.............	13.74	

Quand l'ensilage a été bien fait, la conservation des
drèches peut être longue; il est rare pourtant qu'on aille
au delà de six mois avant d'ouvrir le silo et d'en commencer la distribution du contenu aux animaux.

Conservation en tourteaux. — (Procédé
Porion et Mehay). Tout à l'heure, au sujet des résidus
de grains travaillés par les acides, il a été dit qu'on les
soumettait à l'action de filtres-presses, afin de les débarrasser du jus fermentescible et des matières nuisibles à la santé des animaux qu'ils contiennent. MM. Porion et Mehay ont poussé les choses plus loin en ce qui
concerne spécialement les résidus de la distillation du
maïs; leur procédé est applicable aussi à ceux de riz
et de dari. Ils se sont efforcés : 1º d'extraire l'huile restant
dans les résidus; 2º de mettre ceux-ci dans un tel état
physique, qu'ils se conservent et se transportent comme
des tourteaux. Ce procédé fut donc un grand progrès,
puisqu'il permettait d'obtenir une huile utilisable dans
la fabrication des savons mous, dont la valeur abaissait
le prix de revient de l'alcool, et qu'il fournissait à l'industrie zootechnique des résidus de facile conservation
et peu encombrants. En voici très brièvement la technique :

Au sortir des colonnes de distillation, les vinasses

passent aux filtres-presses où les matières solides sont
retenues. Ces dernières sont mises dans un macérateur
avec quatre ou cinq fois leur poids d'eau, on chauffe à
ébullition et on opère une deuxième filtration au filtre-
presse. Ce lavage a pour but de débarrasser les résidus
des matières qui pourraient les rendre impropres à la
consommation du bétail.

Ces résidus pressés sont alors placés dans un appareil spécial où ils se dessèchent et se divisent. La dessiccation poussée assez loin, on tamise et on extrait
l'huile soit par pression, soit par épuisement au sulfure de carbone. Quand on opère par pression, on
obtient des sortes de tourteaux ressemblant assez à
ceux d'arachide.

M. Ladureau a donné les chiffres suivants pour la
composition de tourteaux de maïs non débarrassés de
leur huile :

Humidité.....	10,50
Gluten..........................	33,12
Matière grasse...................	11,55
Amidon et dextrine..............	8,04
Cellulose.......................	24,65
Matières extractives.............	9,39
Phosphate de chaux.............	1,14
Sels de potasse et de soude........	0,29
Autres sels.....................	1,32

La soustraction de l'huile laisse encore des résidus
très riches, particulièrement en azote.

L'emploi du sulfure de carbone pour l'extraction de
l'huile permet d'en obtenir une quantité plus élevée
qu'avec la presse; n'étaient les dangers d'incendie, on
devrait donc toujours préférer ce procédé.

On s'est beaucoup préoccupé de savoir si l'emploi du

sulfure de carbone ne rend pas les résidus avec lesquels
il a été en contact impropres à l'alimentation. Nous aurons l'occasion de revenir sur cette question qui se repré-
sentera pour les tourteaux des graines oléagineuses, mais
nous tenons à dire d'ores et déjà que les agriculteurs
doivent bannir tout souci de ce côté. En vertu de sa
très grande volatilité, le sulfure de carbone s'échappe.

Outre le sulfure de carbone, on a cherché à épuiser
les résidus par d'autres dissolvants volatils. MM. Boulet,
Donnard et Contamine sont les auteurs d'un procédé
où le dissolvant choisi est l'essence légère de pétrole.
La dessiccation se fait dans le vide, à basse température
et dans un appareil qui sera décrit tout à l'heure. On
fait agir l'essence de pétrole au moyen d'un appareil
dont la disposition est telle, disent les inventeurs, qu'à
la fin de l'opération non seulement il n'y a plus
d'huile, mais plus d'essence incorporées. S'il en est bien
ainsi, les résidus, qui sont sous forme granulée, sont
comestibles.

Conservation par dessiccation. — Il n'est besoin d'aucun commentaire pour persuader avec quelle
faveur serait accueilli un procédé qui permettrait de
dessécher facilement, économiquement et à une température qui n'en altérerait point la composition, les
résidus industriels et en particulier les drèches et les
cossettes. Économie de transport et conservation assu-
rée, voilà des avantages énormes qui justifient toutes
les tentatives faites dans cet ordre d'idées.

Nous nous sommes déjà expliqué sur ce point à propos
des pulpes. Tout ce qui a été dit antérieurement de la
dessiccation de ces résidus est applicable à celle des drèches, mais l'intérêt du sujet est si grand que malgré ce
qui a été exposé, nous allons décrire un appareil qui
pourrait, semble-t-il, rendre de grands services aux

industries de la brasserie, de la distillerie et surtout
aux propriétaires d'animaux. Il s'agit de l'appareil
rotatoire Boulet, Donnard et Contamine. En l'exécu-
tant, ses inventeurs se sont proposés d'amener les résidus à un état de dessiccation et de porosité favorable à l'épuisement des huiles contenues dans ces déchets par un dissolvant volatil. Ce n'est, pour eux, qu'un
organe d'une installation complète d'épuisement, mais
comme cet appareil peut fonctionner indépendamment de l'appareil à déplacement dans des usines
où l'on ne se préoccupe pas de l'épuisement de
l'huile, nous allons en donner la description d'après
MM. Fritsch et Guillemin.

« L'appareil industriel a un diamètre de 2^m50 et
une longueur de 2^m50; il représente une capacité de 12
mètres cubes. Les surfaces de chauffe représentant en
totalité 59 mètres carrés, ont été calculées pour ramener
2000 kilogr. de matière de 50 à 10 % d'eau, soit 889
kilogr. d'eau à évaporer en une heure.

Les résidus humides à 50 % d'eau sont amenés, au
moyen d'appareils spéciaux, à un état de grande division pour que la chaleur puisse agir rapidement sur
toute la masse. Ils se présentent alors (quand il s'agit
de résidus de maïs) sous une forme granulée qui se conserve pendant tout le cours du travail et ils sont introduits au moyen de trémies convenablement disposées
au-dessus des trous de charge dans la partie cylin-
drique où passent les tubes de chauffe.

Un éjecteur puissant commence à faire le vide, puis
une pompe à condenseur l'achève et l'entretient.
On met alors l'appareil en mouvement, trois à cinq
tours par minute, et l'évaporation commence à une température correspondant à la pression dans l'appareil,
généralement à 40°. La rotation amène le renouvel-

lement constant des contacts de la matière avec la surface de chauffe et facilite ainsi la vaporisation de l'eau.
Une sonde disposée sur le côté permet de prélever, en
cours de travail, un échantillon, sans faire rentrer l'air ;
on peut ainsi suivre la marche de l'évaporation et
s'assurer à la fin si elle est bien terminée ».

D'après le témoignage des auteurs précités, ce procédé
est celui qui permet la plus grande rapidité dans le
travail et surtout l'utilisation maximum de la chaleur
consacrée à la vaporisation de l'eau, par conséquent, et
toutes réserves faites pour l'avenir, c'est aujourd'hui le
plus économique.

En Allemagne, dans les grands centres de fabrication de bière, à Munich, Pilsen, Dortmund, on a créé des
usines spéciales pour le séchage des drèches.

Section III. — Des drèches dans l'alimentation des animaux.

Il y a lieu d'examiner séparément la distribution de
drèches liquides et de drèches solides, car elle doit être
conduite différemment.

Alimentation en drèches liquides. — Nous
avons exposé, à propos des pulpes et notamment des
cossettes de diffusion, les inconvénients qui résultent
de l'introduction dans l'organisme animal de trop
grandes quantités d'eau incorporée aux aliments. L'un
des plus fâcheux est la soustraction de calorique utilisé
pour porter l'eau à l'état de vapeur et la chasser de
l'économie par l'exhalaison des poumons et de la
peau.

Pour le pallier, *on doit toujours distribuer les drè-*

ches liquides aussi chaudes que le bétail peut les pren-
dre. Cette recommandation est un véritable axiome
de bromatologie.

Ces drèches sont données aux animaux à l'engrais
ainsi qu'aux femelles laitières. Quelle quantité peut-on
en distribuer à ces deux catégories d'animaux et dans
quelles limites faut-il se maintenir? Nous avons déjà
eu occasion de dire que nul mieux que Mœrcker n'avait
creusé cette question.

Pour les bêtes à l'engraissement, cet expérimentateur
vit d'abord que les drèches sont les aliments sous la
forme desquels on peut introduire sans provoquer
de diminution ou d'arrêt dans l'accroissement pondéral journalier, la plus grande quantité d'eau dans
l'économie animale.

Il constata ensuite que pour un bœuf de poids moyen,
on ne doit pas dépasser une ration journalière de
70 litres de drèches liquides. Se maintient-on dans
ces limites, l'accroissement est en rapport avec les
éléments nutritifs des résidus; va-t-on au delà, cette
proportionnalité n'existe plus, l'excès d'eau détruisant
une partie des effets utiles. En veut-on un xeemple?
Avec une ration journalière de drèches renfermant 65
kilogr. d'eau, Mœrcker a obtenu un accroissement quotidien de 1 kilogr. 141 de poids vif; quand elle fut portée à 72 kilogr. 500 d'eau, l'augmentation journalière
ne fut plus que de 0 kilogr. 845, soit une diminution
de 296 grammes, c'est-à-dire de plus d'un quart.

Il est des fermes où l'on donne chaque jour jusqu'à
100 litres des drèches par bœuf à l'engrais, c'est trop.
Nous estimons qu'en se maintenant au chiffre de 10
litres par 100 kilogr. de poids vif, soit 70 litres pour un
bœuf de 700 kilogr. on est dans de bonnes conditions
pour obtenir le maximum d'effet utile de ces résidus,

Nous en dirons autant du mouton : 3 litres pour un
ovin de 3o à 35 kilogr. semblent suffisants.

« Les essais que nous avons faits sur les vaches
laitières, dit Mœrcker, nous ont donné des résultats
tout différents, la production du lait a été relativement la plus faible, 13 litres 3, avec la quantité d'eau
la plus faible dans les drèches. La production du lait
a augmenté ensuite et a atteint le chiffre de 14 litres
2 avec la ration maxima de drèches. Ici donc l'excès
de la ration de drèches n'a pas eu les mêmes inconvénients qu'avec le bétail à l'engrais, et la qualité du
lait n'a pas souffert sensiblement de l'augmentation
excessive de la ration de drèches ; le lait accusait la
même teneur en extrait sec et en matières grasses qu'avec
une ration faible. Remarquons cependant en passant
que, quelle que fut la ration de drèches, la quantité totale des matières nutritives a été toujours la même, de
sorte que la différence ne portait jamais que sur la teneur en eau. Si en donnant aux vaches laitières la ration extrême de drèches, nous avons obtenu la production de lait extrême, il en a été tout différemment
en ce qui concerne l'augmentation du poids vif des bêtes,
et les résultats trouvés sous ce rapport sont d'accord
avec ceux que nous avions obtenus pour le bétail à l'engrais : la ration maxima de drèches a produit la quantité
maxima de lait. Pour l'augmentation du poids vif des
vaches, voici ce que nous avons observé : avec la plus
petite quantité d'eau, l'augmentation du poids vif des
vaches a été de 586 gr. par tête et par jour ; elles ont
donc reçu assez de matières nutritives pour en utiliser
une notable proportion à l'accroissement, en outre de
la production laitière.

En donnant avec la même quantité de matières nutritives une proportion d'eau plus grande, nous avons

constaté un arrêt presque complet de l'accroissement
du poids vif; il s'est réduit à 90 gr. Avec la quantité
d'eau maxima dans la ration, il y a même eu diminution du poids vif. Donc augmentation maxima de la
production laitière avec quantité maxima d'eau dans
les drèches, et parallèlement diminution relative ou absolue de poids vif, ce qui prouve que l'excitation de
la production laitière se fait dans le dernier cas aux dépens du poids vif.

Si donc avec une même quantité de matières nutritives, la vache reçoit de grandes quantités d'eau, elle
donne plus de lait, mais son poids vif augmente moins,
tandis que si elle reçoit moins d'eau avec la même
quantité de matières nutritives, elle produit moins de
lait et augmente en poids.

On peut toujours, d'après nos essais, donner aux vaches laitières des rations considérables de drèches liquides, lorsque celles-ci sont très riches en matières azotées; ... en général la nourriture doit être d'autant plus
azotée qu'elle est plus aqueuse (1) ».

On n'oubliera pas que la vache laitière est moins
lourde que le bœuf, et quand nous disons qu'elle peut
recevoir des rations considérables de drèches, il ne faut
rien exagérer, nous entendons par là qu'on peut lui donner environ 12 litres de vinasses par 100 kilogr. de son
poids vif.

Rappelons aussi que les ruminants doivent, de par leur
conformation anatomique, recevoir avec les drèches,
des aliments solides formant lest et un aliment concentré augmentant la teneur de la ration en protéine
et en matières grasses. Il s'agit donc de combiner ces

(1) Mœrcker, Zeitschr. f. spiritusind Ergänzungsheft, 1889, traduit dans
le *Traité de la distillation* de Fritsch et Guillemin, pages 366 et suiv.

trois sortes d'aliments, en tenant compte de leur composition chimique et de leur valeur commerciale.

Voici quelques types de rations applicables les unes à la vache laitière et les autres au bœuf pesant.

RATIONS POUR VACHE LAITIÈRE.

1ᵉʳ type. — Drèches liquides......... 40 litres.
　　　　　Menues pailles.......... 4 kil.
　　　　　Luzerne sèche........... 3 kil. 1/2
　　　　　Son..................... 3 kil.

2ᵉ type. — Drèches liquides.......... 50 litres.
　　　　　Paille d'avoine et trèfle
　　　　　　mélangés également.... 7 kil.
　　　　　Tourteau de coprah....... 2 kil

3ᵉ type. — Drèches liquides.......... 60 litres.
　　　　　Paille hachée............. 4 kil.
　　　　　Foin..................... 3 kil.
　　　　　Orge égrugée..... ...... 1 kil. 600

RATIONS POUR BŒUF A L'ENGRAISSEMENT.

1ᵉʳ type. — Drèches liquides.......... 55 litres.
　　　　　Paille................... 4 kil.
　　　　　Sainfoin................. 6 kil.
　　　　　Tourteau de coton....... 2 kil.

2ᵉ type. — Drèches liquides.......... 70 litres.
　　　　　Menues pailles.......... 4 kil.
　　　　　Foin .... 3 kil.
　　　　　Fèves égrugées.......... 3 kil.
　　　　　Glands .... 0.200 gr.

Les vinasses fermentant très rapidement, il importe de visiter souvent les crèches où on les déverse, les tuyaux de conduite ou les vases à transport, de les faire ébouillanter aussitôt qu'on perçoit une odeur suspecte. Les animaux qui reçoivent des résidus altérés s'en dégoûtent, leur appétit baisse et on perd rapidement par diminution de poids ou de rendement en lait, le bénéfice des semaines précédentes. Les déjections sont liquides sous l'influence d'une alimentation aussi aqueuse. Lorsqu'on s'aperçoit qu'une diarrhée épuisante s'est déclarée, on y remédie en diminuant la proportion de drèches, en augmentant celle des aliments secs et en administrant, si c'est nécessaire, des condiments riches en tannin, comme de la poudre d'écorce de chêne, de la gentiane ou des glands.

Alimentation en drèches solides. — Ces résidus et particulièrement le son de bière qui est le plus commun, sont loin de provoquer les mêmes observations que les précédents, car ils renferment en moyenne 20 $^0/_0$ d'eau en moins. Comme eux, ils sont bien appétés par les animaux de rente, et on les distribue aux femelles laitières et aux animaux soumis au régime de l'engraissement; ils n'occasionnent pas la diarrhée et soustraient beaucoup moins de calorique pour les exhalaisons pulmonaires. Il n'est donc pas indispensable de les donner chauds. Sans être trop aqueux, ils le sont suffisamment pour que pendant les saisons où le régime du vert n'est plus possible, ils remplacent l'herbe. On les fait entrer dans maintes combinaisons de rations, suivant les autres aliments dont on dispose et les cours du marché.

Les drèches ont été données aux chevaux pendant le siège de Metz; sans être très bien appétées, elles furent mangées par la plupart d'entre eux. Le porc les consomme sans hésitation; mêlées à un peu d'avoine, elles sont acceptées par le lapin.

Depuis une quinzaine d'années, la drèche de brasserie forme la base de la nourriture des vaches laitières de la ferme de la Tête d'or et pendant ce laps de temps. nous avons pu suivre les combinaisons de rations les plus variées. Les drèches de maïs, fournies par des glucoseries et des distilleries, y furent également utilisées. Les unes et les autres sont entrées dans l'alimentation de bêtes d'engraissement.

Voici quelques exemples de rations distribuées sous nos yeux ou expérimentées par nous :

RATIONS POUR VACHES LAITIÈRES.

1er type. — Drèches de brasserie...... 20 kil.
Foin de trèfle.............. 5 kil.
Tourteau de coton........ 1 kil.
Paille d'avoine............ 5 kil.

2e type. — Drèches de brasserie.... 12 k. 500
Regain .... 6 k. 500
Son.................... 3 k.
Paille .... 4 k. 500

3e type. — Drèches de brasserie..... 18 k.
Luzerne sèche.......... 6 k.
Farine de fèverolles..... 2 k. 500
Menues pailles........ 4 k.

RATIONS POUR BÊTES A L'ENGRAISSEMENT.

1er type. — Drèches de brasserie.... 18 k. 000
Graines et balles de foin. 15 k.
Tourteau de coton..... 1 /2 k.

2e type. — Drèches de maïs(égouttées) 32 k.
Graines de foin.......... 4 k.
Tourteau de coprah...... 4 k.

3e type. — Drèches de brasserie.... 20 k.
Foin.................... 6 k.
Farine de maïs.......... 2 k. 500

De tous les types de rations d'engraissement essayés
à la Tête d'or, le premier est un de ceux qui ont amené
les meilleurs résultats. Un lot de quatre vaches soumis
à ce régime pendant l'hiver 1883-84, a donné une
augmentation quotidienne et par tête en poids vif de
1200 gr.

Alimentation par drèches en tourteaux. —
Les drèches de maïs mises en pains, d'après le système
Porion et Méhay, se distinguent des autres drèches en ce
qu'elles constituent un aliment concentré, à la façon des
tourteaux. Il est nécessaire de leur faire subir un concassage ou une pulvérisation et de leur restituer de l'eau,
si on les destine à la bête laitière. Un moyen très simple
de pratiquer cette restitution est de les donner en buvée.
L'association avec des aliments aqueux, betteraves ou
carottes fourragères, racines pulpées, conduit au même
but.

La ration suivante a été distribuée avec profit à des
vaches laitières :

```
Drèches de maïs en tourteaux.....   1 kil. 500
Betteraves......................  20  —
Menues pailles..................   3  —
Paille d'avoine.................   3  —
```

Alimentation par drèches desséchées. —
C'est en Allemagne que les essais d'alimentation avec
les drèches desséchées ont été les plus nombreux. Il en
résulte, indépendamment des avantages divers mis déjà
en évidence, que ces résidus secs peuvent être distribués
avantageusement au cheval en même temps qu'aux autres
animaux de la ferme. Les expériences faites sur la
cavalerie allemande ont donné des résultats dont on
s'est déclaré satisfait dans le monde militaire. On admet, mais cela demande vérification, que 100 kilogr. de

ce résidu sec peuvent remplacer 120 kilogr. d'avoine, ou 125 kilogr. de maïs, ou encore 140 kilogr. d'orge parce qu'il est très assimilable. Après trempage, c'est un excellent aliment pour la vache.

Usage du malt et des touraillons. — Le malt ou orge germée renfermant la maltine ou diastase qui saccharifie l'amidon, on en a inféré que son degré d'assimilabilité est élevé et on l'a présenté aux animaux. Les chevaux le prennent bien ainsi que les ruminants et le porc.

Les touraillons peuvent être distribués à tous les animaux de la ferme, en ne perdant pas de vue que ce sont des aliments très avides d'eau. On n'en donnera pas chaque jour plus de 8ço gr. à 1 kilogr. à la vache laitière, parce qu'au delà ils sont irritants. En les ajoutant aux rutabagas, on neutralise l'odeur spéciale que ces crucifères communiquent au lait. L'association avec les tourteaux de colza et de navette serait sans doute également profitable.

SECTION IV. — ACCIDENTS CONSÉCUTIFS A L'INGESTION DE DRÈCHES MAL PRÉPARÉES OU AVARIÉES.

Lorsqu'on distribue les drèches fraîches pour la première fois aux animaux, elles déterminent presque toujours quelques accès de toux, que les nourrisseurs connaissent bien et qu'ils qualifient même de *toux des drèches*. Ils ne s'en effrayent point, sachant qu'elle ne persistera pas et qu'au bout de quelques jours elle aura disparu. Elle est vraisemblablement occasionnée par quelque principe alcoolique ou éthéré formé dans les drèches, qui irrite la muqueuse pharyngienne, mais bientôt il y a accoutumance et l'irritation disparaît. En réalité, les drèches constituent un aliment sain quand elles ont été convenablement préparées ou conservées; elles deviennent malsaines et nocives soit par accident arrivé pendant la distillation, soit parce qu'elles ont été envahies par des parasites végétaux. Dans ces conditions, elles provoquent sur le bétail qui les consomme : 1° l'intoxication alcoolique; 2° l'avortement; 3° la météorisation; 4° une intoxication spéciale; 5° l'exanthème; 6° la paralysie suffocante.

Intoxication alcoolique. — Une ivresse accidentelle ou répétée et capable de provoquer une véritable intoxication alcoolique peut être le résultat de l'ingestion de drèches contenant elles-mêmes de l'alcool. Il se pourrait que des drèches de brasserie ou de distillerie travaillées suivant la méthode anglaise, fussent imparfaitement épuisées de leur glucose et que celui-ci fermentant, il y ait production d'alcool. Mais il ne semble pas que ce soit la cause la plus fréquente de l'imprégnation des drèches par l'alcool, et d'ailleurs les accidents ont été signalés de préférence sur les vinasses ayant subi la distillation. Le facteur s'en trouve dans l'épuisement incomplet des résidus, par suite d'une distillation trop rapide ou faite dans des appareils défectueux. Un appareil de capacité déterminée est destiné à distiller une quantité également déterminée de moût d'un degré alcoolique indiqué. Si l'on oublie la corrélation, la condensation des vapeurs alcooliques se fait mal, une partie reste dans la vinasse et lui communique des propriétés enivrantes. La symptomatologie de cet accident ayant été développée à propos des pulpes (page 67), ne sera point exposée à nouveau.

L'intoxication alcoolique détermine chez l'homme de l'hépatite et la dégénérescence amyloïde du foie. On s'est demandé si l'alimentation par des drèches insuffi-

samment épuisées de leur alcool est capable d'amener
sur les animaux de semblables accidents et, de fait,
Bruckmüller dit les avoir observés (1).

Avortement. — A plusieurs reprises, mais notamment en 1877 et 1881, l'avortement a sévi sur les bêtes
bovines des étables de la ferme de la Tête d'or, alors
qu'elles recevaient des drèches en assez mauvais état de
conservation. On y voyait des moisissures et des microbes
de différentes sortes. Nous ne croyons point nous trom-
per en établissant une relation de cause à effet entre
l'ingestion de ces drèches et l'avortement, mais nous ne
saurions dire si c'est une moisissure unique ou une association cryptogamique qui sont causales; la détermination spécifique du ou des cryptogames soupçonnés
reste à faire. Malgré cette lacune, pratiquement une indication se dégage de l'observation qui précède : éloigner
de l'alimentation les drèches moisies.

Météorisation. — On a signalé la météorisation
comme la conséquence de l'ingestion de drèches trop
riches en levures. Elles amènent dans l'estomac une
fermentation analogue, sinon identique, à celle que produisent le trèfle et la luzerne en vert. Nous l'avons observée sur le mouton et on l'a vue aussi sur le porc.

Intoxication dite par excès d'acidité. — Nous
ne connaissons personne en France qui ait signalé cette
sorte d'intoxication, mais les vétérinaires allemands
et anglais en ont rapporté des observations (2). D'après
leur témoignage, elle résulterait de l'ingestion de drèches
ayant subi la fermentation acétique. Faut-il plutôt
croire à une insuffisante saturation des vinasses provenant de grains saccharifiés par les acides et ceux-ci,

(1) Bruckmüller, *Lehrbuch der pathol. zootom.* 1869.
(2) Eckhardt, *Adam's Wochenschrift*, 1881. Gerlach *Gerichtl. Thier-
heikde.*

restés dans les drèches, sont-ils de préférence les agents du mal? Ou s'agit-il d'une affection de même ordre que la maladie des cossettes et due à des microbes?

Les animaux qui ont ingéré de pareilles drèches éprouvent des coliques, de la diarrhée, des troubles respiratoires et circulatoires, et parfois de la stupeur ou des convulsions. Aussitôt qu'on s'en aperçoit, la suppression des résidus s'impose et on s'efforce de calmer l'entérite par les moyens thérapeutiques habituels ; l'administration d'alcalins destinés à neutraliser les acides donne aussi de bons résultats.

Éruption à la peau. — En Allemagne, on désigne sous le nom de *Traberausschlag* (littéralement : coup du marc) un exanthème qu'on attribue à l'ingestion du malt et des drèches mal préparées ou mal conservées, distribués en quantité trop considérable.

L'exanthème des distilleries ne sévit pas ou fort peu sur les vaches laitières qui consomment des drèches liquides, tandis qu'il ravage les bœufs. On attribue cette différence à l'élimination du principe toxique par la mamelle.

Paralysie suffocante. — On a observé, en Amérique, que l'ingestion de drèches avariées, moisies, occasionne une maladie désignée sous les noms divers de méningite, mal suffocant, mal de gorge putride, mal de Jersey et mal qui fait tomber. Elle se caractérise par une paralysie musculaire, de la pharyngite, une toux suffocante. Dans les cas graves, l'animal tombe, sa respiration s'embarrasse et la mort survient.

CHAPITRE III.

MÉLASSES. — MARCS. — LIES DE BOISSONS AL-
COOLIQUES. — COQUES DE CACAO.

§ I. — *Des Mélasses.*

Un des résidus de la sucrerie dont il n'a point encore
été question est la mélasse, matière sirupeuse contenant
du sucre qu'il n'a pas été possible de séparer économiquement et d'autres matières qui s'y sont accumulées.

La quantité de mélasse laissée disponible par la sucrerie était plus considérable autrefois qu'aujourd'hui;
elle diminue au fur et à mesure du perfectionnement des
procédés d'extraction du sucre.

Dans l'industrie, la mélasse est utilisée habituellement pour la distillation et la production des alcools, et
parfois pour l'extraction de la potasse. Elle est travaillée
seule ou avec des moûts de grains et surtout de pommes
de terre.

Lorsque l'alcool est à bas prix, on peut avoir avantage
à faire entrer les mélasses dans l'alimentation animale;
malheureusement elles sont grevées de droits peu favorables à leur emploi zootechnique. Il y a lieu éga-

lement de voir si les mélasses travaillées avec des moûts de pommes de terre fournissent des résidus comestibles.

1° **Utilisation des mélasses en nature.** — Comme celle de tous les déchets d'industrie, la composition chimique des mélasses est variable suivant les procédés usités par la fabrication et la nature des végétaux employés. D'après Fritsch et Guillemin, voici des chiffres qui représentent la composition moyenne de la mélasse marquant 40° (base habituelle de vente) :

	Moyenne en poids %
Sucre cristallisable................	44 à 46
Glucose.........................	traces.
Sels	10 à 12
Eau, matières organiques..........	la différence.

La mélasse à 40-42° Baumé est très sirupeuse; elle serait d'un emploi difficile dans l'alimentation, si on n'avait la précaution de la diluer. Ce n'est pas seulement le sucre qui lui donne cet état de concentration, mais encore les matières minérales et organiques qu'elle renferme.

On prépare donc d'abord de l'eau mélassée dont le titre est fort variable, suivant la richesse en sucre des résidus et aussi suivant les habitudes locales. Autrefois on employait habituellement 5 litres de mélasse par 100 litres d'eau; aujourd'hui on quadruple la quantité de mélasse.

Cette eau mélassée sert à imprégner des fourrages de faible valeur alibile ou qui sans cela seraient peu appétés : paille, foin grossier, trèfle mal récolté. On a la précaution de faire passer ceux-ci au hache-paille, puis on les dépose dans des cuves, on y ajoute l'eau

mélassée et on laisse en contact pendant 6 à 8 heures,
afin que la masse s'imbibe complètement. Après ce
temps, le foin et la paille mélangés et imprégnés peuvent
être mis en distribution aux animaux. L'eau non absorbée et restant au fond du cuvier est agitée avec
de la fraîche et sert à faire une nouvelle cuvée.

On comprend très bien l'utilité de la mélasse pour
rendre les aliments plus appétés et aussi plus nutritifs,
puisqu'on leur ajoute une matière riche de 45 %, en
moyenne, en sucre.

Cette alimentation convient très bien aux chevaux;
le coefficient de digestibilité de la paille et du foin s'é-
lève. On a remarqué qu'elle donne un poil luisant; en
augmentant la quantité de mélasse lorsque les chevaux
ont des travaux pénibles à exécuter, ceux-ci ne maigrissent point, encore qu'il y ait un peu de relâchement intestinal.

Les bœufs et les moutons à l'engrais, ainsi que les
vaches laitières, se trouvent non moins bien que les chevaux de recevoir des fourrages hachés, arrosés de mélasse.

Ce résidu n'agit pas seulement comme aliment et
comme condiment, c'est aussi un véritable agent thérapeutique, efficace dans les cas si communs d'altération du rythme respiratoire qu'on désigne sous le nom
de *pousse*. On savait depuis longtemps que le miel et
le sucre améliorent l'état des chevaux poussifs, mais
dans le courant de ce siècle plusieurs praticiens, parmi
lesquels il faut citer spécialement Mannechez, vétérinaire
à Arras, et Decrombecque, maître de poste, ont démontré
combien est utilement agissante sur l'affection qui vient
d'être nommée, l'alimentation au fourrage haché et im-
bibé de mélasse. Outre qu'elle n'encombre pas l'estomac,
ne le distend point et n'amène conséquemment aucune

gêne dans les mouvements respiratoires par compression du diaphragme, cette nourriture en subissant le travail digestif, produit sans doute des substances et particulièrement de l'alcool qui aident aux combustions respiratoires.

Voilà donc, pour les propriétaires d'animaux, des motifs de plusieurs ordres pour utiliser les mélasses à l'alimentation chaque fois que les conditions économiques du marché le permettent.

2° **Utilisation des résidus de mélasses mises en fermentation avec des moûts de pommes de terre.** — Nous avons dit que dans les distilleries, il arrive qu'on travaille ensemble les pommes de terre et les mélasses; ce mélange est particulièrement indiqué quand les pommes de terre sont pauvres en fécule, les mélasses viennent apporter un surcroît de matières ternaires.

Bien qu'elles soient alcalines, une fois mêlées au moût de pommes de terre qui est acide, la fermentation s'établit, car l'acidité du mélange est suffisante. En raison des sels de potasse qu'elles contiennent, on s'est demandé si les vinasses de cette distillation en commun ne seraient pas nuisibles aux animaux. Mœrcker a répondu à cette question par l'affirmative. Si la quantité de mélasse entrant dans le mélange égalait ou surpassait celle du moût de pommes de terre, il faudrait se ranger à l'opinion de Mœrcker, mais toujours ou à peu près toujours, elle lui est de beaucoup inférieure; elle n'arrive là que comme appoint. Dans ces conditions, il nous semble que les vinasses sont utilisables, d'autant plus que les sels de potasse ne sont dangereux pour le bétail qu'à haute dose. D'ailleurs, jamais aucun inconvénient n'a été signalé jusqu'ici par suite de l'ingestion de la mélasse entière.

§ II. —• *Des marcs.*

Les marcs sont les résidus de la pression, de la fermentation, de la macération ou de la distillation des
fruits à pépins et à noyaux. Ces fruits étant très nombreux, les marcs sont fort divers. Tous ou à peu près
tous pourraient être utilisés, mais ils ne le sont habituellement, à tort sans doute, autrement que pour la
fumure des terres. Il y aurait avantage à les faire passer
par le tube digestif des animaux, d'autant que les plus
abondants, ceux de raisin, se trouvent précisément en
quantité dans le Midi, c'est-à-dire dans la partie la plus
déshéritée quant aux fourrages proprement dits. Nous
allons examiner avec détails ceux de raisins, de pommes et de groseilles.

I. — Marcs de raisin.

Malgré les fléaux de toutes sortes qui se sont abattus
sur la vigne depuis une vingtaine d'années, on estime
que la France possède environ deux millions d'hec-
tares de vignobles qui donnent en moyenne 30 millions
d'hectolitres de vin. Il est admis que chaque hectolitre est produit par 150 kilogr. de raisins abandonnant
environ 25 kilogr. de résidus ou marcs. La vinification laisse donc 750 millions de kilogr. de marcs disponibles.

Cette quantité mérite qu'on recherche attentivement
si elle est capable de fournir une nourriture aux animaux, quelle en est la valeur et conséquemment si
elle peut entrer avantageusement dans les rations.

Origine. Composition chimique. — Après la vendange, les raisins sont le plus habituellement versés dans la cuve, foulés, plus ou moins écrasés et laissés en fermentation avec le jus qui s'en est écoulé. Celle-ci effectuée, on soutire et on passe les raisins avec leurs baies écrasées au pressoir, de façon à en achever l'épuisement. Ce qui reste sous le pressoir constitue les marcs.

Ceux-ci sont par conséquent formés : 1° par le rachis du panicule qu'on appelle *rafle;* 2° par les *pellicules* des baies; 3° par les graines renfermées dans l'intérieur de ces baies où elles étaient enveloppées et comme noyées dans la pulpe sucrée qui s'est échappée en très grande partie lors de la pression. Ces graines sont dites *pépins.*

Il est quelques sortes de vins qui sont fabriqués après égrappage, c'est-à-dire que les baies du raisin seules sont mises en cuve, la rafle étant rejetée. Les marcs ne se composent alors que des pépins et des pellicules; ils diffèrent de ceux dont nous avons parlé en premier lieu, mais leur quantité est peu considérable.

Dans l'un et l'autre cas, les marcs n'ont été pressés qu'après cuvage, c'est-à-dire après fermentation de quelques jours. Quand on fait du vin blanc, les raisins sont placés directement au pressoir et on en laisse fermenter directement le jus seul, car on sait que c'est la pellicule fraîche qui donne au vin sa coloration rouge. Les marcs provenant de la fabrication du vin blanc sont donc des résidus de pression seule et non de pression et de fermentation.

En raison du nombre des variétés de vignes, de la diversité des terrains où elles croissent, des engrais qu'elles reçoivent; en considération surtout de la différence de qualité des vins, des bouquets et goûts de terroir qui les caractérisent, on pensera peut-être qu'il est fort difficile sinon impossible de comparer les marcs de raisins les uns aux autres. Une telle conclusion serait exagérée, car les cépages diffèrent surtout par leur rendement en jus, la richesse de celui-ci en sucre, la coloration de leur pellicule, choses de peu d'importance quand on n'envisage que leurs résidus ; quant aux vins, on sait aujourd'hui que ce sont les levures ou ferments qui leur donnent, pour la plus forte part, leur bouquet particulier : c'est donc encore là un élément négligeable au point de vue spécial où nous sommes placés.

Si la composition et conséquemment la valeur des marcs varient, d'autres circonstances en sont causales. Les deux principales, après l'absence ou la présence des rafles, sont la distillation et le repassage. Les terrains et les engrais influencent la proportion des éléments minéraux.

Bien que la quantité d'alcool restée dans les marcs de fermentation soit peu élevée, puisqu'elle ne dépasse guère 3%, dans nombre de régions, on a l'habitude de distiller les résidus afin d'obtenir des eaux-de-vie ; cette opération change nécessairement la composition des marcs.

Depuis quelques années, on a pris l'habitude dans beaucoup de régions viticoles, de faire des vins de 2ᵉ et 3ᵉ cuvées. Après le premier soutirage, on jette de l'eau sur les marcs, on ajoute du sucre, une nouvelle fermentation s'établit avec production d'un liquide alcoolique ; parfois on renouvelle cette opération, ce qui permet d'obtenir trois sortes de vins des mêmes raisins. Ces lavages ou repassages successifs épuisent les marcs de leurs principes solubles ou fermentescibles ; c'est l'analogue d'une distillation ou même plus. Mais comme les pépins sont les parties essentielles des marcs et qu'ils sont peu touchés par les lavages, protégés qu'ils sont par une sorte de matière huileuse qui les entoure, on doit les utiliser comme les autres. Nous en dirons autant des marcs qui ont été employés à la fabrication de piquettes.

Les rafles, les pellicules et les pépins n'ayant ni la même composition chimique ni la même appétence pour le bétail, on a cherché quelles sont leurs proportions respectives les uns vis-à-vis des autres. M. Degrully (1) a constaté qu'après dessiccation, la répartition s'en fait comme suit :

$$\text{100 parties de marc desséché à 110° contiennent} \begin{cases} \text{Rafles.....} & 28.20 \\ \text{Pellicules .} & 47.58 \\ \text{Pépins ....} & 24.20 \end{cases}$$

Dans le marc d'égrappage, il a trouvé :

$$\text{sur 100 parties :} \begin{cases} \text{Pellicules .} & 66.70 \\ \text{Pépins ....} & 33.30 \end{cases}$$

C'est à Boussingault qu'on doit les premières analyses de marcs de raisin, elles ont porté sur des résidus distillés. M. Degrully a fait connaître, de son côté, la composition des marcs avec et sans rafles, ainsi que celles de leurs parties constituantes; Kühn fit aussi l'analyse des pépins. Nous allons emprunter à ces divers auteurs les chiffres qu'ils ont fournis :

ANALYSE DE MARCS DISTILLÉS. (Boussingault.)

Eau....................................	72.6
Amidon................................	15.7
Matières grasses.......................	1.7
Albumine.,............................	3.7
Lignose...............................	4.1
Sels...................................	2.2

(1) Degrully, Étude sur la valeur alimentaire du marc de raisin, *Annales agronomiques*, 1877, p. 21.

ANALYSE DE MARCS NON DISTILLÉS (Degrully).

	Marc non égrappé.	Marc égrappé.
Eau...................	70.00	70.00
Matières azotées........	3.35	2.92
— grasses........	2.36	3.28
Extractifs non azotés...	17.45	16.30
Lignose..............	4.06	4.65
Cendres..............	2.93	2.76

La comparaison des deux sortes de résidus confirme ce que l'induction faisait prévoir : ce sont les extractifs non azotés et les maiètres grasses qui subissent les pertes les plus sérieuses par le fait de la distillation; les matières azotées ne sont point touchées et leur pourcentage s'élève en proportion du déchet des substances hydrocarbonées.

Il est presque inutile de dire que la proportion d'eau contenue dans les marcs non distillés s'élève ou s'abaisse suivant la perfection des presses et la force déployée à les mettre en œuvre; on a utilisé des marcs ne contenant que 48 % d'eau.

Si le quantum total des cendres varie assez peu dans les diverses sortes de marcs, leurs éléments constituants, par contre, présentent des écarts sensibles dus à la nature du sol et aux engrais donnés à la vigne. On prendra à la fois, dans le tableau suivant, une idée des maxima et minima ainsi que des substances constituantes, d'après M. Degrully :

Composition centésimale des cendres de marcs.

MATIÈRES DOSÉES.	Maximum.	Minimum.	Moyenne.
Acide phosphorique..........	12.18	8.15	10.45
Potasse.....................	19.45	15.94	17.26
Soude.......................	0.79	0.13	0.44
Magnésie....................	2.36	0.90	1.60
Chaux......................	15.80	9.20	13.66
Alumine et fer..............	6.27	3.11	4.72

La mise en parallèle des marcs égrappés et non égrappés montre une forte différence dans la teneur en matières grasses, et une moins forte, mais néanmoins encore réelle, dans la protéine; en suivant les analyses séparées des pellicules et des pépins, on en découvrira la raison en même temps qu'on prendra une bonne idée de la valeur respective de chacune de ces parties.

Analyse des pellicules et des pépins de raisins. — Composition centésimale de matière sèche à 110°. (Degrully).

	Pellicules.	Pépins.
Matières protéiques..........	11.00	7.19
— grasses.............	9.28	14.20
Extractifs non azotés.........	49.39	64.19
Cellulose ou ligneux	17.40	11.05
Matières minérales...........	12.11	3.37

Les pépins sont donc des parties riches en matières grasses et en extractifs non azotés et relativement

pauvres en protéine; ils se rapprochent de beaucoup
de grains comestibles et on aurait tort de les laisser
perdre.

Depuis quelques années, la fabrication du vin de
raisins secs s'est considérablement développée; il reste
par conséquent une masse de résidus qui ne sont pas
toujours judicieusement employés. Beaucoup d'industriels les considèrent avant tout comme encombrants et
ils s'en débarrassent en les jetant dans des carrières aban-
données ou sur le bord des chemins ruraux. Ils pourraient être utilisés à la façon des autres marcs. En voici
la composition, d'après des échantillons étudiés en
Belgique par M. Petermann, et d'autres provenant des
environs de Paris et analysés par MM. Muntz et
Girard :

	Muntz et Girard.	Petermann.
Eau....................	77.35 %	75.00 %
Azote..................	0.77 —	0.61 —
Acide phosphorique.....	0.14 —	0.11 —
Potasse................	0.60 —	0.45 —

Conservation des marcs. — Ainsi qu'on le fait
pour la plupart des résidus industriels humides fournis
en masse à une certaine saison et qui ne peuvent être
intégralement consommés au moment de leur production, il est nécessaire de se préoccuper de la conservation des marcs pour l'alimentation d'hiver.

Deux procédés ont été préconisés : l'ensilage et la
dessiccation.

L'ensilage est le plus ancien et le plus généralement
usité. Il se fait soit dans des silos, soit dans des cuves
en bois ou en pierre, où l'on entasse les marcs au sortir
du pressoir. L'essentiel est de les répartir très uniformé-

ment, de bien les tasser et de les couvrir de façon à les soustraire dans la mesure du possible à l'accès de l'air. Quelquefois on les mélange en silos de menues pailles ou de feuilles de vigne; dans ces cas, il est indispensable de tasser encore plus fortement, si possible, que quand les marcs sont ensilés seuls.

Si l'ensilage a été exécuté avec précaution, la conservation se fait bien; il y a un peu de fermentation acétique, mais le lecteur sait déjà que les animaux et particulièrement les ruminants appètent les aliments acidulés, aussi consomment-ils les marcs de conserve sans plus de difficultés que ceux qui sont frais.

Un ancien directeur de l'École d'agriculture de Montpellier, M. Saint-Pierre, a proposé de dessécher les marcs au soleil, afin de les dépouiller d'une eau inutile à l'alimentation et qui rend la conservation difficile. Ce procédé est judicieux et simple, mais s'il peut s'appliquer dans le Midi aux marcs de pressoir, on remarquera que dans le reste des pays viticoles, au moment où le pressurage s'effectue, il y a rarement assez de chaleur pour amener la dessiccation complète. C'est pis encore pour les marcs de distillation. En résumé, chaque fois que le soleil d'automne le permettra, on fera sagement d'en utiliser les rayons pour dessécher les marcs, puisqu'ainsi traités ils sont d'une conservation plus facile et qu'ils constituent des aliments plus concentrés. Lorsque le mauvais temps ne laissera pas la ressource de ce procédé, on aura recours à l'ensilage.

Utilisation du marc dans l'alimentation. — Tous les animaux domestiques acceptent les marcs frais ou conservés, mais ils n'en mangent pas également bien toutes les parties. Si l'on observe des moutons à qui on a distribué des marcs entiers, on les voit faire un véritable triage; ils touchent peu aux rafles qui restent en grande partie dans les crèches, tandis qu'ils mangent passablement les pellicules et très bien les pépins. Cette observation mène à dire que les marcs égrappés ont plus de valeur que les non égrappés, et que lorsqu'on a mis en œuvre la dessiccation, il est utile de pratiquer un battage qui sépare très facilement les pépins de la pellicule et des rafles et permet de les donner seuls aux animaux. Au reste, quand on examine des volailles picorant les marcs jetés dans la cour des fermes on voit qu'elles recherchent les pépins et délaissent ou à peu près tout le reste. Ces pépins, riches en matières grasses, comme il a été dit, sont même utilisés quelquefois pour la production d'*huile de raisin*.

D'après tout ce qui a été dit antérieurement, des drèches liquides et des résultats des expériences de Mœrcker sur la supériorité des résidus distribués chauds sur ceux qui sont donnés froids, on ne peut qu'approuver la pratique méridionale qui consiste à donner les marcs chauds au sortir de l'alambic. Sous cette forme, les animaux en laissent moins dans les crèches que lorsqu'ils sont froids. Mais la distillation étant une opération passagère, on est forcé de distribuer tous les marcs de conserve à froid.

On assure, dans quelques départements du Midi, que les marcs égrappés peuvent remplacer l'avoine pour les mules, et qu'avec cet aliment additionné d'un peu de foin ou de paille, elles peuvent suffire à leur travail habituel.

L'alimentation des vaches laitières au marc d'eau-de-vie a été expérimentée; les résultats ne la font pas préconiser et beaucoup d'autres résidus sont plus recommandables. Même en distribuant ce marc chaud, on obtient un lait pauvre en matière grasse et qui se caille lentement.

Il en est autrement pour l'entretien et même l'engraisment des bœufs et des moutons. M. Marès, qui a préconisé l'introduction des marcs dans la nourriture du bétail dès 1865, a montré que leur valeur est environ la moitié de celle du foin de luzerne. Lorsqu'on les fait entrer dans les rations en petites proportions, mélangés à d'autres aliments, leur effet utile s'accroît. Voici quelques exemples de composition de rations pour grands et petits ruminants :

BŒUF. — RATIONS D'ENTRETIEN.

1º — Marc non égrappé............ 8 k.
Balles de céréales........... 2 k.
Foin de luzerne.............. 12 k.

2º — Marc....................... 15 k. 500
Feuilles de mûrier .... 7 k. 500

RATIONS D'ENGRAISSEMENT.

1º — Marc non égrappé........... 3 k.
Tourteau de lin.............. 1 k.
Son......................... 0 k. 500
Mélange de vesces et d'orge
(en tiges avec graines)...... 12 k.

2º — Marc égrappé............... 6 k.
Tourteau de coton........... 1 k. 200
Luzerne sèche............... 8 k.
Maïs en grains.............. 1 k.

RATIONS POUR MOUTONS ET CHÈVRES.

1º — Marc...................... 1 k.
Balles de luzerne bouillies... 1 k.
Paille de froment........... à discrétion.

2º — Marc...................... 0 k. 800
Délitage de vers à soie....... 0 k. 500
Betteraves.................. 2 k. 500
Paille d'avoine.............. 1 k. 500

3° — Marc.......................	1 k.	500
Tourteau d'arachide.........	0 k.	500
Menues pailles..............	2 k.	500

Le porc accepte le marc égrappé ; on constitue des rations satisfaisantes pour cet animal en ajoutant du maïs en grains, de la farine, ou des pommes de terre cuites.

Les oiseaux de basse-cour prennent fort bien les pépins de raisins ; les faisans en sont particulièrement friands.

Observations. — Pour défendre la vigne contre les affections parasitaires qui l'attaquent, on la met, au cours de sa végétation annuelle, en contact avec des substances parasiticides dont les plus connues sont le sulfure de carbone pour la défense contre le phylloxéra, le sulfate de cuivre contre le mildew, et le soufre contre l'oïdium. On s'est demandé si le traitement des vignes par ces substances n'a pas pour conséquence de rendre l'ingestion des feuilles et des marcs nuisible aux animaux.

On s'est posé la même question à propos d'une pratique de vinification adoptée pour aider à la conservation des vins, le plâtrage.

L'emploi du sulfure de carbone et des sulfocarbonates, du sulfate de cuivre sous forme de bouillie bordelaise ou tout autrement, du soufre en poudre, n'a révélé aucun inconvénient, ni pour l'homme qui consomme les raisins ou le vin de vignes ainsi traitées, ni pour les animaux qui reçoivent les feuilles ou les marcs.

Le plâtrage appelle quelques observations. Lorsque le sulfate de chaux a été déposé dans la cuve et qu'il se mêle aux marcs, ceux-ci peuvent néanmoins être distribués au sortir du pressoir aux animaux, parce qu'étant insoluble, le plâtre reste au fond et n'est pas pris par eux, ou parce que la petite quantité qui les imprègne ne leur est pas nuisible. Mais si ces marcs sont distillés, ils acquièrent par cette opération une odeur et une saveur désagréables qui les leur fait rejeter ; il ne faut pas les leur distribuer. Cette odeur et cette saveur, d'après Saint-Pierre, sont le résultat de la formation de sulfure de calcium et d'hydrogène sulfuré aux dépens du sulfate de chaux ou plâtre, formation qui n'a lieu qu'à chaud.

Toutes les observations présentées au sujet des dérangements de la santé qu'occasionnent les pulpes et les drèches mal ensilées, envahies par des végétations cryptogamiques, trop largement découvertes lors de l'ouverture d'un silo et où des fermentations adventices s'établissent, sont applicables aux marcs de raisin dont la conservation est défectueuse.

D'anciens pathologistes vétérinaires ont parlé de la « maladie des rafles », conservant ainsi une dénomination imaginée par les agriculteurs qui s'étaient persuadés que cette affection, qui se traduit par une éruption à la peau, avait pour cause une alimentation composée presque exclusivement de rafle de raisin.

Cette maladie semble mal dénommée, car de l'avis de vétérinaires exerçant dans les pays viticoles et notamment de Cruzel, on ne la voit pas plus sur les bœufs des contrées où le raisin est égrappé avant la mise en cuve et qui reçoivent la rafle, qu'ailleurs (1). D'autres aliments produisent plus sûrement une éruption pustuleuse aux membres postérieurs, au pis et aux lèvres. Il n'y a donc point ici véritablement relation de cause à effet.

(1) Cruzel, *Traité pratique des maladies de l'espèce bovine*, 1ʳᵉ édition, p. 442.

D'ailleurs, on ne s'entend pas sur sa nature.

MM. Railliet et Moreau ayant trouvé sur des bœufs atteints d'une dermatose présentant tous les caractères du mal de rafles, un grand nombre de larves de Trombidions (*Leptus autumnalis*), tendent à les considérer comme les agents du mal. Des auteurs ont décrit un pseudo-charbon, « tumeur sous-cutanée, qui se montre aussi, du reste, dans d'autres circonstances ». Bref, depuis que le marc de raisin entre dans l'alimentation du bétail, on n'a point prouvé que le mal de rafles sévit particulièrement sur les bovins qui reçoivent des résidus non égrappés.

Une remarque de bromatologie est à retenir : ne pas oublier que les rafles sont plus ligneuses que les pellicules et les pépins et conséquemment d'une moindre digestibilité; aussi, évitera-t-on, comme il a été dit plus haut, de composer *exclusivement* une ration avec des marcs non égrappés; les associations d'aliments sont indispensables.

II. — Marcs de pommes.

Dans quelques régions où la vigne ne mûrit point ses fruits, les pommes et les poires sont employées à la fabrication d'une boisson alcoolique appelée *cidre* quand on s'est servi de pommes, et *poiré* lorsqu'on a utilisé des poires.

Ces fruits subissent des manipulations analogues à celles qu'on impose aux raisins; on les concasse puis on les fait passer au pressoir pour en extraire le jus ou moût qui doit subir la fermentation. Les résidus de pressurage constituent des marcs.

On estime que dans les années à fruit, la fabrication

du cidre laisse 1 million de tonnes de marcs de disponibles ; nous avons à rechercher si on peut y puiser pour l'alimentation du bétail.

Ce marc diffère de celui de raisin, puisque le correspondant de la rafle manque. Il est constitué par la peau du fruit ou épicarpe, par la chair ou mésocarpe, par l'endocarpe qui tapisse la cavité où sont les pépins, et enfin par ceux-ci. Le volume de ces derniers, proportionnellement au mésocarpe, est peu de chose ; c'est la chair ou pulpe qui joue le rôle essentiel. Cette constitution implique que ce marc doit être pris plus facilement par le bétail que celui de raisin, par suite de l'absence de rafle et de la forte proportion de pulpe.

Diverses circonstances font que les marcs de pommes n'ont pas la même valeur : la sorte de pommes, leur maturité et la perfection du pressoir sont à considérer ; mais ce qui influe le plus sur la composition, ce sont les lavages ou macérations auxquelles on les soumet pour les pressurer à nouveau après ce mouillage et ajouter le jus qui s'écoule au moût déjà obtenu, de façon à fabriquer du cidre pur ou gros cidre, du cidre ordinaire dont le moût a été coupé de moitié d'eau, et enfin du petit cidre.

Il résulte de ces opérations que, dans la pratique, il faut distinguer au moins deux sortes de marcs de pommes, ceux qui proviennent d'une pression sans addition d'eau ou *marcs purs*, et ceux qui dérivent d'une seconde ou d'une troisième pression avec addition d'eau ou *marcs épuisés*. Il y aurait lieu sans doute d'y ajouter une troisième sorte, les marcs de distillation. En effet, les marcs purs renferment toujours suffisamment de sucre pour qu'on cherche dans la pratique à les convertir en eau-de-vie. On le fait dans les années où il y a abondance de pommes. Après la distillation, il reste un résidu qui, semble-t-il, pourrait être utilisé à la façon de celui des marcs de raisin.

D'après une série d'analyses exécutées par M. Houzeau à la station agronomique de Rouen (1), la composition moyenne du marc de pommes est la suivante :

	Marc pur.	Marc épuisé 3ᵉ pression.
Eau et substances volatiles à 100°....	80.186	80.110
Cellulose brute......................	2.885	6.005
Substances non azotées diverses......	7.589	8.144
— azotées.................	0.727	1.029
— saccharifiables...........	0.801	2.778
Matières sucrées (exprimées en sucre réducteur).......................	6.430	0.372
Matières grasses....................	0.693	0.756
Principes minéraux..................	0.699	0.806
	100.000	100.000
Azote.............................	0.116	0.165
Potasse............................	0.186	0.141
Sels calcaires, magnésiens, sodiques, fer, etc.........................	0.501	0.544
Acide phosphorique.................	0.051	0.052
Correspondant à phosphate de chaux tribasique.......................	0.092	0.094

Conservation des marcs de pommes. — Le procédé de conservation des marcs de pommes, de beaucoup le plus employé, est l'ensilage. Il n'appelle pas de remarques spéciales, car ici comme pour les autres résidus déjà passés en revue, tasser fortement et recouvrir de façon à s'opposer le plus possible à la pénétration de l'air, sont les précautions primordiales.

Pendant la conservation en silos, la fermentation

(1) Houzeau, Le marc de pommes, *Journal de l'Agriculture* 1887, t. 1, p. 733

des matières sucrées a lieu ; elle ne déprécie nullement les marcs qui en acquièrent une odeur et une saveur agréables et dont le bétail se montre avide.

La dessiccation constitue un autre procédé de conservation ; mais il ne s'agit ici que d'une dessiccation relative, en raison de la saison où a lieu le pressurage des pommes. Le marc étant encore sur la faisselle, on le débite en galettes qu'on porte sous un hangar bien aéré et qu'on appuie l'une contre l'autre en forme de toit. Ce procédé n'est point appliqué en grand, mais seulement par les petits ménages qui donneront ces marcs aux lapins ou qui s'en serviront comme combustible.

M. Houzeau a proposé d'utiliser le sel à la conservation des marcs de pommes ; mais il reconnaît que si, d'après ses essais, ce mode de conservation est efficace, il n'est pas économique.

Utilisation du marc de pommes à l'alimentation du bétail. — Dans les pays à cidre, il est commun de voir les marcs de pommes jetés dans un coin de la cour de ferme ou abandonnés contre un mur. D'autres fois on les utilise comme engrais, soit en les mélangeant au fumier, soit en les incorporant à la marne ou à la chaux. Dans le premier cas, on perd volontairement une matière qui, vu sa composition, n'est pas sans valeur. Dans le second, il y a lieu de se demander s'il ne serait pas plus avantageux de faire passer ces marcs par l'organisme animal, lequel rendrait sous forme de fumier tout ce qu'il n'aurait pas assimilé.

La réponse est subordonnée à l'appétence du bétail pour ces résidus ; les accepte-t-il sans difficulté ? Chacun sait avec quelle avidité volailles et petits animaux de basse-cour, porcs et ruminants, prennent les pommes qu'ils trouvent à leur portée ; les vaches les mangent parfois avec une telle gloutonnerie qu'il y a arrêt dans l'œsophage. Cette circonstance fait pressentir que les marcs de pommes ne sont pas repoussés.

Ces résidus sont habituellement distribués à l'état cru ; quand il s'agit de marcs frais, il est même indiqué de n'en pas donner aux animaux autant qu'ils en voudraient prendre, parce qu'ils amènent de la diarrhée. Il faut les associer à des aliments secs : foin, paille, tourteaux, farines ; avec cette précaution, la débilitation résultant de la diarrhée est évitée.

Si dans la ferme on possède un générateur de vapeur qui, employé industriellement, fournisse économiquement du calorique, on donnera les marcs après cuisson. M. Houzeau a fait connaître qu'à l'époque où un éminent agronome de la Seine-Inférieure, M. Reiset, distillait la betterave dans sa ferme, il employait la vapeur pour la cuisson rapide de 100 à 200 kilogr. de marc de pommes qu'il distribuait ensuite à ses vaches, à la dose de 12 kilogr. par jour et par tête. Nous répéterons encore qu'il y a avantage réel à donner ces marcs cuits aussi chauds que possible aux vaches laitières pour les motifs énoncés antérieurement à propos des pulpes et des drèches. Voici quelques exemples de rations dans lesquelles entrent des marcs de pommes :

RATIONS POUR VACHES (Verrier).

1er type. — Marc de conserve........	10 k.	000
Son....................	1 k.	000
Paille..................	1 k.	000
Foin	8 k.	000
2e type. — Marc....................	12 k.	000
Betteraves divisées......	4 k.	000
Son....................	0 k.	500
Paille d'avoine..........	3 k.	000

3ᵉ type. — Marc..................... 12 k. 000
         Criblures de lin cuites... 2 k. 000
         Foin................... 6 k. 000

On alterne généralement; les marcs sont donnés à
un ou à deux repas, et le reste des aliments aux autres
repas.

RATIONS POUR PORCS.

1ᵉʳ type. — Marcs.................. 1 k. 500
          Pommes de terre cuites.. 3 k. 000
          Eaux grasses........... 6 k. 000

2ᵉ type. — Marcs.................. 2 k. 000
          Recoupes .... 1 k. 500
          Orge.................. 1 k. 500

On a accusé l'alimentation par le marc de pommes :
1° de débiliter les animaux par suite de diarrhée; 2°
de communiquer un mauvais goût au lait; 3° de
provoquer l'avortement des vaches pleines.

Nous savons déjà que la diarrhée ne se montre
point quand on a le soin de ne pas dépasser une douzaine de kilog. par vache et par jour, et qu'on associe
ces marcs à d'autres aliments secs dans la ration.

Les deux autres méfaits résultent de l'ingestion de
marcs mal conservés, envahis par des moisissures ou
par des fermentations spéciales; il est clair qu'il ne
faut pas accuser le marc, mais les cryptogames qui l'ont
pénétré et qui se développent à ses dépens.

La première indication est de retirer de la consommation le marc altéré et de l'utiliser comme engrais.
Ce retrait n'est peut-être pas inévitable; il y aurait
à rechercher si la cuisson en détruisant les cryptogames, ne rendrait pas la consommation de marcs

inoffensive. Nous sommes incités à recommander de
tenter cette expérience, le cas échéant, car tout le temps
qu'il alimenta la population de ses étables de marc de
pommes cuites, M. Reiset ne vit jamais l'avortement
de ses vaches. C'est à la fois un encouragement et une
indication d'imiter sa pratique, quand les circonstances
le permettent.

III — Marcs de groseilles.

La fabrication des confitures et des liqueurs dites
sirops de groseilles et cassis laisse, après la pression
des fruits du groseiller rouge et du groseiller noir qui en
est la première phase, un résidu qui a de la ressemblance avec le marc de raisin. Jusqu'ici ce résidu a été
considéré surtout comme encombrant; on le jette dans
la cour ou sur le tas de fumier, et les poules le picorent.
Nous connaissons une importante fabrique où il est
distribué aux pauvres gens du quartier qui l'utilisent
pour la confection de piquettes; ils y ajoutent parfois
des raisins secs ou du sucre et en font du vin. Il ne
paraît pas qu'on ait songé à l'utiliser pour la nourriture du bétail; peut-être le considérait-on comme une
quantité négligeable. Elle ne l'est point : la fabrique
dont je viens de parler presse à elle seule 100.000 kilog.
de groseilles rouges et il est acheté chaque année par
les liquoristes de Dijon 1,500,000 kilog. de groseilles à
cassis. Nous avons recherché s'il peut entrer dans l'alimentation des animaux domestiques.

Au sortir des presses, les marcs de groseilles forment
des sortes de tourteaux, plus ou moins serrés selon la
perfection des instruments, rouges-vineux, blancs-jaunâ-
tres, ou noirs suivant la couleur des groseilles employées;

ils dégagent une légère odeur vineuse. Comme ceux de
raisins, ils sont formés de la rafle, des pellicules et des
pépins, ceux-ci ayant la couleur de la pellicule. Au
simple coup d'œil, il est facile de voir que la proportion respective de ces diverses parties n'est pas la
même, les pépins sont proportionnellement plus nombreux et plus lourds et les rafles moins volumineuses
dans les marcs de groseilles que dans ceux de raisin.
En desséchant à 110°, nous avons trouvé les chiffres
suivants que nous plaçons à côté de ceux relatifs aux
marcs de raisin pour la comparaison :

100 parties de marc desséché à 110° contiennent :

	Marc de raisin.	Marc de groseilles rouges.	Marc de groseilles noires.
Rafles........	28.20	14.00	} 28.57
Pellicules.....	47.58	26.00	
Pépins........	24.20	60.00	71.43

Les pépins des groseilles noires étant plus petits
que ceux des groseilles rouges, leur poids relatif pourrait étonner si l'on ne savait qu'à la cueillette, on détache
beaucoup moins de rafles que lorsqu'il s'agit de groseilles rouges.

L'analyse chimique de ces résidus a été faite par
M. Boucher. Il a recherché la composition des marcs
entiers, rafles, pellicules et pépins, puis celle des pépins et de la rafle séparément. Voici le résultat de ses
analyses.

Composition du marc frais de groseilles rouges :

Eau et substances volatiles à 100°.......	63.83 %
Matières azotées......................	4.49
— grasses......................	8.3o
— sucrées et extractifs non azotés.	8.69
Cellulose et ligneux...................	9.41
Matières minérales....................	5.28

Composition des pépins de groseilles rouges :

Eau	61.00 %
Matières azotées......................	7.10
— grasses......................	9.90
— sucrées et extractifs non azotés.	4.00
Cellulose et ligneux	12.
Matières minérales....................	6.00

L'analyse de la rafle seule a donné les résultats qui suivent :

Eau	90.51 %
Matières azotées......................	0.11
— grasses......................	0.19
— sucrées et autres extr. non az.	0.3i
Cellulose et ligneux...................	8.3i
Matières minérales....................	0.55

En dosant la matière grasse dans les *marcs de groseilles noires* ayant servi à la fabrication du cassis, il a été trouvé :

Dans la pulpe.......................	3.11 %
Dans les pépins.....................	8.72 —

Le sucre renfermé dans la pulpe et les grains réunis

ne s'élevait qu'à 4,25 o/o au lieu de 8,69 trouvé dans les marcs de groseilles rouges.

La richesse des pépins de groseilles en matière grasse nous a engagé à l'extraire. Nous avons obtenu une huile limpide, de couleur ambrée, d'une saveur douceâtre, d'une odeur faible, spéciale et non désagréable, brûlant avec une flamme blanche, d'une densité de 0,952, qui soumise à un abaissement de température de — 16° ne s'est pas solidifiée.

Conservation. — A l'époque où les groseilles sont utilisées par les confiseurs et les liquoristes, les fourrages verts sont abondants et il se peut qu'on ait le désir de conserver les marcs pour la saison d'hiver. On y arrive par l'ensilage et par la dessiccation.

Rien de spécial n'est à exposer à propos de l'ensilage qui se fait dans de vieux fûts, dans des cuves ou dans des silos. Les phénomènes successifs des fermentations alcoolique et acétique se développent quand l'ensilage a été convenablement pratiqué.

Les mois de juillet et août étant ceux où l'on récolte et travaille les groseilles, nous préférons la dessiccation qui, à cette saison, se fait facilement, rapidement, économiquement et qui présente l'avantage de permettre la séparation et l'élimination des parties les moins bien prises par les animaux. Émietter les marcs, les répandre sur une aire nettoyée et laisser agir le soleil; en juillet et août, deux beaux jours suffisent pour amener une dessiccation suffisante. Celle-ci effectuée, on peut ensacher et déposer au grenier jusqu'au moment de faire consommer. Mais comme les rafles sont assez mal appétées du bétail, il n'y a guère utilité à les conserver avec le reste; on fait battre au fléau les résidus secs, on enlève les rafles et même une partie des pellicules, on recueille avec soin les grains qui constituent la partie essentielle et dont les animaux sont véritablement friands.

La proportion en est relativement élevée, car 100 kilogr. de marcs frais mis à sécher au soleil donnent 20 à 25 kilogr. de pépins. Leur conservation en sacs ou au grenier n'est pas plus difficile que celle des graines oléagineuses.

Utilisation. — Nous avons recherché quel accueil les animaux réservaient à ces marcs. Le mouton, la chèvre, le bœuf, le cheval, le porc, le lapin, le cobaye et les volailles ont été essayés tour à tour. Les résidus frais, secs et conservés par l'ensilage ont été employés.

Avec ces marcs, nous avons relevé la même observation que celle faite avec ceux de raisin, les animaux, surtout le mouton, font un triage; ils mangent peu la rafle, mieux les pellicules et sont très avides des pépins. Pour les leur faire prendre, il n'est pas nécessaire de les associer avec d'autres aliments. A la première distribution, ils sont un peu hésitants, flairent cette alimentation, mais ils s'y habituent rapidement. Si dans la ration quotidienne, on fait entrer autre chose, ce n'est nullement pour que les animaux prennent mieux ces marcs.

Nous avons nourri exclusivement des moutons pendant plusieurs jours avec des marcs frais; leur santé a été parfaite pendant toute la durée de l'expérience, le ramollissement des fèces qui se produit avec d'autres aliments ne s'est point montré, pas plus que la météorisation que nous redoutions un peu à cause de la quantité (2 kilogr.) donnée.

Les marcs secs, débarrassés de la rafle et d'une partie des pellicules, ont été pris intégralement; la crèche des sujets d'expérience était chaque jour entièrement nettoyée par eux tant cette nourriture était de leur goût.

Quant aux résidus ensilés, nous en avons également alimenté des moutons pendant quelque temps, ils les ont consommés avec une plus grande avidité que les résidus frais, ils ne se sont pas livrés au triage remarqué avec les marcs frais et ont mangé même la rafle qui était sans doute moins amère par suite de la fermentation qu'elle avait subie. Un porc en reçut aussi pendant quelques jours en mélange avec des eaux grasses, il les consomma, mais avec moins d'avidité que les moutons.

Il est donc acquis que les marcs de groseilles peuvent être donnés au bétail non seulement sans inconvénient, mais encore qu'ils constituent, particulièrement par leurs graines, une nourriture recherchée. Nous estimons qu'on peut donner 1 kilogr. 1/2 par jour et par mouton ou chèvre, de marc frais ou ensilé et 800 gr. de résidu desséché. On en composera un repas, les autres étant constitués par les fourrages habituels ou par des grains.

Une fois la dessiccation des marcs opérée, on a avantage à battre et à passer au tarare, de façon à obtenir les pépins seuls, puisque ce sont les parties les plus avidement prises par les animaux et que ce sont aussi des aliments très riches. Nous en avons donné chaque jour 300 gr. par bête ovine.

Lorsqu'il s'agit des groseilles noires, la dessiccation a le grand avantage de les dépouiller de l'odeur *sui generis* qui les caractérise et qu'elles doivent à la présence d'une huile essentielle contenue dans les glandules de leur surface. Par le mouillage et la cuisson, cette odeur ne réapparaît pas et le marc bien sec rappelle un peu la senteur agréable des pruneaux. Il n'est pas aussi facile de séparer les pépins que quand on manipule des groseilles rouges; mais comme les rafles sont généralement peu nombreuses, on peut se dispenser d'exécuter le battage et le tararage des marcs de cassis. Distribués à des moutons sans avoir subi cette opération, ils ont été suffisamment appétés.

Nous avons déjà dit que les pépins des groseilles rouges sont pris avec une véritable avidité par les moutons et qu'ils constituent un excellent apport dans leur ration; les cobayes et les lapins ne les dédaignent pas, et cuits le porc en fait son profit. Nous nous sommes assuré aussi que mêlés à l'avoine, le cheval les accepte et qu'ils peuvent remplacer une portion de celle-ci dans sa ration.

La volaille recherche les pépins de groseille; peut-être en serait-il de même pour les oiseaux de volière. Il y aurait là une utilisation à tenter et on y trouverait peut-être un adjuvant, sinon un succédané, des graines généralement employées pour leur nourriture.

Observations. — Les altérations signalées à propos des autres marcs conservés se montreraient vraisemblablement sur ceux de groseille et produiraient sur les animaux auxquels on les distribuerait des accidents identiques ou analogues à ceux indiqués antérieurement. Mais le procédé de la dessiccation, en assurant une conservation plus parfaite, empêche la multiplication des germes nocifs et écarte les dangers de maladie; raison de plus pour lui donner la préférence.

§ III. — *Bassières. — Lies de vin. — Boissons alcooliques de faible valeur.*

Lorsque la qualité des boissons alcooliques est très inférieure et ne permet guère de les faire entrer dans la consommation de l'homme, lorsqu'elles commencent à s'avarier ou enfin quand, par suite d'une grande abondance dans les récoltes, elles sont produites en quantité plus que suffisante pour les besoins et que leur prix s'abaisse considérablement, il peut y avoir intérêt à les distiller et à en extraire l'alcool. Le liquide restant après l'opération constitue les *bassières, baissières, vinasses-baissières.*

Dans le Midi où la distillation des vins a une importance qu'elle n'a point ailleurs, on ne laisse pas perdre ces bassières; on a remarqué qu'elles peuvent entrer dans l'alimentation des vaches, des moutons et des porcs, et on les considère comme favorisant l'engraissement.

La manière la plus profitable de les distribuer est de les donner toutes chaudes, au sortir de l'alambic, aux vaches et aux autres animaux. Si on en a plus qu'on ne peut en faire consommer dans ces conditions, on les conserve dans des cuves et on les distribue au fur et à mesure des besoins. Des agriculteurs les donnent pures, d'autres les coupent d'eau; il en est aussi qui les mettent en contact avec des aliments solides, comme il va être dit à propos des boissons alcooliques.

Les *lies de vin*, dans quelques pays viticoles, sont employées comme engrais pour la vigne, en raison de leur teneur en potasse. Nous pensons qu'il est préférable de les donner aux animaux; le porc, le mouton, la vache et le cheval les acceptent. A la ferme de mon père, on avait l'habitude de les mélanger à du son ou à des recoupes et de faire des pâtées que les porcs prenaient très bien. Ailleurs, nous les avons vu servir de véhicule dans lequel on faisait macérer de l'avoine pour les chevaux; ceux-ci s'habituaient rapidement à cette alimentation qui n'a jamais provoqué de dérangement

de leur santé et leur conservait entière l'ardeur nécessaire à leur genre de service. Nous avons entendu dire
que par cette macération, on peut diminuer la ration
d'un kilogr. d'avoine par deux litres de lies de vin
employées. Cette évaluation ne nous paraît pas exagérée, car d'après MM. Muntz et Girard, les lies, à l'é-
tat sec, contiennent près de 2 o/o d'azote, jusqu'à 4 o/o
d'acide phosphorique et un peu de potasse en solution
ou déposée à l'état de tartre cristallisé.

Leur teneur en azote et en acide phosphorique indiquent que les macérations dont il vient d'être question,
qu'on les fasse avec de l'avoine, avec d'autres graines de
céréales ou avec des légumineuses, seraient profitables
aux jeunes animaux en période de croissance. Il y a quelques probabilités pour que cette pratique soit plus
avantageuse aux viticulteurs propriétaires d'animaux que
la vente des lies aux industriels pour la fabrication du
carbonate de potasse et l'extraction de l'acide tartrique.

Dans ces derniers temps, M. Guis, de Marseille, a
imaginé un procédé qui permet de conserver et d'utiliser les lies de vin *détartrées*. Autrefois, après les opérations de détartrage, ces lies étaient à l'état de bouc et
d'une conservation impossible. Au sortir des appareils
de M. Guis, elles sont en fragments, rougeâtres ou blanchâtres selon qu'elles proviennent de vins rouges ou
blancs, irréguliers, de la grosseur d'une noisette, très légers et très secs, dont la teneur en azote oscille entre
4 et 5 % et en acide phosphorique autour de 1 %.

Ces résidus ont été improprement appelés tourteaux
et on les a préconisés comme engrais. Nous avons
cherché s'ils sont acceptés par les animaux et si on peut
les introduire sans inconvénient dans les rations. Après
pulvérisation, ils ont été acceptés sans hésitation et
nous n'avons remarqué aucun dérangement dans la

santé des moutons et des lapins auxquels nous en avons distribué.

Tout à l'heure, à propos de la distillation des boissons alcooliques, il a été dit qu'il se présentait des circonstances où la vente du vin était difficile ou insuffisamment rémunératrice. La conservation de ce liquide peut être également très aléatoire dans la saison des chaleurs, quand son degré alcoolique est trop faible et son tannin insuffisant. Il peut arriver qu'il ne soit pas avantageux de recourir à la distillation, en raison du bas prix de l'alcool de vin concurrencé par les alcools de betteraves, de pommes de terre ou de grains; il peut également se faire que, synchroniquement, les fourrages et les autres aliments du bétail soient à un prix élevé. Comme l'habileté en agriculture et surtout dans la pratique du bétail consiste avant tout à se plier aux circonstances, il y avait lieu de voir si l'on pourrait, avec profit, faire entrer dans l'alimentation des animaux de la ferme les vins de qualité inférieure, ceux qui commencent à s'avarier, qui n'ont pas de débouché ou dont la conservation est incertaine.

M. Monclar a étudié cette question. Nous allons lui emprunter le résumé de ses observations sur la façon d'administrer le vin aux animaux et les résultats obtenus par cette manière de faire (1) :

« Il est certain que la substitution ne devra pas se faire d'une façon brusque. Presque tous les chevaux refusent le vin la première fois qu'on le leur présente. Voici la méthode qu'il faut suivre pour les y habituer: on fait macérer dans du vin la moitié de l'avoine qu'on leur destine; lorsqu'elle est gonflée, on la met au fond

(1) Monclar, Lettre au rédacteur en chef du *Journal d'Agriculture pratique*, année 1875, p. 294.

du baquet et on la recouvre avec l'autre moitié qui est
restée dans son état naturel. On diminue insensible-
ment la quantité de celle-ci et, au bout de très peu de
jours, le cheval est habitué à ne manger que de l'avoine
imbibée de vin. En augmentant progressivement la
quantité de vin et en diminuant proportionnellement
celle d'avoine, on arrive chez certaines bêtes à leur
faire boire le vin presque pur. Plusieurs deviennent
même très gourmandes de cette boisson. Je me sou-
viens d'une paire de juments qui, à la suite de l'abondante récolte de 1848, furent soumises pendant un
temps assez long à ce régime. Elles buvaient du vin
d'une qualité médiocre avec un empressement singulier et elles n'ont jamais mieux trotté qu'à cette époque.
On leur avait pourtant retranché autant de kilogr. d'a-
voine qu'on leur donnait de litres de vin.

« Il paraîtrait résulter de cela qu'un poids donné
d'avoine peut être remplacé par un poids égal de vin.
Cependant, je ne voudrais pas tirer une conclusion
définitive qui ne pourra évidemment découler que
d'expériences multiples; du reste, il y aura toujours, à
tenir compte de la richesse alcoolique du vin employé.

« En résumé, je crois qu'il est facile de remplacer
dans l'alimentation du cheval, du mulet, la moitié au
moins de l'avoine qu'on leur donne par du vin de
qualité inférieure, même quand il serait louche ou
tourné; seul le vin aigre ne doit pas être employé. Je
crois aussi qu'une addition de vin peut permettre de
remplacer entièrement l'avoine par de l'orge, des féverolles, etc., le vin donnant à ces grains le stimulant qui
leur manque ».

Ce qui vient d'être dit du vin est applicable aux
autres boissons fermentées et notamment à la bière.

Dans les pays du Nord, il n'est pas très rare de voir les conducteurs de chevaux faire macérer l'avoine dans de la bière avant de la distribuer, et les gens du turf imitent cette pratique pour les animaux de course. Beaucoup de chevaux prennent rapidement la bière ou les grains qui en sont imprégnés.

Nous avons recherché quelle est la puissance d'absorption de l'avoine ainsi que celle des féverolles concassées, afin d'avoir des bases pour effectuer les macérations avec baissières, lies et boissons alcooliques.

Nous avons trouvé que :

> l'avoine noire de Brie, en grains bien secs, absorbe
> 50 % de son poids d'eau en 24 h.
> les féverolles, très sèches et concassées, en absorbent
> leur poids.

Ces chiffres ont leur intérêt; si les crèches n'étaient pas parfaitement étanches, ils indiquent dans quelles limites on doit se tenir pour préparer les aliments macérés, afin qu'il n'y ait pas perte du liquide dont on les a additionnés.

§ IV. — *Coques de cacao.*

L'industrie de la chocolaterie utilise les graines d'un arbre de la famille des Buttnériées, le Cacaoyer (*Theobroma cacao*, L.).

Ce beau végétal, originaire des terres chaudes que baigne le golfe du Mexique, est aujourd'hui cultivé dans l'Amérique centrale, aux Antilles, à la Guyane, au Brésil, à Ceylan et dans l'Inde.

Son fruit, vulgairement appelé cabosse, de la gros-

seur d'un gros citron, de couleur jaunâtre, est à écorce
dure et raboteuse. Il contient, dans une pulpe blanchâtre et acide, de 20 à 40 graines, ovoïdes, un peu
aplaties. Chaque graine est entourée d'un tégument
qui devient brun en se desséchant (fig. 8).

On n'expédie en Europe, pour le travail des chocola-
teries, que les graines entourées de leur tégument; leur
extraction de l'intérieur des cabosses se fait dans les
pays de production, soit en enfouissant ces fruits dans
la terre et en les y laissant jusqu'à ce que la pulpe ait
été détruite, soit en les fendant et en les jetant dans un
vase; la fermentation s'empare de la pulpe qui se liquéfie et les graines sont isolées et séchées au soleil.

Dans les usines européennes, les graines sont soumises à une torréfaction à chaleur modérée et la décortication du tégument se fait assez facilement. L'a-
mande est alors employée à la confection du chocolat
ou à celle de poudres alimentaires telles que le racahout.
Quand on la presse à une température convenable, elle
fournit le beurre de cacao.

La membrane tégumentaire, détachée comme il vient
d'être dit, est couleur café brûlé, très friable, d'odeur
rappelant un peu celle du chocolat. En langage commercial on l'appelle *coque de cacao*. On estime qu'en
moyenne 100 kilogr. de graines ou fèves de cacao
fournissent 12 kilogr. de coques. Comme il entre annuellement en Europe plus de 12 millions de kilogr. de
fèves de cacao, c'est donc au moins 240,000 kilogr. de
coques qui restent comme résidus de l'industrie choco-
latière et dont on a cherché l'utilisation.

En Irlande, on prépare avec elles une boisson hygiénique; la pharmacie en fait le thé de cacao; quelques
personnes en tirent des boissons alimentaires.

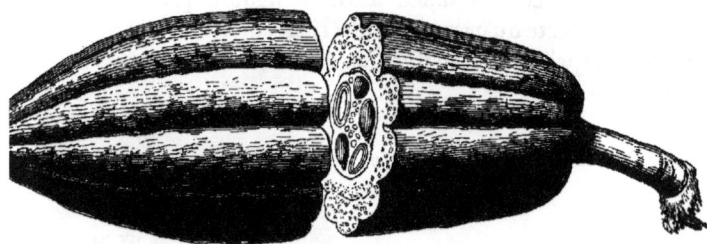

COUPE VERTICALE DE LA GRAINE.

FRUIT (*réduit au tiers*).

RAMEAU.

FIG. 8. — CACAOYER (*Theobroma Cacao*).

Elles ont été employées comme engrais ainsi que pour l'alimentation du bétail.

Ont-elles un rôle à jouer à ce dernier titre? Consultons-en d'abord la composition chimique; on en doit la première connaissance à Boussingault qui fit une étude complète du cacao (1); ultérieurement, M. de Marneffe a repris cette analyse en l'étendant aux matières minérales (2).

COMPOSITION CHIMIQUE DES COQUES DE CACAO.

	de Marneffe.	Boussingault.
Eau........................	13.24 %	12.18 %
Matières albuminoïdes.......	11.08 —	14.25 —
—　　grasses............	2.90 —	3.90 —
Extractifs non azotés.......} 46.71	62.74 —	62.78 —
Cellulose..................} 16.03		
Matières minérales.........	10.04 —	6.89 —

L'analyse des matières minérales a donné les résultats suivants à M. de Marneffe :

COMPOSITION DE LA MATIÈRE MINÉRALE DES COQUES DE CACAO.

	Cendre brute.	Cendre pure, exempte de carbone et de sable.
Chaux.............	12.28	15.60
Magnésie...........	6.81	8.65
Potasse............	21.84	27.74
Soude.............	2.19	2.78
Oxyde de fer.......	8.62	10.95

(1) Boussingault, *Chimie agricole*, t. VII, p. 284.
(2) Petermann, Les coques de cacao, in *Journal d'Agriculture pratique*, 1890, t. I, p. 668.

COMPOSITION DE LA MATIÈRE MINÉRALE DES COQUES DE CACAO.

	Cendre brute.	Cendre pure, exempte de carbone et de sable.
Acide silicique......	10.75	13.65
— phosphorique.	4.03	5.12
— sulfurique....	1.41	1.79
— carbonique....	9.26	11.83
Chlore..............	1.93	2.45
Carbone............	1.98	»
Sable..............	19.34	»

L'analyse apprend que, malgré leur apparence, les coques ne sont pas aussi riches en cellulose qu'on aurait pu le supposer, tandis que leur teneur en matières quaternaires et en extractifs non azotés est fort élevée. La richesse en oxyde de fer est également remarquable. A ce point de vue, elles constituent déjà un bon aliment. Elles renferment aussi des traces de théobromine, principe excitant des amandes de cacao, lequel agit peut-être à la façon des condiments qualifiés précisément d'excitants ou de certains alcaloïdes.

Sont-elles acceptées par les animaux? La gloutonnerie du porc les lui fait prendre sans hésitation. Les ruminants et les chevaux hésitent et flairent quelque temps cette nourriture, comme ils le font d'ailleurs quand on leur présente des aliments auxquels ils ne sont point habitués; mais en les mélangeant d'abord à des substances dont ils sont friands, comme l'avoine, ils les prennent et s'y accoutument.

On distribue quelquefois les coques à l'état sec et telles qu'elles sortent de l'usine; en raison de leur sécheresse, elles altèrent énormément les animaux qu'il est nécessaire de mettre à même de pouvoir boire à leur soif.

Nous préférons, pour les motifs que l'on connaît, les jeter dans l'eau chaude et les donner ainsi, sous cet état, à la vache, à la chèvre, à la brebis laitières. Elles conviennent très bien à toutes les femelles en état de lactation, en raison de leur puissance d'absorption pour l'eau. Nous avons trouvé que 100 gr. de coques de cacao absorbent environ 4 fois leur poids d'eau. Elles en introduisent donc dans l'économie d'importantes quantités.

Dans la région du Sud-Est, on les distribue de cette façon aux brebis laitières, en complétant la ration par des betteraves, du maïs, des feuilles de mûrier, de la luzerne. Nous les avons expérimentées sur des vaches laitières, des chevaux et des moutons.

Voici quelques exemples de rations :

RATIONS POUR VACHES LAITIÈRES.

1er type. — Coques de cacao macérées à l'eau chaude.   1 k. 000
           Betteraves............................ 20 k. 000
           Son.................................. 3 k. 000
           Paille d'avoine....................... 4 k. 000

2e type. — Coques de cacao macérées.............. 0 k. 600
           Tourteaux de coprah   .... 1 k. 500
           Farine de maïs....................... 2 k. 000
           Luzerne fraîche...................... 15 k. 000

3e type. — Coques de cacao...................... 0 k. 800
           Drèches liquides....................... 45 litres
           Menues-pailles........................ 5 k. 000

RATIONS POUR BREBIS LAITIÈRES ET CHÈVRES.

1er type. — Coques de cacao macérées.............. 0 k. 180
           Carottes.............................. 3 k. 000
           Paille de froment..................... 1 k. 500

2 type. — Coques de cacao...................... o k. 100
　　　　　Balles de luzerne cuites .... 1 k. 500
　　　　　Menues pailles de céréales.............. 1 k. 500

En raison de la théobromine renfermée dans ces résidus, ne conviendraient-ils pas au cheval de selle ou
de trait léger et ne pourraient-ils pas être substitués en
partie à de l'avoine?

Est-il besoin de dire que lorsque les coques s'a-
varient, deviennent rances et se couvrent de moisissures, il faut les rejeter de l'alimentation et les utiliser
simplement comme engrais.

§ V. — *Pulpe de café.*

Le profit que l'on retire des coques de cacao porte à
se demander si l'utilisation de la pulpe de café, aujour-
d'hui perdue, serait possible.

Le fruit du Caféier (*Coffea arabica*), végétal de la famille des Rubiacées, est une baie du volume d'une cerise, composée d'une enveloppe et d'une pulpe entourant des coques renfermant chacune une graine ou
fève. Pour en faire un produit marchand on suit
deux procédés : dans l'un, on laisse sécher le fruit
à l'air, la pulpe et l'enveloppe forment une sorte
de cosse dure et noirâtre qu'on enlève en même temps
que les coques à l'aide de décortiqueuses; les fèves
sont alors mises en liberté. Dans l'autre, on fait macérer le café dans l'eau et on enlève la pulpe soit avec
la main, soit avec des dépulpeuses. Parfois on vend le
fruit du café simplement desséché, mais muni encore
de ses enveloppes et de sa pulpe; commercialement cela
constitue le *café en cerises*. Quand le fruit a été dépulpé,
mais a conservé sa coque, on se trouve en présence du

café en parche. Enfin le *café décortiqué* comprend le *café nu* et le *café pelliculé*, suivant qu'il est démuni ou non de la mince pellicule qu'enlève la torréfaction.

La pulpe de café contient passablement de sucre et un peu de caféine, principe excitant du café. Pourrait-on l'utiliser pour les animaux domestiques?

En raison de son amertume, elle ne serait vraisemblablement pas prise d'emblée et facilement par les animaux. Il est probable que ce serait sous forme de macération ou d'infusion qu'on pourrait la donner.

Étant connu que le café est un excitant, c'est aux animaux de travail, à ceux surtout qui sont utilisés aux allures rapides, qu'on devrait l'administrer. Il n'est pas improbable qu'on puisse remplacer une portion d'avoine par une infusion ou une macération de sa pulpe; c'est à essayer.

Étant donné aussi que le café est un digestif dont la médecine bovine retire de bons effets, dans le cas où les fourrages qu'on distribue sont durs et de digestion penible, on trouverait peut-être un auxiliaire de l'alimentation du bétail en hiver dans cette pulpe. Tout cela est à tenter; en cas de réussite, l'importation du café en cerises prendrait sans doute quelque extension.

CHAPITRE IV.

DES TOURTEAUX.

Les tourteaux (de *torta*, gâteau plat) sont les produits résiduels des végétaux oléifères dont l'huile a été exprimée. Ils ont reçu dans le langage populaire des dénominations qui varient suivant les régions; dans l'Est, on les englobe sous l'appellation générale de *pains* à laquelle on ajoute le nom du végétal qui les a fournis : pains de colza, de navette, ou de la graine dont on les a retirés : pain de chènevis. Dans le Sud-Est, on les appelle *trouilles*; ailleurs *nougats, matons, marcs.*

Section I. — Des tourteaux en général.

Le plus grand nombre des plantes oléagineuses fournissent l'huile par leurs semences, les tourteaux sont, par conséquent, dans la majorité des cas, le résidu de celles-ci seulement. Dans quelques-unes, comme l'olivier, on l'extrait de la pulpe du fruit; il en est aussi, mais elles sont rares, où l'huile est contenue dans la racine; le souchet comestible (*Cyperus esculentus*) en est le type.

Dans la graine, l'huile est généralement associée à

l'albumine, ce qui fait que si l'on broie la semence en présence de l'eau, il y a par suite de l'action de l'albumine, production d'une émulsion c'est-à-dire d'un liquide laiteux où l'huile est en suspension. Soumet-on la graine ou le tourteau qui en dérive à un chauffage suffisant, l'albumine se coagule et emprisonne certaines essences qui accompagnent quelques huiles, de sorte que le produit est momentanément dénaturé.

La matière huileuse n'apparaît que peu à peu dans la graine. M. Müntz a cherché quels sont les hydrates de carbone qui concourent à sa production et à quel moment se fait la transformation (1). Il a choisi le colza pour poursuivre cette recherche. Nous lui emprunterons l'un des tableaux dans lesquels il a résumé le résultat de ses analyses. (Voir tableau page suivante.)

Ces analyses montrent que la formation de la graisse se fait par sauts assez brusques, qu'elle est particulièrement active au moment où la graine commence à perdre sa coloration verte pour noircir, et qu'elle diminue à partir de la fin de la maturation, parce que les apports étant arrêtés ou tout au moins fortement diminués, la graine par l'acte respiratoire brûle les éléments carbonés qu'elle avait emmagasinés.

De l'analyse des siliques à laquelle il a procédé, M. Müntz est arrivé à conclure que la matière sucrée contenue dans la silique est la principale source à laquelle la graine puise les éléments carbonés nécessaires à la production de l'huile. La matière grasse dérive donc ici du sucre, et plus du glucose qui disparaît en totalité que du sucre de canne dont une partie persiste. Cet observateur ne pense pas que la transformation en huile se fasse

(1) A. Müntz, Recherches sur la maturation des graines, dans les *Annales des sciences naturelles*. Botanique, 7ᵉ série, t. III, nᵒˢ 2 et 3, p. 68 et suiv.

Dates des prises.		État des graines.	Poids de 100 graines sèches.	Quantités contenues dans 100 graines.				
				Glucose.	Sucre de canne.	Amidon.	Graisse.	Mat. azotée.
1re prise.	1er Juin.	Graines vertes.	121 milligr.	10 milligr. 1	13 milligr. »	24 milligr. 2	17 milligr. 2	24 milligr. 4
2e	7 —	—	155 —	11 6	12 —	28 7	32 6	33 5
3e	16 —	—	191 —	9 6	9 8	25 6	60 1	75 8
4e	27 —	—	379 —	11 8	8 11	26 1	168 5	89 4
5e	2 Juillet.	Graines comm^t à noircir.	494 —	12 4	22 9	13 1	215 6	93 9
6e	7 —	Maturité.	549 —	»	25 2	8 3	227 9	105 3
7e	13 —	Maturité dépassée.	498 —	»	24 7	6 7	207 8	105 5

dans la silique; les matériaux fournis par cette partie du fruit sont amenés dans la graine et c'est là qu'elle s'effectue.

§ I. — *Fabrication des tourteaux.*

Pour être utilisées industriellement, les graines oléagineuses sont transportées dans des usines spéciales appelées *huileries* où l'extraction de l'huile s'opère. On trouvait autrefois passablement de petites huileries annexées à des exploitations agricoles; on y traitait les plantes oléifères indigènes; aujourd'hui et pour des motifs que nous expliquerons plus loin, la plupart de ces petites usines disparaissent. Ce sont les grands établissements industriels qui manipulent la plus grande partie des graines de provenance indigène et la totalité de celles qui arrivent de l'étranger.

Ces graines sont d'abord passées au trieur avec plus ou moins de soin pour les *nettoyer*. Nous verrons que cette opération préliminaire n'est pas toujours faite convenablement et les inconvénients qui en résultent pour la qualité des tourteaux.

Une fois nettoyées, il est des graines qu'on est obligé de *décortiquer*, afin de les dépouiller de la coque qui les enferme, coque dure, plus ou moins ligneuse. On comprend de suite que la qualité des tourteaux provenant d'une même graine, l'arachide par exemple, est fort différente suivant que la coque est ou n'est pas mêlée à l'amande broyée. Dans le premier cas, on est en présence de tourteaux dits *non décortiqués*, et de tourteaux *décortiqués* dans le second. Dans l'étude particulière qui va être faite des diverses sortes de tourteaux, on insistera sur ces différences à propos des graines à coques.

Les graines nettoyées sont soumises au *broyage* ou concassage, sous des pilons ou à l'aide de cylindres broyeurs en fonte, cannelés, tournant en sens inverse. La poudre grossière qui résulte de cette opération est envoyée sous de pesantes meules en pierre disposées verticalement et réduite en *pâte*.

L'huile renfermée dans la poudre ou la pâte peut être extraite par deux sortes de procédés : la pression et l'emploi de dissolvants spéciaux. Le premier est encore le plus généralement usité, cependant il est commun de les voir combinés. On fait aussi, pour quelques graines, usage d'un mode plus primitif : elles sont torréfiées, concassées, puis soumises à l'ébullition dans quantité suffisante d'eau, la matière grasse vient surnager à la surface. Ce procédé est restreint aux pays coloniaux et à quelques fruits exotiques, tels que le coco.

1° *Pression*. — Habituellement la pâte est placée dans des sacs ou scourtins qu'on porte sous la presse en ayant soin de séparer les scourtins les uns des autres par des plaques de tôle, afin de faciliter la sortie de l'huile.

Les presses employées sont de trois sortes : à vis, à coins et hydrauliques. On ne trouve plus les presses à vis, en fer ou en bois, que dans les petites huileries. Leur pression est peu considérable.

Les presses à coins, encore utilisées dans des huileries du Nord, donnent d'assez bons résultats puisque leur force peut aller à 70,000 kilogr.

Mais les plus répandues et les plus parfaites sont les presses hydrauliques, verticales ou horizontales, dont la force va à 250,000 kilogr.

L'huile de table s'obtient de première pression et à

froid; sa proportion n'est que moitié de la totalité contenue dans les graines. On se garde de laisser l'autre
moitié dans les gâteaux ou tourteaux; ceux-ci sont retirés, brisés et broyés sous les meules. On a la précaution de mouiller la pâte de 5 à 7 % d'eau; on la fait arriver ensuite au chauffoir où elle est portée à une température qui facilite l'extraction de l'huile; enfin elle
est soumise à l'action des presses. On renouvelle parfois les manœuvres et on fait subir aux tourteaux une
troisième pression à chaud. C'est la nature de la graine
qui détermine le nombre des pressions.

En général, pour les huiles non destinées à la consommation, la pression se fait toujours à chaud. Il est
d'ailleurs évident qu'on ne peut agir autrement quand
on est en présence de végétaux fournissant les huiles
concrètes, c'est-à-dire se solidifiant à une température de
20° et au-dessous.

Quel que soit le système employé pour que l'extraction se fasse d'une manière satisfaisante, il est nécessaire de laisser la pâte sous les presses un temps
suffisant. Quand la pression cesse, on retire alors
un tourteau dont on rogne les angles et les bords,
parce qu'une certaine quantité d'huile y est restée, et
qu'on porte ensuite au séchoir où on le laisse se res-
suyer, se durcir et se sécher de façon qu'il soit possible
de le manier et de le transporter sans craindre de le
voir s'émietter.

La proportion d'huile restant dans les tourteaux
varie nécessairement avec la force de pression et le
temps pendant lequel on a laissé les résidus en pression.
On estime qu'avec de bonnes presses hydrauliques,
elle oscille autour de 10 %.

2° *Emploi d'un dissolvant.* — On a mis à profit la
faculté que possèdent quelques corps d'être des dissol-

vants des corps gras pour extraire l'huile des végétaux ou pour en dépouiller complètement les tourteaux de pression.

On a proposé l'emploi des hydrocarbures dérivés du pétrole et des autres huiles minérales, mais c'est habituellement au sulfure de carbone qu'on s'adresse.

Les graines oléagineuses sont d'abord soumises aux opérations préliminaires, triage et broyage, indiquées précédemment; les tourteaux, si ce sont eux qu'on veut épuiser, sont pulvérisés. La poudre est placée dans des digesteurs et mise en contact avec le sulfure de carbone qui se charge rapidement d'huile. Il ne reste plus qu'à distiller le mélange, afin d'avoir séparément l'huile d'un côté et le sulfure de l'autre qu'on pourra faire servir à de nouvelles opérations. On doit à M. Deiss d'avoir fait passer dans le domaine industriel l'utilisation du sulfure de carbone.

Jusqu'en ces derniers temps, ce procédé ne fut appliqué qu'aux résidus d'olive, de palmiste et de mafouraire, ceux des autres graines étaient dénaturés et invendables. En effet, « la poudre qui reste dans le digesteur retient, suivant sa nature, une quantité plus ou moins grande de sulfure de carbone. Or, la portion de ce dissolvant qui s'évapore a pour effet d'abaisser la température de toute la masse. On introduit la vapeur dans l'appareil, elle se condense et repasse à l'état liquide jusqu'à ce que l'équilibre de température soit rétabli. Mais l'eau qui a subi cette condensation ne tarde pas à s'échauffer ; il en résulte que les substances mucilagineuses des tourteaux se gonflent, que leur amidon se cuit et forme pâte, que le produit que l'on retire du digesteur après l'expulsion du sulfure de carbone, ne ressemble plus à de la poudre de tourteau et qu'on ne peut plus reconstituer celui-ci sous sa forme primitive de galette. Les tourteaux les plus mucilagineux ou les plus farineux (arachides décortiquées, lins, sésames, ravisons) sont ceux qui sont le plus détériorés (1). »

On s'est ingénié à surmonter les obstacles. Heyl a imaginé, la poudre étant épuisée de son huile par le sulfure, de reprendre le résidu par des élévateurs et de le faire passer successivement dans trois trémies chauffées à la vapeur, de façon que tout le dissolvant soit expulsé. Ce résidu est livré au commerce sous forme de poudre, ou comprimé en forme de tourteaux; au témoignage de Barral, ceux-ci n'ont aucune odeur rappelant le sulfure de carbone (2).

M. Decugis nous apprend aussi qu'un fabricant, M. Taurel, a pris un brevet pour un procédé qui permet d'appliquer à toutes espèces de graines et de marcs ce qui était réservé à l'olive, au palmiste et au mafouraire.

Après son extraction, l'huile n'est pas pure, elle est mêlée à des matières colorantes, à des principes résineux et à des matières albumineuses; aussi est-il nécessaire de la décanter, de la filtrer et de l'épurer avant de la livrer au commerce.

Quant aux tourteaux, ils diffèrent par leur forme, leur poids, leur contexture et leur couleur suivant leur provenance, l'espèce botanique qui les a fournis et le procédé de fabrication mis en usage.

Rarement circulaires, habituellement carrés ou rectangulaires avec les angles abattus et les bords un peu relevés, ils montrent à leur surface des stries entrecoisées résultant de l'impression des sacs dans lesquels ils furent enveloppés au moment de la mise sous pres-

---

(1) Decugis, *Les tourteaux de graines oléagineuses.* Toulon, 1876.
(2) Barral, *Rapport du Jury international sur l'Exposition universelle de 1867, Huiles.*

sion. Leur épaisseur varie de $0^m,01$ à $0^m,12$ et leur poids de 800 grammes à 20 kilogr.; à Marseille, leur poids habituel est de 2 kilogr. 1/2 tandis que dans l'Est il est de 20 kilogr. environ. Les plus épais sont les plus riches en matière grasse, car l'expression de l'huile y est moins facile et moins complète. Il serait à désirer que pour une même sorte de tourteaux, on adoptât un poids uniforme, cela faciliterait l'introduction de ces résidus dans les rations, car un chiffre adopté, on chercherait une fois pour toutes si l'on doit donner un tourteau entier ou seulement 1/2, 1/3, etc., et cela éviterait des pesées quotidiennes.

La coloration tient à la fois à l'espèce de graine employée et au traitement qu'elle a subi. C'est ainsi qu'il y a des tourteaux de sésame blancs, roux et noirs d'après la couleur de leur graine. Les tourteaux qui proviennent de l'extraction à froid n'ont d'autre couleur que celle des semences qui les ont fournis, ceux fabriqués par expression à chaud sont plus foncés, l'eau employée dans le rebat les brunissant, tandis que ceux qui proviennent de graines traitées par le sulfure de carbone sont habituellement de couleur plus claire.

En étudiant chaque tourteau en particulier, nous indiquerons sa coloration, sa structure spéciale, son aspect macroscopique et microscopique, choses indispensables pour éviter d'être trompé et de recevoir le résidu d'une espèce pour celui d'une autre. Avec un peu d'attention et en cassant un fragment, on distingue facilement un tourteau non décortiqué d'un décortiqué, la pâte du second étant plus fine et sans les débris de coques que présente le premier. Il en est de même entre un tourteau cotonneux et un non cotonneux; dans l'un la graine du coton a été incomplètement privée des brins filamenteux qui l'entourent dans la capsule, et le tourteau montre sur les points où on le casse une sorte de bourre emprisonnée dans la masse et formée des brins de coton; ces brins n'existent pas ou existent à peine dans ceux dont le nettoyage des graines a été fait soigneusement.

§ II. — *Provenance des graines oléagineuses; leur richesse en huile.*

Les végétaux dont on peut retirer de l'huile sont fort nombreux, et si quelques familles botaniques, celle des crucifères par exemple, sont particulièrement riches en espèces oléifères, il en est peu où l'on ne rencontre pas quelque groupe dont on puisse tirer parti. Ces végétaux semblent répandus à peu près sur toute la surface du globe, mais ils sont plus nombreux dans les pays méridionaux.

Il s'en faut que, pour un poids déterminé de graines, tous aient la même richesse en huile et que par conséquent tous laissent la même proportion de résidus ou de tourteaux. Il en est où la proportion de matière grasse est peu élevée; pour ce motif leur exploitation industrielle ne se fait pas ou a été abandonnée après avoir été tentée. Les plus recherchés par l'industrie sont naturellement ceux dont la teneur est la plus forte ou ceux dont l'huile a des propriétés spéciales et dont la valeur, à cause de cette particularité, est élevée.

Plusieurs chimistes ont recherché la teneur en huile de graines ou de fruits oléagineux; parmi eux Cloez a fait un grand nombre d'études. Nous extrairons des tableaux publiés par ce savant ce qui concerne les plantes traitées industriellement et qui, à ce titre, fournissent des résidus en quantité suffisante pour faire l'objet de transactions commerciales. Pour l'intelligence de ce qui va suivre, il y a lieu de ne point oublier que

le rendement en huile qui va être indiqué est un rendement de laboratoire et non d'usine, et que dans celle-ci,
l'emploi des presses même les plus perfectionnées laisse
toujours au moins 1/10 de l'huile dans les marcs et,
qu'à *fortiori* cette proportion s'élève quand les presses
sont plus rudimentaires.

Nous grouperons en deux tableaux les plantes dont
il va être question ; l'un renfermera les *indigènes* et
l'autre les *exotiques*. (Voir les tableaux page suivante.)

La distinction faite entre les plantes oléagineuses indigènes et les exotiques va permettre de se rendre compte
immédiatement si la culture des premières et l'importation des produits dérivés des secondes subissent des
variations, et par conséquent si la nature des tourteaux
livrés à l'agriculture varie ou non dans une période déterminée.

Voici d'abord des statistiques publiées par les soins
de l'Administration de l'Agriculture qui renseignent sur
la culture, en France, des six espèces oléagineuses les
plus cultivées, colza, navette, œillette, cameline, chanvre et lin pendant la période de 1862 à 1889 :

Sortes de cultures.	1862		1882		1889	
	superficie cultivée.	valeur	super. cultivée.	Valeur.	super. cultivée.	valeur.
	hectares.	francs.	hectares.	francs.	hectares.	francs.
Colza.....	201 515	89.794 523	92.765	32.616.983	61.091	23.065.745
Œillette...	47 678	21.633 963	24.759	10.564.955	15.598	5.771.625
Navette...	40 366	9.746 700	17.595	3.315.080	10.745	1.691.916
Cameline.	5 707	2.089 927	1.727	418.670	1.006	224.876
Chanvre..	100 114	72.405 276	63.484	54.245.641	53.825	35.442.149
Lin.......	105 455	87.634 659	44.148	39.869.439	34.255	26.828.911

RENDEMENT DE DIVERS PRODUITS VÉGÉTAUX EN HUILE

(d'après Cloez, Decugis et autres).

TABLEAU I. — *Produits indigènes.*

NOMS DES PLANTES.	Poids de la matière grasse pour 100 du produit marchand.
Maïs (*Zea maïs*)	5.41
Madia (*Madia sativa*)	32.7
Gᵈ Soleil (*Helianthus annuus*)	21.8
Olive (fruits) (*Olea europea*)	39.45
Amandes d'olives	43.8
Lin (*Linum usitatissimum*)	38
Pépins de raisin	11.6
Moutarde noire (*Sinapis nigra*)	31.9
— blanche (*Sinapis alba*)	31.97
— des champs (*Sinapis arvensis*)	23.37
Ravison (*Sinapis.......?*)	25.7
Ravenelle (*Raphanus raphanistrum*)	45.34
Cameline (*Camelina sativa*)	31.32
Colza ordinaire (*Br. camp. oleifera*)	43
Colza de printemps (*B. c. o. precox*)	39.5
Chou cavalier (*Br. sempervirens*)	39.25
Turneps (*Brassica rapa*)	37.6
Rutabaga (*Br. napobrassica*)	39.1
Navette d'hiver (*Bras. napus oleifera*)	40.97
— d'été (*Br. asperifolia*)	40.62
Pavot somnifère à graines blanches	41.55
Pavot somnifère à graines blondes	48.1
Œillette	44
Chènevis (*Graines de Cannabis sativa*)	31.50
Amandes amères	50.65
Amandes de prunes mirabelles	42.92
Amandes d'abricots	43.62
Noix (*Juglans regia*) sans coques	64.32
Faînes (fruits du *Fagus sylvatica*) non décortiquées	28.3
— décortiquées	40

RENDEMENT DE DIVERS PRODUITS VÉGÉTAUX EN HUILE

(d'après Cloez, Decugis et autres).

TABLEAU II. — *Produits exotiques.*

·NOMS DES PLANTES.	Poids de la matière grasse pour 100 du produit normal.
Brou de noix de palme (*Elaïs guinensis*)...	71.6
Amande de noix de palme.................	47.07
Amande fraîche de noix de coco (*Cocos nucifera*).............................	41.9
Amande sèche de noix de coco.............	69.3
Niger ou Ram tell (*Guizotia oleifera*).......	35.1
Sesame du Levant (*Sesamun indicum*)......	53.9
— des Antilles.....................	52
— noir de Bombay.................	49.8
Cotonnier (*Gossypium herbaceum*)..........	23.67
Ricin décortiqué........................	64.
Noix de Bancoul (*Aleurites moluccana*).....	62.12
Graines de croton non décortiquées.......	37.03
— décortiquées...........	53.38
Graine de pulghère ou *Jatropha curcas*....	55.85
Touloucouna ou *Carapa touloucouna*......	63
Arachides décortiquées (*Arachis hypogea*).	50.5
— non décortiquées..............	37.24
Amandes de Ben ailé (*Moringa pterygosperma*)...............................	»
Béraff (*Cucurbita miroor*).................	»
Illipe (*Bassia latifolia*)....................	»
Mowra (*Bassia longifolia*)................	»
Mafouraire (*Trichilia emetica*)............	»

Ce tableau met très nettement en relief que la culture des plantes oléagineuses est en baisse constante et ininterrompue depuis 1862, dans notre pays; la diminution oscille entre 4/5 et 1/2 suivant la nature du végétal, mais elle est commune à toutes. Il est inutile de dire que la production des tourteaux fournis par les graines de ces plantes a subi une diminution parallèle.

Dans les pays qui entourent la France, particulièrement en Belgique, en Hollande, en Allemagne et en Angleterre, les statistiques accusent des diminutions de même nature.

Cette diminution a-t-elle pour conséquence et pour correctif une importation de graines oléagineuses exotiques? La quantité de tourteaux mis à la disposition de l'agriculteur a-t-elle diminué ou y a-t-il eu compensation par les apports étrangers?

Le mouvement commercial de deux produits d'importation relativement récente, le sésame et l'arachide, va fournir la réponse.

Le premier sac de graines de sésame est arrivé en France en 1832; il fut consigné à la chambre de commerce de Marseille « comme marchandise inconnue » (1).

Avant la conquête de l'Algérie, l'arachide était peu connue et peu utilisée en France; en 1840, le Sénégal, qui est en quelque sorte l'habitat naturel de cette plante, n'en exportait que 1200 kilogr.

Or, les états de douane montrent une progression constante dans l'importation de ces deux produits. A preuve, nous prenons les relevés des années 1874 et 1889.

(1) Discours de M. Charles Roux à la Chambre des députés, 16 juin 1891.

IMPORTATIONS DE	
1874.	1889.
Sésame.................. 59.856.692 k.	79.289.503 k.
Arachide et touloucouna.. 103.922.992 k.	140.290.928 k.

Rien de plus clair que l'enseignement qui ressort des deux tableaux ci-dessus : la culture des plantes oléagineuses indigènes diminue progressivement, tandis que le commerce importe de plus en plus les fruits et les graines des pays chauds. Les résidus des huileries tendent donc à ne plus être de même nature qu'autrefois, puisqu'il y a substitution de plantes nouvelles à celles anciennement exploitées.

On fait même plus qu'importer la graine pour en extraire la matière grasse, on importe aussi directement des tourteaux. En 1889, il est arrivé 1,875,106 kilogr. de tourteaux d'arachides, touloucouna, coprah, etc. Le commerce des produits oléagineux venant du dehors est donc des plus actifs et en progression.

Il est intéressant de rechercher les raisons des faits précédents.

Autrefois et jusque dans la première moitié de notre siècle les huiles extraites des graines oléagineuses indigènes étaient employées pour la table, l'éclairage, la peinture ; la savonnerie utilisait particulièrement l'huile d'olive à laquelle on mêla, après la découverte de la soude dite artificielle, de l'huile de graines, afin de donner au savon ce qu'on appelle la coupe douce. La culture des plantes oléifères indigènes prit même un nouvel essor

quand l'invention des lampes Carcel et des lampes
à modérateur vint substituer un véritable éclairage de
luxe aux lampes fumeuses des anciens. Ces inventions
avaient du reste été préparées par la diffusion du procédé d'épuration imaginé par le baron Thénard. On sait
que ce chimiste découvrit que l'acide sulfurique désor-
ganise et précipite le mucilage et la matière colorante
qui accompagnent l'huile, s'opposent en partie à l'as-
cension de celle-ci dans les mèches et développent beaucoup de fumée avec une odeur désagréable.

Toutes ces circonstances concouraient à favoriser la
consommation de l'huile indigène; par conséquent le
colza et la navette étaient largement cultivés. D'autre
part, des plantes oléifères, le chanvre et le lin, fournissent une matière textile qu'on employait dans les usines
et dans les ménages ruraux; leurs graines étaient pour
ainsi dire utilisées par surcroît.

Cet état ne dura pas. Vers 1858, on découvrit en Amérique des sources de pétrole; ultérieurement on en ex-
ploita d'autres en Asie. La substitution de ce liquide à
l'huile pour l'éclairage se fit rapidement; son prix modéré et la vivacité de sa flamme en furent les causes.
Ce fut le premier coup porté à la culture du colza et
de l'œillette. On utilisa à la même époque des produits de la distillation des schistes bitumineux, particulièrement du boghead, connus sous les noms d'huiles
de schiste. Mais le progrès est incessant : le gaz vint à
son tour concurrencer l'éclairage au schiste et au pétrole; il acheva l'œuvre commencée, et c'est à lui qu'on
doit de voir péricliter de plus en plus les cultures industrielles qui avaient la production de l'huile à brûler
pour objectif. L'emploi de l'électricité, destinée à
remplacer plus ou moins complètement le gaz, n'est pas
fait pour changer la situation.

Quant aux plantes à la fois textiles et oléagineuses, leur culture a été atteinte par l'entrée de tissus et notamment de cotonnades à bon marché; ces tissus ont pénétré jusque dans les familles rurales où, de temps immémorial, les veillées d'hiver étaient consacrées par les femmes à filer le chanvre.

En même temps que se passaient ces faits, l'industrie de la savonnerie mettait à l'essai les huiles extraites de graines ou de fruits qu'apportait la navigation ; elle ne tarda point à reconnaître que plusieurs d'entre elles sont des huiles dites concrètes dont la solidification se fait autour de 20°, et que ces huiles conviennent fort bien pour la fabrication des savons. Aussi utilise-t-on des quantités croissantes d'huile de palmiste, d'arachide, de sésame.

Il semblait que le développement des machines à vapeur aurait pour résultat l'emploi des huiles indigènes pour le graissage : il n'en fut rien, on utilisa les huiles de coton, de ricin ; on ne revint pas à l'huile de colza.

Enfin deux autres circonstances contribuèrent encore à la pénétration des huiles étrangères en Europe : ce furent la découverte de procédés de décoloration de l'huile de coton et de palme et les perfectionnements apportés à la navigation à vapeur. Ces derniers permettent maintenant d'importer l'arachide et le sésame dans un état de fraîcheur tel qu'on peut en retirer à froid une huile comestible. Les falsificateurs ont profité de tout cela pour mélanger à l'huile d'olive de table ces huiles étrangères dont le coût est inférieur à celle-ci et réaliser ainsi des bénéfices aux dépens du consommateur.

Le lecteur a maintenant la clef du mouvement de décroissance des cultures de plantes oléagineuses indigènes et de celui d'accroissement des étrangères. Il s'explique sans peine pourquoi le commerce livre aujourd'hui aux éleveurs tant de tourteaux étrangers de toutes sortes. Il y a donc une réelle nécessité de bien connaître ces résidus; aussi va-t-on en faire une étude spéciale comparativement à ceux qui sont fournis par les produits de notre sol. Cette nécessité est d'autant plus impérieuse que tous ne sont pas comestibles pour le bétail; quelques-uns sont même fort dangereux et il arrive parfois, volontairement ou involontairement, qu'on les vend sans avoir la précaution d'avertir qu'ils ne peuvent servir qu'à la fumure des terres.

Section II. — Des tourteaux étudiés en particulier.

Sous-Section I. — Des tourteaux indigènes.

Il a déjà été dit que le nombre des graines pouvant donner de l'huile est élevé. On a fait beaucoup de tentatives d'extraction, mais plusieurs de ces tentatives n'ont plus qu'un intérêt de science pure, sans applications; les plantes expérimentées n'étaient pas suffisamment riches en matières grasses ou présentaient d'autres inconvénients qui ne leur ont pas permis de se substituer aux plantes oléagineuses habituelles, ni même de se faire une place à côté. D'autres sont exploitées dans une région déterminée, les déchets, d'ailleurs en petite quantité, sont utilisés sur place. Nous allons signaler d'un mot ces tentatives avant d'entreprendre la description détaillée des résidus qu'on trouve couramment dans le commerce.

La Julienne (*Hesperis matronalis,* L.), crucifère ornementale, a été préconisée dès 1787 par le chanoine

Delys, qui en a retiré de l'huile le premier. Elle a été expérimentée comme plante oléifère par Vilmorin puis par Gaujac qui reconnurent que, cultivée en pleine campagne, son rendement en huile n'est guère que de 18 %, proportion trop faible pour que sa culture soit rémunératrice.

Deux autres Crucifères n'ont pas davantage passé dans la pratique. Le Radis oléifère (*Raphanus sativus oleifer*) introduit de Chine en Europe, n'est plus cultivé que fort exceptionnellement, car ses graines sont peu abondantes et d'extraction difficile. Son huile est âcre. Quant au Rutabaga (*Brassica Rutabaga*), cette plante est appréciée de tous les agriculteurs comme fourragère; mais, suivant la judicieuse remarque de M. Heuzé (1), si le Rutabaga était cultivé pour ses graines qui, d'ailleurs, sont nombreuses et suffisamment oléifères, il faudrait renoncer aux racines si précieuses qu'il fournit quand on le transplante sur des terres de qualité très ordinaire. L'agriculture perdrait au change.

La culture de la Glaucie jaune (*Glaucium luteum*, L.), a été conseillée par Cloez. Ce conseil n'a point été écouté parce que la maturation irrégulière et surtout la déhiscence spontanée des siliques de cette plante sont de trop sérieux inconvénients.

La pratique agricole n'a point adopté davantage le *Cheiranthus annuus*, l'*Iberis amara* et les *Lepidium campestre*, *L. sativum* et *L. virginianum*, le *Draba verna* et le *Nasturtium sylvestre,* sur lesquels des essais ont été poursuivis.

Le *Tabouret des champs* ou *Monnoyère* (*Thlaspi arvense*, L.) a été essayé aussi comme plante oléifère; il renferme 18,4 % d'huile, mais ses graines commu-

(1) G. Heuzé. Les plantes industrielles, t. 1, page 54.

niquent un goût d'ail au lait. Aussi il ne peut être
distribué aux femelles laitières; il n'est pas passé dans
la pratique.

M. Decugis nous apprend que le GALÉOPE PIQUANT
(*Galeopsis tetrahit*) est exploité aux environs de Bouillon, qu'il rend en huile le quart de son volume et
qu'il reste un tourteau utilisable; mais il s'agit d'une
culture toute locale. Le galéope des champs et le galéope à grandes fleurs on été proposés comme plantes
oléagineuses; la pratique ne les a point acceptées.

Dans les parties boisées de l'Allemagne, on soumet
les graines de PIN à la pression pour en retirer l'huile.
Nous ignorons à quel usage on emploie le tourteau
qui reste, car nous ne l'avons point encore rencontré
dans le commerce. Dans ce pays, on agit de même
pour les semences du SUREAU A GRAPPES (*Sambucus
racemosa*). En France, le SUREAU NOIR (*S. nigra*)
est plus commun; ses baies sont parfois employées
pour la coloration des vins; les graines donnent également de l'huile, mais on ne les presse qu'exceptionnellement, aussi le tourteau est-il rare. De couleur violacée,
sa cassure est grossière, à reflets bleuâtres (Decugis).

L'amande du fruit du CORNOUILLIER SANGUIN (*Cornus
mas*) contient le tiers de son poids d'huile qu'on emploie pour l'éclairage et la fabrication des savons.
Mais son extraction ne se fait qu'exceptionnellement;
ses tourteaux sont aussi rares que ceux du sureau.

Dans quelques parties de l'Allemagne, on extrait
de l'huile des semences de BELLADONE. Le tourteau qui
résulte de l'opération renferme un toxique, l'atropine.
On doit l'éloigner de l'alimentation du bétail; il est
rare, d'ailleurs.

On a extrait également l'huile des graines de *Ni-
cotiana tabacum*. La nicotine n'existant pas dans la

graine, on pourrait peut-être utiliser les tourteaux; mais la quantité fabriquée en est si petite jusqu'à présent, qu'on n'a pas expérimenté sur les animaux pour voir les effets d'une alimentation dans laquelle ils entreraient.

Enfin, le lecteur se rappelle peut-être que nous avons indiqué les pépins de Groseilles comme renfermant de 9 à 10 % d'huile.

Il reste à examiner tour à tour les tourteaux que livrent les huileries et qu'on peut se procurer quand on le désire. Ce sont ceux de colza, de navette, de moutarde, d'œillette, de cameline, de grand soleil, de madia, de chanvre, de lin, de citrouille, de faînes, de noix, de noisettes, d'amandes douces et amères, d'abricots de Besançon, de maïs et de raisin.

Tourteau de colza.

Ce résidu provient des graines du *Brassica oleracea* ou Colza d'hiver qui est le plus généralement cultivé; plus rarement il dérive de celles du *B. oleracea verna* ou Colza de printemps, qu'on cultive quelquefois en remplacement du premier détruit par les intempéries hibernales.

Rappelons qu'il y a un siècle, la culture du colza était confinée en Flandre et en Allemagne; on ne connaissait pas cette plante ailleurs. Sa diffusion est due principalement aux efforts de l'abbé Rozier qui publia en 1774 un Traité sur la culture du Colza.

Le tourteau de colza, habituellement livré en gâteaux assez minces, de couleur jaune-brunâtre ou brun-verdâtre, assez fragiles, offre sur sa cassure des points noirâtres dus aux fragments de spermoderme répandus dans

la pâte. Frais, il exhale quelque peu l'odeur forte de
l'huile de colza, mais cette odeur disparaît en vieillissant.

Il a besoin d'être pulvérisé quand on veut le faire
prendre en buvées, car l'eau le désagrège lentement et
faiblement. L'eau tiède ne fait pas apparaître d'odeur
de moutarde sur les tourteaux conservés depuis quelque temps. L'acide sulfurique ne fait pas dégager
davantage l'odeur spéciale d'huile de colza ; mais
l'essence de moutarde ou sulfocyanate d'allyle peut
apparaître dans les touteaux de colza dans deux circonstances qu'il importe de bien préciser, en raison
des propriétés nocives de cette essence. Elle se montre : 1° sur les *résidus frais résultant de l'extraction de
l'huile à froid;* 2° sur les mêmes résidus *vieillis, lorsqu'ils ont été conservés dans un local humide.*

M. Van den Berghe, directeur du laboratoire agricole de Roulers (Belgique), a trouvé dans un tourteau
de colza européen pur 0 gr. 207 de sulfocyanate d'allyle,
et 0 gr. 130 dans la même quantité de tourteau de
colza de provenance indienne. Il préconise le procédé
suivant pour le dosage de l'essence :

« Cinquante grammes de tourteau pulvérisé sont introduits
dans une cornue tubulée placée dans un bain chauffé de 37° à
39°. On ajoute 500 c. c. d'eau distillée à la même température, et
on laisse digérer pendant une demi-heure. La cornue est retirée
du bain-marie, placée dans un bain de sable et reliée à un bon
réfrigérant en verre de Liebig. On amène rapidement à l'ébullition. Les premiers 50 c.c. qui distillent sont recueillis et le sulfocyanure d'allyle y renfermé est oxydé par le brome. L'acide
sulfurique produit est précipité sous forme de sulfate de baryte.
Pour oxyder l'essence volatile de moutarde, on verse les 50 c. c.
additionnés d'un excès de brome dans un petit ballon surmonté
d'un serpentin, en verre réfrigérant de Stædeler. Le ballon plonge
dans un bain-marie chauffé environ à la température de l'ébulli-

tion. Le brome volatilisé est condensé et retombe continuellement dans le ballon. Au bout de 2 heures, l'oxydation du sulfocyanure est complète. On enlève le ballon, on le chauffe doucement sur une toile métallique au moyen d'un bec à couronne, jusqu'à ce que le liquide soit devenu incolore, on filtre et on précipite par le chlorure de baryum. »

D'après ces essais, une partie de sulfate de baryte équivaudrait à 0,535 d'essence (1).

Les conséquences qui découlent pour la pratique de la présence du sulfocyanate d'allyle dans les tourteaux de colza sont les suivantes : Puisqu'il est prouvé qu'à la température de l'ébullition de l'eau, l'essence de moutarde ne peut plus se produire, si l'on a des doutes sur l'innocuité d'un tourteau, on le donnera en buvée après l'avoir trempé dans l'eau bouillante. A l'aide de cette très simple pratique, on met les animaux qui doivent le consommer à l'abri de tout malaise.

Indépendamment des tourteaux de colza de provenance indigène ou tout au moins européenne, il arrive aussi de l'Asie et particulièrement de l'Inde, des résidus qui sont vendus également sous le titre de tourteaux de colza. Cette appellation est erronée, car les graines d'où dérivent les tourteaux en question n'appartiennent point à l'espèce *Brassica campestris oleifera,* ni même au *Brassica Napus* (Navette). Ce sont, il est vrai, des crucifères, mais elles doivent se ranger dans les genres *Sinapis* et *Eruca.*

La cause de cette confusion est que, dans l'Inde, ces crucifères sont qualifiées de colzas. Un travail de M. Kjaerskou, de Copenhague, a démontré que le colza dit de Gouzerat a pour base le *Sinapis glauca,* Roxb; que celui dit jaune mêlé de Calcutta, provient

(1) J. Van den Berghe, *Tourteaux et farines de lin.* Bruxelles, 1891.

de *S. glauca* et *S. ramosa*, Roxb; que celui de Feroze-
pore dérive de *S. ramosa, S. dichotoma,* Roxb, et
Eruca sativa; que le colza brun de Calcutta provient
de *S. dichotoma* et *S. ramosa,* et enfin que le colza
de Soumeance est formé par *S. glauca* et un peu par
S. dichotoma.

Ces faits sont à retenir, car il n'y a pas de comparaison à établir entre le colza vrai et la moutarde,
pour la qualité des huiles et des résidus qui en
dérivent. Lorsqu'on met du tourteau de colza de l'Inde
en contact avec l'eau froide, ce n'est pas l'odeur franche
d'essence de moutarde qu'on perçoit, mais plutôt celle
qu'exhalent les feuilles de la Roquette (*Eruca sativa,*
L.) quand on les froisse entre les doigts. De plus,
réaction caractéristique, on constate, quelques heures
après, la présence d'une matière colorante bleu verdâtre assez foncée dans la couche supérieure de la bouillie
de ce tourteau.

Les tourteaux de colza de l'Inde sont dangereux. Depuis que le docteur Vœlcker a rapporté les accidents
mortels qu'il a vus survenir sur des bœufs nourris de
ces résidus, d'autres observateurs en ont publié de semblables; les vétérinaires belges surtout en ont observé.
L'un d'eux, M. Criem, d'Ypres, qui a eu l'occasion de
constater leurs effets désastreux sur toute une étable
dans laquelle sept bêtes sont mortes à la suite de leur
emploi prolongé, a fait une remarque curieuse. Il se
forma sur ces vaches, dans la région de l'abdomen,
une petite tumeur qui s'ouvrit au bout de quelques
jours, et les matières alimentaires s'échappèrent par
l'ouverture de la caillette. C'est là une lésion analogue à celle de l'empoisonnement par l'arsenic donné à
petites doses pendant longtemps.

L'examen microscopique est pour le résidu du colza,

comme pour tous les tourteaux, le véritable moyen de le
reconnaître. En effet, le testa de chacune des graines
oléagineuses possède une structure spéciale qui se dé-
voile sous l'objectif, elle permet de dire son nom
et de reconnaître les falsifications et les mélanges qu'elle
a pu subir. La technique de cet examen histologique
est des plus simples; nous allons la donner ici une
fois pour toutes, car elle s'applique aux principaux
tourteaux.

Pulvériser, un peu du tourteau à examiner, traiter
par l'acide sulfurique à 2,5%, puis par la soude,
laver par l'alcool et l'éther. Plonger ensuite dans une
solution de chlorure de calcium et laisser deux heures en contact. Au bout de ce temps, prendre les
petites pellicules ainsi traitées et les placer dans la
cellule d'une lamelle soit avec de l'eau, soit avec de
la glycérine alcalinisée, et faire l'examen avec un grossissement de 100 à 150 diamètres.

Le spermoderme des graines de colza se montre sous
forme de plaques à surface un peu inégale, percées à
jour par de nombreux interstices ovales. Cette disposition est caractéristique et ne permet pas, ainsi qu'on
le verra, la confusion avec les graines d'autres crucifères. (Voyez fig. 25 page 326.)

Lorsqu'on place d'emblée un peu de poudre de tourteau sous le microscope, à côté des pellicules de spermoderme qui se détachent en noir et dont on n'aperçoit pas alors la configuration caractéristique, on trouve
de petites gouttelettes d'huile, de 0^{mm},05 à 0^{mm},15 de
diamètre, assez uniformes et dont beaucoup s'agglomè-
rent et forment fraise. Traite-t-on ces gouttelettes par
un mélange d'acides azotique et sulfurique, elles prennent immédiatement une teinte brun-rougeâtre qui se
fonce rapidement.   •

Composition chimique. — Parmi les analyses de tourteaux de colza, la suivante, qui concerne un tourteau belge de grande pureté et qui est due à M. Van den Berghe, sera choisie :

Eau..	10.94	
Matières protéiques brutes solubles dans l'eau.	5.52	35.13
— — — insolubles dans l'eau.	29.61	
Matières grasses (éther extract.)..............	9.35	
Matières résineuses (alcool extract.)..........	6.28	
Sucre......................................	4.48	
Matières mucilagineuses solubles dans l'eau..	6.90	
Matières extractives non azotées, insolubles dans l'eau................................	10.73	
Cellulose..................................	9.95	
Matières minérales.........................	6.24	
	100.00	

Parmi les matières minérales, l'acide phosphorique est abondant, et de tous les tourteaux, celui de colza vient immédiatement après celui de madia qui tient le premier rang. Sa proportion de sucre est également élevée.

Utilisation. — De ce qui a été dit antérieurement, il résulte d'abord que l'agriculteur doit écarter les tourteaux de colza *exotiques* de l'alimentation de son bétail, puisque ce sont en réalité des tourteaux de moutarde qui, par le sulfocyanate d'allyle et peut-être aussi une autre essence qu'ils renferment, sont capables d'occasionner des accidents. Quand il en achètera, ce ne sera que pour la fumure de ses terres.

Il préférera les tourteaux indigènes provenant des huileries où l'on traite la graine à chaud, à celles, d'ailleurs rares aujourd'hui, où les pressions se font à froid. Enfin il n'oubliera pas que les tourteaux de colza, comme la plupart des autres résidus, doivent être conservés dans un endroit sec, sinon ils sont envahis par des végétations cryptogamiques et peuvent devenir dangereux ainsi qu'il sera expliqué plus loin.

Les tourteaux de colza sont généralement destinés aux vaches et brebis laitières ainsi qu'aux chèvres; ils passent pour favoriser la secrétion du lait. On les a pourtant accusés de communiquer à ce liquide l'odeur particulière des crucifères, mais cet inconvénient ne se manifeste que quand on donne des doses trop considérables, qu'on dépasse 1 kilogr. 500 par vache et par jour. Si l'on se tient en deçà et surtout si on interrompt de temps à autre la distribution, l'inconvénient est évité. Il l'est aussi quand on associe des touraillons à la ration.

On les donne aussi aux bêtes d'engraissement. Lorsque dans le cours de la préparation à la boucherie, on dépasse la ration quotidienne de 2 kilogr. 500 à 3 kilogr. par bœuf, on voit survenir une boiterie qui a été attribuée par quelques praticiens aux déjections rendues irritantes par l'essence de moutarde qu'elles contiendraient et qui piétinées, détermineraient une inflammation de la partie inférieure du membre. D'autres personnes la considèrent plutôt comme une sorte de fourbure, de poussée congestive vers les onglons et le paturon. En voici d'ailleurs l'exposé symptomatologique : au début, appétit diminué, quelques frissons, l'animal paraît triste et s'appuie tantôt sur un pied, tantôt sur l'autre. Le mal qui se montre plus fréquemment aux pieds postérieurs qu'aux antérieurs, débute dans l'espace interdigité dont la peau se tuméfie et devient rougeâtre en avant et en arrière; les talons sont un peu écartés, la peau du pli du paturon devient rouge à son tour, chaude, et se couvre quelquefois d'une éruption de pustules peu élevées, sans aréole inflammatoire, pustules que je n'ai jamais vues être le siège d'une exsudation plastique.

Cette boiterie n'a aucune gravité et il n'est point nécessaire de se hâter d'envoyer les animaux à l'abattoir,
surtout si l'on considère qu'elle arrive au début de l'engraissement. Suspendre pendant quelques jours l'usage
des tourteaux et faire prendre quelques boissons rafraîchissantes, voilà le très simple traitement à mettre en
pratique.

Quand on va très au delà des doses indiquées, en se
servant de tourteaux de pression qu'on n'a point la précaution de faire passer à l'eau chaude pour en dégager
l'essence, celle-ci se diffuse dans l'intérieur du corps,
amène de l'entérite qui peut prendre le caractère hémor-
ragique si on continue l'usage de ces résidus ou si un
traitement approprié n'intervient pas, et aller jusqu'à la
mort de l'animal.

Pendant le blocus de Metz, une épizootie de bronchor-
rhée a sévi sur les chevaux; des vétérinaires l'attribuè-
rent à la consommation, par ces animaux, de tourteaux
de colza dont une partie, d'ailleurs, était avariée, mais
cette étiologie a été contestée.

Tourteau de navette.

Il est fourni par les graines de la Navette d'hiver
Brassica napus; L.), appelée quelquefois Ravette ou
Rabette qui fait partie comme le Colza, de la famille
des Crucifères. Les semences de la navette d'été (*B. N.
præcox,* D. C.` concourent aussi à sa production. D'ail-
leurs toutes les variétés de navets donneraient des semences oléifères et par conséquent des tourteaux si on les
exploitait pour leurs graines au lieu de les cultiver surtout pour leurs racines comestibles.

Les deux sortes de navette sont cultivées dans l'Europe

septentrionale et centrale; en France, on les trouve particulièrement dans l'Est.

Frais, le tourteau de navette est jaune-verdâtre, il brunit en vieillissant; il est piqueté en noir par les pellicules fragmentées de l'enveloppe. Assez friable, sa cassure est grenue quand il est frais et comme poussiéreuse plus tard; l'odeur *sui generis* d'huile de navette se dégage sur les pains d'expression récente; elle disparaît sur ceux qui datent de quelque temps.

Composition chimique. — Voici l'analyse de tourteau de navette et celle de farine épuisée plus complètement de son huile.

	Tourteau.	Farine épuisée.
Eau......................	12.43	7.20
Matières azotées...........	28.31	36.30
Matières grasses...........	10.95	2.40
Principes extractifs non azotés.................	24.25	26.90
Cellulose brute...........	16.79	18.10
Cendres.................	7.27	8.60

Utilisation. — Ce qui a été dit du tourteau de colza est applicable à peu de chose près à celui de navette. On croit généralement, mais à tort, que ce dernier est plus riche en essence de moutarde que le premier, car les recherches de M. Van den Berghe ont montré que c'est le contraire; il n'en renferme que 0 gr. 0021 tandis que celui de colza indigène peut en contenir 0 gr.0083. Ce qui a sans doute contribué à répandre cette croyance, c'est qu'il est assez souvent falsifié avec des graines de moutarde cultivée ou sauvage.

Pour les règles de sa distribution, la quantité qu'on en peut donner suivant les espèces, les variations dans sa teneur en sulfocyanate d'allyle, on se reportera à ce qui a été exposé à propos du colza.

Tourteaux de moutarde et de ravison.

Dans l'Europe méridionale et centrale, on cultive deux sortes de moutarde, distinguées, d'après la couleur de leurs graines, en moutarde blanche (*Sinapis alba*) et moutarde noire (*S. nigra*). Ces crucifères fournissent une huile non siccative, dont l'extraction laisse des tourteaux. On utilise aussi parfois, dit-on, les graines de la moutarde sauvage (*S. arvensis*), encore appelée *Sanve* ou *Sénevé*, plante messicole qui souille les récoltes et dont il est difficile de les débarrasser.

Il a été dit, à propos du colza, qu'on récolte dans l'Inde diverses autres sortes de moutarde dont on expédie les tourteaux en Europe.

La culture de la moutarde se fait en grand dans le midi de la Russie, spécialement dans les gouvernements de Saratov et d'Astrakan ; elle tend à se propager dans les régions méridionales du Caucase. On en désigne la variété sous le nom de moutarde de Sarepta ; elle est à graines noires et sert à fournir de l'huile et aussi comme moutarde de table. Au Caucase, on cultive une variété blanche. La cause de l'extension de la culture de la moutarde en Russie est qu'on emploie de plus en plus l'huile qui en dérive pour les conserves de poisson, dont la fabrication est une industrie considérable dans cette région de l'Europe.

On reçoit à Marseille une graine oléagineuse désignée sous le nom de ravison, d'où l'on retire un tourteau. Celui-ci est également connu en Italie, où on l'emploie pour la fumure des terres, sous le nom d'*il raviҳҳone*. Cette graine est expédiée des confins de la mer Noire et des provinces danubiennes. On n'est pas d'accord sur l'espèce à laquelle elle appartient. On en a fait un colza

sauvage ainsi qu'une variété de la navette d'été. D'autres
personnes ne veulent y voir que le Senevé (*Sinapis arvensis*) ou Moutarde des champs. M. Böery donne même
les détails suivants sur sa végétation dans les provinces
danubiennes : Il « est rare qu'on cultive le ravison;
cette plante est semée avec l'orge en mars, avril, et se
développe avec lui. Inutile de renouveler la semence, car
ce végétal possédant un grand pouvoir de dissémination,
tous les ans les graines restées sur le sol germent et
donnent une récolte, plantation mixte d'orge et de ravison; parfois on laisse le ravison envahir le champ,
on a alors une récolte unique. Le ravison n'est arraché
qu'au moment où par suite de la rotation, le terrain doit
recevoir une nouvelle culture qui est généralement le
maïs » (1). Malheureusement, M. Böery ajoute un peu
plus loin qu'il s'agit d'un colza sauvage, de sorte que la
précision botanique que nous poursuivons nous échappe.
Si on pouvait se baser sur l'analyse chimique, elle té-
moignerait en faveur de l'identité du ravison et de la
moutarde des champs.

Les tourteaux de moutarde diffèrent de couleur suivant
la variété qui les a fournis. Ceux qui proviennent de
Sinapis alba sont de couleur jaunâtre-verdâtre, et ceux
que donne *S. nigra* sont verdâtres avec des ponc-
tuations noires ou d'un rouge foncé. Ils sont l'un et l'autre friables et de cassure fine.

Ceux de ravison sont bruns et ponctués en noir ou
en rougeâtre; ils sont cassants et montrent des parcelles
de terre, signes révélateurs du peu de soins apportés à
la récolte de la tige et de la graine, et de l'absence d'un
triage soigné après le battage.

L'odeur des tourteaux de moutarde et de ravison,

(1) P. Böery, *Les Plantes oléagineuses*, page 102. Paris 1889.

même quand ils sont frais, n'est pas très pénétrante; elle l'est peut-être moins que celle des tourteaux de colza.

Composition chimique. — Les analyses exécutées par M. Decugis sur les tourteaux de moutarde cultivée et de ravison, celles de Isidore Pierre sur ceux de sénevé, ont donné les résultats suivants :

	Moutarde blanche.	Moutarde noire.	Moutarde sauvage.	Ravison.
Eau.....................	10.55	9.8	11.06	10.92
Huile.....................	11.87	12.1	9.08	6.22
Matières organiques	71.32	71.8	61.67	65.43
Azote dans ces matières....	5.81	5.15	4.46	4.99
Sels ou cendres...........	8.24	6.26	18.18	17.42
Acide phosphorique des cendres	2.05	1.67	1.82	1.02

Les tourteaux de moutarde et de ravison sont réservés à la fumure des terres ; ils n'entrent habituellement pas dans l'alimentation du bétail, en raison de l'essence et peut-être aussi d'un principe âcre qu'ils contiennent. Je ne sais si sans leur faire subir la manipulation dont il sera parlé plus loin, on ne pourrait en donner un peu à titre de condiment, mais je ne connais pas de tentatives faites dans cet ordre d'idées.

L'essence de moutarde n'existe qu'à l'état latent dans la graine écrasée, la farine et le tourteau qui n'ont pas subi le contact de l'eau ; elle se dégage quand ce contact a eu lieu après avoir pris naissance aux dépens de deux éléments constitutifs de la moutarde, la myrosine et le myronate de potasse. Le premier est le ferment, le second la matière fermentescible.

La myrosine qu'on trouve dans la moutarde blanche et dans la noire est une matière albuminoïde, soluble dans l'eau, coagulable par la chaleur, l'alcool, les acides et les alcalis.

Le myronate de potasse est en cristaux incolores, de saveur amère, solubles dans l'eau et l'alcool faible, et insolubles dans l'alcool absolu.

L'isosulfocyanate d'allyle ou essence de moutarde qui se forme lorsqu'il y a contact de la myrosine et du myronate de potasse en présence de l'eau est liquide, incolore, d'odeur excitant le larmoiement, de saveur âcre. C'est elle qui est le principe actif de la moutarde et qui agit à titre d'irritant et de révulsif sur la peau où elle est appliquée.

Comme l'huile n'est pour rien dans cette action rubéfiante et inflammatoire, il s'ensuit que les tourteaux peuvent être aussi actifs que la farine elle-même. On comprend alors très bien pourquoi on ne les donne pas comme aliments, puisqu'il y aurait dégagement d'essence dans le tube digestif. Il est vrai que l'action de cette essence ne semble pas aussi active sur la muqueuse gastro-intestinale que sur la peau (ce qui ne lui est pas spécial, car l'essence de térébenthine est dans ce cas), mais elle est suffisante néanmoins pour amener, quand on dépasse 500 gr. de tourteau une irritation qui pourrait se compliquer de dysenterie, devenir très dangereuse et même mortelle.

Pris à petites doses, de 50 à 100 grammes, le tourteau de moutarde noire s'il était accepté, agirait à titre de condiment, excitant les muqueuses buccale et pharyngienne, amenant le ptyalisme, excitant l'estomac, stimulant l'appétit, accélérant la digestion et provoquant la défécation. Il pourrait ainsi rendre des services, surtout pour le bœuf. Chaque fois qu'il y a inappétence, indigestion chronique, commencement d'engouement du feuillet, atonie intestinale, lorsque dans le cours de l'engraissement en stabulation les animaux cessent de manger, comme rassasiés, on pourrait avoir recours au tourteau de moutarde dans les proportions préindiquées.

Puisqu'il a été prouvé qu'à la température de l'eau bouillante la myrosine se coagule et que la réduction de l'acide myronique en huile essentielle ne se produit plus, nous nous sommes demandé si en soumettant, après les avoir bien pulvérisés, les tourteaux de moutarde à l'action de l'eau bouillante, on pourrait en composer des buvées capables d'être distribuées sans danger aux animaux. Nous l'avons fait et nous n'avons pas perçu l'odeur d'essence. Il y a donc là une indication pour l'utilisation pratique.

La moutarde blanche n'a pas l'activité de la noire ; si elle renferme de la myrosine, on a mis en doute l'existence du myronate de potasse et par conséquent la possibilité de la formation d'essence. C'est à tort, car elle en renferme, mais en petite proportion. Ainsi M. Van den Berghe, dans un essai portant sur deux quantités égales de graines de moutarde, l'une noire, l'autre blanche, a trouvé :

			Essence de moutarde.
Graines de moutarde noire d'Alsace.			o gr. 2387
—	—	blanche triée.	o gr. 0049
—	—	sauvage	o gr. 0107

La première en avait donc 48 fois plus que la seconde dans les échantillons examinés. Cette particularité semblerait indiquer qu'on peut être beaucoup plus hardi dans l'administration des tourteaux de moutarde blanche que dans ceux de noire, mais elle contient un principe soufré, la sulfo-sinapisine qui, sous l'influence de l'hu-

midité, donne naissance à un principe âcre, huileux,
lequel introduit dans l'économie, agit comme purgatif
eccoprotique. De sorte qu'on doit être réservé dans
l'administration de ce tourteau. Au reste, il est amer et
les animaux ne le prennent pas avidement.

Le tourteau de moutarde sauvage est irritant comme
celui de moutarde noire, bien qu'il contienne en général
moins de sulfocyanate d'allyle que lui. Il amène des ir-
ritations intestinales compliquées parfois d'avortement.
Nous aurons à en reparler à propos des falsifications

Tourteau de cameline.

La cameline (*Myagrum sativum*, L. *Camelina sativa*,
C.), encore désignée
quelquefois très abu-
sivement sous les
noms de Camomille
ou de Sésame d'Alle-
magne, est une plante
oléagineuse de la fa-
mille des Crucifères,
(fig. 9), cultivée dans
le nord de l'Europe
et dans les départe-
ments français du
Nord, de l'Est et du
Sud-Est. Elle est re-
marquable par la ra-
pidité de sa végéta-

Fig. 9. — CAMELINE.

tion, ce qui la rend précieuse comme plante de
remplacement des végétaux détruits pendant l'hiver.

Sa graine est passablement oléagineuse et fournit une

huile à brûler un peu inférieure à celles de colza et de navette.

Le tourteau de cameline est habituellement en plaques de 0,02 d'épaisseur, dures, de couleur rougeâtre ; frais, il a une odeur alliacée ; sec, sa couleur pâlit et son odeur spécifique disparaît. Il se mélange à l'eau pour former une pâte bien liée.

Composition chimique. — La composition chimique du tourteau de cameline est la suivante, d'après des analyses faites au laboratoire de Tharand :

Eau..............................	9.6 %
Huile.............................	9.2 —
Matières azotées.....................	23.3 —
Matières solubles non azotées..........	41.8 —
Cellulose........................ ...	9.1 —
Cendres...........................	7.0 —

L'odeur qu'exhale ce tourteau frais faisait soupçonner que les graines de Cameline devaient renfermer quelque peu de sulfocyanate d'allyle. Les recherches de M. Van den Berghe ont confirmé le fait. Il a trouvé qu'elles en contiennent environ autant que celles de la navette d'été.

Utilisation. — Le tourteau de cameline est distribué aux animaux domestiques, et il n'est point à notre connaissance que quelque inconvénient soit résulté de cette alimentation. Son prix étant, en général, inférieur à celui des tourteaux de colza et de navette, on a été amené à comparer leurs effets respectifs sur les vaches laitières et les bêtes d'engrais, afin de voir si cette infériorité était réellement justifiée. Mobius, qui a institué des expériences sur ce point, a vu qu'effectivement pour la nourriture des vaches laitières, les tourteaux de cameline sont un peu inférieurs à ceux de colza, tandis que la différence est à peine sensible lorsqu'il s'agit d'engraissement.

Tourteau de madia.

Plante de la famille des Composées, originaire du Chili et introduite en Europe seulement à la fin du siècle dernier, le madia (*Madia sativa*) a été l'objet d'un grand engouement quand Bosch l'eut recommandé comme végétal oléifère, puis il a été délaissé trop promptement. Son rendement élevé en huile et la facilité de sa culture sur des terrains de médiocre qualité, lui assigneraient une bonne place, n'était la concurrence des oléagineux exotiques qui le bat en brèche comme tous les végétaux oléifères indigènes.

Le tourteau de madia est de couleur gris foncé.

Sa composition chimique est la suivante :

Eau.	11.2	%
Matière grasse	15.0	—
— azotée.	31.6	—
Extractifs non azotés	9.3	—
Cellulose.	25.7	—
Cendres.	6.7	—

Boussingault et Payen sont les premiers qui se soient assurés que les tourteaux de madia peuvent entrer dans l'alimentation des animaux et que ceux-ci les acceptent. Mais leur forte teneur en cellulose lignifiée en fait des aliments de qualité médiocre; aussi l'agriculteur ne les devra-t-il acheter que s'ils lui sont cédés à un taux inférieur à celui des tourteaux que nous avons déjà passés en revue.

Tourteau de grand soleil ou tournesol.

Le soleil, grand soleil ou tournesol, dont le nom botanique est hélianthe annuel (*Helianthus annuus*), est
une Composée de grande taille, dont les énormes fleurs
du plus bel effet fournissent des graines recherchées des
oiseaux et riches en matière grasse ; aussi les presse-t-on
pour l'en extraire. En France, cette plante est cultivée
particulièrement comme ornementale, mais dans plusieurs pays de l'Europe elle est exploitée comme oléagineuse. La Russie tient le premier rang pour sa culture.
On consomme beaucoup d'huile de tournesol dans ce
pays et on l'utilise en grand dans l'industrie des conserves de poissons.

Il y a deux sortes de tourteaux de soleil : les non décortiqués et les décortiqués. Les premiers sont constitués par
une pâte qui semble grossière et mal liée ; leur couleur
est à fond noirâtre parsemée de particules jaunâtres ; ils
ont l'aspect pailleux. Les seconds, plus rares, sont de pâte
plus homogène.

Voici la composition chimique des tourteaux de soleil
décortiqués et non décortiqués :

	T. décortiqués (Von Gohren).	T. non décortiqués (Decugis).
Eau......................	10. %	11.90 %.
Matière grasse.........	12.2 —	10.45 —
Matières azotées.......	34.2 —	20.44 —
Extractifs non azotés..	22.1 —	31.37 —
Cellulose..............	10.9 —	20.00 —
Cendres...............	10.6 —	5.84 —

La proportion de matière ligneuse étant du double
dans les tourteaux non décortiqués, et le quantum des

matières azotées et de l'huile moins élevé, leur valeur
est inférieure aux décortiqués. Chaque fois que faire se
pourra, on choisira le tourteau de soleil décortiqué; il
est bien accepté par les animaux (on sait combien les
oiseaux recherchent les graines de l'hélianthe annuel)
et l'expérience est faite en plusieurs pays, particulièrement en Russie, que non seulement son usage n'a
aucun inconvénient, mais qu'au contraire ses effets sont
excellents.

Tourteau de pavot ou d'œillette.

La famille des Papavéracées fournit à l'agriculture
plusieurs sortes de pavots exploités dans nombre de
pays, en Europe, en Asie et en Afrique. Les deux
principales appartiennent à l'espèce du Pavot somnifère
(*Papaver somniferum*, L.) et constituent l'une l'œillette
ordinaire, et l'autre l'œillette aveugle. La première
est encore appelée *Pavot noir*, *Pavot gris*, *Pavot à
capsules ouvertes*, parce qu'elle a les graines noires ou
mieux gris foncé, et aussi parce que ses capsules ont des
opercules sous le disque stigmatifère par lesquelles les
graines pourraient s'échapper à la maturité, si la plante
était violemment secouée. La seconde, dont les capsules
sont plus grosses, n'a pas les ouvertures de la première et porte des graines blanchâtres, d'où le nom de
pavot blanc qu'on lui donne.

L'œillette est une plante très oléagineuse; son rendement en huile est supérieur avec les graines récoltées en
France et dans l'Europe centrale comparées à celles qui
arrivent d'Asie et d'Afrique. Son huile est incolore et
inodore, fine, siccative et ne se congèle qu'à 18°, aussi
est-elle fort estimée pour divers usages. Mais pour la

savonnerie, on est obligé de la mélanger à des huiles concrètes ou à des huiles à ressences.

Extérieurement, les tourteaux d'œillette diffèrent suivant qu'ils proviennent de l'œillette noire ou de la blanche.

Le tourteau de pavot noir est de couleur chocolat très clair (le nom de pavot gris convient mieux à la plante que celui de noir); il est inodore, sa cassure montre une pâte homogène, fine. Il devient très dur en vieillissant. Mélangé à l'eau, il forme une buvée brun foncé où les parcelles brunes du spermoderme se distinguent mieux du reste de la pâte qui est blanche que dans le tourteau sec.

Celui de pavot blanc est jaune très clair avec une légère teinte verdâtre quand il est frais; sa cassure indique également de l'homogénéité. On ne voit dans la masse de la pâte que quelques pellicules ou fragments plus foncés et plus gros. Il est également inodore et il durcit fortement en vieillissant. Au contact de l'eau, il forme une buvée jaunâtre ou plutôt d'une couleur qui rappelle la sciure de bois.

La finesse du grain de ces tourteaux fait qu'au contact de l'eau, ils donnent des buvées comparables à des bouillies; comme ces bouillies sont inodores, elles sont prises plus facilement par les animaux que beaucoup d'autres.

Composition chimique. — Les analyses de tourteaux d'œillette sont nombreuses et passablement différentes. Nous allons donner, d'après M. Decugis, la moyenne d'analyses de résidus de pavot d'Europe et de pavot de l'Inde, car cette dernière contrée exporte des masses de graines à destination d'Europe, et le port de Marseille en particulier en reçoit beaucoup.

	Pavot d'Europe.	Pavot de l'Inde.
Eau........................	10.67	11.57
Huile.......................	10.5	6.33
Azote dans les matières orga-		
niques...................	5.88	5.81
Cendres...................	9.67	6.25

Dietrich et Kœnig donnent les chiffres suivants sans indiquer la provenance et la sorte du tourteau de pavot analysé :

Eau........	11.45 %
Matières grasses................	8.17 —
Matières azotées..............	31.91 —
Extractifs non azotés...........	25.89 —
Cellulose.....................	11.53 —
Cendres......................	11.05 —

Le pavot étant producteur d'opium, on s'est demandé si les matières grasses extraites des graines ainsi que les résidus ou tourteaux n'en contiennent pas et, conséquemment, s'il est prudent de faire entrer les unes et les autres dans l'alimentation de l'homme et des animaux. Les chimistes ont depuis longtemps répondu à cette question et prouvé que les graines et tout ce qui en dérive contiennent très peu d'opium; celui-ci s'accumule particulièrement dans les capsules d'où on le retire par des excisions méthodiques.

M. Dietrich a recherché la proportion de morphine contenue dans les fleurs de coquelicots, les têtes et les *graines* de pavots (1). Voici quelques-uns des chiffres obtenus :

---

(1) *Pharmac. Zeits f. Russland*, XXVII, page 260.

Fleurs de coquelicot épuisées par l'eau............ 0.07 %
—   —   —   par l'alcool........ 0.14 —
Têtes de pavots épuisées par l'eau................ 0.032 —
—   —   —   par l'alcool .... 0.16 —
Semences de pavot blanc épuisées par l'alcool..... 0.005 —
—   —   bleu   —   —   ..... 0.005 —

Ces analyses confirment l'observation des praticiens
et montrent qu'il existe réellement une quantité, assurément fort petite mais néanmoins dosable, de
morphine dans les graines du pavot. La localisation
principale du toxique ailleurs que dans les semences
qui en sont très pauvres n'est point un exemple isolé ;
le tabac présente la même particularité, ses graines
sont indemnes de nicotine ou à peu près ; on les peut
consommer impunément.

Toute crainte doit donc être bannie de ce côté ; au
reste une coutume remontant à une haute antiquité (1
fait entrer les graines de pavot dans l'alimentation
humaine, et l'usage des *paverata* ou tartes au pavot répandu dans la Toscane prouve assez qu'il n'y a rien à
craindre. Tout le monde sait aussi qu'on consomme
l'huile d'œillette sans qu'on ait jamais eu quelque particularité à signaler.

Et pourtant, telle est la puissance d'un préjugé ou
d'une idée préconçue, qu'au début de la culture du
pavot, en France, on regardait l'huile comme nuisible
à la santé humaine. Une sentence du Châtelet éditée
en 1718, défendit de la mêler à l'huile d'olive, et un
arrêt de 1735 ordonna même d'y mélanger de l'essence
de térébenthine afin qu'on ne pût la faire servir à
l'usage culinaire. Il fallut toute l'énergie de l'abbé
Rozier qui s'était assuré par des essais répétés de son

(1) Hippocrate. *Du régime*, liv. II, § 46, t. VI. édition Littré.

entière innocuité, pour faire rapporter ces prohibitions.

Les agriculteurs doivent éloigner toute crainte de nuire à leur bétail en lui distribuant des tourteaux d'œillette. Au surplus, les traces de morphine existant dans le spermoderme n'ont qu'une faible action sur les animaux, et encore cette action doit être regardée comme utile dans leur exploitation pour la production du lait ou de la graisse; elle se traduit par un peu de somnolence après le repas. Or, on recherche pour les sujets à l'engraissement la tranquillité la plus parfaite : ce serait pour ce motif que certains engraisseurs habiles feraient toujours entrer un peu de tourteau d'œillette dans les rations.

Ce tourteau, dépourvu d'odeur spéciale, est accepté d'emblée par tous les animaux de la ferme, sauf par le cheval, auquel il est difficile d'ailleurs d'en faire prendre de quelque origine que ce soit sans quelques manœuvres préliminaires. Il est très recommandable pour les animaux qu'on engraisse; on peut leur en distribuer jusqu'à la fin de l'opération sans crainte de communiquer un goût spécial à leur chair. Cette particularité est à retenir dans le gavage des oiseaux de basse-cour et notamment du dindon dont la chair prend si facilement le goût d'huile de navette quand on l'a engraissé au moyen de tourteaux de crucifères.

Il convient très bien aussi pour les animaux à la période de croissance; ils l'acceptent, en général, sans difficultés, et comme il est le plus riche des tourteaux en acide phosphorique, il favorise le développement du squelette.

Tourteaux de pépins de raisin et de groseille.

Nous nous sommes déjà arrêté sur l'utilisation des marcs de raisin dans l'alimentation du bétail (voy. page 139). En raison de leur teneur en huile, on a eu l'idée d'exploiter les pépins pour en extraire l'huile. Celle-ci est blanche et convient pour l'éclairage, car elle brûle sans fumée. Les pépins de raisins noirs donnent plus d'huile que ceux de raisins blancs.

Si les pépins proviennent de raisins noirs, le tourteau est brun foncé ou rougeâtre; s'ils ont été fournis par des raisins blancs, il est plus pâle. Ces tourteaux se pulvérisent facilement et leur consistance n'est pas grande; la cassure décèle une pâte qui manque un peu d'homogénéité, ponctuée çà et là de fragments de spermodermes jaunes ou rougeâtres, suivant leur provenance.

L'analyse chimique (Decugis) a montré qu'ils sont composés de :

Eau	10.4
Huile	10.6
Azote dans les matières organiques	2.31
Cendres	6.6

Étant donnée l'avidité avec laquelle les animaux, notamment les moutons, mangent les pépins du raisin, il était à prévoir que le tourteau serait accepté facilement; l'expérience a fait voir qu'il en est ainsi.

Les pays viticoles trouveront donc un supplément de ressources alimentaires pour leur bétail dans ces résidus. D'ailleurs, on n'en est plus à la période de tâtonnement; des propriétaires du Midi en ont distribué à leurs vaches et ils les ont substitués en partie à des aliments plus coûteux. Ils ont vu que la quantité journalière pouvait être assez considérable et monter jusqu'à 6 kilogr. sans inconvénients.

Ce qui vient d'être exposé à propos des pépins de raisins est applicable à ceux de groseilles. Après extraction de l'huile, nous en avons distribué les résidus à des moutons qui les ont mangés sans hésitation et s'en sont bien trouvés. Nous en conseillons donc l'emploi.

Tourteau de graines de courge.

Si la Courge (*Cucurbita pepo*, L.) est cultivée dans maintes régions pour la nourriture de l'homme et des animaux, il y a peu de localités où l'on exploite ses graines pour l'huile qu'elles renferment. Cela se fait cependant, particulièrement dans l'ouest de la France, et il se pourrait que cet exemple fût suivi: double motif pour ne pas passer sous silence le tourteau qui provient de ce travail.

L'huile de courge est verdâtre; dans l'Anjou elle sert aux usages culinaires. La couleur verte tient à la péporésine placée contre la graine sous l'épisperme. Cette huile fortement péporésinée est un bon anthelmintique. Comme il y en a une certaine proportion dans le tourteau, il y a lieu de se demander si ce résidu n'a pas lui-même des vertus anthelmintiques.

La couleur de celui-ci est jaunâtre, sa structure lamelleuse, son intérieur et sa surface montrent les débris du testa de la graine. M. Martin a avancé qu'il rancit avec une grande rapidité et répand alors une odeur détestable. M. Decugis affirme qu'il en a conservé pendant une année sans avoir eu rien de pareil à noter.

Von Gohren lui assigne la composition suivante :

Eau...............................	12. %
Huile..............................	11.4 —
Matières azotées....................	55.6 —
Extractifs non azotés...............	8. —
Ligneux...........................	4.9 —
Cendres...........................	8.1 —

Les bestiaux le prennent avec hésitation quand la graine n'a pas été décortiquée; cette opération faite, ils en sont plus avides et on a raison de le leur distribuer.

Tourteau de maïs.

Le Maïs fournit des graines qui renferment environ 7 % de matières grasses. On a eu l'idée de les en débarrasser, sauf à utiliser ensuite l'amidon restant pour la fabrication de l'alcool.

Cette extraction spéciale laisse des résidus qui sont les véritables tourteaux de maïs dans l'acception littérale du mot, et qu'il ne faut pas confondre avec ceux obtenus dans l'industrie de la fabrication des alcools de maïs, pressés par le procédé Porion et Mehay (voy. page 112) et appelés aussi tourteaux. Il n'est question que des premiers pour le moment.

Deux procédés sont mis en usage pour obtenir l'huile de maïs. Dans l'un, dit procédé Planat, du nom de son inventeur, on concasse le maïs de façon à obtenir des gruaux qu'on sasse; cette opération amène le départ des gruaux oléagineux qui sont les plus légers et des féculents. Ces derniers, avec la farine qui s'est déjà formée lors du concassage, peuvent être employés pour les usages habituels du maïs et notamment pour la fabrication de

l'alcool. Les premiers sont passés aux meules verticales;
la pâte humectée d'eau chaude est chauffée, pressée et
dépouillée de l'huile qu'elle contient. Cette huile est
limpide.

Les tourteaux qui restent après cette opération sont
blancs, avec un pointillé jaune ou rougeâtre suivant la
variété de maïs employé; ils deviennent rapidement
très durs.

Dans un autre procédé, on opère sur le son de maïs
qui renferme environ 4% d'huile; on obtient alors,
avec l'huile, ce qu'en langage commercial on appelle
du son déshuilé, produit dont il sera question plus
loin; mais on ne recueille pas de tourteaux par cette méthode d'extraction.

Les tourteaux de maïs peuvent être distribués aux
animaux de la ferme; tous les acceptent. Comme ceux
de sésame et de coton, ils ont une forte teneur en acide
phosphorique; pour cela, ils sont à recommander dans
l'alimentation des jeunes dont ils contribuent à former
le squelette; leur valeur est moins grande pour les
adultes.

D'après les tables de Kühn, les tourteaux de maïs
ont comme composition chimique :

Eau.............................	10.75 %
Huile............................	10.81 · ·
Matières azotées..................	13.49 —
Extractifs non azotés..............	50.22 —
Ligneux..........................	8.58 —
Cendres..........................	6.15 · ·

Tourteau de chènevis.

Une espèce dioïque de la famille des Cannabinées,

le Chanvre (*Cannabis sativa*) (fig. 10) a des pieds femelles portant des graines de couleur perle, dites *chènevis*, qui donnent une huile estimée.

Les tourteaux de chènevis sont habituellement fournis par les huileries en pains épais, pesant 15 kilogr. et

PIED FEMELLE.   FRUIT.

FIG. 10. — CHANVRE (*Cannabis sativa*).

même plus. De couleur grise rappelant celle de la graine, ils exhalent à l'état frais l'odeur spéciale du chènevis. Ils s'effritent assez facilement et laissent voir une pâte grisâtre semée de fragments grossiers du spermoderme. Desséchés, ils sont moins cassants, sans atteindre toutefois la solidité de beaucoup d'autres et leur odeur a disparu en grande partie. Mélangés à l'eau, ils lui

communiquent une couleur ambrée caractéristique.
Ces tourteaux ont comme composition chimique
moyenne :

Eau	9.90
Huile	6.30
Matières azotées	30.
Extractifs non azotés	21.86
Ligneux	24.94
Cendres	7.

Étant donné que les Orientaux préparent avec les
feuilles du chanvre un breuvage produisant des effets
qui ont beaucoup d'analogie avec ceux de l'opium, on
s'est demandé si le principe enivrant et stupéfiant dont
il s'agit existe dans les graines et ne reste point dans
les tourteaux qui, en conséquence, ne pourraient être
distribués au bétail. Une observation du Dr Deage qui
dit avoir vu mourir une jeune fille en moins de 2 heures
après avoir ingéré une décoction vineuse de semences de
chanvre (1) tendrait à le prouver. Mais cette observation
unique aurait besoin de contrôle, car il n'est pas démontré que le chanvre cultivé dans l'Europe centrale et
septentrionale a des propriétés aussi actives que celui
de l'Orient; les botanistes ne s'entendent même pas
sur la question de savoir si ce chanvre oriental est ou
n'est pas de la même espèce que le *Cannabis sativa*;
d'aucuns en font une espèce spéciale. Ensuite, la substance incriminée n'a pas été retrouvée dans les graines
bien mûres; peut-être la découvrirait-on dans les semences vertes; c'est à vérifier.
Nous avons vu autrefois dans l'est de la France,

(1) *Journal de Chimie médicale*, 1880. VI, 77.

alors que la culture du chanvre y était très répandue, employer fréquemment les tourteaux de chènevis pour l'engraissement des bœufs; nous les avons vu employer aussi pour le gavage de la volaille et on s'en sert également pour l'alimentation du porc et l'entretien des poissons dans les pièces d'eau. Nous n'avons point constaté de fâcheux effets de son emploi ni entendu dire qu'il s'en soit produit quelque part. L'expérience apprend toutefois qu'il n'en faut point forcer la dose, car on provoquerait de la diarrhée.

Un résultat curieux de l'alimentation des oiseaux par le chènevis a été signalé : elle pousse le plumage au mélanisme; le fait se remarquerait, paraît-il, facilement sur le bouvreuil. Il serait intéressant d'observer si l'alimentation prolongée au tourteau de chènevis provoquerait un résultat semblable.

Qu'ils soient vendus comme aliments ou comme engrais, les tourteaux de chanvre comptent parmi les plus falsifiés. Leurs adultérations seront examinées plus loin.

Tourteau de lin.

Le Lin n'est pas seulement une précieuse plante textile, il produit une graine mucilagineuse et oléagineuse qui, après traitement, laisse le tourteau le plus estimé pour la nourriture du bétail de tous ceux que fournissent les végétaux indigènes.

Bien qu'il réussisse dans les régions méridionales, le lin est plutôt cultivé dans les pays du nord. En France, on l'exploite dans les départements du nord et de l'ouest. La Belgique, la Hollande, l'Irlande, l'Allemagne septentrionale et la Russie sont des pays de culture du lin, et nous recevons leurs produits. Les lins de Riga sont renommés. Les Anglais ont importé et acclimaté le lin dans leurs possessions des Indes, aujourd'hui la graine de lin est un fret pour les navires qui l'apportent de

FRUIT.

RAMEAU FLEURI.

FIG. 11. — LIN COMMUN (*Linum usitatissimum*).

Bombay et de Calcutta en Grande-Bretagne. Les Anglais en extraient l'huile qu'ils exportent, mais ils conservent les tourteaux pour nourrir leurs animaux.

Ils ont raison. Aussi bien, si la France ne reçoit qu'une

petite quantité de tourteaux de lin de l'extérieur, elle importe de fortes quantités de graines qui, après le traitement industriel, laissent leur résidu. Voici quelques documents qui montreront et l'importance de cette sorte d'importation et les pays exportateurs.

IMPORTATION DE GRAINES DE LIN EN FRANCE EN 1879.

Provenances :

Russie, par la mer Baltique.......	6.605.432
Russie — Noire.........	51.281.090
Allemagne..........	1.360.867
Belgique.......................	328.295
Italie.........................	752.642
Algérie.......................	1.928.231
Indes anglaises..................	15.057.040
Autres pays.....................	1.595.843
	78.909.440

En laissant de côté l'usage de la graine de lin en médecine comme émollient, cette semence est traitée pour en extraire une huile qui est le type des huiles siccatives et dont l'usage dans la peinture et le vernissage est journalier.

Il arrive, en Angleterre particulièrement, que les graines entières et non pressées sont distribuées au bétail. Cette pratique date du jour où l'exportation des tourteaux fut entravée en France par un droit prohibitif (loi du 9 juin 1845) et elle a survécu à la circonstance qui l'avait fait naître. Elle est excellente et elle se maintient à côté de l'usage des tourteaux. On a remarqué aussi que les graines de lin concassées et cuites favorisent le développement de la faculté laitière sur la génisse de même qu'elles sont favorables à la lactation chez les adultes.

Les tourteaux de lin sont habituellement en galettes de 0,02 centimètres d'épaisseur et du poids de 800 gr. à 1 kilogr. Leur coloration est brun rougeâtre, avec des variantes dans les nuances depuis le brun pâle confinant au blanchâtre jusqu'au brun foncé. Comme la majorité des agriculteurs recherche de préférence le tourteau brun-pâle, il en résulte même une série de falsifications pour lui donner cette teinte dont nous aurons à parler. Il est inodore ou avec une légère odeur d'amandes, sa saveur est douceâtre et assez agréable. Quand on le casse, on voit dans sa gangue les débris rougeâtres ou bruns du spermoderme, tandis que le reste de la pâte est plus pâle. Pulvérisé et placé dans l'eau, il forme deux couches : celle du fond est brun-noirâtre et constituée par le mucilage qui reste adhérent au spermoderme; celle du dessus est incolore.

Les analyses de tourteaux de lin sont nombreuses. Nous reproduisons l'une des plus récentes, due à M. Van den Berghe :

Eau...............................	12.60 %
Matières grasses.....................	13.81 —
Matières protéiques brutes solubles dans l'eau...............................	17.19 ⎫ 32.37
Matières protéiques brutes insolubles dans l'eau...............................	15.18 ⎭
Matières résineuses..................	0.47 —
Sucre	2.76 —
Matières mucilagineuses solubles dans l'eau...............................	17.17 ···
Matières extractives non azotées, insolubles dans l'eau....................	7.98 —
Cellulose............................	6.28 —
Matières minérales..................	6.56 —

Il y a dans les tourteaux de lin, comme dans tous les aliments, des variations de composition étendues. M. Van den Berghe a publié le résultat des analyses qu'il a effectuées pendant treize années sur de nombreux échantillons de ces résidus. Nous relevons les chiffres suivants :

	Minimum.	Maximum.
Matières protéiques.........	24.44	37.50
— grasses.............	6.04	13.81

Les écarts sont considérables, surtout pour les matières grasses puisque leur teneur varie au delà du simple au double. Ils sont moins prononcées pour la protéine.

Est-il besoin de faire remarquer que le tourteau de lin contient en bonne proportion (17 %) des matières mucilagineuses? C'est à leur présence qu'il doit en partie d'occuper le premier rang parmi les résidus d'huilerie.

Les agriculteurs de tous pays sont unanimes à dire que le tourteau de lin est une excellente nourriture pour le bétail; il a des propriétés émollientes et un peu laxatives qui contrastent avec celles de plusieurs autres tourteaux; son goût est agréable et les animaux le mangent très facilement; enfin il rancit plus lentement que les autres. De temps immémorial, on l'utilise en Flandre sous le nom d'*oliebrood* (pain d'huile).

La pratique seule n'a pas placé le tourteau de lin au premier rang, l'expérimentation scientifique est arrivée aux mêmes conclusions. En Angleterre, le dr Wœlcker a étudié comparativement les résidus de lin et ceux de colza. Ce dernier, moins cher que celui de lin, a presque la même composition chimique, surtout en ce qui regarde la teneur en huile et en matières protéiques. Les recherches de

Wœlcker ont démontré que, malgré cela, le tourteau de lin a une grande supériorité sur celui de colza, ce qu'il attribue surtout :

1° A ce que le tourteau de lin ayant un goût agréable. est pris plus avidement par le bétail que celui de colza;

2° A ce que son huile rancit moins facilement;

3° A ce que le tourteau de colza renferme davantage de fibres végétales indigestibles que le tourteau de lin, soit 20 % pour le premier et 9 % pour le second.

Wœlcker ajoutait que les falsifications du tourteau de colza étaient plus fréquentes que celles de lin, ce qui était aussi une cause d'infériorité. S'il en était ainsi, il y a quelques années, au moment où le docteur Wœlcker écrivait, aujourd'hui les falsifications dont est l'objet le tourteau de lin sont au moins aussi nombreuses et diverses que celles constatées sur celui de colza.

On est dans l'habitude de distribuer le tourteau de lin aux animaux à l'engraissement, aux jeunes et aux femelles prêtes à mettre bas plutôt qu'aux vaches laitières. Nous l'avons fait donner, pendant l'hiver, à la dose de 1 kilog. à des poulains de 8 à 15 mois; ils en ont retiré de bons effets, se sont maintenus avec le poil luisant et suffisamment en chair. C'est un moyen à utiliser pour remettre en bon état des poulains et des veaux qui ont souffert du sevrage ou de la nourriture d'hiver et sont restés ventrus, maigres, ensellés.

On le donne souvent simplement écrasé ou concassé; il est préférable d'en faire des buvées chaudes ou mieux de le soumettre, une fois mêlé à l'eau, à la cuisson.

Il a été dit que la graine de lin entière et intacte est employée à l'alimentation animale. MM. Lawes et Gilbert ont étudié comparativement les effets de cette nourriture avec celle dont le tourteau est la base. Ils ont reconnu que la graine de lin cuite donne de meilleurs résultats dans l'engraissement que les tourteaux simplement concassés, mais lorsqu'on a la précaution de soumettre ceux-ci à la cuisson, ils sont préférables à la graine de lin cuite.

Tourteau de faines.

Plusieurs arbres, dont quelques-uns de grandes dimensions, fournissent des fruits oléagineux : parmi eux le Hêtre (*Fagus sylvatica*), abondant dans les forêts de l'est de la France et de l'autre côté du Rhin, et qui donne un bois de chauffage très apprécié, a un fruit appelé *faine*, triangulaire (fig. 12), à péricarpe brun-rougeâtre, luisant, coriace, qu'on recueille dans les années d'abondance pour en extraire l'huile. Celle-ci est de goût agréable quand elle a été obtenue à froid, âpre quand elle a été recueillie à chaud. Elle rancit lentement.

FIG. 12.
COUPE TRANSVERSALE
DE LA FAÎNE.

Parfois on prend la précaution de décortiquer les faines, le plus souvent on les soumet à la pression sans l'avoir prise, d'où l'obtention de deux sortes de tourteaux de faines : l'un brut ou non décortiqué, l'autre décortiqué.

Le premier est grossier, inodore, de couleur rougeâtre, assez peu consistant quand il est frais, mais durcissant en vieillissant. Sur la cassure on aperçoit de très nombreux fragments du péricarpe disséminés dans la gangue. Le tourteau décortiqué est à pâte plus fine, les fragments du péricarpe y sont rares et moins volumineux que sur le tourteau brut.

Lorsqu'on concasse le tourteau non décortiqué, il donne des fragments relativement assez gros où dominent les péricarpes; mis en macération, il en résulte une buvée de couleur café au lait dans laquelle se détachent en rouge les parcelles d'enveloppe.

Voici, d'après Dietrich et Kœnig, l'analyse du tourteau brut et du tourteau décortiqué.

| | Tourteau de faînes. | |
	Non décortiqué.	Décortiqué.
Eau.........................	19.10	12.5
Huile.......................	8.34	7.5
Matières azotées.............	18.15	37.1
Extractifs non azotés.........	28.39	29.7
Cellulose....................	23.89	5.5
Cendres....................	5.13	7.7

De cette analyse ressort la supériorité du tourteau décortiqué sur celui qui ne l'a point été, puisque le premier contient le double de protéine et quatre fois moins de cellulose. Il est une autre raison pour l'agriculteur de ne distribuer que des tourteaux décortiqués à son cheptel. Les résidus provenant de faînes non mondées occasionnent, particulièrement sur les chevaux, de véritables empoisonnements qu'on a rapprochés de ceux déterminés par l'ivraie enivrante.

Cette observation n'est pas nouvelle, car, il y a deux siècles, Laurent Rusé signalait déjà l'avortement chez la jument comme une conséquence de la distribution de ces tourteaux. Avant lui, le botaniste Bauhin, qui vivait au seizième siècle, avait dit que les faînes produisent une sorte d'ivresse sur les chevaux. Dans le courant de ce siècle, des vétérinaires de l'est de la France et d'Allemagne ont attiré à nouveau l'attention sur la possibilité de ces accidents (1). Ils sont dus à un principe vénéneux, encore mal connu chimiquement; Zanon lui a imposé le nom de *fagine* et l'a présenté comme un alcaloïde spécial, mais cet alcaloïde n'a pas été généralement accepté. Buchner dit qu'il s'agit d'un corps analogue à la conine qu'on retire de la ciguë; Brandl et Rakowiecki avancent qu'on est en présence de la triméthylamine. De nouvelles recherches sont donc nécessaires pour déterminer définitivement le principe nocif.

Il est à peu près certain que ce principe est localisé dans l'enveloppe péricarpoïde, car la consommation de l'huile de faînes n'a jamais occasionné d'accidents; ceux-ci ont toujours été produits par le tourteau non décortiqué. Les tourteaux décortiqués sont inoffensifs comme l'huile elle-même. La pratique l'a fait voir et une expérience de Magne l'a démontré; d'autre part, Hertwig a prouvé que le rancissement doit être mis hors de cause, puisque les tourteaux frais ont la même action que ceux qui datent de plusieurs mois.

De tous les animaux domestiques, les Équidés sont les plus sensibles à l'action nuisible des résidus non décortiqués du hêtre; en vertu de leur organisation et conformément à ce que nous voyons pour la plupart des toxiques, les ruminants le sont moins.

D'après ce qui vient d'être dit, on réservera le tourteau de faînes non mondées pour la fumure des terres ou pour le chauffage, en le faisant brûler à la façon de la tourbe. Ce dernier parti est souvent préférable au premier car, en raison des débris de péricarpe qu'il

---

(1) Lefort, Empoisonnement de chevaux par le tourteau de faînes. dans le *Journal agri. prat.*, 1840, p. 325. — Hertwig. idem. — Note traduite dans le *Recueil de méd. vét.*, 1858.

renferme, ce tourteau est de décomposition lente dans la terre.

Le tourteau décortiqué est, au contraire, un bon aliment, bien accepté par tous les animaux de la ferme. Il n'y a point à s'en étonner, les fruits du hêtre étant mangés avidement par les porcs qui vont à la glandée dans les forêts et par les oiseaux de basse-cour, notamment par les dindons; ils ont une saveur qui rappelle celle de la noisette. Les petits campagnards ne les dédaignent point non plus.

On distribue ces tourteaux aux moutons, après pulvérisation, et on les mélange aux racines; pour le gros bétail, il est préférable de faire des buvées. En adoptant cette dernière préparation, on écarte la constipation qui se montre sur les sujets qui reçoivent journellement du tourteau de faîne à l'état sec. D'après quelques expériences et d'après la pratique, il est avantageux de donner aux vaches laitières deux kilogr. chaque jour de ce résidu émietté dans une quantité suffisante d'eau tiède.

Tourteau de noix.

Le Noyer (*Juglans regia*), grand et bel arbre répandu un peu partout sur notre territoire, mais particulièrement abondant en Touraine, dans le Lyonnais, le Dauphiné et les Alpes, fournit à nos tables des fruits appréciés. Tous ne sont pas consommés par l'homme; une partie est traitée pour en extraire l'huile assez abondante qu'ils renferment. Celle de première pression est incolore et de faible odeur, celle tirée à feu est verdâtre et siccative. La première est estimée pour la table, la seconde sert pour la peinture fine.

Le tourteau de noix, qu'on appelle nougat dans le Midi, est habituellement en pains assez épais. Frais, son odeur est agréable et rappelle celle de la noix; à ce moment il est fragile, plus tard il est compact et plus résistant. Sa pâte est toute particulière, on y voit peu de fragments d'enveloppe, mais elle est parsemée de petits morceaux d'amande qui n'ont point été broyé; la cassure fait involontairement songer aux fragments de quartz qu'on aperçoit dans la pâte feldspathique de quelques granits.

Le tourteau de noix qui résulte de la pression à froid est blanc sale, comme l'amande de la noix elle-même; celui qui provient d'une extraction à chaud est brun. Les tourteaux de première pression à chaud laissent encore voir dans leur gangue des fragments d'amande avec leur teinte à peu près normale; dans ceux de deuxième pression, ces fragments ne se remarquent plus.

Les buvées de tourteaux de noix pressés à froid sont blanches, un peu laiteuses; celles de tourteaux pressés à chaud sont brunes, de couleur terreuse.

Le commerce fournit plusieurs sortes de tourteaux de noix : tourteaux de première pression à froid ou à chaud, tourteaux de deuxième pression également à froid ou à chaud, ou obtenus à chaud quand la première pression a été faite à froid. Toutes ces variétés ont assurément une composition chimique différente et une valeur nutritive qui n'est pas la même; il y aurait lieu de les déterminer.

Kühn assigne au tourteau de noix, sans désignation de sorte, la composition suivante :

Eau.	13.7	%
Huile.	12.5	—
Matières azotées.	34.6	—
Extractifs non azotés.	27.8	--
Cellulose	6.4	—
Cendres.	5.35	—

Ce tourteau est de conservation difficile. Si l'on n'a point la précaution de le placer dans un local sec, il moisit; mais le plus fâcheux est qu'il rancit rapidement, il acquiert alors un goût particulier et une odeur désagréable.

Pour éviter le grand inconvénient qui résulte de son rancissement, des essais d'extraction, par le sulfure de carbone ou les éthers de pétrole, de sa matière grasse devraient être tentés. Ce résidu est assez riche en matières azotées pour que ces essais soient justifiés.

Dans quelques villages pauvres, l'homme mange le tourteau de noix récemment préparé : on ne s'étonnera pas d'apprendre que tous les animaux l'acceptent sans hésitation. On l'a mis sur la même ligne que celui de lin. On le fait entrer surtout dans les rations d'engraissement; des personnes s'en servent dans le gavage du dindon et dans le Midi on le distribue au porc. Tout cela constitue de bonnes pratiques tant qu'il n'a pas subi le rancissement; mais si la conservation en a été défectueuse, il ne doit plus être distribué aux animaux d'engrais. Il importe aussi de n'en pas donner de trop fortes quantités et il est utile d'en cesser l'administration quelque temps avant l'abatage.

Quand on persiste à distribuer du tourteau rance, la viande en prend rapidement le goût. Au dépecage, on perçoit l'odeur spéciale qui caractérise les huiles rances; elle est plus ou moins prononcée, suivant le temps pendant lequel a été distribué le résidu; les mains

des personnes qui dépècent et préparent les morceaux
s'imprègnent de cette odeur. La cuisson la fait dégager,
et quand on mange la viande on perçoit une saveur désagréable *sui generis*. Le porc, le dindon, l'oie et le
canard sont les animaux sur lesquels il est facile et
commun d'observer les inconvénients énumérés.

Au reste, l'imprégnation de la viande de porc par
le goût de noix rance est un fait si connu dans le midi
de la France, que dans quelques régions, dans le Tarn
en particulier, règne une convention tacite par laquelle
est frappée de nullité la vente des porcs gras dont la
viande a le goût et l'odeur du tourteau rance, alors
même qu'on n'aurait reconnu cette particularité qu'a-
près la mise au pot (1). Cette convention n'existât-elle
pas, que l'acheteur d'un pareil animal pourrait poursuivre la résiliation de la vente, la chose vendue étant
impropre à l'usage auquel on la destine qui, en l'espèce, est la consommation. Nous n'entendons point
dire qu'elle est malsaine et dangereuse; elle a seulement un goût répugnant qui en entrave la consommation.

Ces diverses considérations dicteront à l'agriculteur
sa règle de conduite et le porteront à utiliser le tourteau rance à la fumure des terres et non à l'alimentation de ses animaux.

Tourteau de noisettes.

Le Noisetier ou Coudrier (*Corylus avellana*), arbris-
seau de la famille des Cupulifères, commun dans les

---

(1) Raynaud, L'usage alimentaire du nougat et la qualité de la viande,
Revue vétérinaire. 1879, page 498.

forêts et les haies, non moins répandu dans les parcs et les jardins où il a formé plusieurs belles et bonnes variétés, donne un fruit, la *noisette*, quelquefois très abondant.

Dans les années d'abondance, les noisettes ne sont pas toutes consommées par l'homme; comme elles sont oléagineuses, on les presse. On obtient une huile siccative, un peu fade, et un tourteau de pâte plus fine que celui de noix.

Les tourteaux de noisettes ne sont pas pris par les animaux d'emblée et aussi facilement que ceux de noix; pour parer à cet inconvénient, à la deuxième pression on les mélange habituellement avec ces derniers. On obtient ainsi un résidu mixte de noix et noisettes bien accepté du bétail.

Le tourteau pur de noisette a été employé pour la falsification du chocolat.

Tourteau d'olive.

On cultive dans les départements méridionaux de la France et dans tous les pays du midi de l'Europe, en Asie et en Afrique, un arbre au feuillage vert-pâle, aux rameaux tortueux et au bois dur, c'est l'Olivier (*Olea europea, L.*). Il concourt pour une bonne part à donner aux paysages méridionaux leur cachet si particulier; il est un élément de richesse pour les contrées où il s'est acclimaté, car son fruit fournit la meilleure de toutes les huiles de table. Elle est très fluide, onctueuse, transparente, jaune verdâtre ou jaune pâle. Elle est de saveur agréable, douce, ne rancit que lentement, mais acquiert alors une odeur désagréable et une saveur âcre et repoussante. Elle se trouble à quelques degrés au-dessus de zéro, se prend à + 5° en une masse ayant de la ressemblance avec le beurre; à — 6° elle dépose de la stéarine.

Il y a plusieurs sortes d'huile d'olives, suivant les procédés employés pour son extraction et il y a, par suite, plusieurs sortes de tourteaux. Pour ce dernier motif, il est nécessaire d'entrer dans quelques détails sur les traitements qu'on fait subir à l'olive.

Après sa cueillette, elle est transportée au moulin et broyée; la pulpe est soumise à la presse. On obtient l'huile fine ou de première pression et un tourteau, dit *grignon* en Provence, qui est en morceaux constitués par les fragments du noyau réunis par une gangue brunâtre formée de la pulpe et de l'épiderme. Ce tourteau est friable; on l'emploie parfois comme combustible, plus rarement comme engrais, car il est de décomposition lente en raison des noyaux qu'il renferme. En théorie, rien ne s'oppose à ce qu'on le distribue aux animaux, et on le fait quelquefois. En effet, malgré leur amertume, les feuilles et les olives sont mangées par les ânes, les moutons, les chèvres; rien d'étonnant à ce que le grignon qui n'a pas la saveur amère du fruit, car il s'en est dépouillé lors de la pression en abandonnant partie de son eau de végétation, soit pris par les animaux à son tour. Mais les fragments de noyaux dont il est semé le déprécient et il est pauvre en azote. Son analyse a, en effet, donné le résultat suivant :

Pour ces raisons, dans la pratique, il est plus avantageux pour les producteurs de vendre le grignon aux *ressences*.

Le grignon apporté aux moulins de ressence est battu dans l'eau de façon à amener la séparation de la pulpe et des fragments de noyau. Ceux-ci, plus lourds que la pulpe, tombent au fond du bassin; on les recueille pour les utiliser comme combustible. Quant à la pulpe, on la soumet à l'ébullition et à la pression, on obtient une huile et un tourteau dit de ressence.

Le *tourteau de ressence* est en masses brunes, friables, grasses au toucher, formées par la pulpe et l'amande. M. Decugis lui a trouvé la composition suivante :

Eau...................................	13.85
Huile.................................	29.15
Azote dans les matières organiques.....	0.97
Cendres..............................	2.48

Sa teneur en huile est encore fort élevée, malgré la pression qu'il a subie, et presque le triple de celle du grignon; aussi rancit-il rapidement et sa conservation est difficile, mais tant qu'il est frais les moutons en sont friands. Lorsqu'il est devenu rance, dit M. Decugis, il faut, pour le faire accepter, le mélanger avec le 1/5 de son poids de son ou de recoupe. Afin de rendre le mélange plus intime, on humecte le tourteau soit avec de l'eau, soit, ce qui vaut mieux, avec une décoction de figues contenant ces fruits écrasés; alors les animaux l'acceptent avec plaisir. Un fourrage quelconque arrosé de ce bouillon est dévoré rapidement par les bêtes ovines et bovines.

On vient de voir que le tourteau de ressence renferme encore près de 30 % d'huile; on cherche à l'extraire en traitant ce résidu par le sulfure de carbone. On obtient alors des *tourteaux de ressence repassés,* plus foncés et plus secs au toucher que ceux qui n'ont point été soumis à ce traitement. Dans le Midi, on les emploie comme combustible. Pourrait-on les faire entrer dans l'alimentation du bétail? Leur composition n'est pas fort riche :

Eau..	8.1
Huile...	11.48
Azote dans les matières organiques.....	1.64
Cendres......................................	5.

En cas de besoin, rien ne s'oppose à ce qu'on les distribue aux animaux, à la condition bien entendu qu'on les combine avec d'autres aliments pour constituer une ration suffisante.

Tourteau d'abricots.

Il est d'usage dans quelques départements méridionaux où l'abricotier ordinaire (*Armeniaca vulgaris.* Lam.) est commun, d'utiliser l'amande de l'abricot en extrayant l'huile qu'elle renferme.

Dans les montagnes du Dauphiné et du Piémont, on destine au même objet les fruits de l'abricotier de Briançon (*Armeniaca brigantiaca,* ou *Prunus oleaginosa*). L'huile obtenue est dite *huile de marmotte;* elle est douce, limpide, incolore, possède l'odeur d'amandes amères et retient une certaine proportion d'acide cyanhydrique, ce qui fait qu'ordinairement on la mêle à l'huile d'olive avant de la livrer à la consommation.

Le tourteau, un peu amer, est accepté par les animaux, mais nous ne conseillons pas de leur en distribuer, car il est connu que les amandes de beaucoup de

Rosacées — et celles de l'abricotier ne font pas exception
— sont capables, lorsqu'on brise leurs tissus en présence de l'eau, de produire de l'acide prussique et de
l'essence d'amandes amères par la décomposition des
glucosides qu'elles renferment, sous l'influence d'un
ferment (1). Ces deux principes sont extrêmement
vénéneux et il y aurait lieu de craindre des intoxications
si l'on faisait manger les tourteaux d'abricots aux animaux. Ces craintes ne sont pas seulement théoriques,
elles sont justifiées par les accidents qui se sont produits (2). Nous n'ignorons point qu'on a conseillé de les
donner à très petites doses, mais alors leur place dans
la ration journalière est si minime qu'il semble inutile
de courir des risques pour un si faible résultat. D'ailleurs, l'extraction de l'huile d'abricots ne se faisant que
dans des régions peu étendues, le tourteau est utilisé sur
place et se trouve rarement dans le commerce.

Tourteau d'amandes.

On distingue deux sortes principales d'Amandier :
l'une à amandes *amères* et l'autre à amandes *douces*.
On retire de l'une et de l'autre une huile très douce et
très estimée en parfumerie et même en médecine.

Les amandes amères étant d'un prix inférieur aux
douces, sont les plus exploitées pour leur huile. Pour
les raisons exposées tout à l'heure à propos des résidus
d'abricots, le tourteau d'amandes amères n'est pas à distribuer aux animaux. Au reste, on n'en a pas l'idée,

(1) Nous avons développé le mode de formation de l'essence d'amandes
amères et de l'acide cyanhydrique dans notre ouvrage sur *Les Plantes vénéneuses*, pages 352 et 353.

(2) Chancel, Empoisonnement par le tourteau de prunier de Berinçon,
Journal de Pharmacie et Chimie, 1817, p. 111, 275.

car il est entièrement destiné à l'industrie de la parfumerie pour la préparation de la pâte d'amandes.

Une semblable recommandation n'est point nécessaire au sujet de celui d'amandes douces; on pourrait
le donner au bétail mais, comme le précédent, il est
vendu aux parfumeurs et aux fabricants de produits
chimiques à un taux inabordable pour l'agriculture.

Sous-Section II. — Des tourteaux exotiques.

A en juger par la rapidité avec laquelle les semences
et les fruits oléagineux exotiques se sont répandus en
Europe et la faveur avec laquelle ils ont été accueillis
par l'industrie, il y a quelque probabilité pour que la
liste que nous donnons s'allonge, surtout avec la fièvre
d'exploration des pays et des forêts des régions intertropicales qui secoue actuellement les Européens. Pour
le temps présent, le commerce est à même de fournir
des tourteaux de sésame, d'arachide, de béroff, de niger,
de coprah, de coton, de maffouraire, de palmiste, de
purghère, de croton, de ricin, de touloucouna, d'Ilippé,
de mowra, et de noix de Bancoul, de para et d'arec.

Il y a lieu d'en indiquer l'origine, la valeur et de
dire les avantages ou les inconvénients qu'ils peuvent
présenter dans l'alimentation animale.

Tourteau de sésame.

Le Sésame indien (Sesamum orientale, var. indicum)
est une plante herbacée annuelle, de la famille des Bi-
gnoniacées, cultivée depuis fort longtemps dans les pays
orientaux et sur toute la côte est-africaine, comme oléifère (fig. 13). On a cherché, sans grands succès, à en

GRAINE.

FRUIT.

RAMEAU FLEURI.

Fig. 13. — Sésame d'Orient (*Sesamum orientale*).

implanter la culture dans nos contrées du Midi. Ses graines, de couleur variable, noires, blanches ou brunes, fournissent par une première pression à froid une huile dite de froissage, inodore, jaune doré, comestible, et une huile de seconde qualité par une seconde pression à froid et une dernière pression à chaud.

Récemment, M. Tocher a retiré de l'huile de sésame un nouveau produit, en agissant de la façon suivante :

Mélanger 10 parties en volume d'huile de sésame avec 7 parties en volume d'acide acétique cristallisable et agiter de temps en temps. Après repos, on décante l'acide et on l'évapore au bain-marie; on reprend le résidu qui est gélatineux, transparent et jaune d'ambre par de la potasse caustique chaude; on l'abandonne pendant 12 heures en agitant souvent. Le précipité qui se forme au bout de ce temps, est chauffé à l'ébullition avec de l'acide chlorhydrique. puis on lave sur un filtre jusqu'à ce qu'il soit débarrassé d'acide.

Le corps obtenu cristallise de l'alcool chaud en longues aiguilles qui fondent à 117-118°, solubles dans le benzol, le chloroforme, l'acide acétique cristallisable, insolubles dans l'eau, l'acide chlorhydrique et les alcalis. L'huile de sésame renferme jusqu'à 0,04 de cette substance qui est neutre et donne avec l'acide nitrosulfurique une coloration verte passant ensuite au rouge clair.

Le tourteau de sésame se présente sous quatre couleurs selon la nuance de la graine dont il provient; il est blanc, noir, brun, et s'il y a eu mélange de graines de couleurs différentes, on le dit bigarré ou panaché. Dans le langage commercial. on classe les tourteaux en trois catégories : *blancs du Levant, blancs de l'Inde* et *bruns de l'Inde*. Le ton des tourteaux blancs n'est pas le même, ceux du Levant sont blancs jaunâtres, ceux de l'Inde sont blancs grisâtres. Les uns et les autres sont plus foncés à l'extérieur qu'à l'intérieur ; leur cassure est granuleuse, feuilletée par places, et présente quelques débris de spermoderme très minces ; leur consistance est ferme. Légère odeur oléagineuse quand ils sont frais ; inodores quand ils sont vieux et secs ; l'odeur réapparaît si on les met au contact de l'eau.

Écrasés et mêlés à quantité suffisante d'eau, ils forment une pâte ou une bouillie, suivant la proportion, d'une couleur plus foncée que l'intérieur du tourteau, égalant celle de l'extérieur et qui est difficile à distinguer de celle qui provient du tourteau de noix pressé à froid.

Le tourteau de sésame noir, est de nuance noirâtre ou gris très foncé à l'extérieur et à l'intérieur. Sa structure est lamelleuse, en assises superposées très fines. Mêmes réflexions au sujet de l'odeur que celles émises à propos du sésame blanc.

Lorsqu'on fait une bouillie ou une pâtée de sésame noir, on voit une quantité de petites particules blanches qu'on soupçonnait peu sur le tourteau sec. Du reste, l'intensité de la couleur varie assez dans les graines et conséquemment dans les tourteaux qualifiés de noirs. On prétend que deux facteurs influent sur la coloration de la graine, le moment de la semaille et la situation des terres ; près de la côte, on récolterait des graines brunes, plus loin dans l'intérieur elles seraient marron. On avance aussi qu'on récolte des graines bigarrées dans les régions montagneuses. La semaille en janvier donnerait des graines blanches, celle de septembre des semences brunes.

Le tourteau de sésame roux ou puce comme on l'appelle encore se caractérise suffisamment par son appellation. Le bigarré ou panaché est chiné de points blanchâtres sur un fond brunâtre. Il paraît plus foncé à l'extérieur qu'à l'intérieur.

Depuis peu de temps, le commerce livre des tourteaux
de sésame épuisés de leur matière grasse par le sulfure
de carbone. Ils sont en poudre ou en fragments irréguliers, de la grosseur d'une noisette, très durs, inodores
et d'une coloration variable comme celle des tourteaux
non traités. D'après une analyse qui nous a été communiquée, la proportion centésimale est :

Azote............................... 6.85
Acide phosphorique.................... 2.49

Quant au tourteau de sésame naturel, sa composition
moyenne est la suivante :

Eau............................... 11.5 %
Matières grasses..................... 11.7 —
Matières azotées..................... 34.5 —
Extractifs non azotés................. 21. —
Cellulose........................... 9.5 —
Cendres............................ 11.8 —

La protéine et la graisse varient dans de faibles limites
dans les diverses sortes de tourteaux de sésame ; la teneur en acide phosphorique présente des écarts plus
accentués, qui vont de 1,47 à 2,05. En général, les
tourteaux noirs de l'Inde sont plus riches en acide
phosphorique que les tourteaux blancs du Levant.

Utilisation. — Le lecteur sait déjà que l'importation
des graines de sésame d'Orient en Europe ne remonte
pas à plus de soixante ans ; l'utilisation des tourteaux
qu'elles laissent pour alimenter le bétail est encore
plus récente, car les agriculteurs ont été longs à se décider à en faire usage. Ce n'était pas seulement la conséquence de la défiance qui atteint tout produit nouveau, cela tenait à ce que dans les débuts, ils étaient

de qualité inférieure. L'importation se faisant par navires à voiles, le trajet de l'Inde aux ports européens
était long et la rancidité se déclarait dans les semences,
d'où production de tourteaux rances; dans ces conditions les agriculteurs avaient raison de ne pas les employer comme aliments. Aujourd'hui la navigation à
vapeur a changé toutes ces conditions, les graines arrivent en bon état et l'industrie livre des tourteaux
exempts de rancidité. Il existe encore une préférence
pour les tourteaux blancs du Levant vis-à-vis de ceux
de l'Inde, surtout des noirs. Cette préférence n'est qu'un
reste de l'ancien préjugé; elle n'est pas justifiée, puisque
les tourteaux noirs de l'Inde ont une teneur en matières
azotées et grasses égale à ceux du Levant, et qu'en général
ils ont une plus forte proportion d'acide phosphorique.

On ne s'expliquerait point, d'ailleurs, qu'on n'eût pas
fait entrer le tourteau de sésame dans l'alimentation
des animaux, puisque dès la plus haute antiquité, au témoignage d'Hippocrate et d'Hérodote, les graines de
sésame étaient consommées par l'homme et qu'elles
servaient à la confection de gâteaux. On y fit aussi et
on y fait encore entrer les tourteaux; ils sont consommés
dans l'Inde et surtout en Égypte. Dans ce dernier pays,
on les broie avec du miel et du jus de citron, cela constitue le *tahiné*.

En 1844, Payen et de Gasparin, désireux de vaincre
la timidité des agriculteurs dans l'emploi du tourteau
de sésame, firent des expériences desquelles il résulte
que ce résidu constitue une excellente alimentation pour
les vaches laitières. Il est très avide d'eau et doit leur
être donné en buvée. Depuis, la pratique a entièrement
confirmé les conclusions de Payen et de Gasparin; elle
a fait voir aussi que pour les bêtes d'engrais, le résidu
en question peut être utilisé avec avantage.

Jusqu'à présent, à notre connaissance, aucun inconvénient ni accident n'a été signalé comme conséquence
de son usage.

Nous nous sommes assuré que le tourteau de sésame
traité au sulfure de carbone et offert aux agriculteurs
comme engrais, est accepté par les animaux et qu'on
peut le faire entrer dans leur ration; il faut avoir le
soin de le pulvériser en raison de sa dureté.

Tourteau d'arachide.

Plante de la famille des Légumineuses, tribu des Papilionacées, l'Arachide (*Arachis hypogea,* L.) croît dans
la zone chaude. On la rencontre quelque peu dans le
midi de la France; elle croît en Espagne, en Portugal,
aux Indes, en Algérie, au Brésil, mais son principal
centre de production est la côte occidentale d'Afrique,
depuis le Congo jusqu'au Sénégal; elle est un des principaux objets de trafic pour les comptoirs européens
établis sur la côte ouest africaine.

Le développement de son fruit présente une particularité : une fois la fécondation achevée, les enveloppes
florales tombent, le support de l'ovaire s'allonge et
s'incurve de façon que celui-ci pénètre de 6 à 8 centimètres dans le sol (fig. 14). Il s'y développe et produit un
fruit à gousse blanc-jaunàtre, résillée à sa surface, de
2 à 3 centimètres, arrondie aux deux extrémités, étran-
glée au milieu, renfermant habituellement deux graines
enveloppées d'une pellicule rouge; elles sont blanches
à l'intérieur, un peu plus grosses que le pois ordinaire
et d'un goût de haricot frais.

Ces graines sont très riches en huile, aussi les ex-
ploite-t-on pour ce produit et il reste un tourteau. Quand

FIG. 14. — ARACHIDE (*Arachis hypogea*).

l'arachide est arrivée à maturité, on l'arrache, on la laisse se dessécher au soleil et on la bat ensuite pour détacher les gousses qu'on enlève à la main.

Sur beaucoup de points, les arachides sont mises à bord des navires avec leur coque, de là leur dénomination d'*arachides en coques*. Dans l'Inde et au Congo, elles en sont débarrassées sur les lieux de production; elles sont dites *arachides décortiquées*. A première vue, il semble que cette dernière façon soit la plus avantageuse, puisqu'elle rend la marchandise moins encombrante et économise des frais de déchargement. Mais dans la pratique, elle a des inconvénients sérieux; la graine décortiquée s'échauffe et subit un commencement d'altération à bord, pendant les traversées; l'huile qu'elle fournit est moins fine, le tourteau a une saveur et une odeur qui le font peu rechercher du bétail dans ces conditions.

Il est donc préférable que la décortication se fasse à l'arrivée dans les usines européennes où les graines vont être pressées. Les fabricants soigneux font également débarrasser ces graines du spermoderme jaunâtre qui les entoure, parce que cette pellicule rend l'huile moins fine et le tourteau un peu âcre.

La graine d'arachides est soumise à deux ou trois pressions pour l'obtention de l'huile; la qualité de celle-ci dépend beaucoup de la région, de la nature du terrain où la plante a végété et de la façon dont le décortiquage a été fait. La pression à froid fournit une huile jaune paille; par l'extraction à chaud, on en obtient une qui est plus foncée. Sa saveur rappelle celle des haricots verts, aussi est-elle comestible; on la consomme pure, ou mélangée à l'huile d'olive. Les qualités secondes sont utilisées pour la fabrication des savons, l'éclairage, l'ensimage des laines et le graissage des machines.

L'huile d'arachides a l'inconvénient de se figer de 3 à 5° au-dessus de zéro.

Il y a deux sortes de tourteau d'arachides, le décortiqué et le non décortiqué. Ce dernier provient de ce que pendant la fabrication de l'huile, au moment de la dernière pression, on ajoute des coques à la pâte afin de favoriser la sortie du liquide gras en divisant la masse.

Le tourteau d'arachides décortiquées est blanc jaunâtre, un peu plus foncé à l'extérieur qu'à l'intérieur, avec une proportion très variable, dans sa pâte qui est fine, de débris du spermoderme, suivant le soin apporté au nettoyage des amandes. Il a peu de consistance, il se fragmente, se pulvérise facilement et forme bonne pâte avec l'eau.

Celui d'arachides brutes est plus foncé, son grain moins fin; sa cassure montre des fragments assez épais qui proviennent de la coque et des pellicules rougeâtres qui dérivent du spermoderme. Il est friable comme le précédent; réduit en poussière et mis en contact avec l'eau, il forme une pâte plus foncée que le tourteau et dans laquelle se distinguent mieux les deux sortes de productions, fragments de coque et pellicules épispermiques. En pressant cette pâte entre les doigts, on sent très bien ces fragments.

M. Corenwinder donne au tourteau d'arachides décortiquées la composition suivante :

Eau.........................	12.00 %
Huile.......................	9.60 —
Matières azotées..............	41.72 —
Matières organiques non azotées.	32.38 —
Acide phosphorique..........	1.07 ⎱ 4.30 —
Chlore, alcalis, chaux........	3.23 ⎰

D'après ses essais, la moyenne de la teneur centésimale en azote de ce résidu serait de 7.

La composition chimique du tourteau d'arachides
non décortiquées diffère, car le rapport respectif des
fruits et des coques est :

$$\begin{aligned}
&\text{Coques} \dots\dots\dots\dots\dots\dots\dots\dots\dots & 28.50 \\
&\text{Graines} \dots\dots\dots\dots\dots\dots\dots\dots\dots & 71.50
\end{aligned}$$

En moyenne, elle est la suivante :

$$\begin{aligned}
&\text{Eau} \dots\dots\dots\dots\dots\dots\dots\dots\dots\dots & 10.00 \\
&\text{Huile} \dots\dots\dots\dots\dots\dots\dots\dots\dots & 9.00 \\
&\text{Matières azotées} \dots\dots\dots\dots\dots\dots & 32.32 \\
&\text{Matières organiques non azotées} \dots\dots & 42.60 \\
&\text{Cendres} \dots\dots\dots\dots\dots\dots\dots\dots\dots & 6.08
\end{aligned}$$

Sa teneur centésimale en azote oscille autour de 5,20
et celle d'acide phosphorique est environ de 0,60.

Utilisation. — Rien ne s'oppose à l'introduction du
tourteau d'arachides dans l'alimentation animale : il
entre bien dans celle de l'homme. En effet, en Espagne,
il est commun de le torréfier et de le mêler à du sucre
et à des aromates pour en faire une sorte de chocolat à
l'usage des pauvres. Parfois, on le mêle à de la farine
pour en faire du pain.

L'agriculteur qui veut utiliser ce tourteau devra bien
spécifier, en faisant sa commande, ce qu'il désire, et ne
point payer le même prix le tourteau de fruits non
décortiqués que celui de graines décortiquées. Il devra
également faire toutes réserves au sujet des tourteaux
provenant de graines décortiquées aux lieux de production et avariées en route.

Habituellement, le bétail refuse d'abord de toucher
au tourteau d'arachides quand on lui en présente

pour la première fois; on attribue ce refus à la saveur fade de cet aliment. Pour le vaincre, l'emploi du sel est à recommander, soit qu'on le mêle au tourteau pulvérisé, soit qu'on le fasse dissoudre dans l'eau qui va servir à établir la buvée; 40 grammes de sel sont la dose convenable pour la quantité de tourteau à distribuer à un bœuf dans la journée.

Le tourteau d'arachide tenant le premier rang quant à la proportion de protéine qu'il contient, possédant une bonne teneur de matières ternaires et, en raison de sa fadeur, étant incapable de communiquer un mauvais goût à la viande ou au lait des sujets qui le consomment, mérite d'être largement employé. On ne s'y es pas trompé en Angleterre, où tout ce qui concerne l'alimentation du bétail est suivi de près; on en fait grand usage et on a raison.

On lui a reproché d'être échauffant et d'amener la constipation, mais c'est un inconvénient facile à éviter à l'aide de judicieuses associations d'aliments. On dit aussi qu'il ne convient pas au lapin.

Tourteau de béraff.

On désigne sous cette expression, de saveur exotique, les résidus provenant de l'extraction de l'huile fournie par plusieurs plantes de la famille des Cucurbitacées qui croissent, comme l'arachide, dans l'ouest africain et particulièrement au Cayor et en Sénégambie.

L'une d'elles est le *Cucurbita miroor*, sorte de pastèque à chair blanche que les indigènes estiment beaucoup et qui est appelée iomboss en langue yoloff. Sa graine de couleur jaunâtre constitue le gros béraff, dont il y a, d'après M. Decugis, deux variétés, le techt et le khal.

Une autre est le *Cucumis melo*, dont on vend les graines au Sénégal, lesquelles fournissent le petit béraff.

Il arrive que le béraff est constitué par le mélange des graines de plusieurs cucurbitacées qui croissent abondamment dans les possessions européennes de l'ouest africain.

Le tourteau de béraff est jaunâtre, il présente les nombreux débris de l'épisperme testacé qui enveloppe l'amande. Ces débris sont plus ou moins volumineux, selon le degré de perfection apporté à la pulvérisation des graines. Sa cassure, suivant le cas, est grenue ou lamelleuse; il contient quelquefois des grains siliceux en assez grand nombre (Decugis).

On donne comme moyenne de sa composition :

Eau...............................	10.20 %
Huile.............................	7.16 —
Azote dans les matières organiques...	4.89 —
Cendres..........................	10.47 —
Acide phosphorique dans les cendres.	1.45 —

Il n'y a rien qui s'oppose à la distribution du tourteau de béraff aux animaux, quand il provient de graines non moisies et non rances. Seulement les débris testacés de l'enveloppe y sont abondants et ils sont peu assimilables en raison de leur structure. On ne perdra pas de vue cette particularité qui, s'ajoutant à la teneur médiocre en azote, abaisse la valeur commerciale de ce résidu. Il est d'ailleurs peu. abondant et s'offre rarement à l'agriculteur qui ne l'achètera qu'à défaut d'autre et à un prix très modéré.

Tourteau de niger.

Le Niger ou nigre est un végétal des pays très

chauds comme les Indes et l'Abyssinie; il fait partie de la famille des Composées et, parmi les noms trop nombreux et trop divers que les botanistes lui ont imposé, celui de *Guizotia oleifera*, D. C., est le plus connu et le plus accepté (1).

La dénomination de niger lui vient de la couleur noire de ses graines; c'est le teel ou til des Anglais, le ram-til des indigènes du Malabar et le nook des Abyssiniens. Les graines sont de petites achaines.

L'huile de niger est jaunâtre, avec une légère saveur aromatique; elle ne se congèle qu'à — 16°, qualité précieuse qui la fait utiliser pour l'éclairage dans les pays froids. Celle qui provient de la pression à froid entre dans l'alimentation, celle de deuxième pression sert à la fabrication des savons.

Le tourteau de niger est gris très sombre, avec des cuticules noires et luisantes qui en mouchètent l'extérieur et l'intérieur. Inodore, même à l'état frais, il est assez dur; la cassure montre une pâte feuilletée où les fragments de cuticules abondent.

Mis en contact avec l'eau, il donne une buvée grise dans laquelle se remarquent en abondance ces fragments qu'à l'œil nu on peut prendre pour les poils qui accompagnent si communément les fruits des Composées. Met-on une petite portion de cette pâte dans l'eau, immédiatement on les voit en suspension dans le liquide, puis ils se précipitent peu à peu au fond.

---

(1) Parmi les principales synonymies du *Guizotia oleifera*, nous citerons:

Ramtilla oleifera, D. C.	*Tetragonotheca abyssinica*, Ledebour.
Verbesina sativa, Roxburgh.	*Helianthus oleifer*, Wallich.
Heliopsis platiglossa, Cassini.	*Anthemis mysorensis*, Id.
Jœgera abyssinica, Sprengel.	*Buphthalmum ramtella*, Hamilton.

Leur présence est caractéristique et permet de distinguer le tourteau de niger de tous les autres (fig. 15).

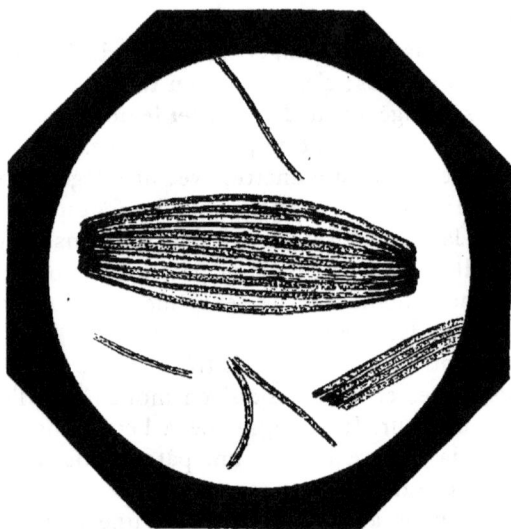

FIG. 15. — FRAGMENTS DE L'ENVELOPPE DE LA GRAINE DE NIGER
DISSÉMINÉS DANS LE TOURTEAU (GROSSISSEMENT : 20).

La composition moyenne de ce tourteau est la suivante :

Eau..............................	12.02 %
Huile............................	5.78 —
Azote dans les matières organiques..	5.01 —
Cendres..........................	7.97 —
Acide phosphorique dans les cendres.	1.72

Cette composition le classe dans la catégorie des bons

tourteaux, et comme la graine de niger ne renferme aucune substance nuisible, il peut entrer dans l'alimentation du bétail. Les Anglais l'utilisent avantageusement à cet effet; il est moins connu et moins employé en France, ce qu'on attribue à ce que le niger n'arrivant que par intermittence dans notre pays, souvent quand les agriculteurs le demandent, il n'y en a pas dans le commerce. En régularisant les envois, on le ferait vraisemblablement entrer dans la consommation courante du bétail comme y sont entrés ceux de sésame et d'arachide.

Les essais auxquels nous nous sommes livré ont démontré que ce tourteau est accepté d'abord avec hésitation par les animaux, mais qu'ils s'y habituent promptement et le prennent bien dans la suite.

Des industriels peu scrupuleux se sont servi du niger pour frelater les tourteaux de lin.

Tourteau de maffouraire.

On reçoit en Europe, de Madagascar et de la côte du Mozambique, les graines d'un arbre de la famille des Méliacées, appelé vulgairement Maffouraire ou maffoura, et qui est le *Trichilia emetica*, Valh.

Le fruit est uniloculaire par avortement de deux loges, car primitivement l'ovaire est triloculaire. La graine est noire, à épisperme testacé et dur; l'amande est brunâtre. Cette graine est entourée d'une membrane charnue qui est probablement une arille; l'embryon est charnu, sans albumen, à cotylédons épais.

Dans les pays de production, les fruits de maffoura, mêlés à des aromates, concourent à produire une sorte de cosmétique; mélangés à l'huile de sésame ils sont regardés comme un spécifique contre la gale.

L'extraction de l'huile de maffouraire ne peut se faire qu'à une température élevée, car cette huile ne se liquéfie qu'à 38°. A la température ordinaire, elle est concrétée en une masse de couleur café au lait striée de blanc. Cette particularité, qu'elle doit surtout à sa richesse en stéarine, fait qu'elle est employée principalement pour la fabrication des bougies; ses résidus sont utilisés dans la savonnerie.

Le tourteau de maffouraire est brun rougeâtre, dur, de pâte mal liée et cassante. On voit dans la gangue des débris qui proviennent, les rouges, de l'endocarpe(?), les noirs de l'endosperme. Traité par le sulfure de carbone, il se décolore et donne une poudre jaunâtre.

	Composition chimique du	
	Tourteau de maffouraire ordinaire.	Tourteau de maffouraire repassé.
Eau...............	9.05	10.03
Huile.............	13.2	6.75
Azote dans les mat. organiques......	2.65	3.03
Cendres..........	11.88	13.90
Acide phosphorique dans les cendres..	0.86	0.91
		(Decugis.)

La teneur de ces tourteaux en matières azotées est faible, ce serait déjà un motif pour peu les estimer comme aliments. Seraient-ils inoffensifs? Rappelons qu'en Arabie, les fruits du maffouraire sont usités comme vomitifs, ainsi que l'indique d'ailleurs le nom significatif d'*emetica* que lui ont appliqué les botanistes; d'autre part, le Trichilia appartient à une famille dont l'espèce typique, qui est le mélia azédarach, possède des fruits émétiques et vénéneux. Il y a donc lieu de se méfier et, tant que des expériences n'auront pas été faites, de ne pas les distribuer aux animaux.

Tourteau d'argan.

Un arbuste épineux du sud algérien et marocain, qui croît aussi à Madagascar, l'Argan (*Argania elæodendron, A. sideroxylon, Sideroxylon spinosum*, L.), de la famille des Sapotacées, produit des fruits gros comme les olives. Ce sont des drupes monospermes dont la graine fournit une huile utilisable à des usages très divers. Au Maroc, cette huile s'obtient des noyaux d'Argan qu'on broie après qu'ils ont traversé le tube digestif des chèvres.

Les récits des voyageurs apprennent qu'au Maroc le résidu est distribué aux animaux qui en tirent bon parti. En conséquence, si le commerce importait les fruits d'Argan en Europe, on pourrait agir de même. Jusqu'à présent l'importation ne paraît pas s'en être faite sur une échelle suffisante pour que du tourteau ait déjà été mis à la disposition de l'agriculture. Nous n'avons pu nous le procurer pour en faire l'étude et nous n'en connaissons point d'analyse.

Tourteau de croton.

La famille des Euphorbiacées, l'une des plus riches de la flore en espèces vénéneuses, renferme trois genres qui fournissent de l'huile et laissent un résidu. Ce sont les genres Croton, Ricin et Jatropha.

Le *Croton tiglium* est un arbuste des régions tropicales qui a été introduit dans nos serres où il fleurit quelquefois. Souvent il est appelé bois de Tilly, bois purgatif des Moluques. Ses graines, pour ce motif, sont dénommées fréquemment graines de Tilly ou de Tigli et encore petits pignons d'Inde. On en extrait une huile qui est l'un des purgatifs les plus violents dont dispose la thérapeutique en même temps qu'un vésicant énergique. Les propriétés vésicantes de cette huile sont dues à l'acide crotonique, isolé par Pelletier et Caventou, et l'action purgative est le fait d'une matière qui reste encore à isoler et qu'on soupçonne de nature résineuse.

La pression de la graine de croton laisse un tourteau dans lequel reste une proportion élevée d'huile (17 % d'après les recherches de Girardin et Soubeyran), il est donc absolument impropre à l'alimentation du bétail et ne peut servir que comme engrais. Il n'y a guère à espérer qu'en le traitant au sulfure de carbone, on le rende absolument inoffensif, car l'épuisement en huile n'est jamais absolu et la petite proportion qui resterait serait capable d'amener des accidents sur les animaux. C'est à essayer, néanmoins.

Nous en parlons à cette place par ce que ces résidus ont été mêlés à quelques tourteaux comestibles, comme ceux de palme, de coton, de coprah, de chènevis, et qu'ils ont occasionné des pertes. Les animaux qui les ont reçus meurent après avoir présenté les signes de la superpurgation, et à l'autopsie on en trouve toutes les lésions dans l'appareil digestif. Il n'est pas nécessaire que la quantité ingérée soit considérable. D'après nos recherches, 4 à 5 grammes de tourteau suffisent pour rendre malade un mouton.

Tourteau de ricin.

Le Ricin (*Ricinus communis*, L.) est une plante herbacée et annuelle dans les pays tempérés, arbores-
cente et vivace dans
le Midi (fig. 16). Il
fournit une graine
bien connue, ovale,
aplatie sur une
face, convexe sur
l'autre, à surface
luisante marbrée
et présentant au
sommet un om-
bilic surmonté
d'une caroncule
charnue.

On en extrait une
huile purgative,
usitée journelle-
ment en médecine.
Il reste comme ré-
sidu un tourteau
dont les propriétés
cathartiques sont
plus accentuées que celles de l'huile elle-même.

FIG. 16. — RAMEAU ET FRUIT DE RICIN.

Ce tourteau se présente sous deux aspects : brut ou décortiqué. Le premier est blanc-sale, friable, à gangue
grossière parsemée de fragments testacés; le second est
plus foncé, plus consistant et d'une pâte plus homogène, bien que montrant des pellicules grises, noires,
brunes. Inodore, même à l'état frais, il donne au contact de l'eau une bouillie gris-blanchâtre, avec de nombreux fragments pelliculaires noirs.

Le principe toxique du ricin' réside exclusivement dans la graine, sans qu'on ait déterminé exactement si c'est dans le spermoderme, l'amande, l'embyron ou dans ces trois parties à la fois. Des auteurs ont même avancé que le principe actif de la graine de ricin n'y préexiste pas, mais qu'il se forme dans le tube digestif par une réaction qui ne serait pas sans analogie avec celle dont nous avons parlé à propos de la moutarde. Ce n'est qu'une hypothèse. Tous les corps qu'on a isolés du ricin : ricinine, ricinélaïdine, acides ricinique et ricinolique, ne possèdent pas les propriétés particulières et vénéneuses de la graine.

Étant donné que la connaissance des effets dangereux de la graine entière ainsi que de l'huile de ricin est dans le domaine public, il semble inutile de recommander de ne jamais distribuer les tourteaux de ricin aux animaux. Et cependant, soit ignorance, soit économie mal entendue, cette distribution a été faite et les accidents prévus sont arrivés. En Provence, 80 moutons sont morts d'un coup, qui avaient été alimentés de cette façon.

Les tourteaux de ricin n'ayant ni odeur ni saveur désagréables, des animaux en rencontrant de déposés dans la cour ou la grange pour servir ultérieurement d'engrais, en ont mangé et se sont empoisonnés.

Enfin ils ont servi aussi à falsifier d'autres tourteaux.

Tourteau de purgères.

Une autre Euphorbiacée, abondante sur les côtes du Gabon et qu'on trouve aussi dans l'Amérique méridionale, le *Jatropha Curcas, J. cathartica, Curcas pur-*

gans, appelée Purgueira par les Portugais, donne des graines (fig. 17) connues sous les divers noms de *Noix américaines, grands haricots du Pérou, Pignons de Barbarie, gros Pignons d'Inde, Médiciniers, Purgères, Pulghères, noix des Barbades, Ricins d'Amérique, Ricins sauvages.*

On en extrait une huile dont les effets rappellent beaucoup ceux que produit l'huile de croton; elle est employée en médecine comme parasiticide et dans l'industrie pour l'éclairage. Le Portugal est vraisemblable-

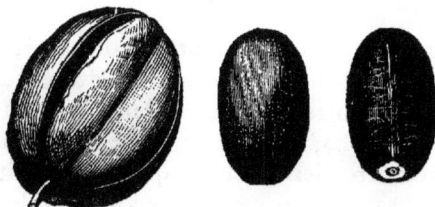

Fig. 17. — Fruit et graines du Jatropha Curcas.

ment le pays de l'Europe où on manipule le plus de graines de jatropha curcas; elles lui arrivent de ses possessions africaines. Il paraît que dans l'Amérique du Sud, on s'adresse non au J. curcas, mais à deux espèces voisines, *J. elœococca* ou *Elœococca verrucosa* et *J. multifida*, dont les graines ne sont pas moins dangereuses que les purgères gabonaises.

On trouve dans les purgères de l'acide jatrophique et de la curcasine, principes très âcres; il est nécessaire de s'assurer expérimentalement si ces principes sont toxiques et surtout si ce sont les seuls que contiennent lesdites graines.

Celles-ci sont très vénéneuses; le tourteau qui reste après leur pression est lui-même dangereux et ne doit jamais être donné aux animaux. On l'utilise à la fumure des terres; on s'en sert quelquefois pour falsifier les tourteaux alimentaires, particulièrement celui de chènevis auquel il ressemble, car il est brunâtre avec des débris d'enveloppe dans la pâte.

La falsification s'opère soit en mêlant les deux tourteaux à l'état pulvérulent, soit en glissant quelques pains de jatropha au milieu de ceux de chènevis. Le résultat d'une pareille fraude est la mort des animaux auxquels les tourteaux sont distribués, avec tous les symptômes de la superpurgation et les lésions qui en découlent.

Une quantité minime de tourteau de purgères suffit pour amener ce fâcheux résultat, car des expériences d'Orfila ont démontré que 4 à 12 grammes de farine de graines de jatropha, suivant la taille, suffisent pour tuer en dix heures les chiens à qui on les fait prendre. (Voyez page 341 les moyens de s'assurer de la présence de tourteau de jatropha dans celui de chanvre.)

Tourteau de coton.

Le Coton est fourni par des plantes de la famille des Malvacées et du genre Gossypium, qu'on rattache à deux espèces principales : *G. herbaceum et G. arboreum.* On exploite aussi l'espèce *G. barbadense.*

Les cotonniers se divisent en deux groupes : 1° les annuels, 2° les vivaces ou en arbres. Tous sont des végétaux des climats chauds; sous les zones très brûlantes, ils sont arborescents. Une température de 30" à 45° leur est nécessaire; au-dessous de 20°, la maturation est incertaine.

On en a essayé la culture dans le midi de la France et en Algérie, mais les frais de main-d'œuvre sont si considérables qu'on s'est arrêté. Elle se fait en Sicile, en Égypte, en Syrie, en Arabie, en Perse, aux Canaries, au Sénégal, aux Indes et en Amérique. Dans la Basse-Égypte, il y a 15 % et dans la Haute-Égypte 46 % de l'étendue du territoire ensemencé en cotonniers. Aux États-Unis, le Texas produit à lui seul 5 millions de gallons d'huile de coton et 130 000 tonnes de tourteaux.

On distingue plusieurs variétés : le *Géorgie longue soie*, à graines noires, lisses, nues et à filaments très longs, fins et soyeux, le *Jumel* à fibres un peu moins longues et fines, le *Louisiane* à graines verdâtres et à filaments très fins mais courts, le *Nan Kin* à graines rousse et à filaments courts et également roux, l'*Iviça* ou *Maltais* à

FIG. 18. — RAMEAU FLEURI DE COTONNIER.

graines brunes et à filaments un peu moins longs. En Égypte, on cultive trois variétés longue soie, le *Brun Hachmouni*, le *Bahmia* et le *Blanc de Dakalich*, ainsi que le *Blanc Abbiat* qui est à courte soie.

Le fruit du cotonnier est une capsule pluriloculaire, s'ouvrant à la maturité en autant de valves qu'il y a de loges. Chacune de celles-ci contient des graines nombreuses, ovoïdes, de couleur variable comme on l'a vu tout à l'heure, mais toujours foncées, puis les filaments duveteux exploités industriellement sous le nom de coton. La déhiscence du fruit se fait spontanément à la maturité, le coton s'échappe et forme une houppe au-dessus des valves.

Dans une capsule, le poids des graines est supérieur à celui du coton.

Il n'y a pas très longtemps, le cotonnier n'était exploité que pour sa matière textile, la graine n'avait pas de valeur. Aux États-Unis on la laissait s'accumuler et pourrir dans les plantations; en Égypte on la distribuait pourtant aux bœufs. Mais depuis la crise cotonnière et l'extension qu'ont prise les plantations dans les pays chauds, il en est résulté un avilissement considérable dans les prix de certaines qualités de coton et particulièrement dans les courte-soie; aussi trouve-t-on aujourd'hui des planteurs qui cultivent le cotonnier pour sa graine qui est oléagineuse.

La qualité du tourteau de coton variant beaucoup suivant la façon dont les graines ont été travaillées, il est nécessaire de dire quelques mots des manipulations qu'on leur fait subir.

On désigne sous le nom d'égrenage l'opération qui consiste à séparer les filaments de coton de la graine. Exécutée autrefois uniquement à la main, elle se fait mécaniquement aujourd'hui; les machines qu'on utilise à cet objet se divisent en deux sortes : les unes sont à rouleaux et dites *roller-gins*, les autres sont à scies et dites *saw-gins*.

Après cette opération, les graines sont traitées dans les pays de production ou importées en Europe pour y être travaillées. L'Égypte est le pays qui jusqu'à présent en fournit à la France la plus grande partie.

Il y a peu de temps qu'on extrait l'huile de la graine de cotonnier. Un industriel marseillais, Germiny, en

avait bien, en 1785, envoyé à la Société d'encouragement de Londres un échantillon, mais la qualité de ce
produit et la proportion qui en avait été fournie par
les graines ne semblèrent pas justifier une exploitation industrielle. Il faut arriver en 1840 pour l'Angleterre, et en 1856 pour les États-Unis, pour assister à
de nouvelles tentatives, et encore n'est-ce qu'en 1860
que sorti de la période des essais, on installa dans ces
deux pays des huileries de coton. En France, c'est vers
1872 qu'on agit de même, mais une fois l'élan donné,
cette industrie se développa largement ainsi que le
prouve l'accroissement des importations de graines de
coton.

Celles-ci, nettoyées, broyées et pressées, fournissent
une huile dont la qualité varie suivant les procédés employés. L'huile de pression à froid est utilisée comme comestible; aux États-Unis, les huiles de tables proviennent généralement du pressurage de grains de sésame
et de cotonnier mêlés en parties égales. Dans ce pays,
on fabrique aussi avec la margarine du cotonnier un
beurre artificiel qui, mêlé au suif, est vendu comme sain-
doux. L'huile de pression à chaud sert pour l'éclairage
et pour la savonnerie. L'huile de coton est employée
aussi à falsifier d'autres huiles, celle d'olive spécialement.

Les tourteaux de coton se présentent extérieurement
sous forme de galettes carrées ou rectangulaires, épaisses de 2 centimètres et dont le poids ne dépasse guère
2 kilogr. Ils sont très différents les uns des autres,
suivant les procédés employés dans l'extraction de
l'huile, ils n'ont point la même valeur alimentaire
et ne doivent point être payés au même prix. Les sortes
en sont au nombre de quatre : 1° le tourteau de coton
cotonneux, 2° le tourteau de coton brut ou d'Alexan-

drie, 3° le tourteau de coton épuré, 4° le tourteau de coton décortiqué.

Tourteau de coton cotonneux. — Il provient de graines qui ont été mal égrenées ou qui, étant insuffi-

FIG. 19. — FRAGMENTS DE TOURTEAU DE COTON EXAMINÉ AU MICROSCOPE
(GROSSISSEMENT : 170)

A. FRAGMENT DE TOURTEAU DE COTON NON COTONNEUX.
B. FRAGMENT DE TOURTEAU DE COTON COTONNEUX.

samment mûres ou avariées, n'ont pu être complètement dépouillées de leurs filaments de coton. Son aspect est particulier : de couleur brune quand il est vieux, il est verdâtre quand il est récent et moucheté de points blancs duveteux et de points noirs. Sa cassure est lamelleuse, laisse voir des fragments du spermoderme de la graine qu'on appelle improprement coque, une quantité variable de duvet et peu de pâte. Inodore, insipide, il se mélange mal à l'eau, s'en imbibe, mais ne forme pas bouillie.

Au microscope, on aperçoit la structure particulière des fibres de coton (fig. 19, B). De grosseur assez régulière, transparentes, elles montrent au centre une cavité médullaire; elles sont constituées par de la cellulose, aussi présentent-elles une réaction caractéristique avec le napthol ou le thymol, en présence de l'acide sulfurique; il se forme par agitation une coloration violette avec le naphtol, rouge avec le thymol et les fibres se dissolvent.

Suivant leur origine, leur aspect et la quantité de filaments cotonneux qu'ils renferment, on distingue les résidus qui nous occupent en deux catégories :

a Ceux qui contiennent le moins de duvet proviennent habituellement de Sicile; on les appelle *tourteaux cotonneux de Catane.*

b Les plus cotonneux, généralement de provenance levantine, sont dits simplement *tourteaux cotonneux,* ou encore *cotonneux de Volo, de Smyrne.*

M. Renouard a donné les analyses suivantes des deux sortes de tourteaux cotonneux :

	Tourteau cotonneux de Catane.	Tourteau cotonneux du Levant.
Eau.................	8.4	7.4 %
Huile................	5.2	6.92 —
Matières organiques....	79.81	80.33 —
Sels ou Cendres.......	6.59	5.28 —
Azote...............	3.23	2.86 —
Acide phosphorique.	2.02	1.12 —

Encore que la teneur en azote de ces tourteaux ne soit pas élevée, cela ne suffirait pas pour les faire rejeter de l'alimentation du bétail, il importe surtout de voir quelle est la proportion de fibres cotonneuses vis à vis des autres matières constituantes et de savoir si ces fibres introduites dans l'organisme y peuvent occasionner de fâcheux effets.

Cette proportion varie nécessairement suivant la sorte de tourteau; lorsqu'on examine l'une ou l'autre et qu'on casse des fragments, on est frappé du volume que représentent les houppes cotonneuses; elles noient les fragments de coque dans leur masse; mais si l'on pèse respectivement coques et coton, on est toujours surpris de voir combien la proportion pondérale de celui-ci est faible vis-à-vis de celles-là. M. Barthelet l'évalue seulement à 1,5 ou 2 %. Dans le tourteau de Catane, elle est moindre encore.

Est-elle suffisante pour commander l'élimination absolue du tourteau cotonneux de l'alimentation? S'il est exact, comme l'avance M. Renouard, qu'on ait trouvé « des boules de coton » obstruant l'intestin chez des animaux morts pendant qu'on les nourrissait de tourteaux cotonneux (1); l'élimination est recommandée. Mais nous avouons conserver quelques doutes sur ces obstructions, d'abord parce que les fibres de coton imprégnées de liquide ne se gonflent pas ou se gonflent à peine et qu'en distribuant par exemple 2 kilogr. de tourteau cotonneux à un animal, on n'introduit en réalité que 40 gr. de fibres cotonneuses dans son organisme, ce qui est peu de chose. Ensuite parce qu'à plusieurs reprises, ce résidu a été distribué, sous nos yeux,

_____

(1) A. Renouard, Études sur les tourteaux de coton, dans les *Annales agronomiques*, 1881, page 520.

au bétail de la ferme de l'École, sans qu'aucun trouble de la santé soit survenu. Enfin parce que nous savons qu'en Orient, et particulièrement dans la Thessalie et la Levadie, la plus grande partie des graines de coton *chargées encore de leurs filaments* (à cause de la variété cultivée) est donnée aux bestiaux sans que nous ayions entendu parler d'accidents. La principale raison pour laquelle nous ne le recommandons pas, c'est qu'il est de conservation difficile; il se couvre rapidement de moisissures.

Tourteau de coton brut ou tourteau de coton d'Alexandrie. — De couleur verdâtre quand il est récent et brune quand il a vieilli, ce tourteau montre des assises dans sa cassure; la pâte vert-jaunâtre qui le constitue est mouchetée de noir par les fragments de coque qui s'y trouvent mêlés; on n'y voit pas de filaments de coton ou seulement des bouts. (Voy. fig. 19, A.) Le nom de tourteau d'Alexandrie qu'on lui donne à Marseille, où on le fabrique en grande quantité, vient de ce que les graines d'Égypte sont les mieux décotonnées.

Mêlé à l'eau, il forme une bouillie jaune foncé parsemée de points noirs.

Voici sa composition (Renouard) :

Eau	10.98
Huile...............................	6.09
Matières organiques..................	77.03
Sels ou Cendres......................	6.00
Azote...............................	4.03
Acide phosphorique..................	2.07

Ces tourteaux sont donnés au bétail. Il paraît que dans les fabriques étrangères, notamment aux États-Unis, on débarrasse les graines de coton courte-soie par l'acide sulfurique. Des tourteaux provenant de graines imprégnées de cet acide ne pourraient être distribués sans

danger aux animaux chez qui des symptômes d'irritation intestinale ne tarderaient point à se montrer. Peut-
être faut-il attribuer à ce traitement un certain nombre
d'intoxications par l'alimentation au tourteau de coton
dont nous parlerons dans un instant?

Tourteau de coton épuré. — Ce tourteau diffère du
précédent en ce qu'après le concassage, les graines ont
été débarrassées d'une partie des coques et des matières
étrangères et inertes qui s'y trouvaient mêlées. Il est
plus jaune que le précédent.

M. Renouard lui attribue la composition qui suit :

```
Eau................................    11.26
Huile..............................     4.80
Matières organiques.................   78.76
Sels ou Cendres.....................    5.28
Azote..............................     4.43
Acide phosphorique..................    1.96
```

Tourteau de coton décortiqué. — C'est presque exclusivement en Angleterre qu'on décortique les graines
de cotonnier avant de les soumettre à la pression; dans
les autres pays et surtout en France, cette pratique est
rare, ce qui est regrettable, car le tourteau qui en résulte
est très recommandable. Une fois les graines travaillées par les décortiqueurs, les débris sont soumis
à l'action d'une soufflerie qui sépare les coques des
amandes. Les premières sont ramassées et vendues pour
la fabrication du papier, les secondes sont portées au
moulin à broyer; elles passent ensuite entre des laminoirs qui les pulvérisent, vont aux chauffoirs si le pressurage doit se faire à chaud ou sont dirigées immédiatement sous les presses, s'il doit être exécuté à froid, ce
qui est le cas le plus rare, parce que si l'huile est de
meilleure qualité, le rendement est moins fort. Ces tour-

teaux décortiqués sont de couleur jaune, sans les pellicules noirâtres qu'on remarque sur les trois sortes précédentes; ils sont plus denses, dé structure plus homogène.

Le D^r Wœlcker, qui a fait comparativement l'analyse des tourteaux décortiqués pressés à chaud et à froid, a obtenu :

	Tourteaux pressés à froid.	Tourteaux pressés à chaud.
Eau................	9.08	9.28
Huile..............	19.34	16.05
Matières organiques.	64.20	66.62
Sels ou Cendres.....	7.38	8.05
Azote..............	6.93	6.58

La richesse de ce tourteau décortiqué est, on le voit, supérieure à celle des autres sortes et il est des praticiens qui le mettent sur le même pied que celui de lin.

Utilisation. — Les agriculteurs anglais ont devancé tous les autres dans l'emploi des tourteaux de coton pour l'alimentation du bétail; les graines importées et triturées dans les Iles-Britanniques ne leur fournissent même pas la quantité de résidus qu'ils réclament. En 1870, à une époque où l'agriculture française n'utilisait pas encore les tourteaux de coton, l'Angleterre importait 19,708,255 kilogr. de ces tourteaux, en sus des 120,304 tonnes de graines de coton qu'elle recevait. Sur cette quantité, la France lui en fournissait 4,501,525 kilog. Depuis 1877, l'exportation française des tourteaux de coton à destination d'Angleterre et d'autres pays a été diminuant; on a compris quel parti on pouvait tirer de ces résidus pour la nourriture de notre bétail, et leur emploi s'est étendu. Ce n'est que justice de déclarer que M. L. Grandeau, par ses analyses et ses écrits, a été l'a-

gronome français qui a le plus contribué à cette extension (1).

Elle est rationnelle, en effet ; le tourteau de coton est
accepté par les divers animaux de la ferme sans difficultés ; point n'est besoin de cette sorte d'apprentissage
nécessaire pour d'autres résidus oléagineux, comme
ceux de chènevis ou d'arachides. Les ruminants et le
porc ne sont pas les seuls mammifères domestiques qui
l'acceptent ; le cheval plus difficile qu'eux sur son alimentation, le reçoit et le mange sans trop hésiter.

Pour l'usage, le tourteau de coton est passé au concasseur ou pulvérisé de toute autre façon ; il est accepté
seul par les moutons et les bœufs, mais généralement on le
mélange avec des farines de maïs ou d'orge ou avec des
grains concassés, avec du son, du fourrage haché, des
racines ou des tubercules cuits. On peut aussi en faire des
buvées, *en ayant la précaution de les préparer à froid
et peu de temps avant la distribution*, l'expérience ayant
appris que la cuisson rend le tourteau de coton moins
recherché du bétail. Sans odeur et sans saveur particulière, il n'y a pas à craindre qu'il communique à la
viande ou au lait quelque mauvais goût ; d'après nos essais, avec les tourteaux de coprah, c'est celui qu'on
peut donner à plus forte dose journalière : nous avons
pu aller à 6 kilogr. chez une vache sans provoquer de
dérangements intestinaux. Habituellement on en distribue de 2 à 3 kilogr. par bête bovine, 400 gr. par mouton, 200 gr. par cheval et 700 à 800 gr. par porc.

Convenable pour les animaux à l'engrais, il est surtout recommandable pour les bêtes laitières. Des expériences ont été suivies dans plusieurs grands domaines

(1) L. Grandeau, Les tourteaux de coton, dans le *Journal d'agriculture
pratique,* 1877, pages 42 et 521.

qui ont montré qu'à ce point de vue, il se place au premier rang. Plusieurs raisons concourent sans doute
à ce résultat; parmi elles, il faut placer l'action cons-
tipante de ce résidu. Toute laitière épuisée par la diarrhée diminue en lait; or, l'association du tourteau de
coton avec un résidu très aqueux, comme des pulpes,
combat cette tendance et laisse le rendement en lait à un
taux élevé.

Ce remarquable résultat pourrait être utilisé non seulement sur les femelles habituellement exploitées pour
la production laitière; on s'en inspirerait avec profit
quand on se trouve en présence de juments, d'ânesses et de
truies qui, venant de mettre bas, n'ont pas suffisamment
de lait pour allaiter leurs petits. Cette manière d'agir ne
serait d'ailleurs que l'imitation d'une pratique populaire
dans quelques pays méridionaux où les graines de coton sont recommandées, par des traditions anciennes,
aux nourrices dont le lait est insuffisant ou dont la sécrétion tend à se tarir.

Il faut parler de quelques accidents attribués à l'u-
sage des tourteaux de coton. Les premières observations ont été recueillies en Angleterre où Coleman
puis Vœlcker ont dénoncé la toxicité des graines non décortiquées; ultérieurement Stein, Worner, Emmerling,
Bongartz, Rossignol en ont apporté de nouvelles. Une
récente nous a été communiquée par un agriculteur
du Midi.

Les accidents se montrent de préférence sur les jeunes
animaux et les agneaux de trois à quatre mois qui, d'après
M. Rossignol, sont décimés quand on leur en distribue.
Mais exceptionnellement, les adultes peuvent être vic-
times de cette alimentation.

Les symptômes se manifestent par de l'entérite, de l'hé-
maturie, de la péritonite. La maladie a parfois une forme

aiguë, l'urine devient rouge sombre ou même sanguino-
lente, la gastro-entérite se complique d'épanchement dans
les séreuses, de dysenterie et de tuméfaction du foie.
Quand elle est à l'état chronique, avec l'ascite la lésion
dominante est une néphrite parenchymateuse.

Le traitement doit être préventif : supprimer le tourteau et faire de la médecine de symptômes.

Il est difficile de se prononcer sur l'agent qui amène
de pareils désordres parce qu'agriculteurs et vétérinaires
dans les relations d'intoxications qu'ils ont livrées à la
publicité, ont rarement spécifié à quelle sorte de tourteau
on avait eu à faire, ce qui est un point fort important.

Nous savons que, dans quelques cas, il s'agissait de
tourteaux de graines non décortiquées ou tourteaux
d'Alexandrie, mais nous ignorons si des accidents se
sont produits avec d'autres tourteaux et notamment avec
les décortiqués ; nous ne savons pas si le tourteau nuisible ne provenait point de graines traitées à l'acide sulfurique.

Si un jour, il est acquis que les tourteaux non décortiqués et provenant de graines n'ayant pas subi l'action de l'acide sulfurique ont *seuls* causé des accidents,
on devra conclure à la présence d'un principe toxique
existant dans les coques, principe ou peu actif ou
en très petite quantité, puisqu'il agit sur les jeunes et
reste habituellement sans effet sur les adultes. Ce
principe sera à isoler et à étudier au triple point de vue
de la chimie, de la physiologie et de la toxicologie. Il y
aura lieu d'examiner à quoi tient la sensibilité particulière des bêtes ovines et surtout des agneaux, car nous
savons par une communication de M. Gennadius, directeur de l'École d'agriculture d'Athènes que si, dans
tout l'Orient, on emploie les graines de coton dans l'a-
limentation des porcs et des bêtes bovines, on ne les

distribue pas aux moutons, l'expérience ayant sans doute appris que ce ne serait pas sans inconvénient.

Dernièrement, nous avons eu à examiner des lésions provenant de bêtes bovines qui recevaient des buvées de tourteau de coton non décortiqué mais non cotonneux. Ces lésions étaient similaires sinon identiques à celles de la pneumo-entérite des fourrages. Étaient-elles dues à des altérations se produisant dans des auges mal nettoyées où l'on préparait à l'avance les buvées? Des microbes avaient-ils souillé accidentellement les graines au moment de la récolte ou pendant les manipulations? Les recherches micrographiques et les cultures auxquelles nous nous sommes livré avec le tourteau soupçonné le facteur des accidents, nous ont montré dans ce résidu des microccoques, des moisissures et des ferments parmi lesquels s'en distinguait un doué de propriétés chromogènes curieuses et qui colorait en rouge vineux les liquides de culture. Mais l'inoculation de ces divers microorganismes au lapin et au cobaye n'a provoqué aucun symptôme morbide. C'est une étude à poursuivre.

Tourteau de coprah.

Le tourteau de Coprah provient du fruit d'un Cocotier, et *Cocos nucifera*, L. Ce cocotier, un des plus beaux arbres de la flore des pays chauds, dont le fût atteint de 20 à 25 mètres, est surtout répandu dans les régions intertropicales, au voisinage des mers, dans les terrains bas et marécageux. C'est le végétal des îles de l'océan Indien et du Pacifique : les Seychelles, Ceylan, les Philippines, les Iles sous le vent et Touamatou sont renommées pour l'abondance et la beauté de leurs cocotiers ; on en trouve aussi sur la côte est-africaine.

Une proportion importante des fruits du cocotier est importée en France des îles sous le vent, de Tahiti et des Touamatou; les Philippines expédient à Madrid.

Le fruit du cocotier, appelé *noix de coco*, de la grosseur de la tête d'un enfant, est constitué de dehors en dedans par une enveloppe très fibreuse qu'on utilise pour la fabrication de cordes, d'une portion très dure et comme ossifiée et enfin par une amande (fig. 20). Celle-ci ne se forme qu'à la maturité, par la solidification d'un liquide légèrement acide et très rafraîchissant désigné sous le nom de lait de coco.

Dans les pays de production, l'amande extraite de ses enveloppes, est séchée au soleil, sur le sable ou au feu; elle est expédiée en Europe sous le nom de coprah, ou travaillée par les indigènes.

On en extrait l'huile de coco ou de coprah, dont la couleur varie du blanc au jaune rougeâtre, suivant les procédés de travail et la fraîcheur. Si dans les pays de production, cette huile est liquide, en Europe il serait plus exact de parler de beurre de coco, car elle est concrète et elle ne se liquéfie qu'à 19° et 20°. Elle a l'apparence du suif purifié. Cette particularité indique que son extraction ne peut se faire qu'à chaud; après avoir bluté les amandes pour les débarrasser des matières étrangères qui s'y trouveraient mêlées, on les concasse, on les fait passer entre les cylindres de laminoirs pour les réduire en pâte, après quoi on les presse.

Fraîche, l'huile de coprah a une odeur qui rappelle celle de l'amande réduite en pâte, mais en vieillissant elle devient désagréable au goût. On l'emploie dans la fabrication des savons blancs qu'elle rend très mousseux.

Le tourteau de coprah est de texture homogène, il mérite mieux que beaucoup d'autres tourteaux l'appellation de « galette ou de pain », car on le dirait fait de

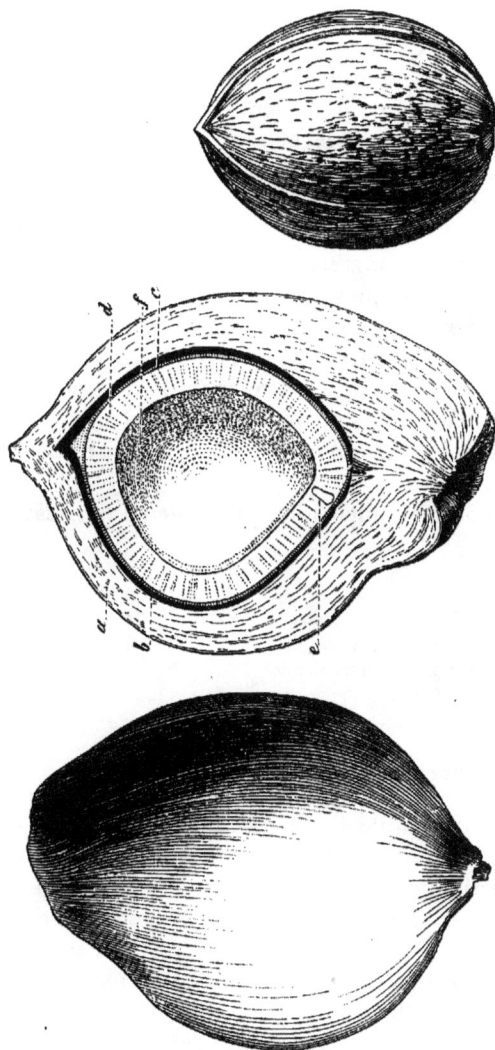

AMANDE ENVELOPPÉE DE SA COQUE.

FRUIT COUPÉ VERTICALEMENT. *a*, MÉSOCARPE. — *b*, ENDOCARPE. — *c*, TESTA. — *d*, AL- BUMEN. — *e*, EMBRYON. — *f*, CAVITÉ OC- CUPÉE PAR LE LAIT.

FIG. 20. — COCOTIER (*Cocos nucifera*).

FRUIT ENTIER.

farine; cela tient à l'absence des pellicules qu'on rencontre dans presque tous les autres tourteaux. Il se
casse et s'émiette facilement; frais, son odeur rappelle
celle de la noix de coco; il devient inodore en vieillissant; sa saveur est agréable et rappelle quelque peu
celle de la faîne. En le délayant dans l'eau, on voit qu'il
est constitué par un mélange de particules blanches
et de brunes.

On trouve dans le commerce plusieurs sortes de tourteaux de coprah distingués d'après leur couleur; il y a
les *blancs*, les *demi-blancs* et les *ordinaires* qui se subdivisent eux-mêmes en *ordinaires* 1er et 2e *choix*. Le nom
des deux premiers indique leur nuance, les ordinaires
sont blanc-jaunâtres. Ces distinctions de couleur se re-
trouvent dans les buvées qui en proviennent; ces buvées
sont inodores.

On assigne comme composition chimique au tourteau
de coprah :

Eau...............................	9.39 %
Huile.............................	15.65 —
Matières azotées	20.24 —
— extractives non azotées......	35.27 —
Cellulose...........................	14.21 —
Cendres............................	5.24 —
Azote.............................	3.25 —
Acide phosphorique..............	1.12 —

L'extraction de l'huile de coprah ne se fait pas toujours à la presse; on se sert aussi de dissolvants chimiques, et particulièrement de sulfure de carbone qui
entraîne la matière grasse. Le résidu de l'opération est
aéré, desséché, il constitue une poudre grisâtre qu'on
désigne commercialement sous le nom de *farine de cocotier*.

On la fait entrer dans l'alimentation animale, comme

le tourteau; les agriculteurs belges et hollandais s'en sont
servis les premiers. Depuis quelques années, leur exemple est suivi en France.

M. Ladureau a donné l'analyse suivante de ce résidu :

Eau...	14.40
Huile........................'...................	2.10
Matières azotées........................	20.62
Sucre cristallisable......................	1.39
Glucose....................................	5.54
Amidon.....................................	13.39
Cellulose...................................	10.11
Matières gommeuses extractives diverses.	25.55
Sels minéraux..............................	6.90
Azote......................................	3.30
Acide phosphorique.................	1.30

Cette analyse montre que la poudre de cocotier diffère
du tourteau par une moindre teneur en huile, mieux
épuisée qu'elle est par le sulfure de carbone que par la
presse.

A part cette différence, l'un et l'autre résidus constituent de bons aliments. A côté des divers principes
qu'ils renferment, on trouverait dans la farine de cocotier « une huile essentielle, particulière, d'une odeur
suave et fort agréable qui se communique, après un certain temps, paraît-il, en se modifiant toutefois, aux produits que l'on retire des animaux, tels que le lait, le
beurre et le fromage » (Ladureau). Un agronome
gantois, M. Vandevoord, soutient que la chair des animaux engraissés à la farine de coprah, contracte le
goût agréable dont il vient d'être question.

Quand même il ne serait pas prouvé que les produits
prennent ce goût, c'est déjà quelque chose que de

savoir que les résidus de coco ne leur communiquent pas de saveur ou d'odeur qui les déprécient.

Qu'on ait recours aux tourteaux ou à la farine, les animaux les acceptent facilement, soit à l'état sec, soit en buvées. Nous en avons constaté d'excellents effets sur des bœufs et des moutons d'engrais ainsi que sur des vaches laitières, et nous les tenons pour les meilleurs parmi ceux d'origine exotique. Il est regrettable qu'ils soient livrés irrégulièrement aux agriculteurs et qu'on n'en trouve pas constamment quand on en a besoin. Depuis quelques années, dans les îles de l'Océanie et particulièrement à Tahiti, une maladie a attaqué les cocotiers et elle porte atteinte à leur production; il est à craindre que cette circonstance ne restreigne encore les arrivages de coprah.

Les tourteaux et les farines de coprah doivent être conservés dans un endroit sec et obscur, afin d'éviter les altérations et surtout le rancissement.

Est-ce à ces altérations, au rancissement en particulier, qu'il faut attribuer les quelques accidents signalés à la suite de l'alimentation par la farine de coco? Nous le croyons volontiers. Voici d'ailleurs l'exposé d'une circonstance dans laquelle nous avons été consulté.

En septembre 189... une livraison de 300 kilogr. de farine de cocotier est faite à MM. X... La moitié est mangée par une quarantaine de porcs, et rien d'anormal ne se produit. A la distribution de la seconde moitié, on observe les accidents suivants : les porcs sont atteints d'une sorte de vertige qui les fait marcher en ligne droite jusqu'à ce qu'ils rencontrent un obstacle contre lequel ils se heurtent, ils changent alors de direction et viennent se butter à d'autres obstacles. Un d'eux tourne en cercle à petit diamètre, rassemble sa litière en tas et se laisse tomber de son long; il reste dans cette position, immobile et insensible à la voix et aux coups; cependant si on le place debout, il s'y maintient.

Plusieurs porcs ayant succombé, l'autopsie a montré de la gas-

tro-entérite; mais il est regrettable que le crâne n'ait pas été ouvert,
car il y a de fortes probabilités, d'après les symptômes précédents,
qu'il y a eu congestion encéphalique et peut-être hémorragie.

Comme contrôle, des lapins furent nourris avec cette farine et
moururent, mais sur eux l'empoisonnement suivit une forme chronique et la scène symptomatologique se termina par l'étisie.

Si l'on considère que des accidents de cette nature
n'ont été signalés qu'exceptionnellement, malgré l'usage
assez répandu des farines et des tourteaux de cocotier,
on est porté à croire qu'ils sont le résultat d'altérations
qui les envahissent. Nous tenons à faire remarquer l'a-
nalogie, nous serions tenté de dire la similitude, qui
existe entre la symptomatologie des accidents ci-dessus
relatés et celle que nous avons observée autrefois dans
l'empoisonnement par le pain moisi. Nous ne nions
pas que le rancissement à lui seul soit capable aussi
d'occasionner des accidents.

Tourteau et farine de palmiste.

Un palmier, l'*Elæïs guinensis*, Jacq, qu'on trouve
à l'état spontané et aussi comme arbre cultivé dans
les régions les plus chaudes de l'Afrique et de l'Amérique, à la Guyane et sur la côte occidentale africaine,
de la Gambie au Congo, fournit deux sortes d'huile à
l'industrie et des résidus à l'agriculture. L'une de ces
huiles est dite *huile de palme,* l'autre *huile de palmiste.*

Cet arbre, à la tige élancée et haute d'une vingtaine de
mètres, produit des fruits qui se groupent en régime.
Chaque fruit est formé par un sarcocarpe fibreux et huileux et par un noyau renfermant une amande blanche et
grasse aussi.

L'extraction de l'huile du sarcocarpe, qui est celle qu'on appelle *huile de palme*, se fait sur les lieux de production et d'une façon très élémentaire. Tous les indigènes habitant entre le 8° latitude nord et le golfe de Guinée se livrent à ce travail. Ils jettent les fruits dans l'eau bouillante, le tissu fibreux du sarcocarpe se désagrège, l'huile s'échappe et vient surnager à la surface, tandis que les noyaux tombent au fond du vase ; on aide du reste à leur sortie en pilant le fruit. On recueille cette huile à la cuillère. Elle est rouge-orange ; fraîche elle a une odeur de violette et un goût aromatisé auquel il n'est pas difficile de s'habituer. Elle est liquide dans les pays de production, en raison de la température élevée qui y règne ; dans des pays plus froids elle acquiert la consistance de l'axonge et mérite le nom de *beurre de palme*. Elle s'acidifie spontanément et assez rapidement. Ce qui n'est pas consommé sur place est expédié en Europe où, en raison de son point très élevé de liquéfaction (30°), elle est utilisée depuis 1860 dans la fabrication des bougies et des savons.

La graine ou amande dépouillée de ses enveloppes, qui reste dans la fabrication de l'huile de palme, est recueillie et expédiée en Europe sous le nom de *noix de palme*. Après l'avoir broyée, on la presse à chaud et on obtient l'*huile de palmiste* dont la couleur oscille entre le jaune très clair et le jaune foncé ; son odeur est moins prononcée que celle de palme et son point de liquéfaction de 4 à 5° moins élevé. La pression laisse un résidu dit *tourteau de palmiste*.

Il est des usines où les noix de palme, après broyage, sont traitées non par la pression, mais par le sulfure de carbone qui permet d'épuiser plus largement l'huile. Dans ce cas, le résidu est la *poudre* ou *farine de palmiste*.

Le tourteau de palmiste est gris, avec des points noirs
dans la masse; il s'écrase avec la plus grande facilité et
se réduit en une poudre grise qui a de la ressemblance
avec le sable fin des plages. La facilité de fragmenta-
tion fait que ce tourteau est rarement livré en pains entiers; le plus souvent il est en morceaux. Il est inodore,
mais quand on le fait bouillir dans l'eau chaude, il contracte un mauvais goût, d'où l'indication de s'abstenir
de le donner en buvées chaudes aux animaux.

Au contact de l'eau, les particules noires tranchent
sur la masse; il ne se forme pas une véritable bouillie
ou purée, mais pour poursuivre notre comparaison,
on dirait du sable de molasse ou de grès meulier mêlé à
l'eau.

La farine de palmiste est un peu plus brune que le
tourteau de pression.

La moyenne de plusieurs analyses donne les chiffres
suivants pour la composition chimique comparée du
tourteau et de la farine de palmiste :

	Tourteau.	Farine.
Eau	10.95	10.47
Huile	8.00	3.2
Matières azotées	20.00	18.43
— extract. non azotées..	36.29	43.74
Cellulose	18.48	20.15
Cendres	6.28	3.99

De leur côté, M. Ladureau et M. Decugis ont trouvé
dans leurs analyses respectives, en azote et en acide phosphorique :

	Tourteau.	Farine.
Azote	2.39	2.41
Acide phosphorique	1.16	1.40

Comme on l'a vu pour le coprah, la farine de palmiste est moins riche en huile que le tourteau. Ces deux résidus n'occupent pas un rang élevé parmi les déchets d'huileries, mais comme ils sont d'une distribution facile, à cause de leur friabilité, et qu'on n'a jamais signalé d'accidents à la suite de leur emploi, si on peut les obtenir à bon compte et que des frais de transport onéreux n'en élèvent pas trop le prix, on les fera entrer dans le régime des animaux. De bons effets en ont été signalés dans les opérations d'engraissement; associés à de la pulpe cuite de pommes de terre ou aux pommes de terre cuites elles-mêmes et à une graine, maïs, sarrasin ou orge, on a constitué des rations économiques. Au début, les animaux ne les acceptent pas toujours facilement, et il est indiqué de les arroser d'eau salée ou de les mélanger à des aliments dont le bétail est avide. On les a donnés aux chevaux en remplacement partiel d'avoine.

On se rappellera que la farine est plus facile à falsifier que le tourteau et on prendra ses précautions en conséquence.

Tourteau de mowra.

Le tourteau dont il va être parlé, ainsi que celui d'Illipé, est fourni par des fruits provenant de végétaux appartenant à la famille des Sapotées. Cette famille est constituée par des arbres et arbustes exotiques appartenant à la flore tropicale, à l'exception de quelques espèces qu'on rencontre au Cap, en Australie, au Maroc et au sud des États-Unis. Les espèces qui sortent de la zone torride végètent dans les pays chauds, mais aucune n'appartient à la zone tempérée.

Les Sapotées laissent écouler de leur écorce quand

on l'incise, un latex blanchâtre ou jaunâtre que l'industrie emploie, après l'avoir travaillé, sous le nom de gutta-percha. En outre, on utilise leur bois, leurs fleurs et leurs fruits, ces derniers bien pourvus en matière grasse.

Les genres sont nombreux dans la famille des Sapotées, mais encore incomplètement débrouillés. Parmi eux, le genre Bassia. L. (Illipé, de Pierre) doit être signalé. Son habitat est l'Inde; il y est à la fois spontané et cultivé; les arbres qui le constituent sont désignés sous le nom d'Illipés ou Illoupés. Deux de ses espèces donnent des fruits oléagineux, ce sont *B. latifolia* et *B. longifolia.*

Le *Bassia latifolia,* Roxb (*Illipe latifolia*, F. von Muller, *Bassia villosa*, Wall) a des noms variés aux Indes : mowra, mahwah, mahoua, marvah, mawata en bengali, moula en hindoustani, madhuca en sanscrit, caat-Illoupé, kat-Elupé en tamoul.

C'est un arbre de 15 à 18 mètres de haut qu'on exploite pour ses fleurs et ses graines. Le fruit est une baie dont la pulpe attire les oiseaux et dont le noyau est dur, lisse et luisant. L'amande est oléagineuse.

On introduit en France, spécialement à Marseille, les fruits dont il s'agit pour en extraire la matière grasse et l'utiliser à la fabrication des savons et des bougies. Elle est dite *huile de mowra,* de Mahwa, d'Yallah.

L'huile de mowra est de couleur jaune et rappelle le miel par son apparence, mais non par son odeur qui est peu agréable et se rapproche de celle du beurre qui rancit. Sous notre climat, à la température habituelle, elle se sépare en deux parties dont l'une se solidifie par suite de sa richesse en stéarine et dont l'autre reste demi-liquide. Elle ne se liquéfie entièrement qu'à 25° Elle contient un peu de saponine.

Le tourteau de mowra, qu'on appelle quelquefois tourteau d'Illipé, est dur, difficile à fragmenter, de couleur lie de vin; il a une faible odeur de vinasse quand il est frais. Sa cassure, granuleuse, laisse voir des débris jaunâtres. Mis en contact avec l'eau dans laquelle il ne se désagrège que lentement, il forme un màgma de couleur rose dans lequel se voient les débris testacés.

Les agriculteurs devront se garder d'acheter ce tourteau pour la nourriture du bétail, car il a des propriétés toxiques si bien établies qu'on s'en sert pour tuer le poisson dans les cours d'eau. Par la combustion, il dégage une fumée qui, dit-on, fait périr les insectes. L'étude expérimentale que nous en avons faite nous l'a révélé comme un violent poison éméto-cathartique; même injecté sous la peau ou dans les veines, il s'élimine par le tube digestif où il produit des lésions inflammatoires très graves, de l'entérorrhagie et de l'ulcération. On ne peut donc l'employer que pour la fumure des terres.

Tourteau d'illipé.

La seconde espèce précitée du genre Bassia, *B. longifolia*, Willd, habite également l'Inde. On la rencontre aussi à la Réunion, dans la presqu'île de Malacca, dans les îles de la Sonde, et, dit-on, à Madagascar. Au Sénégal existent quelques variétés se rapprochant beaucoup de celle de l'Inde, le Djové et le Noungou du Gabon ainsi que le Shea du Sénégal en font sans doute partie.

C'est à cette espèce que s'applique spécialement le terme général d'Illipé. Elle diffère de la précédente par ses feuilles lancéolées plus allongées. Ses fleurs sont analo-

gues et employées aux mêmes usages quoique moins
appréciées. En revanche, ses graines sont plus recherchées pour la production de l'*huile d'illipé* ou *beurre
d'illipé*, comme on l'appelle plus communément; elles
en produisent davantage.

Frais, le beurre d'Illipé est employé quelquefois,
avance-t-on, comme aliment(?); on s'en sert aux colonies
pour l'éclairage. En Europe ses usages industriels sont
ceux de l'huile de Mowra à laquelle il ressemble comme
degré de liquéfaction.

On trouve deux sortes de tourteaux d'Illipé, l'un contient avec les résidus de l'amande les fragments de
noyaux, l'autre est dépourvu de ceux-ci et ne renferme
que l'amande. Aussi leur aspect est différent.

Le premier est grossier et rappelle les mottes de tan
vendues par les tanneurs. De coloration brunâtre, de pâte
mal liée, il présente dans sa gangue des fragments de
noyau et des pellicules jaunâtres d'épiderme.

Le second ressemble au tourteau de mowra par sa
dureté et sa coloration qui est pourtant un peu plus foncée; sa cassure n'en montre pas les pellicules jaunâtres.
Mis dans l'eau, il forme une pâte rouge-brun.

Nous avions à rechercher s'il possède les propriétés
nuisibles du mowra et si les symptômes provoqués sont
les mêmes. Nos études ont montré qu'il en est bien
ainsi; l'illipé est toxique, il provoque les symptômes de
la superpurgation et en amène les lésions dans l'appareil digestif. Il fait apparaître aussi des contractions
musculaires. Son action est moins prompte que celle
du mowra et la mort plus lente à survenir. Du reste, ce
dernier étant vendu aussi sous le nom d'illipé, il peut
en résulter des confusions dont l'agriculteur payerait
les frais, s'il le faisait entrer dans les rations de ses animaux.

Il faut agir vis-à-vis du tourteau d'illipé comme il a été dit à propos de celui de mowra et le considérer uniquement comme un engrais (1).

Tourteau de touloucouna.

Il dérive du fruit du *Carapa touloucouna*, Perrotet (*C. guineensis*, Sweet), arbre de la famille des Méliacées. Ce végétal qu'on trouve dans les Guyanes et en Sénégambie a de très grosses graines protégées par un épisperme rougeâtre, très résistant et presque ligneux. Comme elles sont oléagineuses, elles arrivent à destination d'Europe où elles sont travaillées soit décortiquées, soit sans avoir subi cette manipulation.

Le tourteau de touloucouna est couleur chocolat, de cassure homogène quand il provient de graines décortiquées et avec des fragments d'épisperme quand la décortication n'a pas été opérée.

Corenwinder et Decugis ont donné les analyses suivantes des tourteaux de touloucouna décortiqué et non décortiqué :

(1) Les personnes désireuses d'étudier plus complètement les produits fournis par les Sapotéeṣ, consulteront avec fruit :

L. Planchon, Étude sur les produits de la famille des Sapotées. — Montpellier 1888.

Jackson (J.-B.), The uses of some of the indian species of Bassia, dans le *Lond. Pharm. Journal*, fév. 1878.

Poisson, Note sur les produits industriels fournis par les Bassia, *Bullet. de la Société botanique de France*, 1881, page 18-21.

J. Lépine, Note sur les produits des Bassia longif. et latifolia de l'Inde, *Journal de l'agriculture des pays chauds*, mai 1867.

	Tourteau décortiqué.	Tourteau non décortiqué.
Eau......................	12.50	12.65
Huile.....................	4.46	9.99
Azote dans les matières organiques.................	2.53	2.68
Cendres..................	6.42	7.2
Acide phosphorique........	»	0.86

On affirme que la pâte du fruit du Carapa et l'huile qu'on en tire sont tellement amères que l'homme ne peut les consommer, mais qu'à Cayenne les porcs se nourrissent de l'amande, qu'ils n'en sont point incommodés et que leur chair n'en contracte pas de saveur amère tandis que la viande des Rongeurs l'acquiert. Tout cela est à vérifier.

Tourteaux de noix de Bancoul, de Para et d'Arec.

Indépendamment des végétaux dont il vient d'être question, les régions tropicales produisent d'autres fruits oléagineux qui, s'ils ne sont que peu utilisés pour le moment, peuvent l'être dans un avenir prochain. Dans cette catégorie se placent les noix de Bancoul que l'invention d'une décortiqueuse capable de les dépouiller de leurs enveloppes très compactes et très dures, rendrait vraisemblablement marchandises d'importation courante en Europe.

1° La noix de Bancoul est le fruit d'un arbre de la famille des Euphorbiacées, *l'Aleurites triloba*, Forster (*Aleurites moluccana*, Willd; *Croton moluccanum*, L.; *Caniricum*, Rumphius; *Ambinux*, Commusson), très répandu aux Marquises où on l'appelle *Ama*, à Taïti où il est désigné sous le nom de *Tutui*, aux Sandwich où l'appellation de *Kukui* lui est attribuée, à la Nouvelle Calédonie, aux Moluques, à Ceylan et en Cochinchine. On en connaît deux ou trois espèces. En Océanie, il acquiert de fortes dimensions et arrive à 15 mètres de haut sur 1^m,5o de circonférence. Il croit avec tant de profusion qu'il n'est point cultivé; on n'a d'autre peine que d'aller ramasser ses fruits.

Le noix de Bancoul est composée d'un testa ligneux, très compact et très dur, renfermant une amande blanche, de saveur assez agréable et très huileuse. Le testa et l'amande sont dans les proportions respectives suivantes :

Test............................... 67.20
Amande............................ 32.80

On exploite dans les pays de production, les amandes pour en extraire l'huile dont elles renferment en moyenne 62 %. Celle-ci est excellente pour l'éclairage et elle est siccative; elle peut aussi être employée en médecine comme purgative, on la dit même drastique.

Le tourteau qui résulte de sa pression a été étudié par Corenwinder (1). Il est gris jaunâtre, compact, mais sa pâte n'est pas homogène à cause des débris de testa que l'on n'a pu séparer entièrement. Goût amer, peu agréable. Il a donné à l'analyse :

Eau......................... 10.25 %
Huile....................... 5.50 —
Matières azotées.............. 47.81 —
    —   non azotées.......... 24.04 —
Acide phosphorique.......... 3.68 ⎫
Potasse..................... 1.53 ⎬ 12.40 —
Magnésie, chaux, silice, etc.... 7.19 ⎭
    La proportion d'azote est de 7.65 %

(1) Corenwinder, La noix de Bancoul, *Annales agronomiques*, 1875, pages 217 et suiv.

D'après cette analyse, le tourteau d'amandes de Bancoul serait le plus riche de tous en azote. Il n'y a pas à douter qu'il serait un engrais puissant, car on y rencontre aussi de la potasse et de la magnésie.

Serait-il comestible? Le Dr Cuzent, qui a séjourné à Taïti comme pharmacien de la marine, dit à ce sujet : « Les tourteaux qu'on obtient après la préparation de l'huile d'aleurites peuvent servir de nourriture aux animaux. Cette expérience a été tentée à Taïti et nous avons pu remarquer que les volailles et les porcs les mangent avec avidité, surtout lorsqu'on y incorpore quelques fruits sucrés du pays, tels que des goyaves ou des papayes ». Cependant comme l'huile est purgative, il serait bon d'expérimenter encore sur ces résidus afin de voir si la petite quantité qui reste (5,50 %) serait capable d'incommoder les bœufs et les moutons qui les recevraient et d'arriver à indiquer le poids de tourteau qu'on en pourrait distribuer à chaque espèce animale pour qu'il restât inoffensif, car ce n'est qu'une question de quantité.

Mais l'urgent serait d'imaginer une machine à décortiquer la noix de Bancoul; son test formant 67 % du poids rend le fret si onéreux que l'importation est à peu près impossible. La décortication doit se faire sur les lieux de production; deux choses la rendent difficile, la dureté du testa et l'adhérence que l'amande a contractée avec lui; elles ne sont vraisemblablement pas au-dessus des ressources de l'esprit ingénieux des mécaniciens.

2º La *noix de Para,* encore dite *châtaigne du Brésil, Juvia,* est fournie par le *Bertholletia excelsa,* Humboldt, arbre de la famille des Myrtacées qui croît dans les parties chaudes de l'Amérique centrale et notamment aux Guyanes.

C'est un des fruits les plus riches en huile que l'on

connaisse ainsi qu'on en peut juger par sa composition .

Eau............................	8.00 %
Huile.........................	65.60 —
Matières azotées..............	15.31 —
— non azotées.........	7.39 —
Acide phosphorique.......... 1.35	3.70 —
Potasse, chaux, silice, etc..... 2.35	

La proportion d'azote est de 2.45 %

Cette noix est comestible, d'une saveur agréable à l'état frais et l'homme la mange volontiers à ce moment; mais elle rancit rapidement en raison de la forte proportion d'huile qu'elle renferme.

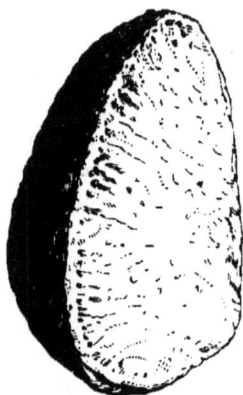

FIG. 21. — GRAINE DU « BERTHOLLETIA EXCELSA » (GRANDEUR NATURELLE).

Elle n'est guère exploitée aujourd'hui qu'en Guyane et en Portugal pour son huile; en France, on commence à se servir de cette huile pour la parfumerie. La quantité de tourteau qui dérive de cette fabrication est encore à peu près insignifiante; mais il pourrait se présenter telles circonstances qui en activent l'exploitation industrielle, par exemple la découverte d'un moyen d'entraver le rancissement. Si cela arrive, il y aura un nouveau tourteau à distribuer au bétail, car la noix de Para ne possède pas de propriétés vénéneuses et l'homme la consomme sans troubler sa santé.

3° Il n'en est pas de même de la *noix d'Arec,* fruit d'un palmier, l'*Areca catechu,* qui croît dans les îles de la

Sonde. Elle renferme quatre alcaloïdes : *l'arécoline*, *l'arécaïdine*, la *guvacine* et l'*arécaïne*. Les trois derniers sont indifférents au point de vue physiologique, le premier détermine un empoisonnement analogue à celui que cause la muscarine. La médecine emploie la poudre de noix d'Arec comme tœnicide.

En raison de sa faible teneur en huile (8,04%), il y a peu de probabilité que la noix d'Arec soit utilisée autrement qu'à titre médicinal; s'il arrivait qu'elle le fût comme oléagineuse, les résidus ne devraient point entrer dans l'alimentation du bétail.

Tourteau de cacao.

Nous avons déjà eu l'occasion (page 161) de parler de l'utilisation des coques de cacao pour l'alimentation animale; dans des usines, au lieu de livrer ces coques d'emblée à l'agriculture, on les presse avec certaines parties de la graine ayant servi à fabriquer le chocolat, pour en extraire le beurre de cacao. Il reste un résidu, dit tourteau de cacao, coloré en brun roux, d'une saveur et d'un arome agréables, pour lequel le bétail a de l'appétence. Ce qui a été dit à propos des coques seules lui est applicable.

Tourteau de soya.

Une légumineuse, le *Soya hispida* (*Dolichos japonensis*) très exploitée dans l'Extrême Orient et importée en Europe où elle est capable de végéter, fournit un tourteau titrant de 6,5 à 7,5 d'huile et très riche en matières albuminoïdes.

Il constitue assurément un aliment de premier ordre pour les animaux; reste à savoir si son prix le rendra abordable et si jamais la culture du soya prendra assez en Europe pour qu'on s'en puisse procurer facilement.

Tourteaux de noix de ben et d'indigotier.

Nous signalerons aussi la *noix de Ben,* comme fournissant une huile très estimée des Orientaux parce qu'elle ne rancit pas. Elle provient des fruits de plusieurs espèces appartenant au genre *Moringa,* tels que *M. nux behen, M. aptera* (fig. 22), *M. oleifera. M. pterigosperma.* Ce sont des arbres de l'Arabie et de l'Asie tropicale. Il est possible qu'un jour on utilise les résidus de l'extraction de cette huile.

J'ai lu qu'on le faisait pour les fruits de *l'Indigotier* envoyés des Indes en Europe pour l'usage de la teinture. Il en résulterait un tourteau de couleur brun jaunâtre, de saveur amère, qui devient gélatineux quand on le mêle à l'état pulvérulent avec l'eau. J'ai cherché à m'en procurer des spécimens; d'obligeants teinturiers de Lyon, qui manipulent chaque année quantité d'indigo, m'aidèrent dans ces recherches et me mirent en rapport avec leurs correspondants. Jusqu'à présent, personne n'a pu me renseigner sur ces tourteaux ni m'en faire tenir des échantillons, si tant est qu'ils se fabriquent quelque part.

SECTION III. — CHOIX, VALEUR ET EMPLOI DES TOURTEAUX.

§ I. — Choix et classement des tourteaux.

Après la monographie qui vient d'être consacrée à chaque tourteau en particulier, il est utile de rassembler

RAMEAU.   FRUIT.   GRAINE.

FIG. 22. — MORINGA APTÈRE (*Moringa aptera*).

en catégories : 1° les tourteaux dangereux et qui ne
doivent point figurer dans la ration des animaux
domestiques ; 2° ceux au sujet desquels on est mal ren-
seigné et qui doivent être considérés comme suspects ;
3° ceux qui ont besoin de subir une préparation spéciale
avant d'être mis en distribution ; 4° ceux qui sont comestibles et peuvent être achetés en toute confiance.

A. Tourteaux dangereux pour la santé ou la vie des animaux à qui on les distribuerait.

Tourteaux de jatropha ou purghère.
—   croton.
—   ricin.
—   maffouraire.
—   mowra.
—   illipé.
—   noix d'Arec.
—   des colzas de l'Inde.
—   de faînes non décortiquées.

B. Tourteaux suspects.

Tourteaux de touloucouna.
—   noix de Bancoul.
—   moutarde blanche.

C. Tourteaux demandant une préparation spéciale avant leur distribution.

Tourteaux de moutarde noire ⎫ à jeter dans l'eau bouil-
—   ravison   ⎬ lante pour coagulation
—   moutarde sauvage ⎭ de la myrosine.

D. Tourteaux qui peuvent être donnés sans danger au bétail.

Tourteaux de colza.		Tourteaux d'olives (ressense).	
—	navette.	—	sésame.
—	cameline.	—	arachides décorti-
—	madia.		quées.
—	grand soleil.	—	— non décor-
—	œillette.		tiquées.
—	pavot d'Inde.	—	béraff.
—	chènevis.	—	niger.
—	raisins.	—	coton.
—	courges.	—	coprah.
—	lin.	—	palmiste.
—	faines décort.	—	noix de Para.
—	maïs.	—	cacao.
—	noix.	—	soya.

Le départ effectué entre les tourteaux dangereux et ceux qui ne le sont pas, il est utile de classer respectivement ces derniers d'après leur teneur en huile, en matières azotées et en acide phosphorique, afin que l'éleveur puisse se déterminer rapidement dans son choix, quand le moment des achats est venu.

CLASSEMENT DES TOURTEAUX ALIMENTAIRES D'APRÈS LEUR RICHESSE

en matières grasses.	en matières azotées.	en acide phosphorique.
Tourteau d'olive de ressense.	Tourteau d'arachides décortiquées.	Tourteau de madia.
— de coton décortiqué.	— de coton décortiqué.	— œillette.
— coprah.	— faines décortiquées.	— colza.
— madia.	— œillette.	— lin.
— lin.	— pavot de l'Inde.	— coton d'Alexandrie.
— noix.	— colza.	— cameline.
— soleil.	— noix.	— niger.
— sésame.	— sésame.	— sésame.
— navette.	— grand soleil décortiqué.	— béraff.
— œillette.	— lin.	— chénevis.
— arachides décortiquées.	— madia.	Farine de palmiste.
— colza.	— arachides non décortiq.	Tourteau de palmiste.
— cameline.	— chénevis.	— coprah.
— arachides non décortiq.	— niger.	— arachides décortiquées.
— palmiste.	— navette.	— — non décortiq.
— faines décortiquées.	— béraff.	
— béraff.	— coton d'Alexandrie.	
— pavot de l'Inde.	— cameline.	
— chénevis.	— coprah.	
— coton d'Alexandrie.	— palmiste.	
— niger.	Farine de palmiste.	
Farine de palmiste.	Tourteau d'olive (ressense).	

§ II. — *De la valeur des tourteaux d'après leur teneur en huile.*

En raison de leur origine, les tourteaux ont été spécialement étudiés quant au rôle alimentaire de l'huile qu'ils renferment; on s'est demandé si ce rôle est prépondérant ou secondaire. Cette question est devenue plus impérieuse depuis quelques années, parce que la valeur commerciale des huiles ayant augmenté, on a été amené à l'extraire le plus complètement possible des graines et des résidus. Pour cela, on a perfectionné les presses et on s'est adressé à des corps dissolvants; on combine aussi les deux modes.

Une diminution en huile, dans un résidu, a naturellement pour conséquence un rapport différent des autres principes et une augmentation de la proportion des matières azotées vis-à-vis des non azotées. Des écrivains ont présenté cette résultante comme favorable à l'alimentation et soutenu qu'un tourteau appauvri de son huile a une valeur égale sinon supérieure à un résidu de même source qui ne l'a pas été. Il est nécessaire de savoir à quoi s'en tenir car de la solution dépend le prix réel des résidus.

La chambre d'agriculture de Norfolk a fait étudier cette question par M. Cooke (1). Le tourteau de lin a été choisi et on a opéré sur deux lots composés chacun de 30 moutons southdowns aussi semblables que possible par l'âge, le sexe et le poids, car il n'y avait que 900 grammes de différence entre chaque lot, l'un pesant en bloc 1,335 kilogr. 255 et l'autre 1,334 kilogr. 349.

(1) F. J. Cooke. Sur la valeur de l'huile contenue dans les tourteaux de lin pour la nourriture des bestiaux, *Journal of the Royal Agricultural Society of England*, traduit dans les *Annales agronomiques*, 1880, pag. 129.

Des deux sortes de tourteaux de lin employées, l'une renfermait de 6 à 7 % d'huile et l'autre de 15,36 à 16,21 %.

La ration quotidienne des moutons de chaque lot fut, au commencement de l'expérience, de 226 gr. 5 de tourteaux et 226 gr. 5 de foin par jour avec des navets *ad libitum*. Un mois après, les quantités de foin et de tourteaux furent portées à 300 gr.

Le tableau de la page 297 résume les résultats obtenus.

Ce tableau montre clairement la supériorité du tourteau riche en huile puisque pour produire une augmentation de 100 kilogr. il a fallu 29 kilogr. de tourteau pauvre en huile de plus que la quantité consommée en tourteau riche et que 23 kilogr. de foin et 56 kilogr. de navets en plus ont également été nécessaires.

Pour rendre la démonstration plus complète, au moment de clore l'expérience, trois personnes compétentes ont été priées d'examiner les animaux des deux lots. Elles ont déclaré « que les moutons nourris avec le tourteau riche en huile étaient plus avancés en croissance et avaient produit plus de chair que les autres, que leur laine était plus belle et plus lustrée. Quant à l'engraissement, ils ne purent se prononcer nettement, car les moutons des deux lots n'étaient pas assez différents sous ce rapport. Considérant la question au point de vue pécuniaire, ils déclarèrent que la différence de valeur entre les deux lots était de 2 fr. 50 à 3 fr. 75 par tête en faveur des moutons nourris avec le tourteau huileux ».

Le lecteur tirera les conséquences pratiques que comportent ces expériences et débattra, au mieux de ses intérêts, le prix des tourteaux qui lui sont offerts, d'après leur teneur en huile. Nous lui rappelons que les

	TOURTEAU pauvre EN HUILE.	TOURTEAU riche EN HUILE.
Nombre de moutons.........	30	30
Durée de l'expérience en semaines............	16	16
Gain { par tête durant la durée totale de l'expérience...	kil. 15.175	kil. 17.327
par tête et par semaine..............	0.946	1.082
par 100 k. de poids vif et par semaine......	1.819	2.039
Nourriture consommée hebdomadairement par 100 k. de poids vif en { tourteaux......	4.189	4.108
foin.........	4.178	4.108
navets.......	76.551	75.135
Matières sèches consommées pour produire 100 k. d'augmentation de poids en { tourteaux......	198	176
foin..........	190	167
navets........	461	405

pains de fort poids, comme on les fabrique dans l'Ouest et l'Est sont plus riches que les galettes qu'il a été plus facile de presser uniformément et énergiquement.

§ III. — *Les tourteaux traités par le sulfure de carbone peuvent-ils être donnés sans danger aux animaux?*

La question posée en tête de ce paragraphe se présente naturellement à l'esprit, car personne n'ignore aujourd'hui que le sulfure de carbone, qui est un excellent dissolvant des matières grasses, est un corps toxique et que son introduction dans un organisme végétal ou animal y provoque de graves désordres pouvant aller jusqu'à la mort. C'est précisément parce qu'il est doté de propriétés toxiques qu'on l'emploie avec tant d'avantages comme parasiticide. N'y a-t-il pas lieu de craindre qu'il reste, en partie, incorporé aux résidus quand on l'a utilisé à l'extraction de l'huile et que ces résidus ne soient nuisibles aux animaux auxquels on les distribue.

Cette question est d'autant plus importante que l'esprit des inventeurs est en éveil et s'efforce de perfectionner l'extraction par le sulfure, toujours plus complète que par les presses. Ce mode d'extraction est devenu courant pour quelques huiles exotiques, celles de coprah et de palmiste notamment.

Lors même que dans un but d'économie, on ne chercherait point par des procédés divers à débarrasser les résidus du sulfure qu'ils pourraient retenir, afin de le recueillir, que l'exposition à l'air suffirait seule pour les en délivrer, puisque ce corps est très volatil et bout à $+45°$. Au bout de quelque temps, ils en ont perdu l'odeur si désagréable et si caractéristique.

La pratique a recherché si leur administration ne présente aucun inconvénient. Vers 1867, en Allemagne, on expérimenta sur les tourteaux préparés par le système Heyl ou le sulfure a été expulsé par la chaleur. En France, à ma connaissance, c'est M. Biétrix pharmacien à Lyon qui, le premier, en 1872, fit entrer très résolument et largement le tourteau de palmiste épuisé au sulfure, dans la ration des animaux de ses fermes du Bourbonnais; il ne remarqua aucun dérangement dans leur santé. Depuis cette époque, l'usage des farines de coprah et de palmiste traitées de même façon, s'est généralisé dans notre pays et au dehors.

De notre côté, nous avons étudié ce sujet à notre laboratoire et nous avons pu nous convaincre qu'il n'y a point lieu de craindre d'empoisonnement. Mais l'expérimentation nous a montré que les résidus traités au sulfure sont moins appétés que ceux de même nature qui proviennent de pression. Ont-ils contracté quelque saveur qui ne plaît pas aux animaux? c'est probable, car il faut à ceux-ci un certain temps pour les accepter; au début ils les laissent et le porc lui-même agit de cette façon. Cette circonstance s'ajoutant à leur pauvreté en huile, dicte à l'agriculteur sa conduite dans leur achat.

§ IV. — *Distribution des tourteaux.*

Les tourteaux sont livrés en pains ou galettes, d'autant plus durs qu'ils sont confectionnés depuis plus longtemps; l'espèce influe d'ailleurs beaucoup sur leur ténacité et leur compacité. Quoi qu'il en soit, on ne peut les distribuer aux animaux sans les avoir désagrégés préalablement; les ruminants en particulier, ne pourraient sans cette précaution en tirer bon parti.

Pour briser et fragmenter les tourteaux, on peut à
la rigueur se servir d'un maillet, procédé long et inapplicable dans une exploitation dont le cheptel est important. On a recours dans celle-ci à une machine appelée *Broyeur* ou *Concasseur de tourteaux* (fig. 23). Les
modèles en sont variés, mais d'une façon générale elles
sont constituées essen-
tiellement par un vo-
lant actionnant par l'in-
termédiaire de roues à
engrenages, deux cy-
lindres tournant l'un
contre l'autre et broyant
les tourteaux qu'on
pousse entre eux. Ces
cylindres sont parfois
cannelés, d'autres fois
ils sont garnis de fortes
pointes qui brisent plus
grossièrement les ga-
lettes.

Lorsqu'on veut pul-
vériser les tourteaux
dans l'huilerie même
où on les produit, le
plus simple est de les faire passer sous la meule.

FIG. 23. — CONCASSEUR DE TOURTEAUX.

Modes d'administration. — Une fois fragmentés,
les tourteaux peuvent être donnés en poudre sèche, en
buvées ou après avoir subi la cuisson ou la fermentation.

Les moutons sont les animaux auxquels on distribue habituellement le tourteau pulvérisé et laissé à
l'état sec; on le fait aussi, mais moins communément,
pour les bœufs à l'engrais. Déposé quelquefois seul

dans la crèche, le plus souvent on le mélange avec des graines entières ou égrugées, des farines et sons, des racines hachées, des pulpes.

Plus fréquemment, on fait des buvées en le délayant dans l'eau froide ou tiède. Nous nous sommes assuré que bien sec, ce résidu absorbe de deux à trois fois son poids d'eau, suivant son origine; nous n'avons pas trouvé que l'eau tiède fût incorporée en plus grande quantité que la froide, elle l'est seulement plus rapidement. Cette absorption d'eau indique immédiatement que les vaches laitières retirent bon profit de cette manière de leur distribuer le tourteau; les jeunes animaux, les veaux en particulier, s'en trouvent bien aussi.

Quelques tourteaux, ceux de noix, de coprah, de sésame, de lin, forment de véritables bouillies ou purées, d'autres donnent des buvées moins homogènes. On remarquera que les tourteaux et les poudres traités au sulfure de carbone produisent des buvées à pâte moins liée, ne forment pas de véritables bouillies comme leurs homologues qui n'ont pas été soumis à ce traitement. La matière grasse joue probablement un rôle d'agglutinatif pour les particules de tourteaux; quand elle a été enlevée par un dissolvant, on s'explique que ces particules s'aggrègent moins bien et ne forment plus purée, mais rappellent du sable quartzeux qu'on jette dans un vase plein d'eau.

Thaër a conseillé pour la préparation d'une buvée de disposer les choses comme suit : Prendre un seau et à l'aide d'une planchette percée de trous le diviser dans le sens de la profondeur en deux compartiments inégaux, l'un comprenant les 2 3 de la capacité totale. Mettre dans le plus petit compartiment les fragments de tourteau, remplir d'eau, agiter avec un bâton pour

faciliter la désagrégation. Il n'y a plus qu'à puiser la
buvée dans le grand compartiment.

Le plus souvent on ne prend point cette précaution,
on répand simplement le tourteau pulvérisé dans l'eau
et on agite. Fréquemment, on y ajoute des farines, du
son, de la drèche, des racines et des fourrages coupés.

*Les buvées doivent se préparer au moment même du
repas ou peu auparavant;* l'essentiel est que l'incorporation de l'eau aux résidus et aux autres aliments qui les
accompagnent puisse s'accomplir. Préparées trop longtemps à l'avance, elles fermentent, car quelques-unes constituent un milieu de culture favorable à certains germes
parmi lesquels il peut s'en trouver de pathogènes. Le nettoyage et l'ébouillantage quotidien des récipients où on
les traite est de rigueur.

Quelquefois les tourteaux sont soumis à la cuisson.
Deux circonstances justifient cette opération : 1° quand il
s'agit de résidus de crucifères, il faut les débarrasser de
leur goût spécial, puis faire apparaître et se volatiliser
l'essence de moutarde qui est dangereuse; 2° lorsque les
tourteaux sont associés à des aliments que la cuisson
rend plus digestifs et plus assimilables, telles que les
pailles hachées ou les pommes de terre. Dans ce cas, la
cuisson se fait généralement à la vapeur en se servant
de l'un des nombreux appareils inventés pour ce genre
d'opération culinaire.

Pour arriver à un résultat analogue à l'un de ceux que
produit la cuisson, c'est-à-dire le ramollissement et la désagrégation des fibres constituantes des aliments, on s'est
servi de la fermentation. Elle est pratiquée volontiers en
Angleterre; chez nous, elle a été préconisée principalement par un agriculteur du Nord, M. Decrombecque. On
procède habituellement de la façon suivante : on super-
pose alternativement des assises de foin et pailles hachés

et de racines débitées en cossettes ou pulpées dans un récipient convenable ou dans une citerne *ad hoc*, on arrose avec de l'eau chaude tenant en suspension du tourteau, on tasse suffisamment, on couvre d'un chapeau de paille et on laisse la fermentation se développer. Au bout de 48 heures, on fait la distribution aux animaux. Il est recommandé de ne pas laisser la fermentation s'établir en plein air et sans un tassement suffisant, parce que des moisissures et des ferments adventifs se développeraient rapidement dans la masse et pourraient lui communiquer une odeur et une saveur désagréables, et même des propriétés nocives par les toxines qu'ils secrètent.

Les avis sont partagés en ce qui concerne l'administration des tourteaux fermentés. Les uns préconisent ce mode qui rend, disent-ils, les aliments plus digestibles, mieux utilisés que quand ils n'ont point subi cette préparation et qui a aussi l'avantage de présenter aux animaux leur nourriture sous une forme qui leur plaît. D'autres proscrivent cette façon d'agir qu'ils considèrent comme susceptible d'amener des affections qui minent le bétail. Si les tourteaux étaient constamment exempts de végétations cryptogamiques et de microorganismes, il n'y aurait pas d'inconvénient à donner ces résidus mêlés à d'autres aliments fermentés, mais il n'en est pas toujours ainsi. En tous cas, leur distribution aux vaches laitières donne lieu de craindre que des ferments accessoires communiquent aux produits dérivés du lait une saveur et une odeur désagréables et en amoindrissent la valeur. On ne saurait prendre trop de précautions et être trop minutieux quand il s'agit de leur alimentation, c'est pourquoi nous recommandons pour elles les buvées extemporanées.

En général, quand on donne aux animaux des tourteaux pour la première fois, ils n'y touchent pas ou y touchent fort peu. Il en est pourtant qui sont pris plus facilement que d'autres. Parmi les résidus d'origine indigène, ceux de colza, de navette et de chanvre sont rarement acceptés d'emblée, tandis que ceux de lin, de noix et d'œillette sont immédiatement pris; dans les tourteaux exotiques, ceux de coprah et de coton sont acceptés facilement, ceux d'arachides plus difficilement.

Il arrive aussi que quand une provision de tourteaux est épuisée et que n'en trouvant plus de cette sorte dans le commerce ou en trouvant à un prix majoré, on est obligé d'en faire venir d'une autre sorte, les animaux font des difficultés pour les consommer.

Dans les deux circonstances, les animaux ne mangeant pas suffisamment, il y a perte, surtout quand il s'agit de sujets d'engrais; il faut donc s'ingénier pour qu'ils ne souffrent pas et qu'il n'y ait pas d'arrêt.

Le procédé le plus simple, celui que nous employons d'ailleurs pour la plupart des résidus que nous essayons, consiste à mélanger le tourteau pulvérisé avec un aliment très recherché des animaux, l'avoine par exemple, l'orge crue ou cuite, les carottes ou les betteraves divisées, ou d'en ajouter à de l'eau blanchie par des farines, à des barbotages. On varie les procédés suivant l'espèce d'animaux à laquelle on s'adresse; une fois qu'on a commencé, on augmente graduellement la proportion de tourteaux, de façon à les faire prendre seuls au besoin.

Un autre moyen, applicable seulement quand on n'a à alimenter qu'un nombre restreint d'animaux, consiste à délayer le tourteau dans l'eau, de façon à en former une pâte assez liée. On confectionne des pâtons ou bols avec celle-ci et on les porte dans l'arrière-bouche de chaque animal, assez profondément pour que la déglutition en soit forcée. On affirme que par ce moyen, on amène rapidement les animaux à prendre d'eux-mêmes les résidus qu'ils refusaient d'abord.

Arroser les tourteaux pulvérisés ou concassés d'eau salée ou les saupoudrer de sel est une méthode qui conduit parfois très bien au but. On sait que le tourteau est une des substances dont l'emploi est indiqué par le décret du 8 novembre 1869 pour dénaturer le sel destiné au bétail. En commençant par donner du sel ainsi dénaturé, puis en ajoutant chaque jour davantage de tourteau, on atteint le but.

Quelle que soit la méthode qu'on choisisse, nous la trouvons préférable à celle qui consiste à placer le tourteau seul dans la mangeoire des animaux et à ne pas leur distribuer d'autres aliments tant qu'ils n'ont pas mangé le résidu. Sous l'impulsion de la faim, ils finissent par s'y décider, mais après un jeûne dont la durée varie selon les individus et parfois une diminution de poids notable.

Quantités à distribuer et indications de leur emploi. — Aliments concentrés, les tourteaux ne doivent pas être donnés en trop grandes quantités aux animaux. Quelques-uns d'entre eux, dans ces circonstances, pourraient occasionner des dérangements intestinaux, tel celui de chènevis. C'est surtout par leur judicieuse association avec d'autres aliments qu'on en retire le maximum d'effets. Pour les grands ruminants, la ration journalière oscille entre 800 gr. et 3 kilogr., suivant la masse des animaux et la fonction qu'on exploite. Nous avons vu aller jusqu'à 6 kilogr. dans l'emploi du tourteau de coton sans résultats fâcheux, et ce poids pourrait être atteint dans l'administration d'autres tourteaux très alibiles, comme celui de coprah. Mais, alors se dresse une question de comptabilité et il y a lieu de craindre une élévation trop forte du prix de la ration.

Pour les petits ruminants, on se maintiendra entre 100 gr. et 3oo gr.

Tous les animaux ne retirent pas indistinctement d'aussi bons effets des tourteaux et tous ne l'acceptent pas d'égale façon. L'exploitation de quelques fonctions économiques, dans certaines espèces, nécessite ou tout au moins appelle l'emploi des tourteaux; ces fonctions peuvent ne pas exister ou exister seulement d'une façon accidentelle dans d'autres groupes; d'où nécessité de passer successivement en revue les divers animaux et d'examiner les circonstances où il y a profit à faire entrer les résidus d'huilerie dans leur alimentation.

Ces conditions sont : la croissance, la production du lait et l'engraissement.

a) Tous les jeunes mammifères domestiques tirent bon profit pour leur croissance de l'administration de tourteaux; conséquemment, il y a avantage à en distribuer aux poulains, aux muletons, aux veaux, aux agneaux, aux porcelets et même aux lapereaux ; la richesse de ces aliments en protéine et en acide phosphorique justifie cette recommandation ; c'est comme si on leur donnait des grains. Aux poulains, muletons et agneaux, on les offre en poudre ; aux veaux et aux porcs, en buvée. On favorise l'accroissement des uns et des autres, on accélère la soudure de la diaphyse avec l'épiphyse des os longs, on provoque la précocité. Tout éleveur qui veut atteindre ce résultat se trouvera bien de recourir aux résidus d'huilerie : d'ailleurs la pratique les a introduits depuis longtemps dans les rations d'élevage. Elle les emploie aussi en buvées au moment du sevrage.

Il est de toute évidence qu'ici, comme dans les autres circonstances dont nous allons parler, le choix des tourteaux est subordonné au prix d'achat auquel viennent s'ajouter les frais de transport de l'usine ou du domicile de l'intermédiaire à celui de l'éleveur. En supposant toutes choses égales, les tourteaux suivants sont les plus à rechercher pour la nourriture des jeunes animaux : œillette, coton décortiqué, lin, noix, madia, niger, palmiste.

Voici quelques exemples de rations à leur distribuer :

POULAINS DE 6 A 8 MOIS.

1º Tourteau de lin...................... o k. 800
    Avoine............................ 2 k. 000
    Foin de trèfle..................... 3 k. 000

2º Tourteau de noix................... o k. 800
    Carottes.......................... 2 k. 000
    Foin.............................. 3 k. 000
    Fèves égrugées.................... 1 k. 000

VEAUX DE 5 A 8 MOIS.

1º Tourteau de coton décortiqué........ o k. 900
    Lait écrémé....................... 2 litres.
    Petit-lait......................... 2 litres.
    Graines de foin épurées............ 2 k. 000

2º Tourteau de pavot.................. o k. 900
    Racines divisées................... 5 k. 000
    Maïs en grains.................... o k. 600
    Regain............................ 2 k. 000

AGNEAUX APRÈS LE SEVRAGE.

1º Tourteau de palmiste .... o k. 200
    Maïs concassé..................... o k. 300
    Luzerne........................... o k. 600

2º Tourteau de lin..................... .... o k. 200
Féveroles égrugées.................... o k. 3oo
Foin................................. o k. 6oo

b) La pratique a également appris que les femelles laitières se trouvent bien de l'alimentation aux tourteaux.
De quelque façon qu'on les administre, ils favorisent
toujours une forte introduction d'eau dans l'économie,
ce qui est une des principales conditions d'une abondante sécrétion lactée. Par leurs éléments propres,
ils contribuent aussi à la formation du lait. A toutes
les femelles laitières, il est indiqué de les distribuer en
buvées tièdes et extemporanées, en proscrivant ceux
qui sont capables de communiquer une saveur spéciale
au lait, ou en ayant la précaution de les faire bouillir
pour volatiliser les essences.

On essayera aussi de les faire prendre à des femelles
qui n'étant pas habituellement exploitées pour leur
lait, viennent de mettre bas et dont les mamelles ne
sécrètent pas suffisamment pour allaiter leurs petits,
telles que les juments et les truies. Mais il ne faut pas
se dissimuler que beaucoup de ces femelles, de juments
surtout, refusant d'accepter le tourteau, il est nécessaire de mettre en pratique tous les artifices précédemment indiqués pour les y amener.

Les tourteaux de coton, de madia, de lin, d'œillette,
de coprah, de sésame et de palmiste, sont les plus recommandables pour les bêtes laitières.

Formules de rations pour :

● JUMENTS QUI VIENNENT DE POULINER.

1º Tourteau de coton décortiqué........ 1 k. 5oo
Orge cuite......................... 4 k. ooo
Carottes.......................... 10 k. ooo
Foin .... 3 k. ooo

2° Tourteau de·lin...................... 2 k. ooo
Avoine............................... 5 k. ooo
Luzerne............................. 4 k. ooo

3° Tourteau de coprah .... 1 k. ooo
Graines de lin.... } cuites ensemble... } o k. 5oo
Avoine..........} { 4 k. ooo
Foin................................ 7 k. ooo

VACHES LAITIÈRES.

1° Tourteau de coton............ ...... 3 k. ooo
Pulpes............................. 35 k. ooo
Regain............................. 5 k. ooo

2° Tourteau de lin.................... 2 k. ooo
Betteraves......................... 18 k. ooo
Foin............................... 6 k. ooo
Paille............................. 4 k. ooo

3° Tourteau d'œillette................. 2 k. ooo
Drèches............................ 15 k. ooo
Balles de luzerne................... 8 k. ooo
Paille d'avoine..................... 5 k. ooo

BREBIS ET CHÈVRES LAITIÈRES.

1° Tourteau de coprah................. o k. 4oo
Carottes .... o k. 5oo
Regain............................ 1 k. 5oo
Paille............................. o k. 8oo

2° Tourteau de sésame................. o k. 4oo
Drèche............................. 2 k. 5oo
Paille............................. 1 k. ooo

TRUIES SUITÉES

1° Farine de coco...................... o k. 25o
Pommes de terre cuites............. 5 k. ooo
Son................................ o k. 5oo
Petit lait.......................... 4 litres

2° Farine de palmiste..................	o k. 200
Citrouilles.......................	2 k. 000
Résidus de triperie..................	1 k. 000
Eaux grasses.......................	6 litres.

Dans les exploitations où le lait est utilisé à la production du beurre et du fromage, on ne perdra pas de vue qu'il ne faut pas forcer la quantité de tourteaux, encore que les vaches les acceptent très bien. Les expériences du D[r] Vœlcker ont, en effet, démontré que quand on dépasse les doses habituelles et qu'on arrive à 7, 8 et même 10 kilog. par tête et par jour, comme on l'a fait quelquefois, une partie de l'huile ainsi introduite en surabondance dans l'économie semble passer dans le lait sans avoir subi de transformation dans la mamelle, la crème se baratte mal, reste mousseuse, se prend difficilement en grumeaux et donne un beurre huileux, de consistance insuffisante. Au reste, une ration renfermant une forte proportion de tourteaux ne serait pas économique; cette raison à elle seule suffit pour engager le nourrisseur à se maintenir dans de sages limites.

c) Les tourteaux sont non moins à recommander pour les rations d'engraissement. Leur efficacité les a même fait utiliser pour le gavage des volailles. Toutes les bêtes bovines et ovines qui figurent dans les concours spéciaux d'animaux gras et dont on admire le fini de l'engraissement et le lustre du poil ont reçu des tourteaux; ces résidus entrent à peu près toujours dans le régime de l'engraissement en stabulation. L'universalité de leur emploi pour cette finalité économique est une garantie de leur utilité qui a été démontrée dans plusieurs séries d'expériences.

Si les tourteaux poussent à la graisse, on leur reproche de donner à celle-ci une teinte jaunâtre, peu de consistance, ainsi qu'une viande fade qui prend une mauvaise saveur si les tourteaux distribués étaient rances. La constatation de ces faits est facile à faire sur le porc engraissé au tourteau dont le lard manque de fermeté et prend moins bien le sel que quand cet animal a été alimenté au maïs ou à l'orge.

La chair des oiseaux de basse-cour engraissés au tourteau contracte un goût qui rappelle l'huile de poisson et la déprécie.

Le manque de consistance de la graisse tient à la trop faible proportion de ses acides gras solides vis-à-vis des liquides, ainsi que les recherches de M. Müntz l'ont démontré. Cette proportion est moindre que dans les animaux ordinaires; on se rappellera que la valeur industrielle des produits riches en graisses concrètes est plus élevée que celle où les graisses liquides dominent.

Le moyen d'éviter ces inconvénients est la suppression radicale du tourteau quelque temps avant de livrer les animaux d'engrais à la consommation et son remplacement par des grains et des farines. Il est indispensable, si le tourteau est rance; quand cet aliment n'a subi aucune altération, on peut en continuer l'usage, mais en réduisant la quantité primitivement distribuée et en donnant l'équivalent en grain cru ou cuit ou, ce qui vaudrait mieux si le prix n'est pas un obstacle, par du lait. Pour les oiseaux de basse-cour, on a proposé de mêler à leurs aliments, pendant les trois dernières semaines, du charbon pulvérisé; ce corps, par ses propriétés absorbantes, agirait efficacement pour faire disparaître le goût d'huile. Ce moyen, s'il a les qualités que lui attribuent Gil et Dingler qui l'ont préconisé, serait à essayer aussi sur le porc. L'emploi des glands nous a procuré de bons résultats dans l'engraissement de bêtes bovines dont les chairs avaient une fermeté qui ne laissait pas soupçonner la proportion de tourteau qui était entrée dans leur régime. Peut-être que d'autres fruits, les chataignes par exemple qu'on donne quelquefois dans le Centre, ou des graines comme celles du lupin, produiraient les mêmes effets. Les feuilles de chêne, de peuplier, de frêne, de tremble, d'orme et de bouleau pourraient être essayées sur les moutons.

Exemples de rations pour animaux à l'engrais :

BŒUFS.

1° Tourteau de colza.................... 1 k. 500
Pommes de terre cuites.............. 20 k. 000
Regain.............................. 10 k. 000

2° Farine de coco...................... 1 k. 500
Farines quatrièmes.................. 2 k. 000
Betteraves......................... 12 k. 000
Trèfle............................. 12 k. 000

3° Tourteau d'arachides................ 3 k. 000
Pulpes de sucrerie.................. 40 k. 000
Luzerne............................ 5 k. 000
Menues pailles..................... 5 k. 000

4° Tourteau de coton.................. 1 k. 500
Drèche............................. 20 k. 000
Graines de foin.................... 5 k. 000

MOUTONS.

1° Tourteau de colza.................. 0 k. 400
Carottes........................... 1 k. 000
Luzerne............................ 2 k. 000

2º Tourteau d'arachides............... o k. 5oo
Orge............................... o k. 3oo
Pulpe de sucrerie.................. 2 k. 000
Foin.............................. 2 k. 000

3º Tourteau de sésame............... o k. 3oo
Recoupes .... o k. 3oo
Betteraves....... .... 2 k. 000
Regain .... 1 k. 000

PORCS.

1º Tourteau de pavot................. o k. 25o
Farine d'orge...................... o k. 5oo
Pommes de terre cuites............. 4 k. 000
Eaux de vaisselle.................. 5 litres.

2º Farine de coco.................... o k. 25o
Viandes d'équarrissage ou déchets
d'abattoir (après cuisson).......... o k. 5oo
Pommes de terre................... 3 k. 000 ·
Lait de beurre.................... 2 litres.

LAPINS.

1º Tourteau d'œillette pulvérisé........ ⎫
Avoine........................... ⎬ 6o gr.
Regain........................... 200 —

2 Tourteau de sésame concassé........ ⎫
Farine d'orge..................... ⎬ 5o gr.
Carottes.......................... 400 —

OISEAUX DE BASSE-COUR.

Chaque fois que ce sera possible, on choisira parmi les tourteaux ceux qui dérivent des graines que les oiseaux recherchent.

Les résidus de grand Soleil se placent au premier rang, puis viennent ceux de cameline et de chanvre. C'est le meilleur moyen d'abréger la période d'accoutumance à cette nourriture. A leur défaut, ceux de noix sont à recommander.

On en fait des pâtées en les associant à des farines troisièmes, à du son, à du maïs concassé; parfois on les délaye dans du lait pour en confectionner des bâtons avec lesquels on gave les sujets à engraisser. On les mélange à la viande de cheval hachée et cuite dans l'engraissement du canard.

Une fois les volailles habituées au tourteau, on peut se contenter de le concasser et d'en jeter les fragments mêlés au maïs et aux menus grains qui font la base de la nourriture de la basse-cour.

Indépendamment des trois circonstances indiquées plus haut, les tourteaux trouvent d'autres applications. Aliments concentrés, leur mélange avec des corps pauvres en matières grasses et azotées, comme les pailles, les balles des céréales, les siliques des crucifères, les cosses des légumineuses, permet de constituer des rations suffisantes en même temps qu'économiques. Cette utilisation de matériaux qui, sans les résidus industriels, seraient employés comme litières si on ne les laissait pas pourrir dans quelque coin de la cour de ferme, apporte un surcroît d'aliments au cheptel et, avantage non négligeable, améliore la qualité des fumiers produits. L'analyse chimique d'accord avec les observations de la pratique a démontré que les déjections d'animaux dans la ration desquels entrent des tourteaux constituent un engrais riche.

Le meilleur mode d'association du tourteau avec la paille est de faire passer celle-ci au hache-paille. On brasse les fragments avec le tourteau en poudre ou concassé, on ajoute des racines, pulpées ou non, on place dans des récipients convenables, on arrose d'eau chaude, on tasse et on laisse la fermentation se déclarer. On agit de même avec les menues pailles qu'on n'a pas la peine de fragmenter au hache-paille puisqu'elles le sont naturellement.

Des tourteaux à titre thérapeutique. —

L'emploi du tourteau a été préconisé à titre thérapeutique dans deux circonstances : 1° dans les troubles
gastro-intestinaux; 2° dans la pousse du cheval. Il est
commun, pendant l'hiver, de voir les animaux nourris
exclusivement avec des fourrages trop grossiers et trop
pauvres (foin des prairies marécageuses, pailles et menues pailles), ou recevant, sans mélange, des quantités
énormes de pulpes non pressées ou de drèches liquides,
éprouver des troubles de l'appareil digestif qui se tra-
duisent par des coliques sourdes, des baillements, de la
diarrhée, du tympanisme. Cette nourriture trop peu
substantielle sous un gros volume a, en outre, l'inconvénient de déformer les jeunes animaux en faisant acquérir
un développement exagéré à leur abdomen. Dans ces conditions, il est indiqué d'en relever la qualité, d'augmenter la proportion des matières azotées et grasses vis-à-
vis de la cellulose trop abondante; l'addition de
tourteaux permet d'atteindre le but, de réduire le volume de la ration tout en la rendant plus nutritive. Le
surcroît de fatigue de l'appareil digestif est évité, les
troubles disparaissent et l'abdomen perd les proportions exagérées qu'il avait prises.

M. Decrombeque dit avoir avantageusement combattu
la pousse à ses débuts par l'emploi des tourteaux mélangés à d'autres aliments comme suit :

Tourteaux mélangés	2 kil.
Avoine	8 litres.
Foin haché	2 kil.
Paille hachée	10 kil.

On faisait bouillir le mélange de tourteaux concassés
(lin, colza, œillette) dans dix litres d'eau, on jetait la
décoction sur la paille et le foin hachés et on remuait à

la pelle. Après refroidissement, on ajoutait l'avoine et
on laissait fermenter pendant vingt-quatre heures, puis
on distribuait aux chevaux.

La paille et le foin étaient secoués soigneusement après
le hachage, afin de les débarrasser de toutes les poussières qui s'y étaient attachées, puis on les arrosait d'un
peu d'eau salée. Il n'est pas douteux que le soin pris à
débarrasser le foin et la paille de leurs poussières était
pour beaucoup dans l'efficacité du traitement.

Section IV. — Conservation, altérations, falsifications des tourteaux.

§ I. — *Conservation.*

La conservation des résidus d'huilerie appelle quelques observations, car ces produits sont facilement
détériorés. En règle générale, il est prudent de n'en pas
accumuler de trop grandes provisions en magasin et de
ne pas dépasser la quantité imposée par les compagnies de chemin de fer pour jouir du bénéfice du tarif
minimum. En renouvelant les commandes, on a des
tourteaux plus frais et mieux appétés.

Le magasin aux tourteaux devra être aussi sec que
possible pour éviter les moisissures et à l'abri de la lumière afin d'écarter le rancissement. Pour les aménage-
ments intérieurs, le mieux sera d'installer des rayon-
nages à claire-voie, analogues à ceux employés dans les
grandes caves pour la dessiccation des fromages. On
évitera autant que possible que les tourteaux touchent les
murs et le sol du magasin.

§ II. — *Altérations.*

Les tourteaux sont altérés par les attaques de parasites animaux et végétaux, par le rancissement et par la présence de graines adventices qui ont été broyées avec les oléagineuses.

Altérations par parasites.— Les parasites animaux qui envahissent les tourteaux, les criblent de trous et en diminuent la valeur alimentaire, ne sont point particuliers à ces résidus : ce sont ceux qui détériorent ou détruisent habituellement les échantillons de diverse nature conservés dans les collections. Ils appartiennent pour la plupart à l'ordre des Acariens et à la famille des Tyroglyphes. Les animaux ne prennent qu'avec hésitation les tourteaux ainsi détériorés. Les parasites végétaux ne sont pas davantage spéciaux ; ce sont les moisissures vulgaires des substances organiques. On y voit en abondance le *Penicillium glaucum,* producteur de moisissures d'un bleu-verdâtre et qui jusqu'à présent a été considéré comme inoffensif. Ce champignon diminue la valeur nutritive du tourteau puisqu'il se nourrit à ses dépens ; c'est un inconvénient, mais rien n'autorise à le considérer comme toxique et capable d'amener des troubles de la santé chez les animaux qui l'ingèrent.

Il est fâcheux que les tourteaux les moins pressés soient ceux qui moisissent le plus facilement, puisque ce sont les plus riches. Ceux de lin se couvrent d'efflorescences blanchâtres constituées par le mycélium de cryptogames ; on dit qu'ils ont subi le *blanchiment.* Ils ne sont pas dangereux ; quelques agriculteurs soutiennent qu'ils provoquent un état de somnolence chez les animaux qui les consomment. Le blanchiment s'accompagne du rancissement.

.   A côté des Penicilliums, végètent d'autres espèces qui plaquent les tourteaux de taches orangées ou rouges, comme on en voit quelquefois sur le pain altéré. Les résidus ainsi avariés sont dangereux, ils occasionnent sur les animaux qui les reçoivent des accidents identiques à ceux dont nous parlerons à propos du pain et dont les symptômes dominants sont des troubles cérébraux, du vertige, de l'obnubilation. Nous ne sommes pas en mesure de dire, pour le moment, si ce sont les moisissures orangées et rouges qui sont directement toxiques ou si, par leur végétation, elles préparent seulement le terrain pour des champignons plus inférieurs, pour des microphytes qui seraient les facteurs des intoxications, en un mot, s'il y a association de végétaux parasites dont les uns sont inoffensifs et les autres dangereux. En tout cas, la composition chimique des tourteaux est modifiée par les moisissures qui évoluent à leur surface.

Altération par rancissement. — Une autre altération fréquente des tourteaux est le rancissement. Tout le monde sait que les matières grasses s'altèrent avec plus ou moins de rapidité et prennent une odeur et une saveur différentes de celles qui les caractérisent lorsqu'elles sont fraîches ; on dit qu'elles sont devenues rances. Les tourteaux de pression renfermant toujours de l'huile sont naturellement exposés à subir le rancissement, mais leur sensibilité à cette altération n'est pas la même, elle varie suivant la sorte d'huile qu'ils emprisonnent. Il est, en effet, des huiles qui rancissent avec plus de facilité et de rapidité que d'autres ; les siccatives sont dans ce cas et parmi elles, celle de noix a le plus de fragilité. On ne s'étonnera donc pas

d'apprendre que le tourteau de noix est le plus difficile
à conserver, à défendre contre l'altération qui nous
occupe ; on n'en devra jamais faire de grandes provisions à la fois.

La rancidité consiste en une décomposition de la graisse
en glycérine et en acides gras. Pour s'accomplir, elle a
besoin de deux facteurs, la lumière et l'air ; on s'est assuré
expérimentalement que l'air sans la lumière ou que la
lumière sans l'air sont incapables de la provoquer, mais
leur association l'amène. Au fond, la rancidité est une
oxydation qui ne se produit que sous l'influence de la
lumière. On saisit maintenant le bien fondé de la recommandation faite tout à l'heure : placer les tourteaux
dans un local obscur.

Les matières grasses non rances sont un milieu défavorable au développement des espèces microbiennes.
Celles-ci ne sont pas les agents du rancissement ; lorsqu'il s'est montré, elles apparaissent pour disparaître
en grande partie quand la rancidité est devenue très
forte, ainsi qu'il résulte des recherches de M. Ritsert.

La rancidité fait perdre au tourteau beaucoup de sa
valeur ; son goût et sa saveur étant modifiées, il est mangé
moins facilement ; mais l'inconvénient le plus grave
est le mauvais goût communiqué à la chair des
animaux qui consomment un tel résidu et qui peut
devenir si prononcé qu'elle n'est plus mangeable. Des
exemples en ont été donnés à propos de l'emploi du
tourteau de noix rance dans l'engraissement du porc.

Altérations par graines adventices. — Les
tourteaux viennent d'être étudiés dans l'hypothèse
qu'ils étaient constitués uniquement par des graines
oléagineuses et que chaque sorte était formée exclusivement par une seule espèce de semence. Dans la pratique,
il n'en est pas toujours ainsi. Des plantes diverses

lèvent, croissent et fructifient à côté des oléagineuses; il
arrive que par incurie, on ne procède point au sarclage
avant la récolte et qu'on ne trie pas les graines après,
on soumet à la pression un mélange en proportions variées de graines oléagineuses et de semences adventices.

Deux tourteaux présentent particulièrement des im-
puretés : ceux de lin et de colza exotiques. Les graines qui
les fournissent arrivent en France, en Belgique et en
Angleterre de pays où l'agriculture est encore rudimen-
taire, comme certains districts de la Russie, de l'Asie
Mineure et des Indes. La proportion de semences étrangères qu'elles renferment est souvent considérable et
peut aller de 12 à 70 %. Le botaniste Nobbe en a trouvé
41 sortes dans un échantillon de semences de lin provenant du district de Pernau. Achetant ces graines à
bon marché et ne voulant point faire de frais pour le
criblage, des industriels les soumettent, ainsi mélangées,
à la presse. Qui s'étonnerait alors qu'un tourteau
renfermant 50 % de graines étrangères soit loin d'avoir
les propriétés du tourteau de lin ou de celui du colza,
l'un et l'autre purs?

Parmi les graines adventices, les unes sont inoffensives,
leurs qualités alimentaires sont différentes et souvent
moindres que celles du lin, mais elles ne nuisent pas au
bétail qui les ingère; les autres sont dangereuses.

Dans les premières, nous signalerons celles de la spergule des champs (*Spergula arvensis*), du bleuet (*Cen-
taurea cyanus*), de la renouée liseron (*Polygonum
convolvulus*), de la renouée à larges feuilles (*Polygonum lapathifolium*), des ansérines (*Chenopodium polys-
permum, glaucum, album*) et du céraiste commun (*Ce-
rastium triviale*).

Parmi les secondes, se placent celles de la nielle des
champs (*Agrostemma githago*), de l'ivraie linicole (*Lo-

lium linicola) et des Moutardes (*Sinapis nigra, S. arvensis*).

L'examen microscopique seul permet de constater la présence de ces graines. On y procédera comme il a été indiqué à la page 193, à propos de l'étude du spermoderme des oléagineuses. On y recourra surtout en cas d'accidents et quand on soupçonne une des graines vénéneuses désignées ci-dessus d'en être la cause.

Avant d'indiquer les caractères qui les particularisent, un mot sur ceux de la spergule qui est l'une des plantes les plus fréquentes dans les champs ensemencés en lin. D'après Van den Berghe, la spergule possède un péricarpe dont la structure anatomique a une certaine analogie avec celui de la nielle; on pourrait même les confondre, mais ses cellules dentelées sont plus petites et sans bourrelet à leur intérieur.

La nielle incorporée dans un tourteau y montre les fragments de son spermoderme et sa farine (fig. 24). Les premiers se présentent sous forme de pellicules noirâtres qui, traitées par une solution bouillante de chlorure de calcium, montées dans la glycérine et examinées à un grossissement faible, ont un aspect caractéristique. Elles sont formées de cellules brun-foncé, à contours irréguliers et *dentelés*, maculées de petits points noirs. Elles mesurent en moyenne $0^{mm}20$ de long sur $0^{mm}10$ de large. Dans la partie médiane, chaque cellule présente une zone épaisse, foncée sur les bords et transparente au centre.

On s'occupera surtout des caractères des fragments de spermoderme, car ils sont plus commodes à percevoir que ceux de la farine. Pour examiner celle-ci, on tamise un peu du tourteau soupçonné et on porte sous l'objectif du microscope. L'amidon de nielle est en grains punctiformes, fort petits car les plus gros ne dépassent pas 6 μ. Traité par l'acide sulfurique concentré pur, il se colore en brun-verdâtre et devient partiellement bleu violet ou rouge si on l'abandonne au contact de l'air; il résiste à l'action dissolvante de la potasse plus longtemps que les autres amidons. Soumis à l'action de l'iode, il est plus long à produire la réac-

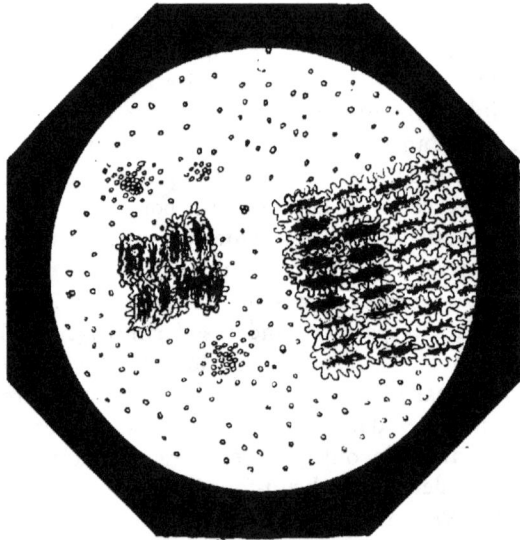

FIG. 24. — SPERMODERME ET AMIDON DE NIELLE (*Agrostemma githago*).
SPERMODERME (GROSSISSEMENT : 60). — AMIDON (GROSSISSEMENT : 180).

tion bleue caractéristique et il faut se servir de quantités relativement élevées de ce métalloïde pour y arriver, ce qui tient à ce que le principe toxique de la nielle absorbe l'iode et gêne ainsi la réaction.

La nielle dans un tourteau le rend nuisible, car elle contient un glycoside, la saponine, dont les propriétés toxiques ont été dévoilées. Tous les animaux de la ferme qui ingéreraient un tel tourteau s'empoisonneraient. Cet empoisonnement, désigné en pathologie sous le nom de *githagisme*, se manifeste sous le type aigu ou sous le type chronique, suivant la quantité de nielle absorbée. A la suite d'une pareille alimentation, les probabilités sont plutôt pour le githagisme chronique, parce que les animaux reçoivent une petite dose de poison renouvelée chaque jour ; mais nous ne nions point qu'on puisse parfois se trouver en présence de l'empoisonnement sous forme aiguë.

Dans un autre ouvrage, nous avons décrit avec tous les détails utiles les symptômes et les lésions qu'entraîne l'intoxication par la nielle ; ce serait se répéter que de les rééditer à cette place (1).

Dans les champs de lin croît une plante parasite, l'Ivraie linicole (*Lolium linicola*) qui, bien que son grain soit plus petit que celui de l'ivraie enivrante (*L. temulentum*), en est regardée comme une variété en même temps que *L. arvense*, Woth ou *L. Leptochoeton*, Braun, *L. Macrochoeton*, Braun, et *L. Oliganthum*, Godron.

Lorsque le triage des graines de lin a été fait incomplètement, les semences de l'ivraie linicole sont mêlées aux premières. Enveloppées de leurs glumelles, elles sont creusées d'un sillon assez large à la face ventrale et munies à la base d'un fragment de l'axe emporté au moment où elles se sont détachées. Le caryopse est difficile à séparer de ses enveloppes, il est lisse et fusiforme ; le spermoderme ne constitue qu'une pellicule mince. La farine renferme des granules d'amidon de 5 à 8 μ de

---

(1) Ch. Cornevin, *Les plantes vénéneuses et les empoisonnements qu'elles déterminent*, article Nielle, pages 254 et suivantes.

diamètre, simples pour le plus grand nombre, agrégés pour quelques-uns; parfois il en est de composés de 3 à 5 granules polyédriques avec un nucleus ou une cavité nucléale fusiforme. Cet amidon blanc, inodore, insipide, se colore bien par l'iode.

La farine de l'ivraie renferme deux principes toxiques qui n'ont point encore été isolés à l'état chimiquement pur, mais que les recherches de MM. Baillet et Filhol ont néanmoins fait connaître suffisamment, pour que dans les cas où cela est nécessaire, on arrive à les extraire. On procédera comme suit : pulvériser une quantité suffisante du tourteau suspect et traiter la poudre par l'éther, on obtiendra, indépendamment de l'huile de lin, une matière grasse de couleur olive, se rapprochant de l'axonge par sa consistance. Cette matière grasse traitée à froid par l'alcool à 85°, se dédouble en deux substances, l'une de couleur jaune-orangée est soluble dans l'alcool, l'autre de couleur verte est insoluble. Par l'évaporation de l'alcool, la matière jaune orangé acquiert la consistance d'une cire un peu molle.

Ces substances obtenues, rien de plus facile que de s'assurer de leur toxicité; on les injecte sous la peau ou dans les veines de sujets d'expérience, d'un chien par exemple, et dix minutes après apparaissent les symptômes de l'empoisonnement. Pour les motifs indiqués à propos de la nielle, on ne les exposera point à nouveau, renvoyant à l'ouvrage précité où le tableau en a été tracé (1).

L'activité de l'ivraie est moins considérable que celle de la nielle; 3 kilog. 1/2 de grains sont nécessaires pour amener la mort d'un cheval de 500 kilogr., il en faut le

_____
(1) *Op. citat.*, page 78 et suiv.

double pour tuer un bœuf de même poids. En supposant que l'ivraie entre pour 20 % dans le tourteau,
les animaux pris en exemple devraient recevoir respectivement 17 kilogr. 500 et 35 kilogr. de ce tourteau pour succomber. Ces quantités ne sont jamais
données en un seul jour, mais elles peuvent être absor-
bées en une quinzaine, et si la distribution a été faite sans
interruption, il y aura accumulation des effets et empoisonnement sous forme lente. Du reste, c'est ainsi que
les choses se sont passées pour l'espèce humaine dans les
cas où de la farine d'ivraie se trouvant mêlée à celle des
céréales, il est résulté un pain dont la consommation
journalière finit par amener la mort.

La graine de moutarde détériore les tourteaux de
colza ; nous avons indiqué déjà à propos des colzas de
l'Inde que plusieurs espèces de moutarde en rendaient
la consommation dangereuse. Il arrive quelquefois
aussi que les colzas d'Europe sont envahis par la mou
tarde sauvage ou moutarde des champs et, comme à tout
prendre, il s'agit aussi d'une plante quelque peu oléagineuse, on la laisse passer à la presse avec le colza ; on
obtient ainsi un tourteau suspect.

La recherche de la moutarde des champs dans un
tourteau de colza se fait de deux manières qui se contrô-
lent réciproquement, l'examen microscopique et l'é-
preuve physique.

Traitées convenablement et placées sous le microscope, les pellicules de colza sont à surface rugueuse,
formées de cellules (fig. 25, A) à bord très épais et creusées d'une cavité elliptique, ovale ou polygonale, dont le
grand axe mesure en moyenne $0^{mm},005$; celles du testa
de la moutarde des champs (fig. 25, B) sont plus petites, possèdent une cavité centrale presque triangulaire
dont le grand axe ne dépasse pas $0^{mm},003$.

L'épreuve physique est facile : faire tremper le tourteau suspect dans l'eau *froide;* après 5 ou 6 heures de
trempe, s'il y a de la moutarde d'incorporée, on perçoit
l'odeur irritante et le goût spécial de l'essence de mou-

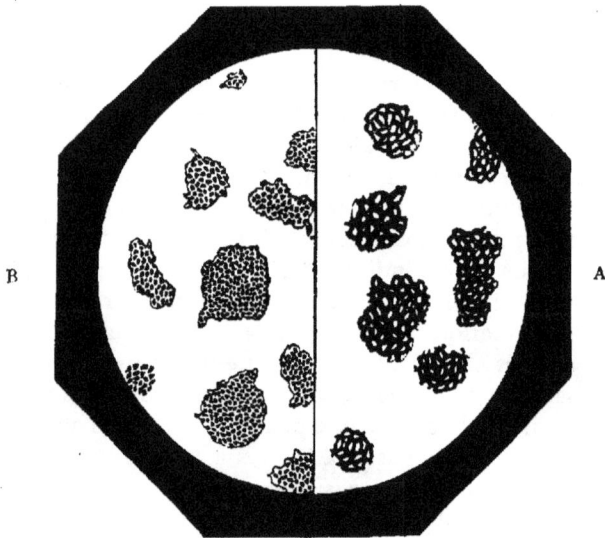

Fig. 25. — A. Fragments de spermoderme du colza.
B. Fragments de spermoderme de la moutarde des champs.
(Grossissement : 170).

tarde d'une façon plus intense que s'il s'agit de tourteau
de colza pur. Celui-ci renfermant normalement un peu de
sulfocyanate d'allyle, on resterait incertain si l'on n'avait
recours qu'à cette épreuve; il est indispensable de la
contrôler par l'examen micrographique dont les résultats
sont plus sûrs.

§ III. — *Falsifications.*

Les tourteaux n'ont point échappé aux manœuvres des fraudeurs ; ils sont l'objet de falsifications qui, dans la majorité des cas, en amoindrissent seulement la valeur alibile, et dans d'autres, les rendent dangereux pour les animaux.

Ces fraudes se pratiquent de deux façons ; 1° en glissant dans un chargement de tourteaux alimentaires de premier ordre, des tourteaux d'autres sortes, de moindre valeur et parfois non comestibles ; 2° en incorporant, au moment de la fabrication, des corps étrangers organiques ou inorganiques aux débris de la graine oléagineuse qui donne son nom au tourteau. De quelque façon qu'elle se pratique, elle a toujours pour but de substituer un produit moins cher à un plus cher et de le vendre au même prix que celui-ci ; aussi sont-ce les tourteaux les plus coûteux qui sont habituellement falsifiés. Ceux de lin qui, parmi les indigènes, sont cotés le plus haut, sont particulièrement visés par les fraudeurs ; les autres n'y échappent pas entièrement. Les résidus des huileries livrés sous forme pulvérulente, en farine comme on dit, sont plus faciles à sophistiquer que les pains ou galettes.

La fraude est si ingénieuse qu'elle ne s'arrêtera pas aux sophistications dont nous allons parler ; les voyant dévoilées, elle en imaginera d'autres. Pour le moment, le tableau suivant résume celles qui ont été signalées :

Falsifications des tourteaux

par substances organiques.
- Débris de sarrazin.
- Cosses d'arachides broyées.
- Débris de faînes.
- Farine de riz.
- Son.
- Graines de luzerne d'Amérique.
- Pulpes de pomme de terre.
- Tourteaux comestibles de moindre valeur que celui qui est vendu.
- Tourteaux dangereux et particulièrement ceux de ricin et de purghère.
- Drêches de maïs séchées.
- Sciure de bois.

par substances inorganiques.
- Chlorure de sodium.
- Sulfate de baryte.
- Sulfate de chaux.
- Terre.

Ces falsifications sont plus communes qu'on ne le pense. M. Van den Berghe nous apprend que sur 269 échantillons de tourteaux de lin qu'il eut à analyser au laboratoire agricole provincial de Roulers (Belgique) pendant la période 1876-1890, il trouva :

169 échantillons purs,
100   —   falsifiés, } soit 37 % de falsifiés.

Les 100 cas de falsification observés par lui se répartirent ainsi :

Avec farine de riz......................	41 cas.
— pellicules moulues d'arachides et tourteaux non décortiqués......	19 —
— tourteaux de chanvre.............	6 —
— — de ravison..............	6 —
— pellicules moulues de faines et tourteaux de faines non décortiqués..	5 —
— sulfate de baryte................	5 —
— sulfate de chaux.................	3 —
— tourteaux de ricin................	3 —
— tourteaux de colza................	3 —
— sable et argile ferrugineux........	2 —
— tourteaux de pavot................	2 —
— cosses de sarrazin................	2 —
— tourteaux de maïs................	1 —
— tourteaux de colza Guzerath.......	1 —
— graines de luzerne d'Amérique.....	1 —
— chlorure de sodium...............	1 —

La falsification est quelquefois si éhontée, dit M. Van den Berghe, qu'un cultivateur soumit un jour à mon examen comme farine de lin, un échantillon ne renfermant pas une seule graine de lin. C'était un mélange de tourteaux de colza blanc de Guzerath, de tour-

teaux de ravison; le tout additionné de 20 % de sulfate
de baryte (1).

**Falsifications qui diminuent la valeur nutri-
tive des tourteaux.** — Parmi ces sophistications, il
en est qui ne nuisent pas à la santé des animaux; elles
n'en sont pas moins très répréhensibles, parce qu'il y a
tromperie sur la nature de la chose vendue et que la valeur alimentaire des tourteaux est abaissée. Cela arrive surtout par l'introduction de certains déchets, tels
que cosses moulues d'arachides ou pellicules de fève-
roles. On en sera plus convaincu si, à l'aide du tableau
de la page suivante, on compare les analyses des tourteaux avec celles de quelques matières utilisées dans les
sophistications, étudiées par MM. Picq, Estienne et Van
den Berghe.

Il est des apports frauduleux qui détériorent indirectement les tourteaux en en rendant la conservation aléatoire. Dans ce cas, se trouve le sel de cuisine qu'on introduit dans le tourteau de lin pour en augmenter la friabilité et qui en raison de son hygroscopicité, le rend plus
apte à être envahi par certaines moisissures.

La falsification à la sciure de bois n'est pas commune
parce qu'un tourteau qui en a été l'objet est dénaturé si
la proportion est un peu forte. La sciure se lie mal à la
pâte du résidu, on la reconnaît même à l'œil nu, à plus
forte raison en procédant à l'examen microscopique et à
l'épreuve histochimique. Sous le microscope, on voit la
structure particulière du bois et s'il s'agit de sciure provenant de conifères, les cellules criblées sont tout à fait
caractéristiques et permettent de porter son jugement.

La poudre de cosses d'arachides tente plus souvent les
fraudeurs, elle est de prix peu élevé et il faut de l'habi-

(1) *Loco citat.* p. 19.

%.	Cosses moulues d'arachides.	Farine de riz.	Enveloppes moulues de féveroles.	Enveloppes moulues de glands.	Cosses moulues de sarrasin.	Pellicules de faînes.	Balles de lin.
Eau	8.00	10.36	12.46	12.00	15.46	17.46	14.32
Matières grasses	2.76	13.10	1.68	2.00	1.02	0.47	3.52
— azotées brutes	8.25	12.00	8.06	3.75	5.23	3.54	8.94
— extractives non azotées	18.58	48.78	34.95	43.26	34.31	36.19	31.70
Cellulose	58.17	7.30	38.05	36.07	42.02	40.34	34.72
Matières minérales	4.24	8.46	4.80	2.92	1.96	2.00	6.80
	100.00	100.00	100.00	1000.0	100.00	100.00	100.00
Azote	1.32	1.92	1.29	0.60	0.83	0.56	1.43

tude pour la reconnaître. Dans un laboratoire, il est nécessaire d'avoir toujours des coques d'arachides afin de
pouvoir faire la comparaison lorsqu'on trouve dans un
tourteau des fragments qu'on soupçonne avoir cette
provenance.

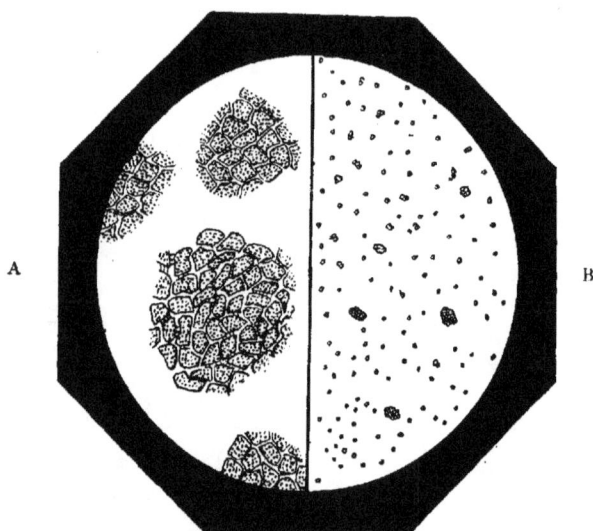

FIG. 26. — A. ÉPICARPE DU FRUIT DE L'ARACHIDE.
B. AMIDON DE RIZ (GROSSISSEMENT : 170).

Les fragments du péricarpe de l'arachide (fig. 26, A)
sont formés par des amas de cellules irrégulièrement
quadrangulaires, ponctuées très finement sur toute leur
étendue et nettement séparées les unes des autres.

Quand les fraudeurs se sont servis de pulpe de pommes
de terre provenant des distilleries, la sophistication n'est

pas facile à reconnaître parce que l'incorporation se fait bien. L'examen microscopique donne des présomptions; en faisant agir l'eau iodée sur les préparations, on décèle les grains de fécule qui ont échappé au traitement industriel; comme ils sont assez caractéristiques et différents des granulations d'amidon des graines, on voit s'il y a eu mélange frauduleux.

L'introduction de farines et poussières de riz, surtout dans les tourteaux à l'état pulvérulent, est commune. Assurément cette pratique est blâmable, puisqu'il y a tromperie sur la nature de la chose vendue, mais c'est celle qui abaisse le moins la valeur alimentaire du tourteau, car le rapport des matières azotées et non azotées dans les farines de riz est de 1 : 6,7. Sous le microscope, l'amidon de riz est simple (fig. 26, B) : ses granulations, rarement agglomérées, sont polyédriques à faces et à angles plans et leur dimension moyenne est de 1 μ. Les animaux mangent fort bien les tourteaux ainsi additionnés, mais si on a employé du riz avarié ou insuffisamment mûr, on risque de déterminer des accidents pathologiques.

La falsification avec la craie se fait soit sur des tourteaux blancs, soit sur des résidus d'autres nuances qu'on amène au gris. La constatation est facile : pulvériser le tourteau suspect et le traiter par l'acide chlorhydrique étendu, on obtiendra une effervescence par dégagement d'acide carbonique.

L'addition de matières terreuses fait craquer le tourteau sous la dent; celui-ci pulvérisé et jeté dans l'eau, ces matières se déposent les premières au fond du vase. En remuant avec la main le mélange, elles s'attachent aux doigts particulièrement au pourtour de l'ongle où il est facile de les recueillir. Elles ne sont pas combustibles. Enfin, par l'analyse, on se rend compte si la proportion des matières inorganiques n'est pas trop éloignée de la moyenne indiquée dans la composition chimique du tourteau en question.

Une proportion élevée de matières terreuses peut se trouver dans quelques tourteaux sans qu'elles y aient été introduites frauduleusement, mais simplement parce que les plantes ou les fruits oléagineux ont été laissés, après la récolte, quelque temps sur la terre et ont été ramassés sans qu'on ait eu la précaution de les débarrasser de ce qui les souillait.

La falsification d'un tourteau par un autre s'exécute, soit surtout parce que dans la fabrication on a eu l'intention d'obtenir par un mélange d'espèces oléagineuses une huile mixte qu'on vend comme pure et qu'on fait passer pour celle dont le prix est le plus élevé, soit parce qu'on veut donner à un tourteau une coloration qu'il n'a pas naturellement et qui est recherchée par les acheteurs. Comme exemple de la première falsification, on citera ce qui s'est fait à propos du chènevis. L'huile de chènevis est plus chère que celle de lin, mais celle-ci se mêle très bien avec elle et il suffit d'un peu d'indigo pour donner au mélange la teinte verte de l'huile pure chènevis. Au lieu de faire la mixture en agissant directement sur les deux huiles, on mélange les graines de lin et de chanvre qu'on soumet simultanément à la pression, ou encore on broie et on mêle ensemble des tourteaux de lin et de chènevis résultant de la première pression et on en fait le rebattage.

L'exemple de la seconde sorte de falsification sera emprunté aux manipulations qu'on fait subir au tourteau de lin. A tort ou à raison, la majorité des cultivateurs croit la valeur de ce résidu en rapport avec sa couleur pâle ou blanchâtre, d'où dépréciation du

tourteau foncé. Le vendeur qui cherche avant tout à
écouler ses produits aux conditions les plus élevées,
se croit dans l'obligation de rapprocher le tourteau
foncé du type pâle; il a recours à cet effet à l'œillette et au
pavot de l'Inde. Le mélange des graines de ces papavéracées à celles du lin se fait généralement dans la
proportion de 20 % et elles sont pressées ensemble.

Le prix de l'huile d'œillette étant supérieur à celui
de l'huile de lin, il arrive plus fréquemment peut-être
qu'on fait l'expression des huiles séparément et qu'on
mélange seulement les deux tourteaux au rebattage.
Celui de pavot étant gris, atténue l'intensité de la couleur brun rougeâtre de celui de lin; il le « pâlit ».

La mise en pratique de cette opération est désignée
couramment sous le nom de « pavoter ». Les négo-
ciants scrupuleux dans leurs lettres d'expédition et
factures, ont le soin de dire si les tourteaux de lin qu'ils
livrent sont pavotés ou non; d'autres, moins délicats,
ne soufflent mot.

Soupçonne-t-on qu'un tourteau vendu comme pur
a été additionné d'un autre tourteau de moindre valeur, on recourra pour s'assurer du fait : 1° à l'extraction de l'huile; 2° à l'examen microscopique; 3° à
l'examen extérieur et au besoin à la dégustation.

L'extraction de l'huile se fait habituellement au
moyen du sulfure de carbone ou des éthers de pétrole; il en résulte que ce moyen ne peut être mis
en pratique quand il s'agit de tourteaux et de poudres
primitivement épuisés par ces corps. Les résidus de
pression sont pulvérisés et traités à froid par le dissolvant choisi qui entraîne l'huile; on distille à une
température qui ne dépasse pas 40° afin de recueillir
une partie du dissolvant, on fait passer de la vapeur à
100° sur l'huile résiduaire, on décante celle qui sur-

nage après un repos suffisant. En même temps qu'on
conduit l'opération sur le tourteau soupçonné, on en
pratique une semblable sur un tourteau qui représente
le type pur et dont on doit toujours avoir des échantillons au laboratoire.

L'extraction de l'huile d'un tourteau n'est que la partie
la plus facile de la recherche; les chimistes s'efforcent
depuis longtemps de découvrir des moyens capables
de déceler le mélange des huiles, jusqu'à présent ils
n'en ont point trouvé qui lèvent tous les doutes et
empêchent toute hésitation; la raison en est due à
l'identité de composition des huiles et à ce que des
procédés donnant des réactions nettes avec des huiles
pures n'indiquent quelquefois rien ou laissent du doute
quand il s'agit de mélanges. Ajoutons que quand même
les chimistes auraient trouvé des procédés sûrs pour
la distinction des huiles de graines, il faudrait encore
s'assurer si les réactions seraient les mêmes sur les
huiles extraites directement du tourteau.

Pour toutes ces raisons et aussi pour ne pas sortir
du cadre que nous nous sommes imposé, nous ne fe-
rons pas l'énumération des différents procédés d'essai
des huiles; nous renvoyons aux ouvrages spéciaux sur
la matière (1). Nous indiquerons seulement quelques
réactions qui ont subi l'épreuve de la pratique et qui
s'appliquent aux huiles issues des tourteaux les plus
habituellement mêlés.

Heydenreich a utilisé l'acide sulfurique à 66° B. Il
a fait voir que lorsqu'on ajoute une goutte de ce
corps à 15 gouttes d'huile déposées dans un verre
de montre placé sur une feuille de papier blanc, il

(1) Voyez notamment : Cailletet, *Guide pratique de l'essai et du dosage des huiles.* — Th. Château, *Traité complet des corps gras industriels.*

apparaît une coloration qui varie avec la nature de cette huile; malheureusement il est plusieurs huiles qui ont la même coloration ou une coloration de nuances si voisines qu'on ne peut les distinguer. Quoi qu'il en soit, quand on soupçonne qu'un tourteau a été adultéré, on peut tirer quelques indications utiles du procédé Heydenreich :

> L'huile de lin pure, traitée par l'acide sulfurique, donne une coloration rouge brun.
> L'huile d'œillette pure, traitée par l'acide sulfurique, donne une coloration jaune terne.
> L'huile de pavot de l'Inde, traitée par l'acide sulfurique, donne une coloration jaune orange.
> L'huile de chènevis, traitée par l'acide sulfurique, donne une coloration brun verdâtre.

Le tourteau de lin est-il pur, l'huile qu'on en extrait doit donner la coloration précitée; quand on ne l'obtient pas, il y a lieu de penser à une fraude.

La falsification du tourteau de lin se fait aussi par des graines ou des tourteaux de colza et de navette; on la décèle par la potasse à l'alcool ou procédé Mialhe. Ce procédé exige qu'on agisse sur une plus forte proportion d'huile que dans la méthode Heydenreich; il en faut de 25 à 30 grammes. On la soumet à l'ébullition avec la solution suivante : eau distillée, 20 gr.; potasse à l'alcool, 2 gr. On filtre, on reçoit dans une capsule d'argent et on met en contact avec un papier imprégné de nitrate d'argent ou d'acétate de plomb. On obtient une coloration noire qui décèle la présence du soufre, caractéristique des crucifères.

Ces procédés chimiques ont besoin d'être contrôlés par l'examen microscopique. Quelques manœuvres fort

simples seront également mises très avantageusement
en usage. La cassure du tourteau de lin pur fait voir
très distinctement les fragments spermodermiques, de
teinte marron, enchâssés dans la pâte mais pas d'autres. Lorsqu'il y a eu pavotage opéré par rebattage, le
grain de la pâte est plus fin et les fragments de spermoderme moins volumineux, puisqu'ils ont été brisés à
nouveau; à côté d'eux, on aperçoit quelques points
blancs produits par des graines de pavot non broyées
ou incomplètement broyées.

La dégustation de quelques menus fragments donne
à la bouche une saveur douce et émolliente avec le
tourteau de lin, amère avec celui qui a été pavoté.

La sophistication du tourteau de lin par celui de
chanvre se découvre assez facilement quand la proportion de ce dernier a été forte, parce que le résidu de chènevis est chiné blanc et noir, tandis que celui de lin est
brun. Mais si elle a été faible, la teinte du tourteau
falsifié est celle du tourteau de lin pur qui, fabriqué
depuis quelque temps, s'est foncé à l'air. En le vendant comme vieux tourteau de lin pur, la fraude ne
se peut reconnaître par l'examen extérieur.

L'adultération du tourteau de lin par celui de colza
se reconnaît extérieurement en ce que ce dernier est
brun verdâtre. Voici, en outre, un moyen de distinction indiqué par MM. Renouard et Corenwinder :

« On pulvérise le tourteau mis à l'essai dans un mor-
tier, puis on délaye la poudre dans un verre avec de
l'eau chaude et on laisse précipiter. Si c'est du tourteau de lin pur, la liqueur se divise en deux parties,
l'une brun noirâtre qui occupe le fond du verre et
qui est formée de la substance mucilagineuse de la
graine qui adhère encore à l'épisperme et qui est à
peine dissoute dans l'eau, l'autre qui est complètement

incolore. Si c'est du tourteau de colza, on voit dans le verre trois parties bien distinctes : l'une tout à fait noire, bien plus foncée que le précipité obtenu avec le tourteau de lin qui occupe le fond du vase et qui est formée par les pellicules de colza, l'autre qui se trouve au-dessus et qui n'est autre qu'une poudre de teinte jaunâtre, la troisième qui forme au-dessus de ces deux couches une masse liquide de couleur jaune clair qu'il est facile de faire disparaître avec quelques gouttes de potasse ou de soude ».

Falsifications qui rendent les tourteaux dangereux. — Les falsifications qui rendent les tourteaux dangereux pour le bétail sont : l'introduction de faînes non décortiquées et de péricarpes de faînes, de graines de moutarde, de ricin, de croton, de purghère ainsi que l'addition de sulfate de baryte et de sulfate de chaux.

En faisant la description du tourteau de faîne, il a été indiqué que le péricarpe du fruit possède des propriétés vénéneuses bien constatées et attribuées à la fagine. S'il est introduit frauduleusement dans un tourteau, on comprend quels accidents en résulteront. On s'en sert pour falsifier le tourteau de lin, en raison de la ressemblance de sa couleur avec celle du spermoderme des graines de lin.

Les enveloppes de faînes sont assez faciles à distinguer à l'œil nu et au microscope du testa du lin. Vu à plat, celui-ci (fig. 27, A) se montre formé de cellules subarrondies, à bords épais et dont la face interne est striée transversalement. Le fruit du hêtre (même fig. B) possède un épicarpe caractérisé par la présence de six couches de cellules polyédriques à noyau brun, disposées régulièrement les unes au dessous des autres et allant en croissant de la périphérie au centre.

Pour l'observation chimique, on se sert du réactif Boudet (acide hypoazotique additionné de trois fois son poids d'acide azotique à 35° B.) En le faisant agir sur l'huile de faîne, il donne une coloration rose tandis qu'elle est nulle par simple contact ou ocreuse après vive agitation avec l'huile de lin.

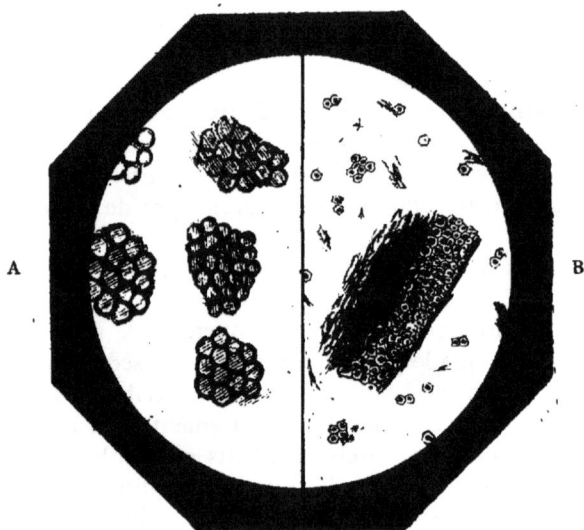

FIG. 27. — A. FRAGMENTS DE TESTA ET TEGMEN DE LA GRAINE DE LIN.
B. COUPE TRANSVERSALE DU PÉRICARPE DE LA FAÎNE (GROSSISSEMENT : 170).

Nous nous sommes expliqué antérieurement sur l'addition de graines de moutarde et sur les accidents qui en découlent par suite du dégagement de l'essence ou sulfocyanate d'allyle. Il reste à signaler l'introduction frauduleuse de galettes entières de moutarde au milieu de celles de colza. On fabrique en Angleterre beaucoup de tourteaux avec la moutarde cultivée; on les utilise comme engrais pour la culture du houblon; leur bon marché et leur ressemblance avec ceux de colza ont incité à s'en servir pour frauder ces derniers.

Secs, les tourteaux de moutarde ne sont pas plus odorants que ceux de colza; si l'on en place un petit fragment dans la bouche et qu'on l'y garde quelque temps, le goût amer et âcre se révèle. Quand on le broie, on obtient une poudre d'un jaune vif qui se distingue de celle qui provient du tourteau de colza, celle-ci étant brun verdâtre. L'examen microscopique exécuté dans les conditions indiquées plus haut est le contrôle définitif, car s'il s'agit de tourteaux de colza ou de navette falsifiés par la moutarde, le procédé Mialhe est inapplicable.

On se sert du ricin pour falsifier les tourteaux de chanvre, à cause de la ressemblance de coloration dans des spermodermes; on l'a introduit quelquefois des tourteaux tout différents, dans ceux de lin par exemple. Les propriétés éméto-cathartiques bien connues du ricin font pressentir les accidents qui résultent de cette introduction (Voyez : tourteau de ricin, page 255). A plusieurs reprises, on a signalé en Belgique des pertes de bestiaux qui résultaient de cette sophistication; on se rappellera que le tourteau a plus d'activité que l'huile, qu'il est plus dangereux.

Après extraction de l'huile du tourteau soupçonné, on aura présent à la mémoire : 1° que l'huile de ricin se distingue de toutes les autres parce qu'elle est soluble en toutes proportions dans l'alcool absolu; 2° que l'action du mélange Behrens (10 gr. d'un mélange par parties égales d'acide azotique et d'acide sulfurique) sur l'huile de ricin en modifie à peine la couleur qui reste transparante et jaune clair, tandis que l'huile de lin est rouge

brun et celle du chanvre d'abord rouge brique puis vire
au brun.

Mais ces procédés sont insuffisants; il vaut mieux
s'appuyer sur l'examen microscopique du spermoderme
qui est très caractéristique. Celui du ricin est de consistance cornée et résiste à l'action des divers réactifs
employés pour isoler la cellulose, sous le microscope;
mais si l'on en fait une coupe transversale, son aspect
est caractéristique. On distingue des faisceaux parallèles,
réguliers, très intimement unis les uns aux autres, colorés en brun clair au centre et presque noirs à la périphérie, ce sont les fibres du tegmen (fig. 28, A).

Par contre, l'enveloppe du chènevis se dissocie très
aisément en deux couches dont la supérieure, mince et
transparente, correspondant au testa de la graine, est
formée de cellules vides à contours épais, irréguliers,
et présentent des prolongements radiés en nombre considérable (même fig. B).

Deux autres falsifications de même sorte s'opèrent, de
préférence aussi mais non pourtant exclusivement, sur
le tourteau de chanvre, avec le croton tiglium et le purghère. Nous savons qu'en 1879, un agriculteur des
environs de Lille a perdu quatre bêtes qu'il alimen-
tait avec du tourteau de chanvre en poudre qu'on avait
falsifié en y introduisant des résidus de purghère. La
toxicité du croton et du purghère est plus considérable que celle du ricin; il y a donc de puissantes raisons pour essayer de découvrir pareilles fraudes. Au
reste, il s'agit de poisons si violents, que tout agriculteur trompé sur la nature des résidus qui lui ont
été vendus et qui peut faire la preuve de l'introduction des deux tourteaux en cause, ne doit pas hésiter
à demander à la justice des poursuites contre les fraudeurs.

Pour révéler la présence du tourteau de purghère
dans celui de chanvre, MM. Corenwinder et Renouard
ont proposé le moyen qui suit : broyer un échantillon
du tourteau à essayer, délayer la poudre dans l'eau
froide et filtrer. A-t-on affaire à du tourteau pur chan-

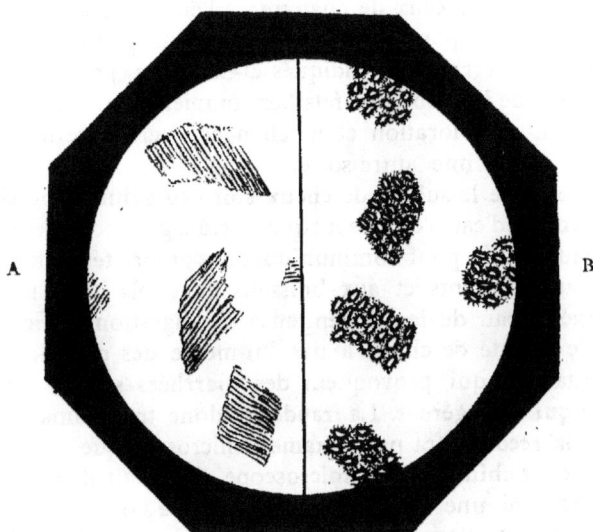

Fig. 28. — A. Coupe transversale de l'enveloppe du ricin.
B. Enveloppe du chènevis (grossissement : 170).

vre, la liqueur prend une teinte ambrée caractéristique,
tandis qu'elle est brun foncé avec le purghère. Il suffit
de 10 % de tourteau de purghère dans celui de chanvre pour donner au liquide filtré une teinte plus foncée
que celle obtenue avec le tourteau de chanvre pur.

Deux corps alcalino-terreux, le sulfate de chaux et le
sulfate de baryte sont employés pour la sophistication

des tourteaux; l'un et l'autre sont capables d'amener des troubles de la santé lors de l'ingestion des résidus auxquels ils sont incorporés.

Le sulfate de chaux, si abondant et d'un prix peu élevé, a été employé à l'état de gypse et à celui de plâtre. A l'état de gypse, il a servi à falsifier des tourteaux grisâtres, comme ceux de chanvre; à l'état de plâtre, il a été employé pour pâlir un tourteau trop foncé, en raison des errements indiqués ci-dessus à propos des gâteaux de lin, ou pour falsifier complètement un tourteau et, sa coloration étant changée, permettre de le vendre pour une autre sorte.

Bien que le sulfate de chaux soit peu soluble, puisqu'un litre d'eau n'en dissout que 2 gr. à 2 gr. 5, cette petite quantité suffit pour communiquer des propriétés fâcheuses aux aliments et aux boissons auxquels il est mélangé. L'eau devient séléniteuse, de digestion difficile et le sulfate de chaux a par lui-même des propriétés purgatives qui provoquent des diarrhées sur les sujets qui en ingèrent. La fraude est donc très blâmable. On la reconnaîtra par l'examen microscopique et par l'épreuve chimique. Au microscope, s'il s'agit de gypse ayant subi une chauffe au rouge cerise, on ne verra que des granulations amorphes. Si le sulfate calcique n'a pas subi cette manipulation, on apercevera des cristaux prismatiques, à base rhombe et à axe oblique. Si l'on en voit disposés en fer de lance, la démonstration est faite et le doute impossible.

L'épreuve chimique consiste à traiter la dissolution par les carbonates de potasse et de soude, on obtient un précipité blanc; par l'oxalate d'ammoniaque, le précipité est également blanc, soluble dans les acides azotique et chlorhydrique étendus. Un essai pyrogénétique donne une flamme rouge orangé.

Le sulfate de baryte, commun dans la nature et fabriqué aussi en quantité artificiellement, est incorporé aux tourteaux à cause de sa densité considérable, qui varie de 4,3 à 4,5 et lui a fait donner le nom de *spath pesant*. On comprend immédiatement quelle augmentation de poids son incorporation détermine et quels bénéfices réalisent les industriels malhonnêtes qui mettent en usage un tel procédé.

Le sulfate de baryte étant insoluble, traverse le tube digestif sans être absorbé. En forte quantité, peut-être occasionnerait-il des coliques, en raison de son action physique et de sa densité, comme l'ingestion de gravier et de sable en produit.

L'examen microscopique n'est pas à recommander pour le reconnaître parce qu'il est amorphe, mais on en décèle la présence en utilisant sa grande densité. Pour l'analyse chimique, en raison de son insolubilité, il faut procéder par la voie indirecte. Additionner de carbonate de soude, le résidu obtenu en traitant le tourteau suivant les procédés habituels de la chimie pour les analyses organiques, et chauffer au rouge dans un creuset de platine afin d'obtenir du sulfure de baryum. Ce sel est facile à caractériser, puisqu'avec le nitrate d'argent, il donne un précipité noir immédiat, qu'avec le sulfate de chaux le précipité est blanc et qu'avec le sulfate de potasse, il est jaune. L'essai pyrogénétique à l'alcool donne une flamme verte.

Peut-être n'est-il pas inutile de dire en terminant que si l'on fraude les tourteaux, l'esprit inventif des fraudeurs se sert de ces résidus pour falsifier des substances plus chères. On a signalé l'emploi de tourteaux pulvérisés de lin, de colza, d'arachide et surtout d'un mélange de poudre de racine de pyrèthre et de tourteau de chènevis broyé pour falsifier le poivre; ce même condiment, dont le prix élevé provoque la fraude, a été aussi adultéré par les grignons ou noyaux d'olives réduits en poudre. Celle-ci a été employée pour frauder le café brûlé et moulu auquel elle ressemble ainsi que la poudre aux quatre épices (cannelle, girofle, muscade et poivre mélangés). Les tourteaux d'arachides, de noisettes et d'amandes douces ont été mêlés au chocolat, dit-on; la poudre de tourteaux de colza et de navette a été ajoutée à celle de moutarde, si couramment employée en médecine pour les sinapismes; le tourteau de lin pulvérisé a été additionné à la farine de lin que la thérapeutique utilise comme émolliente.

CHAPITRE V.

DES RÉSIDUS DE LA MEUNERIE, DE LA BOULAN-
GERIE ET DE LA FABRICATION DES PATES
ALIMENTAIRES.

Des trois industries de la Meunerie, de la Boulangerie et de la fabrication des Pâtes alimentaires, la première fournit une grande quantité de résidus à l'alimentation animale, tandis que les deux autres n'en
abandonnent qu'une proportion moindre.

Section I. — Résidus de meunerie.

La Meunerie, qu'on appelle Minoterie dans le Midi,
agit sur les grains de quelques céréales dont elle extrait
la farine, base de l'alimentation des peuples européens.
Le blé et le seigle sont les principales; accessoirement,
on s'est servi de farine de sarrazin, de maïs, d'orge et
de quelques légumineuses. Mais le blé est, et de beaucoup, la céréale la plus employée en meunerie; l'utilisation du seigle se restreint d'année en année et à plus
forte raison celle des autres plantes qui viennent
d'être énumérées. D'ailleurs le blé et le seigle fournissent les farines qui panifient le mieux; les autres
le font plus difficilement et ne peuvent entrer que

partiellement dans le pain. Avec l'augmentation du bien-être et sa recherche qui est la caractéristique de notre temps, l'usage du pain de froment deviendra exclusif; ce sera bien, car non seulement il est le plus appétissant, mais il est le plus économique.

Dans ce qui va être exposé à propos de la meunerie, le blé sera donc pris pour type.

Les races et variétés de blés sont fort nombreuses et presque chaque année de nouvelles sont offertes aux agriculteurs. M. de Vilmorin n'en compte pas moins de soixante-six dans l'ouvrage qu'il a publié sur ce sujet (1). Elles appartiennent toutes au genre *Triticum*, mais la controverse s'exerce sur la question de savoir si elles descendent d'une espèce unique qui les aurait fournies sous les diverses influences de milieu et de culture, ou si quelques espèces, évoluant parallèlement, les ont créées. La facilité avec laquelle toutes les races et variétés se croisent entre elles apporte un appoint sérieux à la première opinion.

Nous n'avons point à entrer dans l'énumération ni la description de ces races et variétés. Au point de vue spécial qui est le nôtre, nous n'avons qu'à rappeler que les blés se divisent en trois groupes :

1° Les blés *tendres*, blancs à l'intérieur, opaques, moins riches que d'autres en matières azotées et grasses, mais donnant avec facilité une abondante farine blanche.

2° Les blés *semi-durs*, ayant des caractères intermédiaires entre les blés tendres et les blés durs, avec un spermoderme résistant et se prêtant bien aux manipulations de la mouture et du blutage; ils donnent des gruaux d'où s'extraient les farines les plus belles servant à la confection des pains de luxe.

---

(1) H. de Vilmorin, *les Meilleurs Blés*, Paris, 1880.

3° Les blés *durs* ou *cornés*, compacts, lourds, fauves, semi-transparents, riches en matières azotées et grasses, mais donnant une farine moins blanche que les précédents et moins de son.

Les propriétés des blés de chacun des groupes ci-dessus indiquent que la boulangerie s'adresse surtout aux blés tendres et demi-durs, et qu'elle abandonne autant que possible les blés durs à l'industrie des pâtes alimentaires.

Depuis plusieurs années, la culture du blé en France ne s'est pas accrue ; la production a varié annuellement de 80 à 130 millions d'hectolitres, suivant l'état des récoltes.

La plupart des États européens reçoivent du blé de l'étranger, et depuis quelques années sa culture s'est étendue très largement dans les pays neufs. Les États-Unis, la Californie, le Chili, l'Australie, la Nouvelle-Zélande, les Indes sont, pour le moment, les principaux pays exportateurs.

Les quantités de blés en grains et de farines importées varient suivant l'abondance de nos propres récoltes. En 1891, qui est la dernière année sur laquelle nous possédions, à ce jour, des renseignements statistiques, les importations de froment en grains ont été de 19,605,000 quintaux métriques, dont près de moitié vient de l'Amérique du Nord. Pour les farines, les quantités importées en cette même année ont été de 742,000 quintaux métriques.

La meunerie française travaille les blés indigènes et exotiques afin d'en extraire des farines destinées à la consommation. Avant de les broyer, elle les épure par un criblage soigneux, d'où production d'une première sorte de résidus, *les criblures*. Après le broyage, le blutage et la séparation des bonnes farines, restent le *son*, les *recoupes*, les *remoulages*, *les germes* et les *farines troisièmes*, autres résidus qu'il y a lieu d'apprécier. Mais cette appréciation ne peut être judicieuse que si l'on possède quelques notions générales : 1° sur la structure du grain de blé; 2° sur le travail du meunier.

Structure du grain de blé. — Petit ellipsoïde, plus ou moins allongé suivant la sorte à laquelle il appartient, le grain de blé est parcouru dans le sens de sa longueur par un sillon qui le partage en deux lobes se contournant en volute à l'intérieur. A l'une des extrémités est logé l'embryon, à l'autre se trouvent des poils, receptacles de poussières et d'organismes inférieurs qui polluent les issues et les farines.

Une coupe transversale d'un grain de blé montre de l'extérieur à l'intérieur : 1° la cuticule; 2° une couche épidermique, formée de cellules résistantes, imprégnées de matières grasses, quaternaires et minérales; 3° une couche dite parenchymateuse à cellules ponctuées; 4° une assise à cellules allongées, aplaties, à parois épaisses et petite cavité; 5° une rangée de grosses cellules carrées, grisâtres, contenant une substance granuleuse, brunâtre, constituée par des matières azotées, grasses et des phosphates de chaux et de magnésie. En dessous, commencent les cellules à amidon auquel se trouvent mêlés les granules de gluten. D'abord petites, leur volume augmente à mesure qu'on marche vers l'intérieur; elles forment alors un tissu à mailles polygonales et leur amidon est à grains plus volumineux que celui des sous-jacentes à la cinquième couche.

L'amidon du blé est lenticulaire, avec un hile au milieu; du reste, la forme semble variable suivant les aspects sous lesquels on observe au microscope les granulations. Le diamètre moyen de celles-ci est de $0^{mm},0185$ avec des écarts allant de $0^{mm},0037$ à $0^{mm},0333$.

Les matières azotées ont pour base le gluten, substance blanc-grisâtre, élastique, d'odeur fade.

Donner une moyenne unique de la composition chimique du blé serait fournir un chiffre abstrait, car cette composition varie dans de bonnes limites suivant la nature et la provenance de la céréale.

Voici, d'après Payen, la composition des trois sortes principales de blé :

	Blé tendre.	Blé demi-dur français.	Blé dur exotique.
Amidon.......................	75.31	68.65	63.30
Gluten et autres matières azotées.	11.65	16.25	20.00
Dextrine et glucose..............	6.05	7.00	8.00
Matières grasses................	1.87	1.95	2.25
Cellulose......................	3.00	3.40	3.60
Matières minérales..............	2.12	2.75	2.85

Travail du meunier. — L'ensemble des opérations exécutées par le meunier constitue la mouture. Ces opérations sont au nombre de trois principales : nettoyage, moulage et blutage.

Le grain de blé ne se prêtant pas à la décortication, on est dans la nécessité de le nettoyer soigneusement et de le séparer de toutes les matières adventives, organiques ou inorganiques, avec lesquelles il peut se trouver mêlé.

Cette opération exécutée, on procède au broyage qui se fait au moyen de meules ou à l'aide de cylindres. Le remplacement des meules par des cylindres est récent; il a d'abord pris, vers 1874, de l'extension en Hongrie et, depuis une douzaine d'années, il tend à s'implanter en France.

On emploie des cylindres cannelés en fonte qui servent à broyer le grain, opération qui se conduit habituellement en cinq à sept temps, puis des cylindres lisses en acier ou en porcelaine pour transformer les gruaux en farine, opération qui se fait généralement en cinq passages.

Par l'emploi des meules, on peut faire de la mouture basse et de la mouture haute. Pour la première, les meules sont très rapprochées et d'un seul coup on obtient une bonne proportion de farine de premier jet et peu de farine de gruaux. Pour la seconde, les grains ne sont pas écrasés d'un seul coup; ils subissent au moins deux passages entre des meules qu'on rapproche de plus en plus. Ce mode rappelle la mouture par cylindre; il donne peu de farine de premier jet et beaucoup de farine de gruaux.

Les gruaux sont les parties de l'amande du blé qui n'ont pas été assez divisées; on les moud dans un moulin spécial.

La matière brute qui sort des meules ou des cylindres et qui est composée de tous les produits du blé, constitue la *boulange* ou mouture. Il faut la travailler afin d'amener la séparation de la *farine* et des enveloppes déchirées qu'on désigne sous le nom général d'*issues*. Ce travail constitue le *blutage*.

La mouture ou boulange est amenée dans des appareils spéciaux dits bluteurs où s'effectue le départ entre la farine qui est tamisée et les issues. Mieux le blutage est fait, plus grande est la proportion de farine obtenue; on a intérêt à le compléter par le *sassage*, à l'aide duquel on enlève les derniers gruaux qui ont pu échapper jusque-là, pour les soumettre à de nouvelles manipulations.

De l'ensemble de ces opérations, il résulte :

a) Des farines dites *premières*, extraites du premier blutage et des premiers gruaux remoulus ou, s'il s'agit de mouture à cylindres, d'un mélange des deuxième, troisième, quatrième et cinquième broyages avec les quatre premiers passages des gruaux.

b) Des farines *secondes* provenant de la mouture des déchets des deuxièmes gruaux et, avec la mouture à cylindres, les passages inférieurs mêlés au premier broyage. Ce premier broyage donne ce qu'on appelle parfois la *farine bleue*.

c) Des farines *troisièmes*, produites par la mouture des déchets des deuxièmes gruaux.

d) Des farines *bises* ou *quatrièmes*, formées par le mélange des dernières remoutures de gruaux et la mouture des criblures et, parfois, par les criblures seules.

e) Les *remoulages mêlés*, résidus de toutes les moutures précédentes.

f) Les *remoulages bâtards*, issus du premier blutage.

g) Les *recoupettes fines* ou *bis fins*, provenant également du premier blutage.

h) Les *recoupettes ordinaires*.

i) Le *son fin* ou *petit son*.

j) Le *son moyen*.

k) Le *gros son* ou *son écaille*.

l) Les *germes* ou embryons de blé qui, dans quelques moulins, sont spécialement triés.

Dans quelques régions, les farines quatrièmes et les remoulages sont appelés *fleurages*.

L'alimentation humaine réclame les farines premières, secondes et parfois les troisièmes et quatrièmes; les remoulages, les recoupes et les sons restent pour celle du bétail; à quoi viennent s'ajouter les criblures intactes, concassées ou moulues.

Le classement des farines, les premières exceptées, est d'ailleurs conventionnel; les troisièmes de certains

meuniers valent mieux quelquefois que les secondes
d'autres et il est des quatrièmes supérieures à des troisièmes. Cela tient à ce que les farines, dans notre
pays, ne sont pas livrées à la consommation, telles
qu'elles sortent des bluteries ; les meuniers font des
mélanges pour maintenir leur marque ; leurs efforts tendent à livrer des farines semblables, même avec des blés
de provenance et de qualités différentes. Dans quelques
pays étrangers, notamment en Autriche-Hongrie, il
n'en est point ainsi ; on se garde des mélanges et chaque
sorte est vendue comme la bluterie la fournit.

Les farines bises sont encore employées dans l'alimentation humaine, mais le but à atteindre est de les
éliminer et d'arriver à ce que tout le monde mange du
pain blanc. C'est à tort qu'on a vanté la supériorité du
pain bis sur le blanc et qu'on a mis en avant les propriétés du son qui se trouve dans les farines bises. Des
expériences de M. Touaillon ont prouvé que, même en
se plaçant au point de vue économique et en laissant de
côté l'appétence, l'emploi du pain blanc est plus recommandable (1). On devrait donc toujours s'arrêter, en
boulangerie, aux farines premières et secondes et laisser
le reste aux animaux qui le paieraient suffisamment.

§ I. — *Criblures.*

Avant d'être livrés à la meunerie, les blés sont nettoyés
par les agriculteurs, mais le conditionnement qu'ils subissent est fort variable. Les blés exotiques en général
sont moins bien nettoyés que les indigènes. Il faut tenir
compte des circonstances dans lesquelles s'est faite la

(1) Ch. Touaillon, *la Meunerie,* 1861, page 312.

moisson, des intempéries qui ont pu la contrarier et en-
dommager les céréales. Les recherches de M. Balland
ont montré que le blé qui a subi un commencement de
germination est plus riche en sucre et plus pauvre en
matières grasses que celui qui n'en a pas éprouvé. Son
gluten se modifie, il noircit et se transforme partiellement en albumine soluble qui ne se prête plus au travail
de la panification (1). Il est aussi des grains qui ont été
attaqués par des parasites végétaux ou animaux. Les
principaux de ces parasites végétaux sont l'*Uredo carbo*
qui occasionne le charbon, et le *Tilletia caries* qui
amène la carie. Le charançon, l'alucite et l'anguillule
sont les parasites animaux à redouter particulièrement.

Il est donc indispensable que le meunier soumette les
grains qu'on lui livre à un nettoyage sérieux avant de
les moudre. En y procédant, il enlève les corps inorganiques (petits cailloux, particules terreuses, débris de
verres, fragments de clous, etc., etc.) échappés aux tarares et aux cribles des agriculteurs, ainsi que les corps
organiques qui sont de nature très diverse, puisqu'indépendamment des parasites végétaux et animaux dont
il vient d'être question, il y a toute une série de graines adventices qui mouchètent le blé. Il y a aussi des
grains de blé avortés, maigres, saisis au début de la
maturité par un coup de soleil trop ardent et échaudés,
suivant l'expression admise, ou en retard dans leur maturité, ou encore germés en javelles. Enfin les bons
grains eux-mêmes doivent être débarrassés de la barbe
à laquelle adhèrent des poussières qui terniraient les farines : leur sillon médian en contient également qu'il
est essentiel d'enlever.

(1) Balland. Sur le blé germé, *Comptes rendus de l'Académie des Sciences*,
12 février 1884.

Divers appareils sont utilisés pour l'épuration : des ventilateurs expulsent les particules légères, poussières, débris d'enveloppes ou de paille, grains vides, des cylindres verticaux détachent les barbes, des cribles extraient les grains avortés, maigres, brûlés ou non mûrs ainsi que les graines adventices, un aimant retient les fragments métalliques, etc.

Les blés indigènes subissent en moyenne, au nettoyage, un déchet de 2,4 %. Il se décompose comme suit :

Grains avortés ou petits blés et graines étrangères. 2.0 %
Déchets enlevés par les ventilateurs................ 0.3 —
Ébarbage et poussière........................... 0.1 —

Sur les blés exotiques, le déchet est d'au moins 3 %.

Les graines adventices qu'on y trouve proviennent pour la plupart de plantes messicoles, particulièrement de la moutarde des champs ou senevé, du coquelicot, du pied d'alouette, de l'adonis d'automne, de l'ivraie, de la nielle, du mélampyre, de diverses légumineuses et particulièrement de la vesce des moissons, de la gesse tubéreuse et de la coronille scorpioïde, de l'ail des vignes, du muscari comosum, du caille-lait et de la pyrèthre.

Les blés exotiques sont accompagnés de graines spéciales. D'après M. Balland, ceux de l'Inde contiennent abondamment la *Vicia peregrina* qui forme à elle seule 12 millièmes des graines examinées, puis viennent *Cicer arietinum, Ervum uniflorum, Cajanus indicus, Acacia Lebeck, Tamarundus indica, Cassia?) Linum usitatissimum, Ricinus communis, Citrullus vulgaris.*

Ceux d'Égypte renferment les graines de *Cephalaria syriaca* ou *Scabiosa syriaca*, qu'on appelle dans le commerce de la minoterie graines de dattes.

Quelques-unes de ces graines étant vénéneuses, il en découle la nécessité d'opérer un triage entre les petits blés et les graines adventices. La nielle est assurément la plus dangereuse en raison de sa teneur en saponine ; il est indispensable d'en faire le départ et de la jeter dans un endroit, la fosse à purin par exemple, où les oiseaux de basse-cour ne puissent être exposés à la picorer.

Ses graines sont petites, noirâtres, irrégulièrement sphériques par suite de la pression réciproque qu'elles exercent les unes sur les autres ; leur surface est un peu chagrinée. Elles sont sans odeur et elles ont une saveur amère quand on les broie dans la bouche.

S'il était arrivé que le triage n'ait pas été fait et que ces graines aient été concassées ou moulues avec les petits blés pour faire du fleurage, on reconnaîtra leur spermoderme de la façon indiquée page 321, à propos des tourteaux qui en renferment. (Voyez la fig. 24.)

L'amidon de nielle montre, par l'examen microscopique, des caractères spéciaux. Il est en granulations punctiformes, à diamètre oscillant de 1 à 6 μ, qui présentent deux caractères importants : 1° traitées par la potasse, elles résistent beaucoup plus longtemps à son action dissolvante que les amidons auxquels elles se peuvent trouver accidentellement associées ; 2° soumises à l'action de l'iode, elles sont longues à produire la réaction bleue caractéristique ; il faut se servir de fortes quantités d'iode pour l'obtenir, en raison de la propriété que possède la saponine d'absorber l'iode et d'empêcher la coloration bleue caractéristique.

En faisant agir l'éther sur une farine niellée, on obtient un liquide jaunâtre, dont la teinte est d'intensité proportionnelle à la quantité de saponine qui se trouve dans la farine. Après évaporation de ce liquide, il reste une huile jaune, âcre, de saveur désagréable.

Après la nielle, il faut signaler les graines de l'ivraie enivrante (*Lolium temulentum*) qui sont également vénéneuses. Elles sont habituellement enveloppées de deux glumelles très adhérentes qu'on ne sépare qu'en y mettant du soin. La glumelle inférieure porte une arête longue et pointue qui ne part pas de son sommet, mais naît en dessous. La glumelle supérieure présente un sillon large, profond, montrant souvent le pédicelle qui l'attachait à l'épillet. Ces graines, de couleur jaune verdâtre, une fois débarrassées de leurs glumelles, rappellent quelque peu le seigle avorté, mais elles ont un sillon ventral large et profond dans lequel s'est moulé la glumelle supérieure. L'enveloppe est constituée par trois membranes : l'interne est formée d'une série de cellules dont la structure rappelle celle de la même couche dans le blé, mais plus petites; la médiane comprend deux couches de cellules longitudinales; l'externe est composée d'une seule couche de cellules à parois épaisses, plus longues que larges.

Les grains écrasés ne dégagent pas d'odeur ni de saveurs spéciales. Leurs grains d'amidon sont blancs, isolés en grande partie, quelques-uns agrégés et d'autres, rares, composés de 3 à 5 granules polyédriques ou arrondis partiellement avec un nucleus ou une cavité nucléale fusiforme. A la différence de ceux de nielle, l'iode les colore très bien en bleu.

En traitant la farine d'ivraie ou une farine de céréale qui en renferme par l'éther, on obtient un liquide olivâtre, de saveur nauséeuse; par l'évaporation, il reste une matière grasse se rapprochant de l'axonge par sa consistance. C'est un poison, dont l'étude physiologique a été faite par MM. Baillet et Filhol ainsi qu'il a déjà été dit, mais dont l'examen chimique a besoin d'être repris.

Il faut tenir aussi pour suspectes les graines du *Mélampyre*, appelé communément *Rougeole* ou *Blé de vache*. On n'est pas complètement fixé sur leur propriété toxique, mais il est hors de discussion que broyées et mêlées aux farines, elles communiquent une saveur âcre, une odeur particulière et une teinte violette au pain qui en résulte. Longues de 0,003 mill., elles sont elliptiques, cornées, brunes, convexes d'un côté, avec un sillon ou une fossette naviculaire de l'autre; à leur base se trouve une callosité blanchâtre remplacée parfois par une dépression.

Quant aux graines de moutarde, leur description et les inconvénients qu'amène leur ingestion ont été exposés à propos de leurs tourteaux. Il en est de même des graines de ricin qui souillent les blés indiens.

Les graines de *Cephalaria syriaca*, qu'on trouve mêlées aux blés d'Égypte, sont à peu près de la grosseur du grain de blé, d'où la grande difficulté de les enlever par le criblage. En les mâchant, on éprouve une saveur d'abord douceâtre, qui peu à peu devient amère et laisse une sensation d'âcreté à l'arrière-bouche. Elles n'ont point été signalées comme toxiques, mais quand leur farine se mêle à celle du blé, il en résulte un pain presque immangeable tant il est amer; il est probable que le bétail mangerait mal et finirait par refuser des criblures contenant une trop forte proportion de céphalaria.

M. Cauvet a donné de ces semences la description suivante : « Le fruit est tantôt entouré de son involucre seulement, et tantôt ce dernier est, en outre, embrassé par une bractéée scabieuse qui l'enveloppe presque en

entier. Cette bractée, étroite à la base, s'élargit rapidement jusqu'au sommet du fruit, où elle se contracte en
une pointe acuminée presque aussi longue que la portion élargie. L'involucre est scarieux, subtétragone, un
peu aplati, pourvu de 4 côtes saillantes, dont deux
médianes, deux marginales toutes ciliées et terminées
chacune par une dent aussi longue que celle du calice.
Entre chacune de ces côtes principales, s'en voit une
secondaire, moins développée, que termine une dent
plus courte que celle des côtes principales.

L'involucre est donc pourvu de huit dents inégales;
4 grandes, 4 petites. La base de l'involucre est un peu
oblique, blanchâtre, renflée et comme charnue.

Débarrassé de son involucre, le fruit se présente comme
un corps elliptique, rétréci à la base et surmonté par
le calice, dont les dents convergent en une pointe apicale.
Ce fruit est de couleur vert jaunâtre et garni de côtes
correspondant à celles de l'involucre. Sa longueur, calice compris, est d'environ 6 à 7 millimètres. Sa section
transversale est elliptique. »

En résumé, la présence de graines nuisibles dans les
criblures ne permet point d'employer celles-ci sans leur
avoir fait subir un nouveau nettoyage qui les en débarrasse. C'est pour avoir méconnu cette nécessité qu'un
meunier ne pouvait conserver d'oiseaux de basse-cour
jusqu'au jour où nous ayant consulté, nous reconnûmes
de quoi il s'agissait et lui indiquâmes les précautions
à prendre ; c'est pour le même motif que tant d'animaux sont chaque hiver atteints d'affections des appareils digestif et urinaire : gastro-hépatite, entérite, néphrite, etc.

Lorsque le second nettoyage a été fait, on a des résidus, dits *petits blés*, qui peuvent être distribués sans
inconvénients à tous les animaux de la ferme. On les

donne crus ou cuits, entiers ou concassés et parfois réduits en farine.

Il faut se garder de croire que ces petits blés ont une faible valeur nutritive; leur apparence est trompeuse et ils sont nourrissants. Les analyses d'I. Pierre, relatives à des blés échaudés ou brûlés, ont montré que leurs grains généralement sont plus riches en gluten ou du moins en matières azotées que des grains très gros et dont la maturité n'a pas subi de contre-temps. Dans trois variétés de froment, les beaux grains contenaient respectivement 11,04, 11,92 et 13,43 % de matières quaternaires, tandis que les grains avortés en renfermaient 13,74, 12,87 et 14,81 %. Ce sont les matières amylacées qui y sont en moindre proportion que dans les gros grains.

Laisser perdre les petits blés et ne point les faire entrer dans la ration des animaux serait du gaspillage. Les bœufs de travail s'en trouvent bien, et il est d'observation courante que la ponte est augmentée chez les volailles qui en reçoivent.

§ II. — *Sons.*

Les issues de la mouture et du blutage, englobées sous la dénomination générale de *sons*, se divisent en remoulages, recoupes ou recoupettes, et en sons proprement dits. Chacun de ces résidus se subdivise : les remoulages en mêlés et en bâtards, les recoupes en fines et en ordinaires, les sons en fins, moyens et gros; mais ces divisions sont arbitraires, puisque la bluterie n'est pas organisée sur un type uniforme dans les moulins. Il a été dit qu'il est des établissements où les embryons sont séparés des autres issues.

La proportion de celles-ci, d'après les recherches de Touaillon qui ont porté sur des blés tendres des environs de Paris, paraît être la suivante :

Pour 100 k. de blé, on obtient :

Remoulages mêlés..................	2 k. 980
— bâtards................	1 k. 640
Recoupes fines ou bis fins...........	3 k. 800
— ordinaires................	1 k. 200
Petit son...........................	2 k. 170
Son moyen.........................	2 k. 750
Gros son..........................	6 k. 160
Total des issues.............	20 k. 700

Mais le quantum de ces issues varie suivant la provenance et la nature des blés travaillés; les chiffres suivants recueillis par Corenwinder le démontrent :

	Issues %.
Blé Galand...........................	11.90
— bleu..............................	17.10
— d'Armentières.....................	20.00
— du Chili..........................	17.15
— de Californie......................	20.15
— de l'Orégon (États-Unis)............	8.30
— de la Nouvelle-Zélande.............	18.80
— Blanc d'Australie.................	18.70

Remoulages ou fleurages. — Les remoulages sont blancs ou fauves; le poids moyen des premiers est de 43 kilogr. l'hectolitre et celui des seconds d'environ 39 kilogr.; ils absorbent de trois fois et demi à quatre fois leur poids d'eau. Jetés dans l'eau chaude, ils la rendent d'un gris laiteux puis forment pâte. Ils sont encore dits fleurages blancs et fleurages bis.

Les remoulages les plus fins sont quelquefois mêlés à

de la farine et utilisés pour l'alimentation humaine. Les autres sont employés pour les animaux. On en blanchit leurs boissons ; cela constitue l'eau blanche qu'on offre comme condiment et comme aliment aux sujets bien portants et dont l'emploi est indiqué chez les convalescents. Les vaches laitières et les femelles des herbivores qui viennent de mettre bas sont les animaux auxquels on les distribue le plus habituellement. Ils sont utiles aussi aux poulains aux veaux et aux porcelets qu'on vient de sevrer ainsi qu'aux truies en gestation.

Recoupes. — Les recoupes sont des issues à grain moins fin que les précédentes, moins blanches ; leur poids moyen est de 35 kilogr. l'hectolitre, et elles absorbent trois fois leur poids d'eau. Délayées, elles ne forment pas pâte et font seulement louchir l'eau. Elles se donnent aux mêmes animaux et dans les mêmes circonstances que les remoulages. Les vaches laitières en reçoivent habituellement, parce que ce résidu leur fait absorber beaucoup d'eau.

Il est des années où le bas prix du blé amène le cours des farines deuxième à être inférieur au prix des recoupes et des remoulages. Les meuniers ne font que quelques moutures, puis vendent le reste comme issues pour le bétail. Celles-ci, dans cette circonstance, contiennent une forte quantité de farine ; leur constitution chimique et par suite leur valeur nutritive ne sont plus les mêmes que celles de la recoupe.

Son proprement dit. — Le son est constitué par le spermoderme du grain, à la face interne duquel un peu de farine reste adhérente. Sa coloration varie, comme celle des blés d'où il est issu, du froment très clair au roux foncé ; son odeur est très faible et il a une saveur douceâtre. Les pellicules qui le forment sont plus ou moins divisées ; d'après leur degré de division on a de

gros, de moyen et de petit sons, ce dernier confinant
aux recoupes.

Le gros son ou son écaille pèse de 21 à 22 kilogr.
l'hectolitre; il absorbe deux fois et demie son poids d'eau.
Jeté dans celle-ci, il la fait louchir en proportion de la
farine qui lui est restée adhérente; il se gonfle, mais ne
forme pas pâte. Il est plutôt vendu pour la mégisserie
que pour l'alimentation animale.

Le petit son pèse en moyenne 32 kilogr. l'hectolitre
et il absorbe trois fois son poids d'eau, il forme bouillie
plutôt que pâte. Il se rapproche beaucoup des recoupes
et quelquefois n'en est pas distingué.

Entre le gros et le petit son se trouve la série des sons
moyens dont le poids oscille autour de 26 kilogr. l'hectolitre.

On est dans l'habitude aujourd'hui de mélanger des
sons de diverses sortes pour constituer ce qu'en langage
commercial on appelle *son trois cases*. Ce produit pèse
de 24 à 25 kilogr. l'hectolitre et il absorbe deux fois et
demie à trois fois son poids d'eau. C'est le plus employé.

On avait et on a encore à la campagne un moyen bien
imparfait d'apprécier le son : il consiste à plonger la main
dans la masse et à l'y retourner; plus elle est blanchie
quand on la retire, plus le son est qualifié, car il renferme une bonne proportion de farine.

Le son fourni par les moulins actuels, à meules perfectionnées ou à cylindres, n'a pas une composition
analogue à celui qu'on allait chercher aux moulins mal
outillés d'autrefois. Il en est de même des autres issues,
en raison du perfectionnement des blutoirs.

M. Balland a montré, par ses analyses chimiques, que
dans la mouture par cylindres les farines sont plus
pauvres en cendres que dans la mouture par meules;
les issues, au contraire, sont plus riches. Les perfection-

nements réalisés dans la meunerie pendant ces dernières années ont eu pour résultat de modifier le taux des matières minérales, les farines ont perdu et les issues ont gagné. Ce déplacement des matières salines correspond, mais en sens inverse, à celui des matières amylacées qu sont mieux détachées des enveloppes qu'autrefois.

On ne peut pas s'étonner de voir la composition chimique du son varier, puisqu'à la manutention dont il a été l'objet vient s'ajouter l'influence de la variété du blé qui l'a fourni et du sol dans lequel ce blé a accompli son cycle végétatif. Voici, d'après une analyse de Poggiale, des chiffres qui peuvent être acceptés comme une moyenne :

	Son.
Eau..............................	12.69 %
Matières azotées.....................	13.00 —
— grasses.....................	2.87 —
— amylacées..................	21.69 —
— sucrées et analogues........	9.61 —
— ligneuses...................	34.57 —
— minérales..................	5.51 —

Payen a analysé comparativement le gros et le petit son; il a obtenu les chiffres suivants :

	Gros son.	Petit son.
Eau.......................	13.90	13.90
Matières azotées.............	18.77	17.22
— grasses............	4.00	3.70
Glycosides.	48.26	55.62
Ligneux et cellulose..........	8.78	5.17
Sels.......................	6.29	4.39

Les matières minérales que renferme le son de froment sont particulièrement des phosphates; on y a trouvé de 3 à 3,18 % d'acide phosphorique.

M. Müntz a montré que, parmi les matières ternaires du son, se trouve le corps qu'il a extrait de diverses graines et notamment de celles de la luzerne et qu'il a nommé *galactose*.

La richesse du son en matières azotées a frappé tous les analystes; elle est supérieure à celle de beaucoup de farines. En faut-il conclure que la valeur alimentaire du son est supérieure à celle de la farine et qu'il y a avantage à laisser une partie de ce résidu dans celle-ci pour fabriquer le pain? On l'a fait, mais à tort. Indépendamment d'autres raisons, le pain ainsi fabriqué est lourd, s'aigrit facilement et devient laxatif. A côté du gluten, existe une autre substance azotée découverte par Mège-Mouriès, la *céréaline*; c'est un ferment qui fluidifie le gluten et l'amidon, rend le pain grisâtre, gluant et l'empêche de lever. Ce ferment dans le grain de blé paraît se trouver au voisinage de l'embryon. Quand la mouture est bien conduite, il reste en grande partie dans le son; on l'y trouve abondant dans la mouture par cylindre. S'il y a eu frottement exagéré des meules ou trop de vitesse, il passe dans la farine qui ne tarde pas à se modifier sous son influence.

Il faut tenir compte de la présence de ce ferment dans le son, sans quoi on serait tenté, en n'envisageant que la composition chimique brute, d'attribuer à ce résidu une valeur alimentaire supérieure à celle que l'expérimentation montre qu'il a réellement. Il importe aussi de se rappeler que l'une des parties constituantes du son, la cuticule, est formée d'un ligneux peu attaquable par les liquides digestifs, que les autres parties sont dans un état de cohésion remarquable qui les empêche de livrer complètement à la digestion les principes qu'elles renferment dans leur trame.

Pour toutes ces raisons, le son n'est pas un aliment

assimilable en proportion de sa richesse. D'après Poggiale, l'homme n'en digère que 44 % ; les ruminants s'en accommodent mieux et en utilisent jusqu'à 78 %.

Dans une expérience qu'il a poursuivie sur une jument, M. Muntz a vu cet animal en digérer jusqu'à 90 %. A en juger par la nature des excréments des porcs et des oiseaux de basse-cour auxquels on en distribue, leur coefficient de digestibilité pour cet aliment doit être moins élevé. Nous dirons plus loin pour quels motifs spéciaux il faut être réservé dans sa distribution.

Des sons autres que celui de froment. — Le froment fournit la plus forte proportion du son que consomme le bétail comme il donne la grande majorité des farines consommées par l'homme ; néanmoins à côté de lui d'autres céréales sont livrées à la meunerie, il en résulte des sons dont il est utile de faire connaître la composition. Ils dérivent du maïs, du riz, du seigle, de l'orge, du sarrazin et des pois.

a) Son de maïs. — Le maïs, qui tend à devenir de plus en plus une plante industrielle, est habituellement l'objet d'une mouture spéciale à cause de son odeur *sui generis* et des principes âcres renfermés dans l'embryon. On sépare la matière embryonnaire des substances farineuses par une mouture ronde qui décortique le grain. On obtient des issues qui sont surtout remarquables par leur richesse en matières grasses. Parfois ces issues sont livrées telles quelles à l'agriculteur, d'autres fois elles sont d'abord reprises par l'industrie qui en extrait une huile rouge, employée en corroierie et dans la fabrication des savons mous.

Il y a donc deux sortes de son de maïs, l'un est dit *déshuilé* et l'autre *non déshuilé.* Leur composition respective est la suivante (Houzeau) :

	Son de maïs déshuilé.	Son de maïs non déshuilé.
Eau........................	8.50	12.00
Matières azotées...........	17.81	13.12
— non azotées.......	61.43	62.20
— grasses	4.80	7.56
Cendres...................	7.46	5.12
Azote.................	2.85	2.10

b) *Son de riz*. — Peu employé jusqu'à ce jour en Europe, il est dans les choses possibles que son usage s'étende, bien qu'il ne soit pas accepté aussi facilement par les animaux que celui de froment. M. Müntz, qui en a fait l'analyse, lui a trouvé la composition suivante :

Eau.....................................	11,10 %
Cendres.................................	7,40
Protéine................................	10,31
Graisse.................................	8,10
Amidon réel.............................	
Sucre...................................	41,60
Cellulose saccharifiable...................	
Cellulose brute..........................	8,10
Mat. indéterminées......................	13,39

c) *Sons de seigle, d'orge, de sarrazin et de pois*. — Quant aux sons qui dérivent du seigle, de l'orge, du sarrazin et des pois, voici un tableau où sont réunis les chiffres de leur composition chimique d'après Gohren :

	Son de			
	seigle.	orge.	sarrazin.	pois.
Eau..........................	11.61	12.00	16.00	12.98
Matières azotées................	14.69	14.08	16.74	7.14
— grasses.	3.44	2.90	4.29	1.04
— extractives non azotées..	59.97	46.80	49.56	28.59
Cellulose brute.................	5.73	19.40	14.33	47.60
Cendres......................	4.56	2.43	3.37	2.65

La distinction des sons de froment et de seigle se fait assez facilement par l'examen des caractères extérieurs, celui du blé étant plus ou moins roux et celui du seigle fauve verdâtre. Il existe une matière colorante bleue dans les cellules à gluten du seigle qui donne le moyen, d'après Benecke, de distinguer le son de cette céréale de celui du froment. En traitant par l'éther le son de seigle, on obtient une coloration bleue persistant pendant plusieurs semaines et qui ne diminue point d'intensité quand on chauffe l'éther. Traité par l'essence de girofle, il reste coloré pendant des semaines pour pâlir ensuite. L'examen microscopique se fait à un grossissement qui ne doit pas dépasser 200 et avec un éclairage convenable.

La matière colorante se développe pendant la maturation.

Modes de distribution du son. — Quantités. — Inconvénients de trop fortes doses. — Le son se distribue à l'état où il est livré par le commerce c'est-à-dire *sec* ou bien on l'humecte ; lorsqu'il a subi cette petite préparation, on le dit *fraisé* ou *frisé*. On est dans l'habitude de fraiser le son pour les équidés, les grands ruminants, les porcs et les volailles ; on le donne plus volontiers à l'état sec aux moutons et aux lapins. En l'humectant, on pare à plusieurs inconvénients : 1° on évite que les animaux, soit par la respiration, soit en s'ébrouant, n'en dispersent quelque peu et surtout ne disséminent dans l'air la farine qui s'y trouve mêlée ; 2° on empêche qu'il se gonfle dans l'appareil digestif et n'amène des indigestions par surcharge et parfois des ruptures de l'estomac. On introduit ainsi dans l'organisme de la vache laitière l'eau qui lui est incorporée, comme on le fait dans la distribution des pulpes et des drèches. D'expériences d'E. Wolff il résulterait que la digestibilité du son sec serait plus élevée que celle du son frisé, ce qui atténue un peu les avantages qui viennent d'être indiqués au sujet de ce dernier.

Le son peut être donné seul, mais souvent on le mêle à d'autres substances auxquelles il sert en quelque sorte de condiment. On en saupoudre les racines et les tubercules, on l'associe à des grains égrugés, on le délaye avec du lait ou des eaux grasses, on l'incorpore à des herbes hachées ou à des pommes de terre cuites ; il se prête aux mélanges les plus divers. Par son amylase ou céréaline il saccharifie l'amidon cuit ou empois ; c'est une raison pour faire cuire les farineux auxquels on le mêle.

Il entre dans une préparation alimentaire destinée au cheval, *la masch*. Elle consiste en un mélange d'avoine en grain et de son de froment dans la proportion, en capacité, d'un tiers de son et de deux tiers d'avoine. On y ajoute quelquefois 6 à 8 centilitres de graine de lin. On prépare comme suit : l'avoine et la graine de lin sont déposées dans un vase en bois ; par-dessus on verse de l'eau bouillante et on ajoute le son. On recouvre et on laisse refroidir très lentement. La proportion d'eau doit être telle que le mélange de son et d'avoine absorbe à la longue l'eau tout entière.

On a raison d'ailleurs de l'additionner à d'autres substances, car il ne peut à lui seul constituer une ration
convenable; la proportion de ses matières ternaires
n'est pas suffisamment élevée. On ne peut, d'autre part,
le donner en quantité un peu forte de crainte des indigestions; il est relâchant et détermine la diarrhée qui
fait perdre plus que le bénéfice de son administration.
Pour toutes ces raisons, les quantités à distribuer par
jour ne doivent pas dépasser :

Pour le cheval......................	2 k.
— l'âne et le mulet...............	1 k.
— le bœuf à l'engrais.............	4 k.
— la vache laitière...............	5 k.
— le mouton	0 k. 500
— le porc........................	0 k. 700

Dans la ration des chevaux, le son constitue un adjuvant, dont le rôle est surtout de maintenir la liberté du
ventre et d'empêcher les constipations opiniâtres qui
surviennent chez les sujets qui reçoivent une très forte
ration d'avoine et ne sont jamais soumis au régime du
vert. On n'en donnera pas plus aux poulains qu'aux
adultes, car poussée au delà de ce qui convient, cette
alimentation les rend mous, les met dans de mauvaises
conditions pour le dressage et l'entraînement. Les vieux
chevaux dont la dentition est irrégulière ou mauvaise en
recevront davantage, parce qu'une portion est destinée à
remplacer les fourrages qu'ils mâchent difficilement ;
mais pour pallier aux indigestions possibles, on multi-
pliera les repas, en en offrant peu à chaque fois.

Donné à trop hautes doses ou même constituant à lui
seul le régime, il provoque la diarrhée et la flatulence,
pousse à la sueur et à la mollesse, abaisse le poids vif et
ne permet pas d'obtenir de grands efforts ou un travail
pénible des sujets ainsi nourris. Il se gonfle dans le

tube digestif, amène des indigestions, quelquefois des
ruptures de l'estomac ou du vertige. On lui attribue
aussi une action dans la production des calculs intestinaux. Ces calculs qu'on voit particulièrement à l'autopsie des chevaux de meuniers, dans l'anse repliée du colon et qui atteignent parfois des proportions considérables,
sont à base de phosphate ammoniaco-magnésien qui s'y
rencontre dans la proportion de 72 à 94 %. On y trouve
aussi du phosphate et du carbonate de chaux, de l'acide
silicique, du chlorure de potassium et de sodium, des
traces d'oxyde de fer et de la matière organique.

Lorsqu'on eut remarqué « que les chevaux des meuniers, des boulangers et des marchands de farine étaient
plus sujets aux affections calculeuses intestinales que
ceux placés dans d'autres conditions, on en conclut
que les poussières et les débris pierreux provenant du
repiquage des meules se mélangeant à la première farine que ces industriels font consommer par leurs chevaux s'aggloméraient dans l'intestin et que les concrétions calculeuses en tiraient leur origine. L'analyse
chimique et l'observation comparatives réfutèrent ce
mode de formation. Le résidu du repiquage des meules
est composé de silice; les calculs n'en renferment que de
minimes proportions; il s'accumule dans l'intestin,
donne lieu à des phénomènes morbides, mais ne s'ag-
glomère jamais en masses cohérentes. Reubold appela
l'attention sur la présence du phosphate de magnésie
dans les calculs; ce sel étant abondant dans le périsperme des céréales, il le considère comme la source probable des entérolithes qui se forment, lorsque le son
entre pour une forte proportion dans le régime alimentaire du cheval. Furstenberg traduisit cette probabilité en fait. Analysant le bon son de froment, il le trouva
composé de 46 1/2 % de périsperme contenant 1 % de

phosphate de magnésie ; le son de qualité inférieure en renferme 2,5. L'élément principal des calculs existe donc dans la matière alimentaire; ils se forment dans l'estomac et le cœcum. L'acide chlorhydrique du suc gastrique est le dissolvant du phosphate de magnésie qui, se combinant avec l'ammoniaque, constitue un sel double tribasique insoluble; ce sel fournit l'élément principal de la concrétion. La présence d'un corps étranger, que les sucs digestifs laissent intact donne le noyau autour duquel le sel se dépose par couches successives ; le mucus intestinal les consolide, car dans le résidu organique de tous les calculs traités par l'acide chlorhydrique, le microscope fait reconnaître des corpuscules muqueux. » (Verheyen.)

Le son ne sera donné qu'avec modération et sec de préférence aux bœufs et aux moutons. Les doses en sont plus élevées pour les vaches laitières. Si elles le reçoivent sec, elles sont incitées à boire beaucoup et si on le leur donne mouillé, elles introduisent de l'eau dans leur organisme. Dans l'un et l'autre cas, la production quantitative du lait est augmentée; il se pourrait qu'en raison du galactose et de la proportion de phosphate contenus dans le son, il agisse aussi qualitativement sur ce liquide.

Dans les pays chauds où la question du lait est si importante et l'affouragement convenable des vaches laitières difficile, le son entre avantageusement dans leur régime. Une association d'aliments pour vache laitière qui a donné de bons résultats en Algérie est la suivante :

Foin.................................   8 k.
Son...................................   2 k.
Caroubes.............................   4 k.

(Bonzom et Delamotte.)

Briser les caroubes et les faire macérer pendant 24 heures, mélanger au son les caroubes et l'eau de macération. On obtient une pâte sucrée dont les vaches sont friandes.

Mais si, incontestablement, le son est favorable à la lactation et si à ce titre les nourrisseurs et les laitiers en font de larges distributions à leurs vaches, on n'oubliera pas qu'il affaiblit les animaux par la diarrhée qu'il amène et qu'à la longue, il diminue l'appétit ou le rend capricieux; on est obligé de le régulariser ou de le relever par divers condiments. C'est le cas de rappeler qu'il ne faut pas envisager seulement le rendement brut d'une machine animée, mais se préoccuper aussi de sa durée.

Indépendamment des accidents ci-dessus, on attribue encore au son chez le cheval, la production d'autres manifestations morbides auxquelles on a donné en Allemagne le nom de « maladie du son » comme on a appelé « maladie de la pulpe » une série d'accidents signalés antérieurement. Elle est le résultat de l'alimentation *exclusive* au son et paraît n'être qu'un mode du rachitisme.

Elle débute par des troubles digestifs, de la faiblesse et des sueurs, puis le régime se prolongeant « apparaissent au voisinage des articulations du genou et du tarse, des tuméfactions osseuses accompagnées de boiteries et d'accès de douleur; ces altérations se montrent également ment aux os de la tête, notamment aux mâchoires et aux os du nez; la préhension et la déglutition sont difficiles ou impossibles, les dents s'ébranlent et tombent. Les animaux s'affaiblissent de plus en plus et succombent dans la cachexie ». (Friedberger et Frohner.)

Est-ce seulement à la petite proportion de chaux contenue dans le son qu'il faut attribuer ces accidents?

Faut-il faire intervenir quelques acides formés pendant la fermentation et la digestion du son? On a voulu en trouver la causalité dans la surabondance des phosphates. Pütz a comparé la maladie du son à l'intoxication phosphorique chronique et il a assimilé les lésions des mâchoires à la nécrose phosphorée qu'on observe dans le personnel des fabriques d'allumettes. Mais comment peut-on établir un rapprochement entre les effets du phosphore libre, si irritant et si dangereux pour les tissus vivants, et ceux de l'acide phosphorique combiné à des sels sous forme de phosphates?

Le porc est peut-être l'animal qui, proportionnellement à sa masse, reçoit le plus abondamment le son et pourtant c'est un de ceux qui l'utilisent le moins bien; on en retrouve une partie intacte dans ses excréments. Ce n'est donc pas une nourriture recommandable dans l'engraissement de cet animal; on ne le devra donner qu'associé à d'autres aliments ayant subi la cuisson, particulièrement aux pommes de terre ou à des graines. Mais son usage est indiqué pour la truie en gestation et fortement nourrie; il lui maintient la liberté du ventre.

Dans l'alimentation du lapin et du cobaye, le son corrige l'excès d'eau qui peut exister dans les herbes et les racines qu'on distribue à ces petits rongeurs.

Les oiseaux de basse-cour se trouvent bien de recevoir des pâtées composées d'herbes hachées menu et mélangées à du son. Au printemps, les orties ainsi préparées conviennent très bien aux dindons et dindonneaux, aux canards et aux oisons. Il est utile de distribuer des pâtées à base de son aux volailles qui couvent pour combattre la constipation dont elles sont souvent atteintes.

Conservation.—Altérations.—Falsifications.

— Le son n'est pas une matière de conservation longue ni
très facile; les altérations qu'il subit sont sans doute
pour quelque chose dans les préventions que beaucoup
de praticiens ont à son endroit. Substance très hygros-
copique, elle a besoin d'être placée sur des greniers
aérés, secs et non dans des magasins bas et humides;
on ne doit pas l'amonceler en masses trop considérables
ni la tasser, car elle s'échaufferait, prendrait une odeur
et une saveur désagréables.

Le son ne se conserve guère, avec toutes ses propriétés premières, que cinq ou six mois; ce n'est donc
pas un aliment dont on doive ou puisse faire de
grandes provisions à l'avance. Par suite de l'absorption
de l'eau, les pellicules s'agrègent en paquets et bientôt
commence une fermentation acide, qui s'accompagne
habituellement d'un changement de coloration, une
odeur et une saveur aigres se montrent. Laisse-t-on
aller les choses, la fermentation putride succède à la
précédente et elle se décèle par une odeur connue de
tous.

Des moisissures se développent en même temps que
prolifèrent les microphytes des fermentations. En supposant que ces cryptogames ne soient toxiques ni par
eux-mêmes ni par les produits qu'ils sécrètent, ils dé-
pouillent le son de ses matériaux alibiles.

Des parasites animaux pullulent aussi dans le son
altéré; on y trouve des acariens du genre *Tyroglyphe*
et des larves du *Tenebrio molitor*.

Le résidu qui nous occupe n'a point échappé aux
sophistications; on y a ajouté de la *terre*, du *plâtre* et
surtout de la *sciure de bois*.

L'addition de terre a pour but d'augmenter le poids du
son; c'est une fraude grossière, facile à déceler. En projetant dans l'eau une portion de la matière qu'on soupçonne

·adultérée, les matières terreuses se précipitent au fond
du verre et se reconnaissent aisément; elles tachent les
doigts et souvent s'écrasent, ce qui n'arrive point avec
le son.

La falsification par la sciure de bois est la plus commune; elle est parfois telle qu'on a vu du son en renfermer 35 %. On emploie habituellement la sciure de
bois blanc, mais si on veut falsifier des sons d'épeautre
et de blé roux, rien de plus facile que de s'en procurer de
foncée. On mêle des sciures grossières aux gros sons
et de plus fines aux moyens et aux petits sons.

L'examen microscopique est nécessaire pour déceler
cette fraude; on prélève dans la masse quelques fragments qu'on suppose être de la sciure, on en fait de
fines coupes qu'on immerge dans la glycérine et qu'on
examine au microscope, comparativement avec celles
de son.

Vu en coupe transversale (fig. 29, A), le son de blé se
montre formé de plusieurs couches superposées, savoir :

1° Une *couche épidermique* constituée par deux séries
de cellules quadrilatères dont l'externe est tapissée par la
cuticule. Vues de face, ces cellules apparaissent sous
forme de losanges étirés longitudinalement.

2° Une *couche parenchymateuse* de longues cellules à
parois minces, déchiquetées et criblées de ponctua-
tions.

3° Une couche de *cellules allongées tangentiellement,*
disposées comme les précédentes, mais à parois épaisses
et presque dépourvues de cavité centrale.

4° Une *couche interne* appartenant à la graine et formée de cellules carrées, à parois très épaisses, contenant
du gluten et des granulations graisseuses.

De plus, on aperçoit au-dessous de cette dernière couche

les vestiges des grandes cellules du périsperme qui renferment de la matière amylacée.

Les particules de sciure de bois mêlées au son se reconnaissent facilement par la présence de fibres fu-

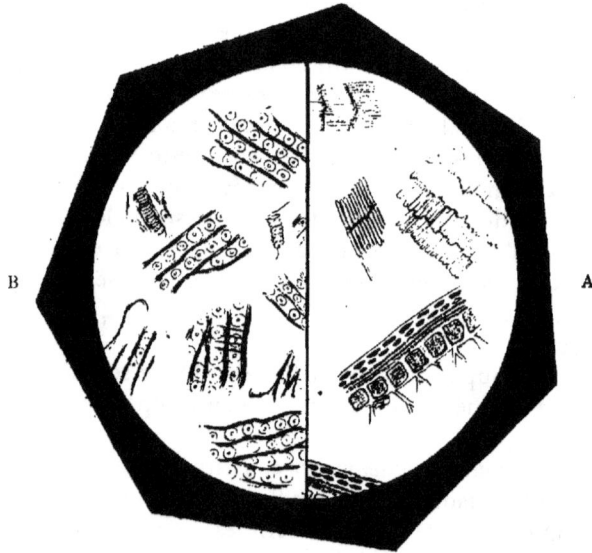

FIG. 29. — ASPECTS COMPARÉS DU SON ET DE LA SCIURE DE BOIS
VUS AU MICROSCOPE.
A. SON DE BLÉ. — B. SCIURE DE BOIS DE SAPIN (GROSSISSEMENT. 250).

siformes et de trachées. Quand il s'agit de sciure de conifères, les faisceaux fibreux ont un cachet tout particulier qu'ils doivent aux aréoles creusées sur chaque fibre (fig. 29, B).

§ III. — *Embryons ou germes de blé.*

Des meuniers effectuent la séparation des embryons de
blé des autres issues et livrent au commerce un produit
désigné couramment sous le nom de *germes*. Il ressemble à du son moyen, de couleur paille, à pellicules
sensiblement égales et aplaties.

Il pèse de 39 à 40 kilg. l'hectolitre, il absorbe environ
deux fois son poids d'eau et forme une pâte qui, soumise
pendant quelques heures à une température de 38°, fermente et se boursoufle. L'analyse chimique a révélé la
composition suivante :

Eau.................................	12,40
Matières azotées....................	31,64
— grasses.....................	6.24
— hydrocarbonées............	43.89
— minérales..................	4.69
Cellulose............................	1.14

(A. Ch. Girard.)

La richesse des embryons en matières azotées et leur
pauvreté en cellulose est remarquable; ils constituent
un aliment très concentré. En effectuant la séparation
des matières grasses, nous avons obtenu une huile
limpide et jaune-brunâtre. L'industrie l'utilisera peut-
être un jour à l'instar de celle de maïs.

Présenté aux ruminants et au cheval, ce résidu a été
d'abord accepté avec un peu d'hésitation et bien consommé dans la suite. Nous savons qu'un éleveur qui
en distribuait quotidiennement à ses bestiaux vit survenir
de la diarrhée. En donnait-il une proportion trop élevée
et ne faisait-il point d'association d'aliments? Dans nos
expériences, 600 grammes par jour à chaque mouton et
1500 grammes par cheval n'ont point provoqué de dérangement de la santé.

§ IV. — *Farines de froment troisième et quatrième.*
Farines de seigle, de sarrazin et autres grains. Bri-
sures de riz.

En moyenne, la mouture du blé de bonne qualité
donne de 74 à 75 % de farines. Celles-ci se subdivisent
comme suit :

Farine première ou farine fleur............. 68
Farine seconde........................... 4
Farines troisième et quatrième (encore dites
    bises et fleurage dans quelques régions)... 3

Les deux premières qualités sont destinées à l'alimentation de l'homme; on utilise de moins en moins
les bises pour cet usage. Le lecteur sait déjà que les
meuniers font des mélanges pour aboutir à une farine
moyenne qui est leur marque, mais la tendance générale est de donner de bonnes farines aux boulangers,
d'ou élimination progressive des farines bises. Celles-ci
entrent de plus en plus dans les résidus qu'on destine à
la nourriture du bétail; le prix auquel les agriculteurs
les achètent est un encouragement pour les meuniers
à les vendre en vue de cette utilisation.

La mouture des petits blés ou blés de criblures fournit environ 67 % de farine considérée comme bise et
mélangée aux farines troisième et quatrième du bon
froment. On soumet également à la mouture des blés
échaudés, germés ou avariés. Les farines inférieures
qu'on en retire sont habituellement réservées au bétail.

Farines 3e et 4e. — Au lieu d'être blanches, douces
comme les farines premières et secondes, les troisièmes et quatrièmes sont plus grises, plus dures au

toucher et on y trouve quelques débris de son. Les
farines bises provenant de la mouture des petits blés
et des blés avariés sont constituées par des granulations d'amidon généralement plus petites que celles du
bon froment. Sans être très dissemblables des premières par leur constitution chimique, elles s'en différencient néanmoins par une proportion moindre de
gluten et de matières extractives non azotées et un
peu plus de cellulose; les chiffres suivants le démontrent :

	Farine bise.	Farine ordinaire.
Eau.........................	13.94	11.47
Matières azotées...............	15.23	16.77
— grasses...............	2.62	1.56
— extractives non azotées.	64.96	68.93
Cellulose.....................	1.40	0.48
Cendres.....................	1.67	0.76

Le poids des farines bises oscille autour de 80 kilogr.
à l'hectolitre; elles sont deux fois plus lourdes que les
remoulages et près de quatre fois plus que le gros son.

Administration. — Quantités. — Ces farines se
donnent habituellement sous forme de barbotages et
d'eau blanche; on en mélange à d'autres aliments,
au son frisé, à des pommes de terre cuites, à des betteraves hachées. Elle sont particulièrement distribuées
aux jeunes animaux et aux sujets qu'on engraisse.

La farine de froment *crue* n'est pas un aliment de
facile digestion pour les animaux; les jeunes ruminants
ont pour elle un coefficient de digestibilité plus élevé
que les adultes. Pour ceux-ci, il importe de n'en donner
que de petites quantités et toujours mélangées à d'autres substances, de manière que la forte proportion de
matières amylacées qu'elles renferment ait sa diges-

tibilité augmentée par la présence d'autres éléments. Il y a toujours avantage à faire cuire la farine pour l'usage des animaux comme pour celui de l'homme, afin d'opérer la transformation de l'amidon qui sans cela traverse, partiellement inattaqué, le tube digestif, pouvant même occasionner des dérangements intestinaux s'il a été donné en quantité un peu forte.

Nous reviendrons plus loin sur les avantages de la panification appliquée au fleurage. Pour le moment, nous rappellerons que cet aliment est couramment employé pour la préparation des boissons alimentaires utilisées dans le sevrage graduel des veaux et des porcelets. Les commissionnaires en bestiaux et les bouchers l'emploient aussi pour la nourriture des veaux entre le moment de l'achat et celui de l'abatage. Dans ces divers cas, il faut se servir d'eau chaude dans laquelle on délaye 150 grammes de farine par litre. Un jeune veau peut recevoir 1,200 grammes de fleurage par jour, quantité considérable proportionnellement à ce qu'en digèrent les adultes.

Les ruminants et les porcs à l'engrais en prennent en barbottages et en mélanges; il en est de même des vaches qui viennent de mettre bas. Voici une ration donnée à des bœufs à l'engrais, dont nous nous sommes bien trouvé :

Première période de l'engraissement.		Deuxième période de l'engraissement.	
Farines 3e et 4e.....	2 k. 000	Farines 3e et 4e....	2 k. 000
Tourteau de colza..	1 k. 500	Petit son...........	1 k. 000
Betteraves.........	15 k. 000	Tourteau de pavot.	1 k. 000
Foin..............	8 k. 000	Glands.............	0 k. 600
		Trèfle sec..........	10 k. 000

La suivante a donné de bons résultats dans la dernière période d'engrais d'un porc de 120 kilogr.

Farine quatrième....... 1 k. ⎫ délayées dans q. s.
Pommes de terre cuites. 6 k. ⎭ d'eaux grasses.
Débris de triperie.   1 k.

Il est bon de saler un peu les farines données aux ruminants afin de les faire prendre plus facilement.

Des farines autres que celle de froment. — Parmi les farines autres que celle de froment, il en est trois qui après préparation entraient, mais qui entrent de moins en moins dans l'alimentation humaine, celles de seigle, de maïs et de sarrazin. D'autres n'ont servi et ne servent qu'exceptionnellement à sa nourriture. Dans cette catégorie, se trouvent les farines d'orge, d'avoine, de millet, de sorgho, de haricots, de pois, de pois chiches, de vesces, de fèves, de lentilles, de féverolles, de lupin, de châtaignes et de pommes de terre. Celles de caroubes et de graines de cotonnier ont toujours été réservées aux animaux.

Farine de seigle. — Elle est blanc-grisâtre, un peu teintée de jaune; elle a notablement moins de gluten que celle de froment; sa composition est la suivante :

Eau.. 15.51
Matières azotées.......................... 8.90
    —   grasses.......................... 1.97
Glycosides............................... 65.51
Cellulose................................. 6.36
Sels...................................... 1.75

(POGGIALE.)

Son gluten est jaune et devient brun, corné; sec, il donne une cassure vitreuse. D'après Einhof, la farine de seigle contient du mucilage; on y trouve aussi une substance

qui se colore en brun par la chaleur et une matière
douée d'une odeur spéciale.

Il y a plusieurs procédés pour distinguer la farine
de seigle de celle de blé; il est utile d'être à même de
faire la distinction car le mélange des deux farines n'est
pas rare.

Est-on en présence de farines mal épurées où se
voient des pellicules de son, on recueille ces dernières
et on les traite comme il a été dit à propos du son de
seigle, page 369.

La distinction des farines se fait par l'examen microscopique des grains d'amidon. Ceux du seigle sont à
diamètre allant de $0^{mm},004$ à $0^{mm},04$, plus grands en
moyenne que ceux de blé. Ils sont discoïdes, irrégulièrement bosselés et ils montrent fréquemment, mais
non constamment, un hile étoilé ou déchirure centrale à 3 ou 5 branches.

Cailletet et Benecke ont indiqué chacun un procédé
de distinction des farines de blé et de seigle.

D'après Cailletet, on agite 20 grammes de farine avec
deux fois son volume d'éther; on sépare la liqueur
éthérée, on évapore dans une capsule de porcelaine et
l'on obtient un résidu qu'on traite par un c.c. du mélange
suivant : acide azotique 1 volume, eau 1 vol., acide
sulfurique deux volumes. Si l'on est en présence de farine
de seigle, le résidu prend une coloration *rouge cerise*,
tandis qu'elle est *jaune* s'il provient du blé. S'il y a
eu mélange des deux farines, la coloration se rappro-
chera d'autant plus du rouge que la proportion de seigle
sera plus grande.

Benecke conseille d'agir comme suit :

Mettre dans un matras de 500 c.c. 100 gr. de la farine à examiner, remplir de chloroforme le matras aux
deux tiers, boucher et agiter énergiquement pour que

la farine se répande uniformément dans le liquide. Ajouter une nouvelle portion de chloroforme jusqu'à ce qu'il ne reste plus que quelques centim. c. d'air; on rebouche, on agite de nouveau et on laisse le tout reposer. Les corpuscules étrangers forment les premiers un dépôt couleur chocolat; au bout de vingt-quatre heures, une nouvelle partie de farine se dépose; ce sont les cellules à gluten qui vont de préférence au fond. Avec la farine de seigle, le dépôt est *vert olive foncé;* avec celle de froment, il est *brun.*

La farine de seigle est distribuée au cheval, au bœuf et au porc à l'engrais. On la donne au cheval sous forme de barbotage, au porc en la mêlant à des eaux de cuisine, et au bœuf d'engrais en l'associant à d'autres aliments. Le veau la digère bien. Elle est rafraîchissante, peut-être en raison du mucilage qu'elle contient.

Voici deux exemples de rations d'engraissement pour bœufs :

```
1° Farine de seigle....................  2 k. 500
   Pulpes.............................  25 k. 000
   Luzerne............................  8 k. 000


2° Farine de seigle.......  )              2 k. 000
   —    de maïs.......  ( mélangées  )     2 k. 000
   —    blé 4°.........  ( pour cuisson.)  1 k. 000
   Pommes de terre cuites )              10 k. 000
   Foin...............................  7 k. 000
```

On avait la précaution de saler le mélange de pommes de terre et de farines afin qu'il fût mieux appété.

Pour des antenais à l'engrais, on donna :

Première période.		Deuxième période.	
—		—	
Farine de seigle.	o k. 3oo	Farine de seigle...	o k. 200
Betteraves.......	1 k. 000	— de maïs.....	o k. 200
Luzerne.........	1 k. 5oo	Drèches...........	2 k. 5oo
		Tourteau de coton..	o k. 25o

Farine de maïs. — Cette farine, de couleur jaune pâle ou jaune doré selon la variété de maïs qui l'a fournie, a une odeur particulière. Elle est moins douce au toucher que les précédentes et elle rancit rapidement, aussi ne doit-on point en faire de grandes provisions à la fois. Son amidon est à granulations assez uniformes, de $0^{mm},0130$ de diamètre en moyenne, arrondies, souvent pentagonales, à hile étoilé.

La composition de la farine de maïs est la suivante :

Eau.....................................	13.89 %
Matières azotées........................	10.21 —
— grasses........................	6.89 —
Glycosides.............................	63.44 —
Cellulose..............................	4.09 —
Sels...................................	1.48 —

Cette farine présente une particularité (Poggiale), qui permet de la déceler quand elle a été mêlée à celle d'autres céréales : Soumise à l'action des alcalis caustiques, elle prend une coloration *jaune serin* intense ; la teinture d'iode donne à son décocté une teinte *lie de vin*.

De toutes les farines, celle de maïs est la plus employée pour l'alimentation du bétail, surtout de celui qu'on engraisse. On la donne peu au cheval, mais elle est largement distribuée au bœuf, au mouton, au porc ; son rôle dans le gavage et l'engraissement des volailles est de première importance.

Les formules qui suivent ont été expérimentées sur le bœuf, le mouton et le porc :

BŒUF.

Première période d'engraissement.

Farine de maïs........................	3 k. 500
Betteraves...........................	20 k. 000
Tourteau de coprah..................	2 k. 000
Regain..............................	3 k. 000

Deuxième période.

Farine de maïs.......................	2 k. 500
Pommes de terre cuites..............	16 k. 000
Tourteau de pavot..................	2 k. 000
Foin................................	4 k. 000

MOUTON.

1° Farine de maïs.....................	0 k. 400
Drèche de brasserie.................	3 k. 000
Regain	1 k. 000
2° Farine de maïs.....................	0 k. 200
Tourteau de coton..................	0 k. 200
Drèche ensilée.....................	4 k. 000

PORC.

Farine de maïs (dans eaux grasses)...	0 k. 700
Résidus de triperie.................	1 k. 400
Eaux grasses......................	4 litres.

Quant aux volailles et surtout aux palmipèdes qu'on veut pousser à la production du foie gras, on prépare une bouillie pour gavage à base de farine de maïs. On délaye celle-ci soit à l'eau, soit à l'eau coupée de lait, soit au lait pur ou écrémé et on dépose dans la gaveuse. La puissance d'absorption de la farine de maïs est de 2 fois 1/2 son poids d'eau. — Une bouillie pour gaveuse se prépare en prenant :

Eau.............................	trois parties.
Farine de maïs...................	une partie.

Pour l'engraissement à l'épinette, on délaye moins, de façon à avoir des pâtées et non des bouillies. Il en est de même pour le gavage à la main où l'on introduit des pâtons dans la gorge des oiseaux.

On a eu l'idée, il y a quelques années, de faire moudre la rafle ou rachis qui porte les graines de maïs avec celles-ci et on a obtenu une farine grossière dont la composition, d'après M. Barthe, serait la suivante :

Eau.............................	9.12 %
Matières azotées....................	10.40 —
— grasses...................	5.32 —
Glycosides........................	58.35 —
Cellulose.........................	10.60 —
Acide phosphorique................	0.69 —
Chlore............................	1.58 —
Chaux, potasse, soude, magnésie.......	3.94 —

« Dans les essais qui ont été faits, cette farine a été mangée sans trop de difficultés par les chevaux auxquels on l'a donnée à la dose de 1500 à 3000 grammes, en remplacement de la moitié de la ration d'avoine. On l'a distribuée après l'avoir légèrement humectée; les animaux l'ont mieux digérée que le maïs grossièrement écrasé et ont continué leur service ordinaire aux petites voitures d'un chemin de fer, sans avoir rien perdu de leur vigueur et sans avoir cessé d'être en bon état. » (Magne et Baillet.)

Il ne faudrait pas attribuer à cette farine des propriétés particulières ; la rafle, par sa cellulose, agit surtout comme lest et pourrait, bien entendu, être remplacée par d'autres substances.

Farine de sarrazin. — Habituellement grisâtre parce qu'elle est mal blutée, cette farine serait blanche si on la tamisait avec grands soins, mais ce n'est pas nécessaire pour celle qu'on destine aux animaux. Elle est sèche au toucher, d'odeur rappelant celle de la farine de blé échauffée. Sa saveur est un peu âcre; malgré cela on l'emploie, dans les campagnes de l'Ouest et du Centre, pour faire des galettes, des bouillies et du pain, en la mêlant pour ce dernier usage à de la farine de blé. Son amidon est à granules polyédriques, libres ou groupés, à hile habituellement uniforme, à diamètre d'environ $0^{mm},0045$.

Sa composition est la suivante :

	D'après Gorhen.	D'après Corenwinder.
Eau......................	15.3	15.5 %
Matières azotées............	9.2	10. —
— grasses............	4.8	
Extractifs non azotés........	61.3	74.5
Cellulose	10.0	
Cendres....................	0.94	

On donne rarement la farine de sarrazin au cheval; cela tient vraisemblablement à ce qu'on sait que la graine entière lui réussit mal. En effet, quand on la fait entrer dans sa ration et qu'on l'a donnée sans discontinuer pendant quelque temps, on voit survenir des poussées congestives à la peau et des démangeaisons. On craint qu'il en soit de même en distribuant la farine. On la réserve pour les ruminants, le porc et les volailles.

Les oiseaux de basse-cour trouvent dans le sarrazin

un grain qui leur convient et ne provoque aucun malaise; on emploie la farine qui en dérive pour leur
préparer des bouillies et des pâtées. Nous avons vu délayer cette farine dans de l'huile pour en faire des pâtons de gavage.

Puisqu'il est acquis que la cuisson enlève aux grains
de sarrazin toute action nuisible, il serait indiqué de
ne donner aux animaux que les farines qui l'ont subie;
il y aurait double bénéfice, l'assimilabilité serait plus
considérable et on n'aurait rien à craindre.

D'autres farines servent à l'alimentation de populations exotiques; le surplus en est expédié en Europe
pour la nourriture du bétail, pour des usages industriels et même pour falsifier les farines des céréales
proprement dites.

Citons celles d'Alpiste (*Phalaris canariensis*, L.), de
Millet (*Panicum miliaceum*) et de Sorgho (*Andropoghum
sorghum*).

La farine d'alpiste est blanc-jaunâtre, assez douce;
l'industrie l'importe pour le collage des tissus fins et on
en donne au bétail. Celle de millet est mêlée dans
quelques régions aux farines de maïs et de sarrazin pour
la fabrication d'un pain appelé dans ces localités *mestura*.
Quant au sorgho, cultivé sous le nom de dari, dhaora,
durra, doura, pour la nourriture de l'homme en Arabie,
en Turquie, dans l'Inde, il a été introduit exceptionnellement pour falsifier des farines et couramment pour
nourrir le bétail. Les Anglais en importent beaucoup et
en font grand cas pour ce dernier usage.

Farine et brisures de riz. — Tout le monde sait qu'il
est une fraction importante de l'humanité dont le riz
forme la base de sa nourriture. Dans les pays occiden-
taux, s'il n'y joue pas un rôle alimentaire aussi considérable, néanmoins on l'importe pour le faire entrer

dans la consommation ou pour l'utiliser dans l'industrie, spécialement dans l'amidonnerie.

On trouve dans le commerce deux sortes de farine de riz, celle qui provient du riz décortiqué et celle du riz non décortiqué.

L'agriculteur n'a que très exceptionnellement la farine de riz décortiqué à sa disposition pour alimenter ses animaux; ce n'est que quand elle est avariée qu'on la lui offre et, en cette occurrence, il est sage de n'en point faire l'acquisition pour des raisons qui seront exposées tout à l'heure.

La farine de riz non décortiqué est plus abordable pour lui; mais le commerce met surtout à sa disposition les grains cassés, salis, entourés ou non de leurs enveloppes; on les désigne sous le nom de *Brisures* de riz.

Voici, d'après Gohren, la composition de la farine de riz non décortiqué et des brisures :

	Farine de riz non décortiqué.	Brisures de riz.
Eau.......................	11.9	10.0 %
Matières azotées...........	10.3	3.1
— grasses..:.........	10.6	1.4
Extractifs non azotés.......	47.6	51.6
Cellulose..................	14.1	»
Cendres...................	9.5	»

Les brisures de riz mises dans l'eau se gonflent et en absorbent un peu plus que leur poids.

Elles entrent dans l'alimentation de la porcherie de notre ferme d'application; elles sont mises en macération dans de l'eau tiède puis mélangées à des résidus animaux.

Les bouillies à la farine ou aux brisures de riz sont usitées dans la dernière période de l'allaitement artificiel, au moment du sevrage et dans l'engraissement des veaux qui doivent être vendus sous le nom de veaux blancs. On en retire de bons effets, car la cuisson les a rendues plus digestibles; d'autre part, elles combattent la diarrhée qui souvent se déclare sur les veaux, les fait maigrir et quelquefois mourir. Elles agissent à la façon du décocté désigné sous le nom d'eau de riz, dont l'emploi est si fréquent et si populaire dans les médecines humaine et vétérinaire comme antidiarrhéique et antidysentérique.

Des chasseurs, afin, disent-ils, d'affiner l'odorat de leurs chiens, les nourrissent *exclusivement* de bouillies de riz, sans graisse, trois semaines avant l'ouverture de la chasse. Ils atteignent le but parce que cette alimentation est insuffisante et que sous l'influence de la disette, la sensibilité et la finesse des sens s'exaltent d'abord, mais c'est au détriment de la force, de la vitesse et de la santé des animaux; si l'anémie est lente à se montrer quand les chiens ne chassent pas, elle se décèle avec rapidité aussitôt que la chasse commence. Seul, le riz ne peut constituer un aliment suffisant pour le chien pas plus qu'il n'en peut être un pour l'âne ainsi que l'a démontré Magendie et pour les autres animaux, ajouterons-nous; il faut l'associer à d'autres substances. Nous connaissons une circonstance où un propriétaire perdit une meute de quatorze chiens qu'il avait mise pendant cinq semaines au régime exclusif du riz bouilli à l'eau claire (1).

Farines d'orge et d'avoine. — L'orge fournit une farine très exceptionnellement employée seule à la panification, mais quelquefois mêlée à celle du seigle et du blé. Elle

(1) Collin, Dangers d'une alimentation insuffisante, *Bull. de la Soc. vét. de la Haute-Marne*, 1869.

est gris jaunâtre, assez douce au toucher; son amidon ressemble à celui du blé et ne s'en distingue pas facilement; son contour est pourtant moins régulier, sa surface souvent bosselée; son diamètre moyen est de $0^{mm},014$; il résiste mieux que l'amidon du blé à l'action de l'eau bouillante.

La farine d'orge qu'on destine exclusivement au bétail est rarement blutée.

Voici la composition de farines d'orge blutée et non blutée :

	Farine d'orge blutée.	Farine d'orge non blutée.
Eau.........................	14.5	11.1 %
Matières azotées.............	13.0	11.6 —
— grasses.............	2.2	4.9 —
Extractifs non azotés.........	67.0	34.8 —
Cellulose....................	»	31.9 —
Cendres.....................	2.3	5.7 —
		(Gohren.)

Avec celle de maïs, la farine d'orge est la plus employée pour les animaux. C'est ordinairement avec elle qu'on fait des barbotages pour le cheval, en en délayant 500 gr. dans un seau d'eau. Ces barbotages sont considérés non seulement comme nourrissants, mais encore comme rafraîchissants. Ils sont également donnés tièdes aux femelles qui viennent de mettre bas, aux jeunes qu'on sèvre. Pour le porc on associe cette farine aux eaux grasses. Non blutée, elle absorbe près de deux fois et demi son poids d'eau.

Dans quelques parties de l'Europe, le gruau d'avoine entre dans l'alimentation humaine. Ce n'est qu'exceptionnellement qu'on donne la farine d'avoine aux animaux; on préfère leur distribuer cette céréale sous forme de grains et on la réserve généralement pour les Équidés.

Mais les ruminants, les vaches laitières en particulier,
s'en trouvent très bien; les expériences que nous avons
poursuivies sur ce sujet nous ont fait constater une
augmentation dans la teneur en beurre du lait des vaches qui recevaient de l'avoine. Mœrker, du reste,
l'avait déjà vu. Malheureusement, le prix élevé auquel se maintient cet aliment depuis plusieurs années,
nous empêche d'en préconiser l'emploi autant que nous
le voudrions. La farine d'avoine a le grand avantage
d'être acceptée immédiatement par tous les herbivores
domestiques; elle sert donc de condiment autant que
d'aliment, et pour la nourriture des jeunes, elle rend de
signalés services. Elle passe aussi pour rendre la viande
de qualité supérieure; dans l'engraissement des volailles de choix, on termine l'opération en donnant dans
la dernière quinzaine des pâtées de farine d'avoine délayées dans du lait.

Cette farine est grise, douce, inodore et absorbe son
poids d'eau. Son amidon est en granulations polyédriques, anguleuses, libres ou agglomérées en masses
ovoïdes; les granulations libres ont de 5 à 9 millièmes
de millimètres et les masses ovoïdes de 4 à 6 centièmes.

Gohren attribue à la farine d'avoine la composition
qui suit :

Eau.................................	12.0 %
Matières azotées............	17.7 —
— grasses.....................	6. —
Extractifs non azotés.................	63.9 —
Cellulose...........................	»
Cendres............................	»

Farines de Légumineuses indigènes. — Les farines
des légumineuses sont employées parfois pour falsifier celle du blé; on en fait entrer quelques-unes dans la

composition de poudres alimentaires ou condimentaires vendues sous divers noms pour l'allaitement artificiel des veaux; enfin toutes ou à peu près sont distri-buées en nature assez fréquemment : triple motif pour en dire un mot à cette place.

La farine de *féverole* (*Faba vulgaris*, L.) est la plus usitée; on la mélange surtout aux blés pauvres en gluten pour augmenter le taux de leur farine en azote; elle ne trouble pas, à doses modérées (3 %), le travail de la fer-mentation panaire. A défaut de féveroles, on emploie la farine de *fève* (*Faba equina*).

Les farines de fèves et de féveroles sont l'une et l'autre grises jaunâtres, hygrométriques, d'une odeur et d'une saveur qui rappellent celles du haricot. Leur amidon est un peu différent. Celui de la féverole, arrondi ou ova-laire, est à granulations du diamètre de 9 à 40 μ; celui de la fève, en grains irréguliers, souvent fendus transver-salement, du diamètre moyen de 20 à 30 μ.

La farine de *haricot* est moins avantageuse que celles de fèves et féveroles, d'abord parce que possédant l'o-deur et la saveur particulières du fruit d'où elle dérive, elle les communique à la farine et au pain de blé dans lesquels on la fait entrer, ensuite parce qu'elle gêne la panification, désagrège le gluten, le rend coulant et l'empêche de se boursoufler.

Sa couleur varie du blanc sale au brun très clair; son amidon est en grains réniformes pour la majorité, quel-ques-uns ovales ou presque cylindriques; quand leur hile est visible, il a la forme d'une fente. Leur longueur oscille de 35 à 50 μ. Blutée, elle absorbe 33 % d'eau, L'agriculteur n'a point intérêt à en acheter; seule, les animaux la refusent; mêlée à d'autres farines, elle n'est prise que difficilement et forme une pâte grise mal liée exhalant l'odeur de haricot. Soumise à la cuisson, l'odeur spécifique devient plus nette et il se forme une bouillie vitreuse, gluante.

Le *pois* ordinaire (*Pisum sativum*) donne une farine verdâtre, assez douce, d'une odeur qui n'a rien de désagréable; son amidon est en grains irréguliers, habituellement réniformes et souvent pourvus d'un hile linéaire; leur grandeur moyenne est de 22 à 33 μ.

Le *pois chiche* (*Cicer arietinum*, L.) donne une farine blanc jaunâtre, assez douce au toucher, d'une odeur non désagréable; son amidon est en grains ovales ou sphériques, avec ou sans hile linéaire, assez réguliers, d'environ 20 μ de grandeur. Autant qu'on en peut juger par l'examen microscopique, les farines de pois chiche et de lentille sont particulièrement utilisées pour la confection des poudres dites nutritives et des préparations qualifiées de laits artificiels.

Celle de *lentille*, qu'on emploie aussi à cause du peu d'odeur de légumineuse qu'elle répand à la cuisson, ce qui fait qu'elle ne décèle pas sa présence comme le feraient celles de haricot ou de pois, est jaune-clair et assez rude au toucher. Son amidon est ovale ou réniforme avec un hile linéaire prononcé; il est plus petit que ne l'est habituellement celui des légumineuses; sa grandeur moyenne est de 20μ.

La *vesce cultivée* fournit une farine également jaune-clair, dégageant l'odeur de haricot à la cuisson. Son amidon est en granules ovoïdes ou même elliptiques, d'un diamètre moyen de 22 μ.

Nous ne signalerons les farines de gesse chiche et de lupin que pour détourner les agriculteurs d'en présenter à leur bétail. Nous avons indiqué ailleurs (1) les accidents pathologiques, véritables empoisonnements, qui résultent

---

(1) *Op. cit.*, pages 314 et 326.

de l'alimentation prolongée avec les graines de ces deux légumineuses. Les farines produisent les mêmes effets; il y a peu de temps, nous avons été consulté relativement à l'empoisonnement de porcs qu'on tentait d'engraisser avec un mélange de farines de maïs et de lupin.

Voici les caractères qui permettent de reconnaître les farines de gesse chiche et de lupin. Celle de *gesse*, de couleur jaune pâle, est rude au toucher et n'a qu'une odeur faible de légumineuse. Son amidon est en grains arrondis, dont quelques-uns assez longs; hile linéaire. Grandeur moyenne : 25 μ de large sur 29 de long.

La *farine de lupin jaune* est de couleur légèrement jaunâtre; elle n'a pas d'odeur; sa saveur, d'abord amère, devient rapidement âcre, styptique et strangulante.

Traitée par l'iode, elle prend une coloration brune toute particulière au lieu de la coloration bleue que manifestent les autres farines sous l'influence de ce réactif.

Examinée au microscope elle se montre constituée : 1° par des corpuscules ovoïdes (fig. 30, A.) ou arrondis, granuleux à l'intérieur, n'ayant aucun rapport de forme et de structure avec l'amidon des autres plantes papilionacées, et mesurant de 18 à 22 μ de diamètre : quelques-uns de ces corpuscules sont faiblement colorés en brun par l'eau iodée, la plupart demeurent incolores. 2° Par des granulations très tenues, libres ou associées deux à deux, fixes ou animées de mouvements très actifs, toutes réfractaires au réactif iodé. Rencontrées dans des farines provenant de grains anciens et récents, elles sont considérées comme des sphérobactéries qui ont envahi les graines, s'y sont multipliées et y ont vécu aux dépens de la *granulose* d'un amidon primitivement existant :

la substance restante, colorée en jaune brun par l'iode, serait l'autre élément de l'amidon, c'est-à-dire l'*amylose*. (Boucher.)

Quoi qu'il en soit, les caractères de cette farine sont tels qu'on en découvrira aisément la présence dans

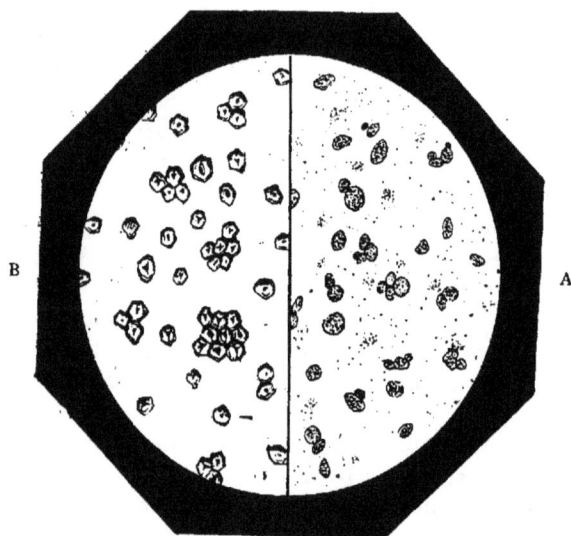

FIG. 3o. — A. Amidon de lupin jaune.
B. Amidon de maïs (grossissement : 3oo).

celle de maïs quand elle y aura été introduite, dans une intention frauduleuse. Cette dernière, en effet, est formée de grains amylacés polyédriques, libres et pourvus d'un hile central triangulaire, très visible à un grossissement de 3oo diamètres (fig. 3o, B.)

Farine de caroubes. — Le Caroubier (*Ceratonia siliqua*, L.) est un arbre de la famille des Légumi-

neuses, tribu des Césalpinées, qu'on trouve dans la région méditerranéenne, notamment en Espagne, en Algérie, en Calabre, en Sicile, en Égypte, dans les îles
de l'Archipel et en Syrie. Il y a longtemps déjà que de
Gasparin a insisté sur les services que ce végétal est capable de rendre, pour l'alimentation du bétail, dans la
région pauvre en four-
rages où il croît. Plus
récemment, dans un
travail   documenté,
MM. Bonzom, Dela-
motte et Rivière ont
repris la même thèse
et montré, en particu-
lier, quels avantages la
greffe du caroubier sau-
vage amène (1) dans la
production du fruit et,
le bénéfice qu'en retire-
rait l'élevage du bétail
africain.

En attendant qu'on
entre largement dans
la voie qu'ils ont indi-
quée, le caroubier four-
nit déjà ses gousses

FIG. 31. — RAMEAU ET FRUIT
DE CAROUBIER.

pulpeuses (fig. 31) à la nourriture de l'homme et à celle
des animaux; elles servent aussi à divers usages industriels : fabrication de piquette, d'alcool, de sucre, de
sirop pectoral et même d'une sorte de chocolat qu'on
prépare surtout à Valence (Espagne).

(1) Bonzom, Delamotte et Rivière, Du Caroubier et de la Caroube,
Recueil de médecine vétérinaire, 1877, 1878, 1879.

Pour le travail industriel, on emploie la pulpe.
En effet, le fruit du caroubier est une gousse assez
longue, à valves épaisses, remplie d'une pulpe sucrée ou mielleuse à demi solide et contenant des semences ovales, aplaties, luisantes, ombiliquées, à testa
corné. Après utilisation de la pulpe, restent les graines
qu'on jetait et qu'on jette encore dans beaucoup d'en-
droits. On a eu l'idée de les moudre et d'en retirer une
farine que le bétail accepte bien. Jusqu'ici le prix en
est resté très bas; aussi s'est-on empressé, en Angleterre, d'en importer pour les opérations d'engraissement. On a eu raison; pourquoi ne pas imiter cette
pratique en France?

Farine de graines de cotonnier. — Il a été dit qu'en
Orient les graines de cotonnier sont données aux animaux. On commence à importer dans l'Europe centrale
la farine de ces graines et à la faire entrer dans la nourriture des bêtes bovines.

§ V. — *Altérations et sophistications des farines.*

Altérations. — Les farines peuvent être de qualité
inférieure, parce qu'elles proviennent de graines avariées ou parce qu'elles se sont altérées depuis la mouture.

Les grains germés ont été accusés de donner une
farine non seulement inférieure, mais encore nuisible. Pour juger cette affirmation, il faut voir quelles
modifications se produisent sous l'influence de la
germination. Parmi les recherches faites sur ce point,
nous emprunterons aux plus récentes, celles de
MM. Brown et Morris, les conclusions qui en décou-

lent (1). On savait que pendant la germination, les matières de réserve solides sont solubilisées, mais on ignorait la nature du ferment qui produit cette solubilisation et son point de départ. MM. Brown et Morris rappellent que l'embryon des graminées s'applique sur l'albumen par la partie spéciale qui a reçu le nom de scutelle, recouvert du côté de l'albumen d'un épiderme à cellules cylindriques. Dès le début de la germination, il se produit des changements dans le contenu de ces cellules, le protoplasma devient grenu et trouble de sorte que le noyau se soustrait presque entièrement à l'observation. Cet état persiste jusqu'à ce que l'albumen soit presque entièrement vidé et que la plantule ait acquis des dimensions assez importantes. La couche externe de l'albumen dite couche à gluten ne se dissout qu'après l'utilisation presque totale de l'amidon, ce qui tient à l'épaisseur et à la sorte de cutinisation de ses parois. Tous ces phénomènes sont occasionnés par un ferment diastasique sécrété par l'épithélium du scutelle.

Les mutations subies par l'amidon pendant la germination se terminent par la formation de maltose, qui se transforme rapidement en sucre de canne; c'est ce dernier sucre et les produits de son inversion qui représentent chez les graminées la forme de voyage des hydrates de carbone.

On n'a point décelé jusqu'à présent la production de substances toxiques pendant la germination; c'est donc un premier et très sérieux motif pour accueillir avec grande réserve les quelques observations dans lesquelles on a regardé des farines provenant de céréales germées comme facteurs d'accidents; il en est d'autres. A notre

(1) Recherches sur la germination de quelques graminées par Horace Brown et G. G. Harris Morris, *Biederm. Centralbl.*, XX, 19, traduction de M. Vesque, dans les *Annales agronomiques*, 1891, p. 230.

connaissance, on n'a incriminé que la farine de seigle et les symptômes constatés : coliques légères et per-
sistantes, anorexie, faiblesse du train postérieur, difficulté dans l'émission de l'urine, tendance à rester
couché sur le flanc, respiration accélérée, pulsation
doublée, artère tendue, rappellent ceux qui sont occasionnés par l'ivraie enivrante ou par un champignon
parasite du seigle dont il sera question tout à l'heure.

Que faut-il penser des farines et des sons provenant
de *graines insuffisamment mûres?* Nous n'avons jamais
entendu incriminer nos céréales indigènes et, en Auvergne, il est même d'usage de réserver le seigle incomplètement mûr pour la confection de pain à bestiaux.

Un médecin néerlandais, M. Van den Driessche accuse le riz non mûr de produire chez l'homme qui le
consomme une maladie singulière appelée *béribéri;* elle
se caractérise par des symptômes multiples, avec prédo-
minance de troubles intellectuels, sensoriels, moteurs ;
le plus souvent elle affecte le type chronique. Elle
n'est pas rare sur les populations de l'extrême Orient
qui se nourrissent de riz. La lumière est loin d'être
faite complètement sur la cause exacte du béribéri ;
mais dans le doute, il paraît sage de tenir compte
des observations de M. Van den Dreissche, d'autant plus
qu'il les appuie par des expériences exécutées sur des
singes, des poules et des pigeons qu'il nourrit de riz
non mûr et sur lesquels, dit-il, il fit apparaître la maladie. Il existe d'ailleurs dans l'Amérique du Sud une
maladie du cheval dont la symptomatologie fait songer au béribéri, on la nomme là-bas *guebrabunde.*
Enfin, les chevaux européens importés en Indo-Chine
succombent au bout de quelques années de séjour à une
paraplégie que des médecins rapprochent du béribéri.

La conclusion est que l'agriculteur ne doit acheter,

pour la nourriture de ses animaux, que des brisures de riz en bon état.

Le maïs avarié a été et est accusé de développer une affection spéciale, la *pellagre*. Cette affection se traduit par des troubles digestifs, une éruption à la face dorsale des mains et des pieds, à la poitrine, éruption constituée par des plaques érythémateuses qui se recouvrent de vésicules et plus tard se desquament; il y a des troubles nerveux indiquant une lésion fonctionnelle de la moelle épinière. Les accidents cérébraux ne sont pas rares.

La cause de ces désordres serait une moisissure appelée *verderanne* par les Italiens et *verdet* par les Français. Des bactériologistes ne croient point que le verdet soit le coupable direct, il n'agirait qu'indirectement en préparant le terrain à des microbes qui seraient les producteurs du mal. Enfin d'autres observateurs ne pensent pas qu'il faille accuser le maïs, avarié ou non, de produire la pellagre.

Dans un livre de la nature de celui-ci, il serait déplacé de discuter à fond les idées émises sur l'étiologie de la pellagre, mais ce qu'il importe que l'agriculteur n'ignore point et ce qu'il doit tenir pour certain, c'est que le maïs avarié est nuisible aux animaux qui le consomment. Nous avons contrôlé expérimentalement les observations de Lombroso et nous avons amené la mort de coqs auxquels nous faisions distribuer du maïs altéré. Sans doute, la farine de ce maïs, après son passage aux ventilateurs et aux blutoirs, est débarrassée d'une partie des cryptogames qui se trouvaient à la surface du grain; mais l'épuration complète étant impossible, elle doit néanmoins être écartée de l'alimentation du bétail.

Récemment la farine de seigle a été désignée comme

productrice d'accidents, signalés en France et en Russie sur des personnes qui s'étaient nourries du pain qui en provenait. Ces effets, qui consistaient en un engourdissement général et dans l'impossibilité de travailler pendant vingt-quatre heures, ressemblaient à ceux que produit l'ivraie enivrante, mais ils étaient plus rapides et plus intenses.

M. Woronine qui a examiné des échantillons du seigle dangereux, a constaté que les grains étaient envahis par des végétations cryptogamiques et il a indiqué plusieurs formes de champignons comme devant être soupçonnées d'avoir produit les accidents.

M. Prillieux a procédé au même examen sur des seigles de la Dordogne également nuisibles. Il a trouvé des grains de médiocre apparence, légers, petits, mais dépourvus des champignons observés par M. Woronine. Le microscope lui a fait constater, à l'intérieur de ces grains, la présence d'un champignon, toujours le même dont le mycélium avait envahi la couche externe de l'albumen. Il a distingué de nombreux filaments entrelacés formant une sorte de stroma entourant l'albumen et pénétrant même dans les téguments. Des grains d'amidon étaient corrodés, probablement par l'action d'une diastase sécrétée par le parasite (1).

M. Prillieux estimant que ce champignon ne peut entrer dans aucun des genres connus, proposa d'en créer un nouveau pour lui. Il en a fait, avec le concours de M. Delacroix, l'étude botanique. Des grains placés dans une atmosphère saturée d'humidité se couvrirent de coussinets blanchâtres formés par l'épa-

(1) Prillieux, Le seigle enivrant, dans les *Comptes-rendus de l'Académie des Sciences*, 1891, 1er semestre, page 894.

nouissement à l'extérieur de rameaux conidiophores du
champignon dont le stroma entoure l'albumen. Ces
fructifications se caractérisent par des spores hyalines,
naissant en courts chapelets à l'intérieur des rameaux
vers leur partie terminale (fig. 32, A). MM. Prillieux
et Delacroix appelèrent cette moisissure *Endoconidium
temulentum* (1).

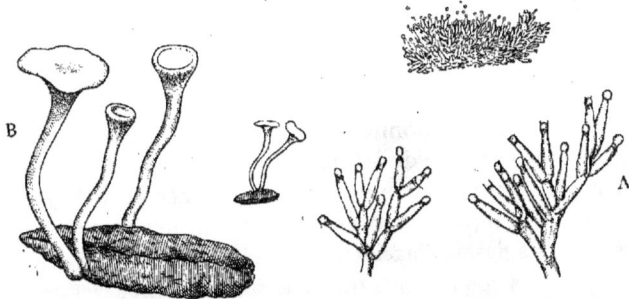

Fig. 32. — Champignon donnant au seigle des propriétés vénéneuses.

A. « Endoconidium temulentum », nov. gen., nov. sp., P. D.
B. « Phialea temulenta », nov. sp., état ascospore d'Endoconidium.
(Dessin communiqué par M. Prillieux.)

Ces botanistes poursuivirent leurs recherches afin
d'obtenir l'état ascospore de l'hyphomycète. Ils réus-
sirent et virent apparaître sur les grains de seigle une
pézize, à cupule pédicellée, à hyménium jaunâtre, tirant
tantôt sur le rouge brique, tantôt sur la couleur chamois
clair (fig. 32, B).

Ce discomycète se rapporte au genre *Phialea*, Fr. et
MM. Prillieux et Delacroix en firent l'espèce *Phialea te-*

(1) Prillieux et Delacroix, *Endoconidium temulentum,* nov. gen., nov. spc.,
Champignon donnant au seigle des propriétés vénéneuses. — *Bulletin de
la Société mycologique de France,* 1891, t. VII, page 116.

mulenta. Il prend naissance dans le grain même. A ce moment, l'albumen a complètement disparu et on trouve à sa place le mycélium du champignon, intriqué en stroma à mailles peu serrées (1).

Nous ne savons pas exactement à quel moment le seigle est envahi par le parasite en question. Son mélange à la farine est tellement intime qu'il n'y a pas à espérer de le séparer au blutage, ni à s'étonner de voir celle-là être nuisible.

Les accidents signalés pour l'espèce humaine se montrent quand cette farine est donnée aux animaux. M. Prillieux a indiqué que les porcs, les chiens, les volailles auxquelles on a donné, en Dordogne, du pain fabriqué avec de la farine de seigle ainsi altéré, sont devenus mornes, engourdis et ont refusé de manger et de boire pendant vingt-quatre heures. Les probabilités sont grandes qu'il s'agissait d'accidents de même origine dans les relations des vétérinaires où la germination, la fermentation, l'insuffisance de maturité étaient indiquées comme causales des états morbides qu'ils ont observés. Voilà donc un nouveau parasite du seigle à placer à côté de l'ergot et qui prouve que cette céréale a une réceptivité particulière pour les cryptogames.

En raison de son hygroscopicité, la farine est d'une conservation qui exige des soins. Et même quand on les lui donne, elle n'échappe pas toujours au rancissement et aux moisissures.

En vieillissant, les farines rancissent, avec diminution du sucre et production d'acidité. Il y a parfois désagrégation partielle du gluten et transformation d'amidon en dextrine ; cette sorte d'altération apparaît quand

(1) Prillieux et **Delacroix**, *Phialea temulenta* nov. sp. état ascospore d'Endoconidium temulentum, *Bulletin de la Société mycologique de France*, 1892, t. VIII, pages 22 et 23.

il y a eu une trop grande accélération des meules pendant la mouture avec échauffement consécutif.

Lorsque les farines sont conservées dans des locaux
humides ou imparfaitement aérés, elles se prennent en
pelotes ou marrons et sont envahies par des cryptogames divers : *Penicillium glaucum, Rhizopus nigri-
cans, Mucor mucedo, Oïdium aureum* etc. Ces végétations cryptogamiques se retrouvant dans le pain, nous
en reparlerons plus loin à propos de celui-ci.

Falsifications. — Indépendamment des substitutions d'une farine à une autre, les sophisticateurs s'exercent sur les farines comme sur toutes les autres substances alimentaires. Les principaux corps mis en usage
sont : la craie, le plâtre, la poudre d'os, l'alun et la
poudre de corozo ou ivoire végétal.

La craie et le plâtre sont employés pour augmenter
le poids des farines ; quelques manipulations très simples permettent de reconnaître leur présence. On a d'abord
bord recours au procédé Cailletet. Il consiste à agiter le
mélange suspect avec du chloroforme ; toutes les particules minérales tombent au fond du verre tandis que la
farine surnage. On peut remplacer le chloroforme par
une solution saturée de carbonate de potasse ou de
chlorure de zinc. On se sert ensuite du microscope. Le
plâtre, après hydratation, cristallise en petits prismes
obliques à base rhombe, isolés ou associés, entiers ou tron-
qués au sommet ; il revêt ainsi un aspect très particulier
qui ne permet pas de le confondre avec toute autre
substance, particulièrement avec les granulations amylacées du blé qui sont sphériques ou lenticulaires, sans
hile apparent, pourvues de stries concentriques et mesurant de 18 à 35 µ (fig. 33).

La poudre d'os se reconnaît à l'examen microscopique. Les fragments de substance osseuse que l'on

parvient à isoler permettent de distinguer soit les canaux de Havers. soit les ostéoplastes si caractérisés par
leur forme et leurs ramifications en pattes d'araignée
(fig. 34, B). Les canaux de Havers mesurent de $0^{mm},09$
à $0^{mm},014$ de diamètre, les corpuscules osseux ont 18
à 25μ de longueur et de 6 à 11 μ de large.

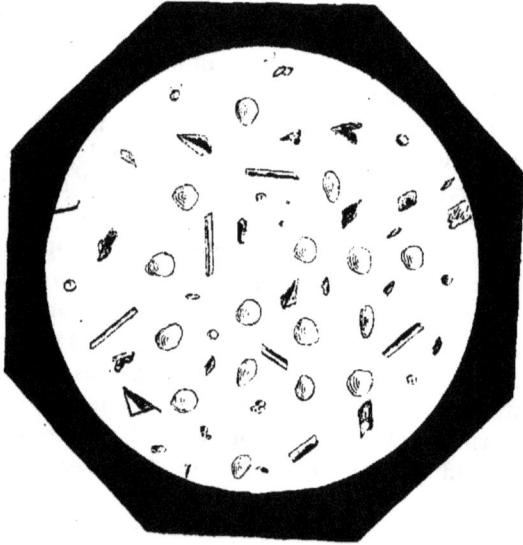

FIG. 33. — FARINE DE BLÉ ADDITIONNÉE DE PLATRE (GROSSISSEMENT : 170).

L'alun est employé pour modifier la qualité des farines. L'examen microscopique ne permet pas de le déceler, car il se présente sous forme de granulations qui
rappellent celles de quelques fécules et qui ne se distinguent de ces dernières qu'en ce qu'elles ne réagissent
point au contact de la solution iodée.

La combustion et l'essai chimique sont plus sûrs.

La farine sophistiquée avec de l'alun donne, quand
on l'incinère, un charbon dense et adhérent; en outre
pendant l'opération il se produit un boursouflement qui
est dû à la fusion de l'alun dans son eau de cristallisation. Une farine normale donne un charbon léger très

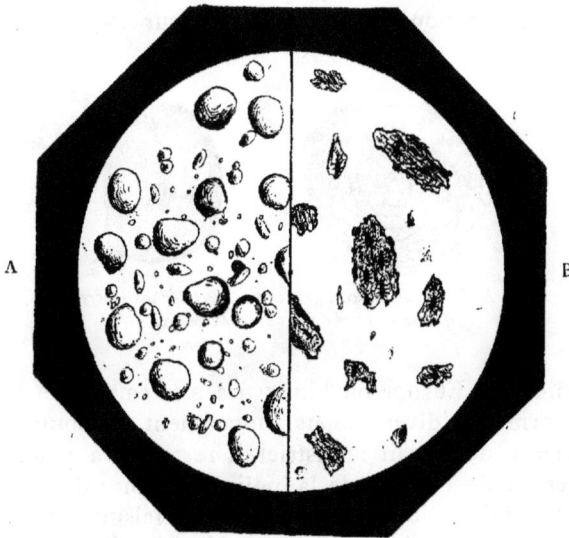

Fig. 34. — A. Amidon de blé. — B. Poudre d'os (grossissement : 300)

poreux et non adhérent et pendant l'incinération elle ne
se boursouffle pas avant la combustion.

La farine alunée, diluée dans de l'eau distillée donne,
après filtration, un liquide styptique et astringent qui
produit avec le chlorure de barium un précipité blanc
insoluble dans l'acide azotique, et avec l'ammoniaque un
précipité grumeleux, soluble dans un excès de potasse
(Chevalier et Baudrimont). Jamais une farine pure ne
donne de pareilles réactions.

L'addition de poudre de corozo est une falsification qui a été signalée récemment en Allemagne. Un palmier, le *Phytelephas macrocarpa,* qui croît dans l'Amérique du Sud , fournit des fruits très durs (fig. 35), appelés *noix de pierre* et aussi *noix de Carthagène,* de *Panama,* de *Para,* de *Guyaquil,* de *San Lorenzo,* etc. Ces fruits, dépouillés sur place de leur coque, sont

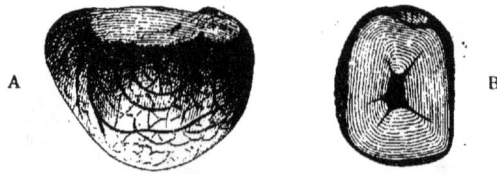

FIG. 35. — A. NOIX DE COROZO (FRUIT DU *Phytéléphas macrocarpa*).
B. NOIX COUPÉE TRANSVERSALEMENT.

expédiés en Europe où l'industrie s'en empare et les transforme en divers objets, notamment en boutons. A la suite du travail industriel, il reste de la poudre provenant de l'action de la polissoire. En raison de son bas prix, elle est employée pour falsifier les farines, les recoupes, la semoule. Une pareille fraude est des plus blâmables, d'abord parce que la poudre de corozo a une composition chimique bien inférieure à celle des farines de céréales ; cette composition est la suivante d'après Lages :

Eau	9.3 %
Matières azotées	5.1 —
— grasses	1.7 —
Extractifs non azotés	7.0 —
Ligneux et cellulose	73.7 —
Cendres	1.2 —

On ne peut manquer de remarquer dans cette analyse, la forte proportion de ligneux et de cellulose ; c'est elle qui donne au corozo sa dureté particulière, mais c'est elle aussi qui en fait un produit peu assimilable et de faible valeur nutritive.

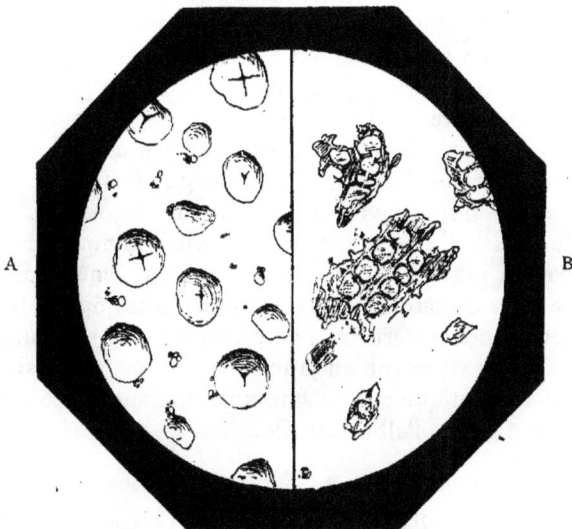

FIG 36. — A. AMIDON DE SEIGLE.
B. POUDRE DE COROZO (GROSSISSEMENT : 290).

La poudre d'ivoire végétal est inodore et insipide, de coloration blanc-jaunâtre, rappelant celle de la farine de plusieurs céréales. Sa densité est cependant plus élevée, car si l'on agite un mélange de cette poudre et de farine dans un tube d'essai contenant du chloroforme, le corozo, au bout de deux minutes de contact gagne le fond, tandis que la farine reste en suspension dans le liquide et s'assemble peu à peu en couche opaque à la partie supérieure. Ce moyen est à employer pour isoler rapidement les deux corps.

En examinant directement, sous le microscope, la poudre de corozo, on la voit opaque, amorphe et sans structure : il est nécessaire de faire intervenir divers réactifs pour en isoler les éléments. Ceux qui nous ont le mieux réussi sont : une solution bouillante de potasse au $\frac{1}{10}$ que l'on fait agir de 5 à 7 minutes et une solution d'acide sulfurique au $\frac{1}{10}$ qu'on maintient durant $\frac{1}{4}$ d'heure à la température de l'ébullition. Les fragments qu'on observe ensuite dans la glycérine simple ou iodée se montrent formés de cellules quadrangulaires à parois épaisses et dont la cavité centrale mesure de 30 à 50 μ : de plus les cellules d'une même série communiquent entre elles, grâce à la présence d'une petite fenêtre pratiquée sur leurs parois transversales adjacentes (fig. 36, B) : Quelques-unes renferment à leur intérieur une substance qui se colore vivement en jaune par l'action successive de l'acide azotique et de l'amomniaque, substance qui est la matière de l'albumen (Boucher.)

SECTION II. — PRODUITS FOURNIS PAR LA BOULANGERIE
ET LES FABRIQUES DE PATES ALIMENTAIRES.

Nous avons à examiner successivement les pains, les biscuits et les débris de pâtes alimentaires.

§ I. — *Du pain pour les animaux domestiques.*

Nous avons déjà insisté sur la supériorité des farines ayant subi la panification comparées à celles qui sont données crues.

En effet, la panification comprend trois opérations qui concourent à élever la digestibilité de la farine : le pétrissage, la fermentation et la cuisson.

Le pétrissage comprend le délayage du levain dans l'eau, le mélange de ce produit avec la farine, puis la pression, la malaxation, l'étirage, le découpage et le pâtonnage, en un mot le travail de la pâte, de manière à l'imprégner aussi exactement que possible d'eau et de levain et à emprisonner de l'air dans sa masse.

Il se produit plusieurs sortes de fermentations dans l'intérieur de la pâte. La principale est la fermentation alcoolique qui se développe sous l'influence de la levure parfois employée à l'état de pureté et prise chez les brasseurs; à côté il en est d'adventices qui agissent sur le gluten pour le fluidifier. Pendant la fermentation alcoolique, il y a dégagement d'acide carbonique qui forme les vacuoles caractéristiques du pain.

Lorsque la pâte s'est gonflée au degré voulu, qu'elle a *levé*, on la soumet à la cuisson. Les parties extérieures sont saisies par la haute température du four et il y a caramélisation des matières sucrées en même temps qu'une coloration jaunâtre se produit; cela constitue la croûte. L'intérieur du pain ou mie se solidifie mais sans atteindre la température extérieure ni se caraméliser. L'amidon se gonfle, crève et se transforme en dextrine, c'est-à-dire en un produit soluble et attaquable par les sucs digestifs.

C'est ainsi que la série des opérations qui constituent la panification rend les farines plus assimilables et plus profitables qu'elles ne le seraient sans cela. L'eau qui a été ajoutée pour le pétrissage reste en proportion variable dans le pain; sa quantité moyenne est de 33 à 35 % dans le pain de qualité ordinaire; elle peut s'élever à 50 %.

Malgré cette supériorité évidente, ce n'est qu'exceptionnellement qu'on distribue du pain au bétail, cet aliment étant réservé à l'homme. Les tentatives de panification pour animaux ont été surtout effectuées par des militaires, en vue de rendre les aliments moins encombrants et leur transport plus facile en temps de guerre; l'augmentation du pouvoir digestif ne semble avoir joué que le second rôle dans leurs préoccupations.

Le pain de froment est distribué aux animaux surtout quand il a été avarié. Nous connaissons quelques amateurs qui achètent, pour la nourriture de leurs meutes, des débris de pains dans les restaurants, mais c'est exceptionnel et souvent cela constitue une ration de prix assez élevé.

Dans l'Ouest, on fait entrer le pain de blé ou de seigle dans l'alimentation des baudets pendant la saison de la monte. Leur ration, un peu faible, est la suivante (Robert):

Pain..........................	1 kilog.
Avoine........................	2 kilog. 500
Foin.................	4 kilog.
Paille.................	1 kilog.

Nous dirons plus loin ce qu'il faut penser de la distribution de pain avarié aux animaux.

Le pain de seigle est plus volontiers employé. Les personnes qui en font fabriquer pour la nourriture de leurs chiens ne sont pas rares. Il est donné aux chevaux par les postillons du Tyrol, seul ou trempé dans de la bière. On s'en sert également pour l'alimentation du bœuf; c'est une pratique courante en Auvergne. Avec du seigle insuffisamment mur et qu'on fait concasser plutôt que moudre, on fabrique des miches ou tourtes de 15 kilogr. l'une, et on en fait cuire 20 à 25 à la fois. On distribue de 3 à 5 kilogr. de ce pain par jour et par bête bovine; il est pris plus facilement que la farine crue ou le grain entier; la digestibilité en est facile et personne n'a jamais remarqué aucun dérangement dans la santé des animaux soumis à ce régime. On se trouve bien d'alimenter de cette sorte les bêtes qu'on prépare à la vente ou aux concours.

Le blé et le seigle sont les deux céréales qui panifient le mieux; on leur a associé d'autres farines dans une proportion en général déterminée par les mercuriales; on a essayé aussi de faire du pain exclusivement avec ces farines. Comme il n'est pas nécessaire, pour le bétail, que le pain *lève* bien, on se préoccupe seulement qu'il soit accepté et n'ait pas de saveur désagréable.

L'avoine ne donne qu'un pain de médiocre qualité, inférieur à celui d'orge, brun, gluant et de saveur désagréable. C'est une céréale à distribuer en nature, mais non à panifier. Le maïs fournit une farine qui panifie suffisamment.

Parmi les associations de farines qu'on effectue pour la panification, nous citerons la suivante employée à Wilhelmina-Polder (Hollande) pour l'engraissement des bœufs :

On mélange :

Farine de fèves.................. ⎱
    —   pois................. ⎬ ensemble 70 kg.
    — deuxième d'orge...... ⎰
Lin concassé........................... 15 kg.
Eau.............................. 110 kg.
             On cuit à la vapeur.

Il est à remarquer que, de tous les animaux, les che-

,vaux sont ceux qui tirent le moindre profit des pains qu'on peut leur distribuer. Sous leur influence ils suent, s'essoufflent facilement, deviennent mous; leurs excré-. ments se ramollissent et exhalent une mauvaise odeur. Il y a longtemps déjà que Darblay avait imaginé pour ses chevaux, des pains dont la composition était :

Farine de féverolles................. 1500 gr.
—   d'orge...................... 1500 gr.
—   de froment................. 1500 gr.

A l'usage, il reconnut que l'emploi de ces pains n'était pas aussi avantageux qu'il l'avait supposé.

Dans le même ordre d'idées, Dailly imagina un pain pour chevaux composé de 1/3 pulpe de pommes de terre et 2/3 de farine quatrième. On y ajoutait des menues pailles et on salait. Beaucoup d'autres essais ont été faits; leurs résultats sont loin d'être concordants et portent à conclure que, jusqu'à présent, on n'a pas trouvé pour les Équidés une bonne solution du problème de l'alimentation panaire.

Distribution de pain manqué ou avarié. — Deux circonstances se présentent ordinairement qui font qu'on distribue du pain aux animaux. Dans la première, il est question de pain provenant de cuites manquées, c'est-à-dire qui n'a pas levé, qui est trop ou trop peu cuit. Quand il n'a pas levé, il est plat, compact, sans yeux, peu appétissant pour l'homme; les animaux le mangent sans inconvénient.

Dans la seconde, le pain est avarié par envahissement de moisissures diverses, les unes bleues, les autres jaunes. Les premières sont habituellement des *Aspergillus glaucus,* les secondes des *Aspergillus flavus;* on y rencontre aussi la série des Cryptogames signalés à

propos des farines et quelques bactéries. Quelques-unes
de ces dernières sont capables de rendre la mie de pain
visqueuse.

Plusieurs moisissures sont assurément inoffensives,
mais il s'en trouve qui ne le sont pas, ainsi que le prouvent les deux observations suivantes que nous avons
faites, l'une sur le porc et l'autre sur le cheval :

a). Deux porcs reçurent à leur repas du soir un pain de 5 kilogr.
complètement moisi qu'ils mangèrent en partie. Un peu moins
de deux heures après, les animaux s'agitèrent et grognèrent.
Je les trouvai la bouche pleine d'une bave écumeuse; l'un
avait les battements du flanc considérablement accélérés, l'autre
des bâillements et des nausées. On les fit difficilement sortir de
leur loge; leur marche était automatique et ils paraissaient n'y
pas voir, bien qu'ils eussent les yeux grands ouverts, car ils se
choquèrent à différents objets et finalement se heurtèrent à un
mur. Une médication appropriée fut employée; un des malades
fut sauvé, l'autre mourut.

b). Un cheval, propriété d'un homme peu fortuné, recevait depuis trois semaines, au lieu d'avoine, du pain de munition de provenance allemande. Une provision en avait été entassée dans un
coin de l'habitation et le cheval en mangeait tant qu'il en voulait
ou à peu près. Cet animal devint triste, eut des bâillements fré-
quents, quelques frissons se montrèrent, la respiration s'accéléra,
les battements du cœur devinrent très forts, le pouls petit et filant,
la marche chancelante, le train postérieur vacillant, les urines colorées en rouge et les muqueuses d'un jaune fuligineux. L'examen
du pain donné à cet animal montra qu'il était couvert de moisissures rouges, poussiéreuses, d'une odeur âcre et désagréable.

Ce cheval mourut.

Ces observations, auxquelles des praticiens, depuis,
en ont ajouté de semblables, sont démonstratives du
danger qu'il y aurait à faire consommer du pain altéré; il faut le jeter au fumier et non le distribuer aux
animaux.

§ II. — *Biscuits.*

Le pain proprement dit étant un aliment de conservation difficile, on a imaginé pour les approvisionne-
ments des armées de terre et de mer un produit spécial
qu'on désigne sous le nom de *Biscuit.* On emploie
pour cela des farines de bonne qualité, qui sont délayées dans la quantité d'eau strictement nécessaire pour
former pâte; on n'emploie ni sel qui emmagasinerait
de l'humidité, ni levain qui en, faisant boursoufler la
pâte, irait contre le but qu'on se propose.

Chaque biscuit a la forme carrée ou rectangulaire sur
environ 0,02 centim. d'épaisseur ; il reste dans le four
de vingt à vingt-cinq minutes. On le porte ensuite
dans des étuves où il se ressuie et achève de perdre son
humidité. On estime que 100 kilog. de farine donnent
en moyenne 90 à 92 kilog. de biscuits; la cuisson fait
évaporer non seulement l'eau incorporée pour faire la
pâte mais une grande partie de celle contenue naturellement dans la farine.

L'expérience a fait voir que les troupes ne consomment qu'avec résignation le biscuit; la mauvaise conservation de ce produit et son envahissement par les insectes sont sans doute pour beaucoup dans ce discrédit.
Dans les villes de garnisons, les militaires le vendent
à bas prix aux cantiniers et aux aubergistes voisins des
casernes. L'agriculteur peut en acheter à bon compte
et le faire consommer aux animaux qui l'acceptent et l'u-
tilisent bien. On le fait préalablement tremper et il
absorbe près de trois fois son poids d'eau.

Une expérience, faite en 1884 par l'administration de
la Guerre, a permis de constater « que les chevaux n'é-

prouvent aucune répugnance à consommer le biscuit et que cet aliment peut leur être distribué sans inconvénient dans une mesure restreinte ». Une nouvelle expérience dans laquelle chaque cheval reçoit quotidiennement 290 grammes de biscuit en remplacement de pareille quantité d'avoine est en cours d'exécution.

Plusieurs personnes achètent des biscuits pour la nourriture de leurs chiens et s'en trouvent bien.

Pendant l'hiver 1882-83, une opération d'engraissement a été faite à la ferme d'application de l'École vétérinaire, sur un lot de cinq bœufs dont la ration journalière fut :

Biscuits de l'armée....................	1 k.
Tourteaux de colza..................	1 k. 500
Recoupes...........................	2 k.
Graines et balles de foin............	18 k.

Elle a duré soixante-quinze jours avec un accroissement quotidien et individuel oscillant de 900 gr. à 1415 gr. Les résultats de cette opération furent tels que nous n'hésitons pas à conseiller de l'imiter, quand le voisinage d'une caserne le permettra.

L'esprit des inventeurs s'ingénie en ce moment à remplacer le biscuit par du pain comprimé et étuvé ou s'exerce pour amener la conservation des farines. Dans ce dernier courant d'idées, M. Mouline a imaginé de soumettre les farines à l'action d'une chaleur de 140° à 160° dans des fours chauffés par des tuyaux de vapeur de 4 à 6 atmosphères en ayant soin de les retirer avant la transformation complète en dextrine. On obtient ainsi une farine à base de dextrine légèrement torréfiée et de gluten cuit, de longue conservation, car les larves et les cryptogames ont été détruits. Comme la pâte d'une farine ainsi traitée ne lèverait pas, le gluten ayant perdu son extensibilité, on y ajoute de 10 à 25 % de farine de légumineuses, ou on fait un mélange par parties égales de cette farine torréfiée et de farine crue ordinaire.

Les administrations militaires se sont ingéniées aussi à fabriquer des *biscuits*, des *galettes*, des *conserves-fourrages* pour les chevaux. Les grandes nations militaires de l'Europe s'en sont toutes occupées. La Russie fabrique deux sortes de galettes pour chevaux. La composition de l'une d'elles est la suivante :

Farine d'avoine..................	35 à 40	%
— de seigle..................	25 à 30	—
— de pois..................	15 à 20	—
— de lin..................	9 à 10	—
Sel..........................	1 à 1 1/2	—

La pâte est préparée dans de grandes auges en bois, amenée dans des pétrins spéciaux, répartie en couche, puis coupée en galettes rondes de 8 à 9 centimètres. Sous cette forme, elle est mise au four et cuite. Ces galettes sont ensuite, au nombre de 6 ou 8, passées en glanes dans un fil métallique de façon à former un cylindre dont le poids est de 1640 gr., ce qui constitue la ration journalière d'un cheval.

Une autre galette se fait plus simplement avec avoine concassée, farine de pois, huile de chènevis et sel; on crible de trous avant de soumettre à la cuisson.

Nous ne nions point que toutes ces tentatives, appliquées aux choses militaires, ne trouvent leur justification, encore que peut-être faille-t-il plutôt chercher du côté du perfectionnement des presses les améliorations à poursuivre pour le transport des fourrages en temps de guerre. Mais dans la pratique civile, elles ne paraissent guère devoir être poursuivies.

§ III. — *Débris de pâtes alimentaires.*

A côté de la boulangerie, l'industrie des pâtes alimentaires tient sa place et elle est en voie d'extension.

Sous le nom de pâtes alimentaires, on comprend le vermicelle, le macaroni, les nouilles, les lazagnes et les produits de formes très variées appelés pâtes d'Italie.

La fabrication de ces pâtes a pris naissance en Italie, il y a plus de trois cents ans, affirme-t-on. La Toscane, la Ligurie et le Piémont étaient renommés pour cette industrie. Elle fut importée à Lyon au début de ce siècle, puis en Auvergne, à Paris et à Marseille ; on l'a implantée plus récemment dans les Vosges. Elle a fait de très grands et de très rapides progrès, tant au point de vue de la quantité de grains manipulés que de la qualité des produits.

Rappelons qu'on emploie pour la fabrication des pâtes alimentaires les blés durs et glacés riches en gluten, car on recherche que ces pâtes mises dans le bouillon chaud y conservent leur forme et ne se désagrègent pas, ce qui arriverait si la proportion de gluten était trop peu élevée.

Ces blés durs sont soumis à une mouture à meules suffisamment écartées, pour produire plutôt des gruaux que de la farine. Un premier blutage sépare le gros son, la farine dite de semoule et la semoule brute. Celle-ci est de nouveau soumise au blutage ou mieux au sassage qui en sépare le petit son et la semoule formée de gruaux plus ou moins anguleux.

On estime que ce traitement donne le pourcentage suivant :

	son.................	17.
	farine de semoule...	31.5
100 de blé donnent	semoule 2ᵉ.........	5.
	semoule 1ʳᵉ........	45.
	déchet.............	1.5
		100.

Cette mouture et ce blutage laissent donc du son dont l'utilisation n'a rien de spécial, une farine de semoule que les boulangers mélangent en faible proportion à la farine ordinaire pour la fabrication des pains bis, et 50 % de semoule qui est transformée en pâtes alimentaires.

La semoule est humectée dans la proportion de 15 à 20 pour en faire une pâte, laquelle est pétrie après addition de safran qui lui communique une couleur et une saveur particulières.

Ainsi préparée, elle est placée dans un cylindre métallique vertical où elle est soumise à l'action d'une presse. Des trous se trouvent au fond du cylindre par où elle s'échappe après ramollissement par l'action d'un courant de vapeur qui circule dans une double enveloppe. Au fur et à mesure de la sortie de la filière, les macaronis et les vermicelles sont coupés de longueur déterminée et on les porte à une étuve réglée de 20°-30°. Les petites pâtes qui représentent des lettres, des étoiles, des chiffres, sont faites dans des moules dont la surface est rasée par un couteau circulaire.

Ces différentes pâtes sont destinées à l'alimentation humaine. Il arrive que quelques-unes sont manquées, qu'elles sont trop ou trop peu colorées, insuffisamment ou trop desséchées, qu'elles ont été cassées ou

écrasées, salies par les déjections des rongeurs qui les
ont envahies. Les fabricants et les dépositaires se dé-
font de ces pâtes; ils y joignent les balayures de greniers et de magasins, le tout pour l'usage du bétail.

L'ensemble de ces débris constitue une nourriture
riche en azote, bien prise par le chien, le porc, le
mouton et tous les oiseaux de basse-cour. Le cheval les
accepte mélangés à un peu de son ou à des grains concassés. Les analyses de P. Truchot leur assignent la composition suivante :

	Eau.	Gluten (dans les produits secs).	Cendres.	Acide phosph. dans 100 du produit.
	—	—	—	—
Semoule supérieure d'Auvergne.	13.3	12.46	0.75	0.18
Vermicelle —	9.6	13.43	0.79	0.19
Macaroni —	9.2	13.62	0.79	0.19

Depuis plus de quinze ans, ces débris sont utilisés
journellement pour l'alimentation de la porcherie de
notre ferme d'application. Ils ont l'inconvénient de
pousser à la constipation, mais il est facile de l'éviter,
quand il s'agit du porc, par l'emploi de petit-lait ou du
lait de beurre qui agit comme laxatif léger.

Ils sont mis en trempage dans l'eau ordinaire dont
ils absorbent leur poids, dans des eaux grasses ou
dans des résidus de laiterie. On les associe ou non à
des aliments d'origine animale; à mesure que l'engraissement progresse, on donne chaud. On les fait ren-
fler dans du lait pour parfaire le fin gras d'un porc ou
d'une volaille.

La quantité de débris de pâtes donnée chaque jour à
un porc de 150 kilogr. est de 1 kil. à 1 k. 500.

En 1890, un porc fut soumis, par M. Caubet, *exclu-*

sivement au régime des débris de pâtes alimentaires depuis son sevrage jusqu'à son huitième mois; elles furent d'abord délayées à l'eau froide, puis à l'eau chaude. A partir de cet âge, le trempage se fit au lait et dura deux mois. Cet animal pesait 180 kilogr. à dix mois et son engraissement était si réussi que le prix d'honneur lui fut attribué au concours général du Palais de l'Industrie.

Les moutons s'habituent plus rapidement qu'on le pourrait présumer à l'usage des pâtes et ils en tirent aussi fort bon profit. Des antenais qu'on engraissait ont reçu pendant quelque temps la ration suivante :

Débris de macaronis	0^{k}700
Tourteau	0^{k}200
Foin.....................................	2^{k}000

DEUXIÈME PARTIE

DES RÉSIDUS INDUSTRIELS D'ORIGINE ANIMALE

Les résidus d'origine animale sont empruntés à l'industrie laitière, à celles de la boucherie, de la triperie, de la charcuterie, de la tannerie, de la ganterie, des conserves de viandes et de poisson, à la cuisine humaine et enfin à la sériciculture.

CHAPITRE PREMIER.

DES RÉSIDUS FOURNIS PAR L'INDUSTRIE LAITIÈRE.

Il est peu d'industries agricoles qui aient autant progressé dans ces dernières années que celle du lait; la science de l'ingénieur et celle du bactériologiste se sont unies pour perfectionner les méthodes et les appareils de laiterie et, là où l'on marcha longtemps en aveugle, la route s'éclaire. De ces grands progrès, il est résulté que la manipulation du lait, au lieu de rester isolée dans chaque ferme, tend à devenir collective. Les ingénieux et nouveaux appareils, trop coûteux pour de petits exploitants, sont acquis en communauté par des associations et des syndicats; le lait est manipulé et transformé en grandes quantités, d'où production d'importantes masses de résidus qu'il faut utiliser au mieux.

Lorsque le lait est consommé dans l'exploitation par le personnel, qu'il est utilisé pour l'élevage de jeunes animaux, ou vendu en nature au public, il échappe à notre appréciation, à moins que, quelque altération en gênant la vente, nous ayions à examiner s'il peut être distribué au bétail. Mais souvent il est soumis à des manœuvres, dont les principales ont pour but l'extraction du beurre et la fabrication du fromage. Chacune d'elles laisse deux résidus propres à la consommation des animaux; leur étude ne peut être faite que si nous rappelons préalablement et très brièvement la composition du lait.

A sa sortie de la mamelle, le lait est un liquide opalin, blanc, de saveur douceâtre qui possède dans la série animale un ensemble de caractères physiques et chimiques relativement assez uniformes. Outre l'eau qui s'y trouve en forte proportion, il renferme un corps quaternaire, la caséine, une substance grasse, le beurre, une matière sucrée, la lactose, et des matières minérales. Voici la composition moyenne du lait de trois espèces domestiques :

Origine.	Eau.	Caséine.	Beurre.	Lactose.	Matières minérales.
Vache.......	87.75 %	3.0 %	3.3 %	4.8 %	0.75 %
Chèvre......	85.50 —	3.8 —	4.8 —	4.0 —	0.70 —
Brebis.......	83.00 —	4.6 —	5.3 —	4.6 —	0.80 —

L'analyse révèle dans le lait des écarts de composition qu'on a surtout étudiés dans celui de vache et qui se sont montrés dans les limites suivantes :

	Minima.	Maxima.
Eau......................	83.0 %	90.0
Caséine	1.9 —	4.3
Beurre...................	1.5 —	4.5
Lactose..................	3.0 —	5.5
Matières minérales.........	0.65 —	1.0

SECTION PREMIÈRE. — RÉSIDUS DE L'INDUSTRIE BEURRIÈRE.

De toutes les matières constituantes du lait, le beurre est celle qui a la valeur commerciale la plus élevée, aussi s'efforce-t-on de l'extraire. Pour cela, il faut agglomérer les globules butyreux en suspension dans le lait; on y arrive en les projetant, par une vive agitation, les uns contre les autres, de manière à les souder comme des boulettes de terre glaise lancées de même façon. C'est le barattage.

On peut baratter directement le lait, mais c'est une opération peu usitée, longue et qui nécessite une dépense de force relativement élevée, car il faut agiter très énergiquement. Habituellement, on agit sur la crème, c'est-à-dire sur une matière beaucoup plus riche en globules gras que le lait; il est donc nécessaire que l'écrémage, c'est-à-dire la séparation de la crème, précède le barattage.

Cette séparation se fait, 1° en abandonnant le lait déposé dans des vases ad hoc dans un endroit tranquille et frais; en vertu de leur moindre densité, les globules gras montent à la surface et y forment une couche blanc-jaunâtre qu'on enlève après 48 ou 56 heures de repos; 2° en employant des appareils spéciaux dits *écrémeuses centrifuges* qui, animés d'un rapide mouvement de rotation, amènent le départ de la matière grasse.

Quel que soit le mode employé, il reste un premier résidu qui est le *lait écrémé*.

En soumettant la crème au barattage, on trouve dans la baratte un autre résidu liquide, désigné sous le nom de *lait de beurre* ou *babeurre*. On ajoute ordinairement à ce premier lait de beurre, l'eau de lavage des

mottes de beurre ainsi que le liquide qui a été extrait
par les délaiteuses centrifuges.

§ I. — *Du lait écrémé.*

Le lait écrémé est fourni dans la proportion de 80 à
85 pour 100 de lait pur. Moins opalin que le lait ordinaire, avec une nuance verdâtre ou bleuâtre, son poids
spécifique, à 15°, est de 1,0345. Malgré l'opération qu'il
a subie, il renferme encore quelques globules butyreux; ce sont les moins volumineux. Il s'y rencontre
aussi un peu d'acide lactique. Sa composition moyenne
est la suivante :

Eau	89.85 %
Caséine	4.03 —
Matière grasse	0.75 —
Lactose	4.60 —
Sels	0.77 —

(FLEISCHMANN.)

A part sa pauvreté en matière grasse, le lait écrémé
constitue un aliment qui n'est point à dédaigner, de
goût passable et de digestion facile. Dans les petites
exploitations où les quantités qu'on en obtient à chaque
fois sont peu considérables, on l'utilise à la fabrication
de fromages dits *maigres* ou on le distribue aux animaux et particulièrement aux veaux et aux porcs. Dans
les grandes exploitations où l'on manipule plusieurs
centaines de litres de lait chaque jour, la proportion
de lait écrémé est très importante. Elle constitue parfois un embarras, car c'est un produit encombrant, de
décomposition rapide et de vente peu facile. Bien que
ce soit, comme nous l'avons dit, un aliment sain, le

public l'accepte difficilement. Du reste, en vue d'éviter qu'il ne soit vendu frauduleusement comme lait pur, les règlements de police en surveillent le débit.

Il y a bien la fabrication des fromages, mais quand le lait employé provient des écrémeuses centrifuges, ils sont tellement dépourvus de matière grasse et de qualité si inférieure que la vente en est aléatoire et peu rémunératrice. L'attention des industriels est actuellement attirée vers le moyen de restituer au lait sortant de ces appareils une matière grasse, d'origine végétale ou animale, qui permette la fabrication de fromages gras ou mi-gras. Les difficultés gisent dans l'incorporation assez parfaite de cette matière pour former émulsion et dans l'absence de tout goût ou odeur qui décèlerait leur origine et leur présence. Les résultats obtenus à ce jour dans cette voie sont encourageants, mais le problème n'est pas complètement résolu.

Les essais tentés pour l'utilisation du lait écrémé par la boulangerie n'ont pas jusqu'ici donné des résultats très satisfaisants.

Le lait est, paraît-il, un engrais puissant qu'on doit même diluer pour l'emploi; il rend la végétation luxuriante dans les prairies où il est répandu. On s'est demandé si ce ne serait point une opération remunératrice que d'employer le lait écrémé en irrigation.

Toutes réserves faites sur ce que l'avenir peut amener de progrès dans l'enrichissement en matières grasses des laits écrémés en vue de la fabrication des fromages, nous pensons que ce lait a sa place dans la bromatologie animale. Son prix sera rémunérateur, mais à la condition formelle que son emploi soit bien dirigé. Donner, par exemple, *exclusivement* 20 litres par jour de lait écrémé à un veau ou à un porc n'est pas rationnel, tandis qu'associer le tiers de cette quantité à des aliments solides et plus riches en matières grasses est une opération à la fois judicieuse et fructueuse.

On s'est occupé en Allemagne de recherches sur ce sujet et Wolff évalue à 0,26 : 0,20 le rapport entre la valeur vénale du lait non écrémé et du lait écrémé, à poids égal, soit à peu près comme 4 : 3.

Les veaux et les porcs étant les deux sortes d'animaux auxquels le lait écrémé est distribué, nous allons résumer, d'après Fleischmann, les expériences faites sur ce genre de nourriture.

A. **Alimentation de veaux par le lait écrémé.** — 1° En 1873-74, à Rastède (grand duché d'Oldenbourg) on a nourri et préparé pour la vente 23 veaux. Chacun d'eux a reçu quotidiennement, pendant les 45 jours de préparation, 12 litres 2 de lait écrémé, et l'agriculteur évalue que cette alimentation en fit ressortir le prix à 7 centimes 91 le litre. La manière dont les veaux ont été traités est décrite comme suit : « Les veaux sont placés les uns à côté des autres, dans une étable chaude, chacun dans une petite niche de 1^m,5 de long, 0,50 de large et 1^m de haut. Chaque niche est munie en avant d'un robinet destiné à faire écouler le lait qui doit servir de nourriture aux animaux. Le fond, également en bois et percé de quelques trous de 2,5 de diamètre, est creux et légèrement en pente, pour permettre l'écoulement du purin. L'étable est maintenue autant que possible dans l'obscurité, afin que la tranquillité des veaux ne soit pas troublée ; pour le même motif, on n'enlève le fumier que quand les veaux ne sont pas dans l'étable. Ce n'est que les premiers jours qu'on leur donne du lait fraîchement trait, plus tard on écrème le lait et on le réchauffe à la température de 27°. On donne trois fois par jour la ration qui augmente peu à peu et on a grand soin que les veaux soient toujours complètement rassasiés, sans toutefois leur donner à boire outre mesure. S'ils ne se lèvent qu'avec paresse à l'heure du repas qui doit être strictement observée, il ne faut pas augmenter la ration ».

2° En 1875, dans une ferme près d'Oldenbourg, on a engraissé 6 veaux. Chacun a reçu en moyenne par jour 10 l. 880 de lait écrémé, et le poids s'est élevé en moyenne pendant les 24 jours de l'opération de 38 k. 660 à 60 k. 830. L'augmentation quotidienne de poids a donc été de 920 grammes, et un kilogr. d'augmentation de poids a été obtenu par 11 litres 800 de lait. D'après le bénéfice net réalisé à la vente, le kilogramme de lait écrémé a produit 7 centimes 92.

3° Les renseignements suivants se rapportent à la pratique suivie à la ferme de Lerkenjeld, près Kallunbarg (Seeland) pour l'élevage des veaux. Chaque animal reçoit en moyenne, chaque jour, du 1er au 7e jour après sa naissance, 4 litres de lait frais; du 7e au 14e, 4 litres de lait pur et 2 litres de lait écrémé; du 14e au 35e, huit litres de lait écrémé; et du 35e au 90°, dix litres de lait écrémé. Puis on diminue peu à peu les rations quotidiennes, de sorte que le veau, lorsqu'il a six mois révolus ne reçoit plus que deux litres de lait écrémé par jour et que, pendant les trois derniers mois, il consomme en tout 560 litres de lait écrémé. On fait bouillir ce liquide et on le donne toujours à la température de 33°,7.

Une fois le veau arrivé à cinq semaines, on l'habitue à manger des tourteaux de lin et on lui donne en même temps de bon foin. On trouvera dans le tableau suivant des renseignements sur l'alimentation et l'accroissement pondéral d'un taurillon pesant 34 kilog. 500 à la naissance.

PÉRIODES.	LAIT CONSOMMÉ EN LITRES				Tourteaux de lin.	Poids vif de l'animal.	Augmentation.
	par jour		en tout				
	en lait pur.	en lait écrémé.	en lait pur.	en lait écrémé.	Kilogr.	Kilogr.	Kilogr.
du 1er décembre au 7 décembre.	4	—	28	—	—	—	—
7 — 14 —	4	4	28	28	—	56	21.5
14 — 29 —	—	8	—	120	—	81.5	25.5
29 — 10 janvier.	—	8	—	96	3	110.5	29
10 janvier au 27 —	—	10	—	170	11	128.5	18
27 — 27 février.	—	10	—	300	15	165.5	37
27 février au 27 mars.	—	10	—	280	20	193.5	28
27 mars au 28 avril.	—	10	—	300	26.5	223.5	30
28 avril au 28 mai.	—	10	—	300	33.5	—	—
28 mai au 25 juin.	—	10	—	180	25	255	31.5
25 juin au 20 juillet.	—	10	—	250	4	—	—
20 juillet au 25 —	—	8	—	40	2.5	—	—
25 — 28 —	—	6	—	18	—	—	—
Totaux..........	»	»	56	2.082	140.5	255	220.5

D'après les calculs du propriétaire, le kilogr. de lait écrémé a produit une valeur de 8 centimes 33.

B. Alimentation de porcs par le lait écrémé. — 1° En 1856, à la station d'essais de Gross-Kmchlen, on a installé 6 porcs essex, âgés de 12 à 13 semaines, deux par deux dans des compartiments séparés, et on a nourri les sujets de chaque compartiment, pendant trois semaines, les uns avec du lait non écrémé, d'autres avec du lait écrémé doux, et les derniers avec du lait écrémé caillé. Le tableau de la page suivante résume les résultats de l'expérience.

2° A la ferme de Rastède, un engraissement de porcs au lait écrémé et caillé a fait ressortir le kilogr. de ce lait à 3 centimes 52.

3° Un autre engraissement de porcs au lait écrémé et à l'orge fut exécuté en Danemark. Pendant 14 jours, on a donné à chaque animal d'expérience, 1/2 kilogr. d'orge et 22 kilogr. de lait écrémé. L'accroissement en poids a fait ressortir à 3 centimes 99 le kilogr. de lait écrémé. Pendant une seconde période de 14 jours, chaque porc reçut 1 kilogr. d'orge, 8 kilogr. de petit lait et 8 kilogr. de lait écrémé. Le calcul a donné 3 centimes 39 par kilogr. de lait écrémé.

Ces diverses expériences mettent d'abord en évidence que le veau utilise mieux le lait écrémé que le porcelet et qu'il en double au moins la valeur comparativement à celui-ci. Cette constatation ne semble pas suffisamment connue en France, où l'on porte plus fréquemment le lait écrémé à la porcherie qu'à l'étable et où l'on annexe plutôt la première que la seconde aux grandes laiteries. Il y aurait d'ailleurs, dans presque toutes les régions, d'importantes réformes à faire dans l'élevage et surtout dans le sevrage des veaux.

Elles font ensuite ressortir l'utilité d'associer des ali-

	Kilogrammes de lait.	Poids vif.	Augmentation quotidienne.	Un kilogramme d'augmentation pour... kilogr. de lait.
1er COMPARTIMENT. (Lait pur.)				
1re semaine........	8 k. 125	27 k. 150	1 k. 205	12 k. 39
2e semaine.........	12 k. 870	34 k. 650	2 k. 055	9 k. 00
3e semaine.........	16 k. 850	43 k. 550	1 k. 190	16 k. 20
Moyenne.....	»	»	»	12 k. 53
2e COMPARTIMENT. (Lait écrémé doux.)				
1re semaine........	11 k. 300	32 k. 500	0 k. 960	18 k. 08
2e semaine.........	14 k. 515	38 k. 150	1 k. 355	14 k. 00
3e semaine.........	18 k. 650	48 k. 870	1 k. 165	16 k. 00
Moyenne.....	»	»	»	16 k. 13
3e COMPARTIMENT. (Lait écrémé caillé.)				
1re semaine........	11 k. 800	35 k. 050	0 k. 890	18 k. 68
2e semaine.........	15 k. 850	41 k. 915	1 k. 360	13 k. 90
3e semaine.........	20 k. 400	51 k. 060	1 k. 470	13 k. 60
Moyenne.....	»	»	»	15 k. 45

ments solides et renfermant des substances grasses au
lait écrémé. Dans une des expériences rapportées plus
haut où l'on associa du tourteau de lin à ce lait, l'augmentation en poids fit ressortir le kilogr. de celui-ci à
plus de 8 centimes. On peut donc regarder les buvées
de tourteaux à base de lait écrémé comme une excellente
alimentation pour les jeunes bovins.

Pour le porc, le moyen le plus pratique et le plus économique de donner au lait écrémé les matières grasses
qui lui manquent, est de le mélanger aux eaux de vaisselle et aux débris de cuisine ou, si l'on n'en possède pas
en quantité suffisante, d'avoir recours aux pains de cretons. Il y a également toujours utilité d'ajouter des
aliments solides, afin d'empêcher les diarrhées qui se
déclarent quand la nourriture est trop aqueuse.

Quelques personnes ont donné le conseil de *remonter* le lait écrémé en l'additionnant d'huile. En général le prix de celle-ci est trop élevé pour que cette
addition soit économique et que l'agriculteur ait profit à
l'exécuter pour l'alimentation de ses animaux. L'emploi
des graisses animales et notamment des oléo-margarines
et des huiles de lard, en émulsion à 2 %, a été essayé
également. Ces émulsions se préparent à l'aide de la
force centrifuge. M. de Laval a construit un émulseur
qui se pose à la place de l'écrémeuse. Il consiste en
deux bols vissés l'un sur l'autre et laissant entre eux un
espace vide dans lequel sont introduits les liquides à
mélanger. L'écrémeuse de Burmeister et Wain peut s'u-
tiliser aussi pour ce genre de travail (1).

Dans de grandes laiteries où la fabrication du beurre
laisse journellement d'importantes quantités de lait
écrémé, on amène celui-ci devant les animaux par un

_____

(1) Voyez Lezé. *Les Industries du lait,* page 341 ; Paris, 1891.

système de tuyauterie avec robinet; on gagne du temps
et on épargne de la main-d'œuvre. Ce même système
d'ailleurs sert à la conduite du petit-lait et du lait de
beurre.

§ II. — *Du lait de beurre.*

Le lait de beurre ou babeurre est un liquide qui se
rapproche davantage du lait pur par sa couleur que
le lait écrémé. Comme il est plus pauvre en matière
grasse, on s'attendrait à lui voir la teinte vert-bleuâ-
tre signalée à propos de ce dernier; il n'en est rien,
il ressemble parfois à une crème très liquide. Cette
circonstance, dit Fleischmann, a conduit à « admettre
que la caséine ne s'y trouve plus dans le même état
physique que dans le lait entier, mais que la forte action mécanique à laquelle cette substance a été soumise pendant le barattage lui a donné une nature particulière, appelée « pecteuse » par Müller. D'autres
phénomènes qui se produisent dans le babeurre sous
certaines influences, semblent aussi indiquer que le
sérum du liquide subit des modifications particulières
pendant le barattage. Dans les fermes qui travaillent
avec la méthode à la glace et qui barattent la crème
douce à une température initiale peu élevée et avec un
mouvement rapide, on observe fréquemment que le
babeurre prend très rapidement un goût rance ou,
comme disent les praticiens, un goût amer capable de se
communiquer aux fromages si on fait entrer le babeurre dans leur confection. On n'observe jamais ce goût
rance et amer dans le babeurre aigri, tant qu'il n'a pas
caillé. On pourrait supposer que ce goût est produit par
un phénomène d'oxydation auquel la matière grasse est

soumise pendant qu'elle est fouettée dans la baratte en
présence de l'air, phénomène qui ne se produit que dans
un liquide tout à fait doux et non dans celui où s'accomplit la fermentation lactique. Toutefois, il resterait
encore à expliquer pourquoi ce n'est que la matière
grasse restée dans le babeurre qui est sujette à cette
oxydation et non celle qui a passé dans le beurre; en
effet, le beurre de crème douce à l'état frais et préparé
avec un liquide normal n'a aucun goût amer, et l'on n'a
jamais remarqué qu'il rancisse plus rapidement que
celui qui a été préparé avec un liquide aigri. En revanche, on pourrait peut-être faire observer que cette
oxydation ne s'accomplit pas dans la baratte, mais seulement dans le babeurre sorti de la baratte et complètement saturé d'air. Il est fort possible aussi que la matière grasse des globules les moins volumineux qui restent de préférence dans le babeurre subisse tout spécialement l'oxydation.

Suivant l'état dans lequel la crème a été introduite
dans la baratte, le lait de beurre est doux ou plus ou
moins aigre. Sa densité moyenne est de 1,033, mais
elle varie suivant la quantité d'eau ajoutée au moment
du lavage du beurre. Parfois on colore la crème dans
la baratte pour obtenir un beurre plus jaune; le lait de
beurre participe peu à cette coloration.

La quantité de matière grasse restée dans le lait de
beurre varie avec le soin qui a été apporté à l'agglomération des grumeaux à la fin de l'opération du barattage. Ce sont les globules les plus fins qui échappent à cette agglutination et qu'on retrouve dans le babeurre. On admet que lorsque le barattage a été bien
conduit, la proportion de matière grasse doit se mou-
voir entre 0,2 et 0,8 %. Mais ce n'est pas la plus
commune; dans la pratique on reconnaît qu'il y a

ordinairement et en chiffre rond 1 % de beurre dans le résidu. En théorie, on critique cette proportion comme trop élevée, tandis qu'en pratique on la justifie en disant qu'il faut trop de temps pour arriver à une agglomération complète du beurre.

Les autres matières, caséine, sels et lactose sont à peu près celles du lait, sauf pour le sucre quand il s'agit de babeurre aigri; dans celui-ci le lactose diminue et l'acide lactique augmente.

La composition moyenne du lait de beurre est la suivante :

Eau...................................	91.24 %
Caséine..........	3.30 —
Albumine....:........................	0.20 —
Matière grasse........................	0.56 —
Sucre de lait avec ou sans acide lactique..	4.00 —
Sels inorganiques.....................	0.70 —

(FLEISCHMANN.)

Les emplois du lait de beurre sont assez variés. Il est des médecins qui le conseillent et des personnes qui le prennent comme rafraîchissant et purgatif. On le mélange avec le lait écrémé pour la fabrication des fromages; cette idée n'est pas très heureuse, car l'analyse chimique indique qu'il n'enrichit guère ce liquide en matières grasses et il n'est pas rare de le voir communiquer aux fromages le goût amer qu'il possède souvent lui-même.

Son usage dans l'alimentation des animaux est à recommander et, de même que le lait écrémé, ce sont les veaux et les porcs qui le reçoivent habituellement.

Ce résidu est aigre ou doux au moment de sa distribution. L'observation a appris que s'il est très franchement aigre, il est utile de le soumettre à la cuisson avant de le faire consommer par les veaux; si cette précaution est négligée, il perturbe les fonctions digestives et occasionne des dérangements intestinaux, probablement par l'action des ferments et des produits qui se sont montrés dans sa masse. Lorsqu'il commence à s'aigrir, mais que la proportion d'acide lactique qu'il renferme est encore peu élevée, il constitue un bon aliment et l'on admet, à tort ou à raison, que l'acide lactique en petite quantité à ce moment, élève le coefficient de digestibilité des autres aliments.

Nous allons encore emprunter à Fleischmann l'exposé d'expériences d'alimentation de porcs, avec le lait de beurre seul et avec une combinaison de ce résidu et d'autres aliments.

A. En 1877, au domaine de Raden, une expérience fut instituée qui dura 33 jours. On nourrit exclusivement pendant ce temps quatre porcs métis méklenbourgeois-suffolks avec du lait de beurre. Ces animaux âgés de 5 mois et pesant 362 kilogr. 5, soit 90 kilogr. 6 en moyenne chacun, ont reçu par tête et par jour 36 kilogr. de babeurre étendu de 10 % d'eau. Le 33ᵉ jour, leur poids s'était élevé à 490 kilogr., soit une augmentation totale de 127 kilogr. 500 et une de 0 k. 970 grammes par jour et par tête. D'après les prix de vente, on trouve que le kilogr. de babeurre étendu de 10 % d'eau a produit 2 centimes 69.

B. Une autre expérience fut faite dans la porcherie du même établissement, également en 1877. Quatre porcs âgés de 5 mois et pesant ensemble 412 kilogr. 500 ont reçu chacun et par jour, pendant vingt-sept jours, 3 kilogr. 610 d'une pouture composée mi-partie orge et mi-partie seigle, plus 11 kilogr. 480 de lait de beurre étendu de 10 % d'eau. Le 27ᵉ jour, le poids des quatre animaux était de 507 kilogrammes, soit une

augmentation totale de 94 kilogr. 5oo et un accroissement quotidien et individuel de o k. 875. D'après le prix
d'achat de la pouture et le prix de vente, le kilogr. de
babeurre revient à o fr. 0397, soit presque 4 centimes
dans cette opération.

En comparant cette opération à la première, on voit
ressortir ce qui a déjà été mis en évidence à propos du
lait écrémé, à savoir l'avantage d'associer des aliments
secs au lait de beurre. Ce liquide doit jouer le rôle
d'excipient vis-à-vis des grains, des farines, des tourteaux, des touraillons, et toutes les réflexions présentées
à propos du lait écrémé s'appliquent à lui.

SECTION II. — RÉSIDUS DE L'INDUSTRIE
FROMAGÈRE.

La fabrication du fromage et les soins à donner pour
que la maturation de ce produit s'accomplisse bien,
laissent trois résidus utilisables : le *petit-lait*, le *séret*
et les *raclures*.

§ I. — *Du petit-lait.*

La première phase de la fabrication du fromage est la
formation du caillé sous l'influence d'une température
convenable et de la présure ou de substances qui
agissent à sa façon. La caséine commence, en se gonflant, à envelopper toutes les parties constituantes du
lait. Mais à mesure que le caillé s'affermit, il laisse
échapper par une sorte d'astringence, l'eau, les matières solubles et quelques globules gras qui sont entraînés mécaniquement. Il en résulte un liquide jaune-
verdâtre, assez clair généralement, quelquefois trouble,

qui se rassemble autour du caillé; on l'appelle *petit-lait*
en France; dans quelques pays étrangers, on le désigne sous le nom de *wei*.

Il y a diverses sortes de petit-lait suivant l'origine.
Nous distinguerons le *petit-lait proprement dit* qui
provient des fromages gras faits au lait pur et doux,
et le *petit-lait aigre* qui dérive des fromages maigres faits au lait écrémé et aigre ou au mélange de lait
écrémé et de babeurre. Il y en a une troisième sorte
que Fleischmann propose d'appeler *petit-lait clair* ou
lait ribot, c'est celui qui a fourni le séret. En effet, dans
quelques pays, on soumet le petit-lait à l'action de la
chaleur et d'un liquide acidifié qui en sépare, en masses
floconneuses, de la protéine sur la nature et les propriétés de laquelle il est encore nécessaire que des études chimiques soient faites. Cette protéine, dite *ricotte*
en Italie, *brocotte* dans les Vosges, *recuite* dans les
Cévennes, *serau* en Savoie, *serai* en Suisse, qui emprisonne encore du sérum, sert à la fabrication d'un fromage spécial, le séret ou serai, dont les gruaux de
montagne, la ricotta italienne, le mascarponi et le hü-
deliziger sont des variantes. On l'utilise aussi à la nourriture des veaux, en Suisse.

On voit donc que quand on parle de petit-lait, il est
nécessaire d'en spécifier l'origine.

Voici les résultats comparés de l'analyse de deux
échantillons de petit-lait proprement dit et de petit-lait
aigre. (Fleischmann.)

	Petit-lait prop. dit.		Petit-lait aigre.	
	I	II	I	II
Eau	93.059%	92.949	93.475%	93.131
Matière grasse	0.127	0.152	0.083	0.122
Précipité par l'acide acétique à 100°	0.599	0.592	0.518	0.474
Précipité par l'acide tannique.	0.466	0.426	0.520	0.585
Sucre de lait	5.095	4.904	4.419	4.377
Sels inorganiques	0.581	0.606	0.816	0.817
Perte	0.073	0.311	0.169	0.494
Protéine totale	1.065	1.018	1.038	1.059

Le petit-lait aigre renferme moins de lactose que le petit-lait doux, et la proportion de matière grasse est plus élevée dans le petit-lait provenant de la fabrication des fromages gras que dans celle des fromages maigres.

Quant au petit-lait ribot privé de sa ricotte, une analyse d'Engling portant sur deux échantillons, l'un provenant de la fabrication de fromages mi-gras, l'autre de fromages maigres, a fourni les résultats qui suivent :

	I.	II.
Eau	93.310 %	93.908 %
Matières grasses	0.102 —	0.084 —
Protéine	0.267 —	0.344 —
Sucre de lait	5.852 —	5.347 —
Sels inorganiques	0.469 —	0.317 —

La vache n'étant pas la seule femelle laitière, on comprend que la composition du petit-lait doit varier suivant l'espèce animale qui a fourni le lait, comme celui-ci varie d'ailleurs lui-même. Voici trois analyses de Valentiner relatives à du petit-lait de vache, de chèvre et de brebis :

	Vache.	Chèvre.	Brebis.
Eau......................	93.264 %	93.380 %	91.960 %
Matières grasses..........	0.116 —	0.372 —	0.252 —
— azotées..........	1.000 —	1.140 —	2.130 —
Lactose..................	5.100 —	4.530 —	5.070 —
Sels.....................	0.410 —	0.578 —	0.058 —

Lehmann qui a analysé les cendres de petit-lait de chèvre a trouvé les substances suivantes :

Chlorure de potassium......	49.94 %
— de sodium....................	9.82 —
Phosphate de potasse	21.04 —
— de chaux....................	13.65 —
— de magnésie	5.55 —

On applique le petit-lait à des utilisations diverses. Par évaporation suivie de brassage on prépare, dans les pays scandinaves, un produit couleur chocolat à base de sucre de lait, qu'on appelle *mysost;* un produit qui s'en rapproche beaucoup est préparé par les fromagers des Alpes bavaroises, autrichiennes et suisses, c'est le *schottensick.* On prépare du *vinaigre*, du *sucre* et de *l'alcool de petit-lait.*

Nous avons à examiner l'extraction de l'alcool du petit-lait, car des résidus à l'usage du bétail en dérivent.

La transformation du sucre de lait ou lactose en alcool se peut obtenir de deux façons : 1° par l'emploi de levures appropriées qui transforment directement le lactose en alcool, 2° par l'emploi d'un acide, le sulfurique habituellement, qui dédouble le lactose en glucose et en galactose, sucres attaquables par les levures ordinaires.

Dans le premier procédé, il faut commencer par débarrasser le petit-lait, autant que possible, de ses matières albuminoïdes qui n'ont rien à voir dans la fermentation alcoolique. On se sert pour cela de l'ébullition, de la filtration ou de la décantation. En un mot, on agit comme il a été indiqué quand on veut fabriquer des fromages avec le serai. On obtient donc de la ricotte ou de la protéine dont nous dirons plus loin l'utilisation pour les animaux. On ensemence le liquide clair de levures et on laisse la fermentation faire son œuvre.

Dans le deuxième procédé, qu'on ne met guère en usage que dans les pays d'industrie sucrière, on mélange le petit-lait à de la mélasse de betterave acidifiée par 2 gr. à 2 gr. et demi d'acide sulfurique par litre. Cette mélasse est chauffée à ébullition, on la débarrasse des acides volatils et des nitrates et on transforme son sucre de canne en même temps qu'on dédouble le lactose. Les levures agissent ensuite.

Cette opération, comme celles dont nous avons parlé à propos de la distillation, laisse des vinasses de petit-lait et de mélasse. Un essai fait en Westphalie a démontré que ces vinasses sont consommées sans difficultés par le bétail.

Jusqu'ici l'utilisation la plus commune du petit-lait a été sa distribution aux porcs et aux veaux. En France, dans tout le plateau central, dans une partie des régions cévenole et jurassique, une porcherie est annexée aux burons ou aux châlets et le petit-lait est la base de la nourriture des cochons qu'on y élève. C'est également une pratique courante dans l'Europe centrale et méridionale. Les personnes qui nourrissent exclusivement les porcs au petit-lait leur en distribuent chaque jour de 28 à 40 litres, selon l'âge et le poids. Quelques expériences ont fait ressortir à 1 centime et demi le prix du kilogramme de ce liquide.

Nous étant élevé contre l'abus d'une nourriture unique à propos du lait écrémé et du lait de beurre, et ayant préconisé l'adjonction de ces liquides à des aliments plus concentrés, nous ne pouvons que nous répéter à propos du petit-lait qui appelle des réflexions identiques. Il provoque en plus quelques restrictions. Nous avons déjà eu l'occasion de dire que l'acide lactique a été accusé d'être l'un des facteurs, sinon le principal, du rachitisme du porc. Il est vrai que l'expérimentation n'a pas confirmé ce qu'on croyait acquis par l'observation, il n'en est pas moins vrai qu'on a vu surgir le rachitisme dans des cas où le petit-lait était la base unique de la nourriture. S'il n'a pas été la cause déterminante, on peut légitimement penser qu'il a été l'agent prédisposant: c'est suffisant pour justifier les réserves que nous faisons et les recommandations d'opérer des mélanges. D'ailleurs, les expériences faites avec l'acide lactique ont porté sur des animaux autres que le porc, ce qui rend encore les réserves plus nécessaires.

Le petit-lait et le babeurre sont relâchants; donnés exclusivement, ils sont capables d'amener chez les veaux des diarrhées inquiétantes. Pour les prévenir ou les combattre, on fera entrer le tourteau de coton décortiqué dans la ration, parce que ce résidu a une action opposée à celle des résidus de laiterie.

Pour combattre l'ostéomalacie ou rachitisme, l'adjonction au petit-lait de tourteau de pavot, de son ou de grains de maïs est indiquée, ces substances étant riches en acide phosphorique.

§ II. — *Du séret.*

Il a été dit qu'on s'efforce, dans quelques pays, d'extraire du petit-lait la protéine qu'elle renferme et que le produit obtenu est appelé séret. Engling donne la

composition suivante de deux échantillons provenant
l'un de la fabrication de fromages mi-gras, l'autre de
fromages maigres.

	I	II
Eau...................	68.510 %	74.740 %
Matière grasse........	3.150 —	4.325 —
Protéine..............	22.128 —	14.987 —
Lactose..............	3.969 —	3.930 —
Sels	2.305 —	2.018 —

Le séret est un résidu tout particulièrement riche en
matières azotées; il n'est pas toujours employé à la
fabrication de fromages. En Suisse, on le donne seul
ou en mélange, aux porcs et aux veaux. On le réserve
souvent pour les taurillons chez lesquels il produit
d'excellents effets.

§ III. — *Produits du raclage des fromages.*

Pendant la maturation de plusieurs sortes de fromages, on les lave, on les nettoie et on les racle, afin
qu'ils *s'affinent* ou *passent* mieux. Les raclures sont
recherchées par quelques personnes qui les consomment
en leur attribuant des propriétés stomachiques. On les
distribue aussi aux animaux et surtout aux cochons.
Ce n'est que dans les grands établissements où des mil-
liers de fromages sont manipulés que la quantité de raclures est suffisante pour qu'on ait réellement à se préoccuper de son utilisation. Nous avons étudié ce sujet
dans les caves de Roquefort où se préparent avec le
lait des brebis des causses aveyronnaises des fromages
très renommés. Voici comment les choses s'y passent :
Quatre à cinq jours après la salaison, il se produit à

la surface des fromages une couche gluante, formée de sel, de petit-lait et de la couche externe du fromage; on l'appelle *pégot* et des cabanières l'enlèvent. Immédiatement après, on procède à un deuxième raclage et on obtient une matière pâteuse dite *rebarbe blanche* ou *rhubarbe.*

Au bout de quelque temps, les fromages se couvrent de croûtes jaunes-rougeâtres où végètent des mucorinées formant duvet. On racle à nouveau, opération qu'on appelle revirer, et le nom de *reverain* ou *reverum* est appliqué au résidu obtenu.

Tous les huit ou quinze jours, on renouvelle le revirage. Un dernier raclage donne la *rebarbe rouge.*

Ces opérations, dans les petites exploitations, sont faites à la main et exécutées généralement par des femmes. Aux caves de Roquefort, elles le sont mécaniquement par une *brosseuse* mue à la vapeur qui nettoie 8 fromages à la minute.

On estime à 18 % le poids des déchets obtenus par le raclage.

Ces résidus sont délayés et mêlés à des pommes de terre cuites pour la nourriture des porcs. Ces animaux les prennent très bien, mais on n'en peut pas donner beaucoup à cause de la forte proportion de sel qu'ils renferment et qui occasionnerait des désordres intestinaux.

Le lecteur apprendra peut-être avec étonnement qu'ils sont aussi distribués aux bœufs et aux moutons, précisément à cause de leur richesse en sel. On les délaye dans l'eau et on en arrose la paille, les menues-pailles, les fourrages de deuxième qualité. Ils agissent comme des condiments; malgré leur odeur spéciale, la saveur salée qu'ils communiquent aux fourrages fait mieux appéter ceux-ci.

Il n'y a pas à se préoccuper des diverses moisissures qui se sont développées dans ces déchets, l'expérience ayant appris qu'elles n'ont pas de propriétés nocives; quelques-unes agissent même, dit-on, comme stomachiques en sécrétant des diastases qui aident à l'action des sucs digestifs.

Il faut ne pas forcer la quantité de raclures donnée, car si, à petites doses, le sel marin est le plus précieux des condiments, à doses élevées il devient un poison. Il détermine de la gastro-entérite avec accidents paralytiques, spasmes et vomissements, dyspnée et faiblesse cardiaque.

Pour produire un empoisonnement mortel, il faut de 250 gr. à 300 gr. pour le porc, 3 à 6 kilogr. pour le bœuf et 500 gr. pour le mouton, suivant leur masse. C'est donc dans l'alimentation du porc qu'il importe le plus d'être attentif et de ne pas aller au delà de ce qui agit comme condiment.

Section III. — Utilisation du lait avarié.

La complexité de sa composition chimique rend le lait éminemment altérable. Il peut être modifié dans la mamelle, mais ses altérations les plus graves et les plus communes viennent de son envahissement par des microphytes auxquels il sert d'excellent milieu de culture et qui s'y multiplient abondamment.

Ces altérations, parfois très tenaces, sont des causes de perte pour les producteurs qui vendent mal ou ne peuvent plus vendre le lait pour la consommation humaine, et parfois ne peuvent plus le transformer en beurre ou en fromage. Aussi, est-il inutile de dire que la première chose à faire est d'essayer, par tous les moyens indiqués par la science, d'éteindre la cause de l'altération. Mais on n'y parvient pas toujours de suite et, en attendant, il importe à l'agriculteur de savoir s'il peut distribuer aux animaux ce lait avarié, sans courir le risque de les rendre malades. C'est ce que nous allons examiner.

Une classification *provisoire,* car bien des points sont encore à tirer au clair, des modifications et altérations du lait, peut être établie comme suit :

I Modifications et altérations effectuées dans l'organisme de la bête laitière.	Lait odorant. — médicamenteux. — sanguinolent. — cailleboté. — graveleux. — coloré. — virulent
II Altérations pouvant s'effectuer dans l'organisme ou en dehors.	Lait visqueux. — amer. — acide. — incoagulable. — inbarattable.
III Altérations effectuées en dehors de l'organisme.	Lait putride. — bleu. — rouge. — jaune.

Lait odorant. — Quand les vaches vont paître dans les lieux marécageux et qu'elles mangent la Germandrée des marais (*Teucrium scordium*), lorsqu'on les conduit sous bois et qu'elles ingèrent les feuilles et les tiges de l'Ail des ours (*Allium ursinum*) ou quand elles happent les aulx comestibles et les échalottes, leur lait prend un goût alliacé des plus désagréable, sa teinte est rouge-jaunâtre et sa saveur brûlante. La consommation en est impossible pour l'homme; on peut le donner sans danger aux porcs qui d'ailleurs n'en prennent jamais beaucoup, en raison de l'irritation qu'il occasionne dans l'arrière-bouche.

Lait médicamenteux. — Quelques médicaments pris à l'intérieur ou même absorbés après friction, choisissent la mamelle comme voie d'élimination : tels sont l'iode et les iodures, quelques bromures et chlorures, l'arsenic. La méthode thérapeutique consistant à faire passer par l'organisme de la nourrice les médicaments sus-énumérés, qui pourraient être mal tolérés par l'enfant s'il les prenait directement, est basée sur ce fait. Jamais la quantité de médicament qui se trouve dans le lait n'est suffisante pour indisposer les animaux; on peut donc leur donner ce liquide sans crainte.

Lait sanguinolent. — Parfois sort du pis un lait rouge qui tient en suspension des globules sanguins auxquels il doit sa couleur. La mammite, traumatique ou non, le mal de brou, quelquefois la fièvre vitulaire, en sont la cause. Il serait répugnant pour l'homme de consommer un pareil lait; les animaux l'acceptent et il n'y a pas d'inconvénient à le leur donner.

Lait cailleboté. — Lorsque, l'inflammation de la mamelle faisant des progrès, des globules de pus apparaissent dans le lait, on le dit cailleboté. Il serait plus répugnant encore que le précédent pour l'homme; les porcs l'accepteraient, mais il est plus prudent de le jeter.

Lait graveleux. — Le lait est graveleux quand il renferme des concrétions ou des calculs. Il peut être consommé sans inconvénient.

Lait coloré. — Sous l'influence de plantes très pourvues en matières colorantes, le lait peut se teinter diversement : la garance le colore en rouge, le souci des marais et le gaillet passent pour le jaunir, l'ail et l'échalotte lui donnent la teinte orange-mandarine, on accuse l'*Anchusa officinalis* de le rendre bleuâtre. Si du lait ainsi coloré n'est pas appétissant pour l'homme, rien ne s'oppose à ce qu'on le distribue aux animaux.

Lait virulent. — La présence d'agents pathogènes dans la mamelle et leur passage dans le lait ont été signalés. La démonstration a été particulièrement faite pour la tuberculose, et on a prouvé expérimentalement que si la mamelle est le siège de lésions tuberculeuses, le lait est virulent, dangereux et peut communiquer la phtisie. *Il est indispensable,* si on veut faire consommer ce lait par les animaux, *de le soumettre à l'ébullition;* en le donnant cru, on court la chance de contaminer veaux et porcelets.

Lait visqueux. — Encore qualifié de mucilagineux, de filant, d'albumineux, le lait visqueux se caractérise suffisamment par les noms sous lesquels on le désigne. Il s'attache au doigt et forme filament à la façon des mucilages; il se caille rapidement et donne un coagulum visqueux; sa réaction est acide et il a un peu l'odeur d'acide butyrique.

En Scandinavie, on rend intentionnellement le lait filant par l'addition du suc de la Grassette (*Pinguicula vulgaris*) et on aime à le consommer après cette préparation. Ce n'est point celle-ci que nous visons, mais l'altération qui se montre à la sortie même du pis ou quelque temps après. Elle est due à plusieurs microphytes qui se partagent la propriété de la faire naître. Schmidt-Mulheim a observé des bactéries réfringentes, mobiles, de 1 μ de diamètre qui rendent le lait filant, avec réaction acide et montée de crème insignifiante. Hueppe a découvert des microcoques qui agissent de même et ont la propriété de transformer le lactose en une sorte de gomme, la viscose. Löffler a indiqué un bacille qui pos sède le même pouvoir; Adametz a signalé, doté du même attribut, un batonnet si petit qu'à première vue on le prendrait pour un coccus. Weigmann a cultivé un diplococcus qui rend le lait et même le caillé visqueux et acides. Il paraît que le *Bacillus mesentericus vulgaris* amène la viscosité du lait, et, d'après M. Duclaux, *l'Actinobacter polymorphus* transforme aussi ce liquide en une masse filante.

On voit que nombreux sont les microorganismes capables d'altérer le lait et de le rendre filant; aucun n'a été signalé comme dangereux et on peut donner le lait visqueux aux animaux. Dans une circonstance — la seule jusqu'à présent — où nous avons été consulté sur l'utilisation d'un pareil lait, nous l'avons fait distribuer à des porcelets et nous n'avons remarqué aucun trouble dans leur santé ni pendant ni après ce régime. On agira avec d'autant plus de sécurité qu'en Bretagne le lait visqueux entre dans la consommation humaine et qu'en Hollande il sert à fabriquer les fromages de Gouda et d'Edam.

Lait amer. — Le lait peut être amer au sortir de la mamelle ou ne le devenir qu'ultérieurement. Il arrive même que des vaches ne donnent du lait amer que par un ou deux trayons, les autres en fournissent du normal.

Indépendamment de son goût amer, le lait en question s'acidifie rapidement, sa crème monte mal, elle prend une apparence caséeuse avec teinte gris-sale.

Krieger a attribué l'amertume de certains laits à la présence d'acide butyrique produit par le *Proteus vulgaris*. Weigmann a décrit un bacille qui, ensemencé dans le lait, le rend amer sans production d'acide butyrique. H. W. Conn décrit un troisième organisme capable de provoquer l'amertume : il s'agit d'un microcoque qui se cultive bien dans la crème amère, qui est aérobie, se multiplie rapidement dans le lait, le coagule à 35° et produit aussi de l'acide butyrique.

Quels que soient les microbes agissants, ils peuvent s'introduire dans le trayon et les citernes, rendre le lait amer dans l'intérieur même du pis ou agir seulement sur lui après la traite. Ils ne sont pas pathogènes et la distribution du lait amer aux animaux n'a pas de raison d'être prohibée. Cette conclusion est applicable à la crème et au beurre provenant de lait amer qui, en raison de leur saveur âcre et de leur odeur rance, ne sont pas acceptés par l'homme.

Laits incoagulables, imbarattables et acides. — On rencontre, rarement à la vérité, du lait qui ne se coagule pas dans le laps de temps ordinaire, même sous l'action de la présure. On trouve aussi, mais plus fréquemment, du lait imbarattable. La crème mousse et remplit la baratte d'une sorte d'écume à odeur désagréable, mais les grumeaux de beurre n'apparaissent pas et ne s'agglutinent pas.

Une autre altération du lait consiste en ce que, au sortir du pis ou très peu après, il accuse une réaction fortement acide et se caille avec une grande rapidité.

En l'état actuel de la bactériologie, il est logique de songer à des microbes comme facteurs des trois maladies dont il est question; des recherches sont indispensables pour connaître ces microorganismes soupçonnés, les isoler, en étudier les propriétés et dire si l'ingestion du lait altéré par eux ne présente pas d'inconvénients.

Lait putride. — La malpropreté dans les laiteries, poussée à l'extrême, peut seule expliquer cette altération du lait. Il est le siège de la fermentation putride, laquelle se décèle par l'odeur d'œufs pourris et l'appari-

tion de bulles gazeuzes qui crèvent la couche de crème.
Nous ne pouvons conseiller de donner un pareil liquide
aux animaux.

Lait bleu. — La coloration bleue ou galactocyanie
est une des altérations les plus ennuyeuses qui se puissent montrer dans les laiteries. Elle est relativement fréquente et apparaît surtout pendant ou à la fin de l'été,
plus rarement en hiver. Elle est tenace, difficile à déraciner et on a cité une ferme où elle a persisté pendant
douze ans.

Elle a été observée sur le lait de la vache, de la chèvre
et de la brebis; on l'a ensemencée sur le lait de l'ânesse,
de la jument et de la chienne.

Au moment de la traite, le lait est normal, il a sa
nuance naturelle et il supporte l'ébullition sans se coaguler. Vingt-quatre à trente-six heures après, on voit
une bande bleue frangée qui commence contre les parois du vase et peu à peu envahit en surface et en profondeur. Elle se développe de préférence sur la crème,
parfois sur le petit-lait, plus rarement sur le caillé. Il
arrive qu'elle reste cantonnée à la périphérie, c'est l'exception. Quand elle a envahi toute la masse, celle-ci
vire au grisâtre et la crème devient spumeuse.

L'agent de la galactocyanie, découvert par Fuchs et
étudié ultérieurement par les méthodes bactériologiques
dont on dispose aujourd'hui, est le *Bacterium cyanogenum*. Son développement est différent suivant les milieux où il se trouve. Il est chromogène et producteur de
la matière colorante bleue, mais il n'est pas coloré par
lui-même.

Des recherches d'Haubner et de Neelsen, il résulte
que le lait bleu n'est pas toxique. Quelques personnes,
peut-être douées d'une imagination un peu vive, l'ont
accusé de provoquer des crampes d'estomac, de la diar-

rhée et de la fièvre; d'autres n'ont rien ressenti de fâcheux à la suite de son ingestion. Mais cette coloration déprécie le lait, en gêne la vente en nature; elle est aussi un obstacle à la transformation en beurre, ce dernier produit ayant alors une couleur verdâtre qui n'en permet pas l'écoulement facile.

De tout cela, il résulte que tant qu'on n'est pas arrivé à faire disparaître la coloration bleue du lait, ce liquide peut être donné sans inconvénients aux animaux.

Laits jaune et rouge. — Il existe d'autres microphytes capables de communiquer les colorations jaune ou rouge au lait.

Le lait devient jaune sous l'influence du *Bacillus synxanthus*, qui a été trouvé par Schröter. C'est un bâtonnet court, mobile, coagulant la caséine puis redissolvant le coagulum; le sérum, de réaction alcaline, devient jaune-citron. La matière jaune, soluble dans l'eau, ne l'est pas dans l'alcool et l'éther.

Jusqu'à présent, il n'a point été constaté que le lait jaune fût nuisible à la santé de ceux qui l'ont ingéré. Il peut être distribué sans crainte aux animaux.

Plusieurs microbes produisent la coloration rouge du lait. On l'a attribuée au *Micrococcus prodigiosus*. Mais ce dernier forme simplement de petites taches rouges à la surface de la couche de crème, la couleur du sérum n'est pas modifiée.

M. Hueppe a réussi à isoler d'un lait rouge un microorganisme, auquel le nom de *Bacterium lactis erythrogenes* a été imposé. Il se présente sous forme de bâtonnets courts, arrondis aux extrémités. Ensemencé dans du lait, non seulement il lui communique la couleur rouge, mais encore un goût sucré, nauséeux, qui s'accentue avec le temps.

Un autre microbe, le *Bacterium mycoïdes roseum*, étudié par M. Scholl, est également doué de la propriété de produire une matière colorante rouge qui se dissout dans l'eau et se laisse extraire à l'aide du benzol.

Enfin, tout récemment, on a observé qu'un autre microphyte découvert par Breunig dans les eaux de la ville de Kiel et appelé pour cela *Bacille rouge de Kiel*, colore le lait en rouge à la température ordinaire et cesse de le faire à 37°. Il le coagule dans les vingt-quatre heures.

Nous ne connaissons aucune observation où l'ingestion de lait rouge ait provoqué des accidents, mais nous ne possédons la certitude scientifique de l'innocuité des microorganismes producteurs de la coloration que pour deux d'entre eux : le *Micrococcus prodigiosus* et le *Bacterium lactis erythrogenes* que l'expérimentation a montré dépourvus de toute propriété pathogène. Les deux autres restent à étudier sous ce point de vue.

CHAPITRE II.

RÉSIDUS LAISSÉS PAR LA BOUCHERIE, LA TRI-
PERIE, L'ÉQUARRISSAGE, LA TANNERIE, LA
FONTE DES SUIFS ET LA GANTERIE. — DÉ-
CHETS DE CUISINE.

La boucherie, la triperie et l'équarrissage ont été longtemps arriérés dans l'utilisation des déchets qu'ils produisent. Ceux-ci n'étaient pour ces industries que des matières encombrantes dont elles ne savaient point se débarrasser et qu'elles laissaient se corrompre au grand détriment de l'hygiène publique. Les lieux où elles s'exerçaient étaient souvent des cloaques et des foyers d'infection; les ordonnances de police édictées pour les réglementer étaient impuissantes. Les sciences qui, depuis, ont montré la valeur des déchets qu'elles fournissent et le parti qu'on en peut tirer n'étaient pas créées. Croirait-on, par exemple, que la graisse employée industriellement d'une façon si large aujourd'hui et transformée en produits multiples, n'a commencé à être utilisée qu'en 1750?

Mais si les industries en question sont restées en arrière jusque dans le premier quart de ce siècle, elles ont marché rapidement depuis et il en est peu qui tirent un parti aussi varié de leurs résidus. Ce sont les progrès

de la chimie organique qui ont déterminé leur transformation; sous leur influence, ce qu'elles avaient de répugnant, en raison de la prompte corruption des résidus et de
l'odeur infecte qui s'en exhalait, a presque disparu. Il y
a eu bénéfice pour l'hygiène et pour la fortune publique,
puisque ces débris ont acquis une valeur qu'ils n'avaient
point auparavant. On se doit d'autant plus d'applaudir
à ce double bénéfice que la consommation constamment
croissante de la viande laisse dans les abattoirs une plus
forte quantité de déchets. Or, comme on va le voir,
ceux-ci sont très riches en matières azotées; on a pu dire
avec justesse que les animaux passent leur vie à extraire
l'azote assimilé par les végétaux pour l'incorporer dans
leur propre organisme. Nous allons l'y rechercher, d'a-
bord pour notre alimentation en consommant la chair
musculaire ou viande, ensuite pour divers usages parmi
lesquels doit figurer la nourriture du bétail.

Le résidus dont nous avons à connaître sont : le *sang*,
la *chair* des animaux non consommés par l'homme,
les *issues* de viscères, les restes de *dégras* et les *produits
de l'écharnage* des peaux.

Le sang est recueilli dans les abattoirs, les tueries particulières et les clos d'équarrissage; il provient donc
d'animaux abattus ou non pour la consommation humaine. La chair est fournie exclusivement par les
établissements d'équarrissage ou par les animaux qui
meurent chez leurs propriétaires. Les issues sont
laissées par les tripiers lors de la préparation des rumens de bœufs pour certain usage culinaire et par les
boyaudiers qui manipulent les intestins. Les charcutiers
fondent la graisse du porc et réunissent à la presse les
membranes cellulaires qui surnagent; il en est de même
des graisses des autres animaux quand, reçues en branches dans les fonderies, elles sont travaillées par le pro-

cédé de la fusion simple et dont on extrait les pains
de cretons. Les tanneurs , avant de soumettre les
peaux au tannage, les écharnent, c'est-à-dire enlèvent
toutes les parties charnues qui y étaient restées adhérentes.

A ces déchets, ajoutons les *rognures de peaux de
gants* fournies par la ganterie et les *eaux de vaisselle*
additionnées de quelques restes de nos repas.

Avant de les passer tour à tour en revue, disons que
quelques industries les disputent à l'agriculteur qui
cherche à les faire entrer dans l'alimentation; c'est ainsi
que le sang est recherché pour la clarification des liquides,
la préparation de l'albumine et la fabrication d'engrais;
que la chair musculaire et les débris de viscères sont
très demandés pour ce dernier usage.

Nous n'apprendrons rien qui ne soit connu de tout le
monde en rappelant qu'à la campagne, les résidus dont
nous parlons ne sont pas ou sont fort mal utilisés. Chez
les bouchers de village, le sang est jeté sur le fumier ou
on le laisse se corrompre dans la cour. Lorsqu'un
animal meurt, habituellement on en traîne le cadavre
dans des carrières inexploitées, sur la lisière des bois,
dans des friches et, après avoir enlevé la peau, tout le
reste est abandonné aux dents des carnassiers, au bec
des oiseaux carnivores et à la putréfaction. Ces errements
sont préjudiciables à l'hygiène et si les règlements de
police sanitaire étaient mieux observés, les choses se
passeraient autrement; ils sont également nuisibles aux
intérêts agricoles, car on ne retire pas d'un animal
abattu ou mort tout ce qu'on en devrait obtenir et une
portion importante d'aliments est perdue.

Cette dernière considération a d'autant plus de
valeur qu'il s'agit d'aliments concentrés, capables d'agir
comme aliments de force. Malheureusement, ils sont

d'une conservation difficile. Ils sont rapidement envahis par les fermentations et surtout par la putréfaction; en se corrompant, ils dégagent une odeur infecte qui est pour beaucoup, vraisemblablement, dans la réserve avec laquelle on les utilise.

Plusieurs procédés, en tête desquels se place la dessiccation, sont mis en usage pour assurer leur conservation; nous les étudierons dans le chapitre suivant après avoir examiné dans celui-ci la valeur respective des résidus frais ou simplement soumis à la cuisson.

§ I. — *Le sang.*

Le sang, actionné par la pompe cardiaque et se mouvant dans un système de vaisseaux artériels et veineux, est un liquide contenant les éléments nécessaires à la constitution des tissus et aux produits sécrétés. Il emporte dans l'organisme les matériaux utiles résultant des actes digestifs et il charrie aussi plusieurs produits résultant du jeu vital qui doivent être exportés de l'économie. C'est donc un liquide complexe. Il est utile : 1° d'examiner la quantité de sang fournie par chaque animal lors de son abatage, afin de pouvoir se faire une idée de la masse de ce liquide laissée chaque année dans les abattoirs, les tueries particulières et les clos d'équarrissage; 2° d'en voir la composition chimique; 3° d'en étudier l'introduction dans l'alimentation des animaux.

Quantité de sang fournie par les animaux. — On s'imagine volontiers qu'il est facile de déterminer *exactement* la quantité de sang contenue dans l'appareil circulatoire d'un animal, c'est une erreur. Cette détermination est fort difficile et, bien que des anatomistes et des physiologistes habiles aient tenté, par des procédés variés, de la réaliser, elle ne l'a point encore été avec la précision qu'on recherche aujourd'hui dans les sciences biologiques.

Les quantités qui vont être données sont celles qui résultent du procédé pratique mis en œuvre pour tuer les animaux, c'est-à-dire l'ouverture des gros vaisseaux. Au point de vue où nous sommes placé, elles sont essentielles puisqu'on ne se préoccupe point du sang resté dans les capillaires et dans les cavités cardiaques et qu'on utilise seulement celui qui s'est écoulé au moment où l'animal a été mis à mort. Il est bon également qu'on soit averti que les chiffres ci-dessous sont des moyennes, car plusieurs circonstances, la pléthore, l'anémie, l'engraissement, la cachexie, etc., font varier la masse du sang. Nous ne tiendrons pas compte davantage des changements que les mêmes circonstances apportent dans la proportion respective de ses parties constituantes : éléments figurés (hématies et leucocytes), éléments plasmatiques (albumine, plasmine, fibrine, graisse et matières minérales).

Les recherches sur ces variations quantitatives et qualitatives sont d'un haut intérêt pour le physiologiste, le médecin et le vétérinaire; quand on n'envisage le sang que comme aliment ou engrais, on peut les laisser de côté.

Voici d'abord quelle est la proportion de sang pour 100 kilogr. de poids vif dans les espèces ci-dessous :

PROPORTION DE SANG POUR 100 KIL. DE POIDS VIF.

Cheval	5.25
Ane	5.67
Mulet	5.50
Bœuf	3.46
Veau	5.00

Mouton	3.90
Chèvre	4.00
Porc	6.00
Chien	6.00
Lapin	0.60

La quantité moyenne de sang nous semble la suivante :

	kil.
Cheval	20.00
Ane	4.500
Mulet	13.000
Bœuf	23.00
Veau	5.000
Mouton	1.950
Chèvre	2.400
Porc	8.400
Chien	1.000

A l'aide de ces chiffres, les petits animaux et les
oiseaux de basse-cour laissés de côté, il est possible d'a-
voir quelques renseignements sur la quantité de sang
qui s'échappe chaque année des animaux égorgés en
France. D'après des renseignements puisés à diverses
sources, l'évaluation approchée du nombre des animaux
tués en 1882 fut la suivante :

Chevaux (tués dans les boucheries hippo-	45.000
Anes.... } phagiques et les clos d'équarris-	3.900
Mulets.. (sage	1.800
Bœufs et vaches tués pour la consommation...	1.873.739
Génisses et bouvillons. — ..	215.120
Veaux. — ..	3.278.676
Moutons. — ..	7.259.255
Chèvres. — ..	122.667
Agneaux et chèvres. — ..	2.281.393
Porcs. — ..	3.977.342
Chiens tués dans les clos d'équarrissage	8.000

En tablant sur les bases préindiquées, on voit que chaque année, en France,

	Kil. de sang.
Les espèces chevaline, asine et les mulets................ fournissent :	940.950
L'espèce bovine........... .. —	62.491.057
Les espèces ovine et caprine. —	14.449.948
L'espèce porcine............ —	33.409.673
L'espèce canine............. —	8.000
Soit un total de....	111.299.628

Composition chimique du sang. — En prenant le sang de cheval comme sujet de ses études, Hoppe-Seyler lui a trouvé la composition centésimale suivante :

	Eau...................	60.57 %	
	Fibrine	0.68 —	
	Albumine............	5.23 —	
Plasma, 67.38	Matières grasses.......	0.08 —	
	— extractives....	0.27 —	
	Sels solubles.........	0.43 —	
	Sels insolubles........	0.12 —	
	Eau...................	18.43 —	
	Hémoglobine.		
	Matières albuminoïdes.		Matériaux
Globules, 32.62	Choléstérine.		solides,
	Lécithine.............		14.19 %
	Matières extractives.		
	Sels minéraux.		

L'analyse des cendres de ce liquide décèle du sulfate et du chlorure de potassium, du chlorure de sodium et des phosphates de sodium, de calcium et de magnésium.

Nous ne nous arrêterons pas à résumer ce qui a été écrit sur les diverses matières protéiques renfermées dans le sang, d'autant que tout n'a pas encore été éclairci.

Nous rappellerons seulement que le sang frais des animaux domestiques contient environ :

Azote organique...................... 3.00 %
Acide phosphorique.................. 0.04 —

En utilisant comme moyenne annuelle le chiffre de 111.299.628 kilogr. de sang fourni par les animaux égorgés, on obtient un total de :

Azote...................... 3,338.988 kilogr.
Acide phosphorique.......... 44.516 —

Voyons s'il y a possibilité d'utiliser tout ou partie de cette masse pour l'alimentation animale.

Utilisation du sang pour l'alimentation. — Le sang peut être donné *frais, cuit* ou *desséché.* Il ne sera question que des deux premiers modes, le troisième devant être étudié dans le chapitre suivant.

Le chien, le chat, le porc et les oiseaux de basse-cour ingèrent spontanément le sang frais ou cuit. Parmi les derniers, les canards en sont le plus avides. Exceptionnellement, quelques herbivores ont bu du sang et mangé des caillots; pratiquement, il n'y a pas à tenir compte de ces faits.

Tout le monde a vu le chien et le chat lécher et lapper le sang; maintes fois nous avons pu nous convaincre que le porc en est non moins vorace, il le suce encore liquide et il en prend les caillots. Il est donc rationnel que des porcheries soient annexées aux clos d'équarrissage et des porcs entretenus par les bouchers ruraux.

Quand le sang doit être consommé frais, on le recueille dans des seaux, des tonneaux, des baquets ou même une fosse bien cimentée. On peut le battre à sa sortie de la veine pour l'empêcher de se coaguler ou le laisser prendre en caillots; dans ce dernier cas, on se gardera d'utiliser seulement le coagulum, car on a vu que le sérum est également riche en matériaux nutritifs.

Cuit, le sang a une coloration brunâtre et il se prend en grumaux. Dans cet état, il se conserve un peu mieux que cru, bien que dans l'une et l'autre condition, sa conservation, surtout en été, soit de courte durée.

On ne le donnera pas seul, car il amènerait sur le chien des dérangements intestinaux et il rendrait la chair des porcs moins ferme que celle des animaux soumis au régime végétal ou à un régime mixte.

On divisera les caillots ou le sang cuit et on mélangera avec des pommes de terre, des grains ou des farineux. Le mieux est de faire cuire le tout ensemble. Mêler des aliments riches en fécule comme la farine ou les pommes de terre avec le sang, substance dont la teneur en protéine est élevée, est une opération indiquée.

Les deux rations suivantes peuvent être adoptées pour les porcs :

1° Sang............. 5 k.	2° Sang cuit.... 3 k. 5oo
Pommes de terre.. 6 k.	Recoupes .... 9 k. 3oo
(Faire cuire ensemble.)	Farine d'orge. 2 k. ooo

Ces mélanges forment aussi des pâtées dont les volailles et surtout les canards sont très avides et qui les engraissent rapidement.

Le sang cuit est jeté dans les pièces d'eau pour la nourriture des poissons. La pisciculture rationnelle ne pourra que développer ce mode d'alimentation.

§ II. — *De la chair*.

La chair des animaux dont l'homme ne fait pas sa
nourriture habituelle et celle qui provient d'animaux
comestibles, mais qui ont succombé à quelque maladie
— non contagieuse bien entendu — qui la rend non
acceptable pour l'homme, seront utilisées pour nourrir
porcs, chiens et volailles. Les ateliers d'équarrissage en
fournissent la plus grande partie ; le reste provient des
animaux morts isolément dans les fermes et les villages.

Le cheval, l'âne et le mulet étaient, dans notre pays,
les animaux desquels on retirait pour cette destination
la plus forte proportion de chair parce qu'un préjugé,
que rien n'expliquait ni ne justifiait, empêchait cette
viande d'entrer dans la nourriture de l'homme. Et encore cette substance était utilisée surtout comme engrais. Les choses ont changé, l'hippophagie a fait des
progrès et des boucheries chevalines ont été installées
dans toutes les agglomérations importantes. C'est bien,
puisque cela permet de fournir un aliment réparateur et
incontestablement sain à des hommes qui font de
grandes dépenses de forces physiques.

Cet usage diminue le nombre des solipèdes qui sont
amenés directement à l'équarrisseur et par conséquent
la quantité totale de chair disponible pour l'industrie
des engrais et pour la nourriture des animaux.

Quoi qu'il en soit, la quantité *moyenne* de chair
musculaire, défalcation faites des os et des autres parties
qu'elles renferment, est la suivante pour les diverses
espèces :

	Proportion centésimale de chair pour le poids vif.	Poids total de chair.
Espèce chevaline...	3o kilogr.	18o kilogr.
— bovine......	43 —	26o —
— ovine.......	52 —	17 —
— porcine.....	75 —	8o —

L'organisme comprend deux sortes de muscles, ceux à fibres striées et ceux à fibres lisses. Les premiers qui constituent exclusivement l'appareil locomoteur, sont à peu près les seuls fournissant la chair comestible. Les seconds sont annexés aux viscères, leur poids, proportionnellement aux premiers, est presque négligeable ; il n'y a guère, dans ce groupe, que le cœur qui constitue un organe réellement comestible et qu'il y ait lieu d'ajouter à la masse musculaire striée. Du reste, la composition chimique des deux sortes de muscles peut être considérée comme la même.

La substance solide du muscle se transforme partiellement en gélatine par l'ébullition ; mais la plus grande partie de la chair musculaire est constituée par la *myosine* ou fibrine musculaire, substance azotée peu différente de la fibrine du sang.

Après le départ par coagulation spontanée de la myosine, il reste un sérum où Kühne a trouvé un albuminate précipitable lorsque le liquide est acidulé ou devient acide par le repos, une matière coagulable à 45° et un albuminate coagulable à 75°. Outre ces principes, on a retiré de l'extrait de viande : la créatine, la créatinine, la sarcine, l'acide urique, la xanthine, l'hypoxanthine, la taurine, l'urée, l'acide inosique, le sucre, l'inosite, la dextrine, le glycogène, l'acide sarcolactique, les acides lactique, formique, acétique et butyrique.

D'après Lehmann, la composition de la viande de bœuf est la suivante :

Eau...	74.00 à 80.00 %
Matières solides.............................	20.00 à 26.00 —
Albuminoïdes coagulés........................	
Myosine, sarcolemne, noyaux et fibres élas-	15.04 à 17.07 —
tiques.....................................	
Glutine......................................	0.06 à 1.09 —
Albuminate, albumine coagulable à 45°.......	2.02 à 3.00 —
Albumine ordinaire..........................	
Créatine.....................................	0.07 à 0.14 —
Graisse......................................	1.50 à 2.03 —
Potasse......................................	0.50 à 0.54 —
Soude..	0.07 à 0.09 —
Magnésie.....................................	0.04 à 0.05 —
Acide lactique...............................	1.50 à 2.03 —
Acide phosphorique...........................	0.66 à 0.70 —
Sel marin....................................	0.04 à 0.09 —
Chaux..	0.02 à 0.03 —

On voit combien la chair est riche en principes azotés et quel aliment réconfortant elle est.

La viande de cheval renferme les mêmes principes que celle de bœuf et, à état physiologique semblable, la répartition en est peu différente.

Comme le sang, la chair est distribuée crue, cuite ou desséchée, au porc, au chien et aux volailles.

Il a déjà été dit que des porcheries sont annexées aux clos d'équarrissage. On a vu des agriculteurs créer dans leurs fermes des chantiers de ce genre dans lesquels ils s'efforçaient de faire passer les vieux chevaux de leur localité et des villages voisins. Ils en retiraient à la fois des aliments pour les animaux et des engrais.

« Les porcs, dit M. Reynal, appètent beaucoup la viande et la préfèrent à toute autre nourriture ; à la por-

cherie de l'École vétérinaire d'Alfort, j'ai vu souvent ces
animaux laisser les aliments végétaux pour se jeter sur
la viande qu'on leur distribuait dans la cour ou sur un
cadavre dépouillé; ils mangent avec voracité la chair
musculaire, les viscères, le foie, la rate, les intestins,
le cœur; ils s'entretiennent tout aussi bien et sans le
moindre inconvénient pour leur état naturel et pour la
qualité de leur viande. Ce fait est établi par une expérience de plus de vingt années. M. Yvart et M. Magne
qui ont dirigé pendant longtemps la porcherie de l'école
d'Alfort, ont constaté l'un et l'autre les bons effets de
cette alimentation. Durant une grande partie de l'année,
les porcs y étaient soumis d'une manière exclusive; la
viande leur était donnée pour ainsi dire à discrétion et
toujours sans accident aucun. M. Magne n'a remarqué
que quelques cas de diarrhée de courte durée, conséquence d'une indigestion. Cet auteur conseille seulement de tenir à la disposition des animaux de l'eau
fraîche qu'ils boivent souvent et avec beaucoup d'avidité.

« Certaines personnes ont reproché aux substances
animales de rendre les porcs féroces et voraces.
M. Magne fait observer que ce reproche n'est pas fondé;
il a vu et j'ai vu moi-même, à la porcherie de l'Ecole,
des poules, des canards et de jeunes poulets vivre sans
accidents, en communauté avec les porcs.

« La volaille et notamment les canards s'engraissent
avec une très grande facilité avec la viande de cheval
qu'on donne soit hachée, soit coupée en petits morceaux; mais c'est surtout le foie que la volaille appète le
plus et dont l'usage est plus favorable pour l'engraissement que celui de la chair musculaire. Cela dépend
peut-être du sucre qui se trouve normalement dans cet
organe. Quoi qu'il en soit, les canards et les volailles

alimentés de cette manière deviennent tellement gras dans le court espace de trois semaines à un mois, qu'ils ne sont presque plus mangeables. J'ai vu des poules porter dans l'abdomen, sous le croupion, des pelotes de graisse qui arrêtaient les œufs dans l'oviducte.

« Les chiens, du moins ceux qui sont maintenus à l'attache, paraissent supporter moins facilement que les autres animaux la nourriture à la viande de cheval. Toutes les fois que j'ai soumis pendant quelques mois des chiens à cette alimentation, je les ai vus maigrir d'abord, puis contracter une diarrhée chronique et plus tard une maladie cutanée (1) ».

Si l'usage de la viande crue épargne des frais de combustible et de main-d'œuvre, néanmoins il est préférable de recourir à la cuisson. Il a déjà été dit, à plusieurs reprises, que cette préparation augmente la digestibilité, de plus elle donne une sécurité qu'on n'a point avec la viande crue. Elle détruit en effet, quand elle a été suffisante, les microbes et les parasites d'ordre plus élevé qui peuvent exister dans les muscles et passer dans l'organisme de l'animal qui les ingère.

Dans les fermes et les petites exploitations rurales où l'on n'a qu'accidentellement des cadavres à utiliser, le mieux est de faire cuire les chairs avec les autres aliments destinés aux porcs et aux volailles, et particulièrement avec les pommes de terre, les racines et les grains.

Dans les chantiers d'équarrissage, on est outillé pour opérer la cuisson en vase clos. De grands cylindres de fonte sont munis d'un double fond intérieur en tôle ajourée et de deux ouvertures, l'une supérieure, l'autre

---

(1) Reynal, article *Équarrissage*, du *Nouveau Dictionnaire de Médecine, Chirurgie et Hygiène vétérinaires*, t. VI.

latérale placée en dessus du double fond. Les cadavres
sont introduits par celle-ci, qu'on ferme ensuite avec
une vis de pression. On met alors la partie inférieure
du cylindre en rapport avec un générateur de vapeur;
les trous du double fond laissent passer la vapeur qui se
répand dans tout le cylindre, opère la cuisson et vient
se condenser dans les parties supérieures de l'appareil.

Dans ces établissements, souvent la viande n'est considérée que comme un produit secondaire en comparaison des os et de la graisse, aussi on pousse la cuisson
très loin et on fait arriver de la vapeur pendant huit à
neuf heures. Une fois qu'elle est terminée, le bouillon
résultant de la condensation de la vapeur redescend au-
dessous du double fond avec la graisse qui forme une
couche à sa surface. Après un temps de repos nécessaire
pour que la séparation du bouillon et de la matière
grasse s'effectue convenablement, un robinet placé tout
à fait à la partie inférieure est ouvert et le bouillon s'é-
chappe. Vient ensuite la graisse qu'on recueille pour la
livrer à l'industrie. Puis la tubulure latérale est ouverte
et l'on retire les résidus solides du cadavre; ils con-
sistent en os et en fragments musculaires qui se détachent. Le triage est fait et les os vont alimenter les
fabriques de noir animal et d'engrais phosphatés. Restent les chairs qui peuvent ou être distribuées aux animaux ou qui subissent encore quelques manipulations
pour être converties en engrais. Dans ce dernier cas, on
laisse perdre les bouillons qui sont envoyés au ruisseau; dans le premier, il les faut mêler à la viande, car
ils se sont chargés de principes alibiles.

Qu'on la donne crue ou cuite, la viande, pas plus que
le sang, ne doit être distribuée seule et composer exclusivement la ration du porc. On l'associera à des ali-

ments d'origine végétale, ainsi qu'on le voit dans les quelques exemples qui suivent :

		kil.
1° Viande ....) à faire cuire en-)	1.500
Pommes de terre) semble ....)	5.000
Farine d'orge	0.500
Eaux grasses	6 litres
2° Viande cuite	2.000
Carottes	2.500
Farine d'orge	1.500
Petit lait	8 litres
3° Viande	1.000
Tourteau	0.200
Orge en grains	2.000
Lait de beurre	6 litres
4° Viande	0.300
Recoupe	0.500
Glands	1.000
Orties (cuites avec la viande)	4.000

§ III. — *Des issues et débris de triperie.*

La manipulation des cadavres laisse, en dehors du sang, de la chair et des os, un certain nombre d'organes qu'on englobe sous la dénomination d'issues. Ce sont le cerveau, la langue, la trachée et les poumons, le cœur, le foie, le pancréas, la rate et les reins.

Dans les boucheries hippophagiques ces organes, ou du moins quelques-uns, ne sont pas demandés pour la nourriture de l'homme; ils restent alors à la disposition des animaux.

Dans quelques localités méridionales où la consommation porte surtout sur le mouton, il reste parfois des têtes entières de bêtes ovines qui ne trouvent pas preneur. C'était habituel autrefois, cela devient plus rare aujourd'hui. Il est indiqué de les utiliser pour l'alimentation des animaux; elles fournissent un bouillon excel lent.

Les industries de la triperie et de la boyauderie s'exercent sur les viscères des bœufs, des moutons et des porcs sacrifiés dans les abattoirs ou les tueries particulières. Elles laissent quelques portions des estomacs et des intestins, et elles abandonnent sous la dénomination générale de « raclures » la membrane interne du rumen, du feuillet et du réseau, ainsi que la muqueuse des intestins. Toutes ces parties doivent être utilisées pour l'alimentation animale.

Quelques-uns des organes précités possèdent des principes spéciaux ou mieux contiennent en proportion élevée, des principes qui leur donnent une valeur alimentaire particulière.

Le cerveau renferme une matière azotée, la *cérébrine* et une matière grasse phosphorée, la *lécithine,* combinaison complexe de l'acide phosphoglycérique.

Le foie est le siège de la formation d'un hydrate de carbone, le *glycogène*, qui s'y dépose à l'état insoluble et joue un rôle important dans les phénomènes de nutrition.

Les issues sont données crues aux animaux après avoir été coupées en menus fragments, mais il est préférable de les faire cuire pour tous les motifs invoqués à propos de la viande. C'est particulièrement indispensable pour les têtes de mouton dont le cerveau peut renfermer le *Cœnurus cerebralis,* cause du tournis et qui, introduit dans l'organisme du chien, y évolue et devient ténia. C'est également nécessaire pour les poumons des bœufs et des porcs qui renferment trop fréquemment des tubercules.

Quelques personnes qui utilisent les déchets de triperie se dispensent de les faire cuire avant de les
donner aux animaux, sous prétexte que par suite
des lavages successifs à l'eau très chaude auxquels ils
ont été soumis, ils ont déjà subi une demi-cuisson et
qu'à cet état, ils sont bien pris par les porcs, les canards
et les chiens. C'est à tort, parce que cette demi-cuisson
est insuffisante pour détruire des contages qui viennent
atteindre les porcs. La fièvre aphteuse ou cocotte est
de ce nombre; à diverses reprises, nous avons vu des
cochons être contaminés et contracter cette maladie à la
suite de repas dont les déchets de rumens et d'intestins
formaient la base et qui provenaient de bêtes bovines
qu'on avait abattues, alors qu'elles étaient sous le coup
de la fièvre aphteuse.

Quelques-uns de ces déchets, entre autres ceux de triperie et de boyauderie, étant livrés à bas prix, il est possible à l'agriculteur de constituer avec eux pour ses
porcs et sa basse-cour, des rations dont le coût soit peu
élevé et qui sont néanmoins substantielles. En effet,
à un produit semi-liquide provenant du grattage et du
lavage d'intestins de moutons MM. Müntz et Girard
ont trouvé la composition suivante :

Eau.............................. 89.00 %
Matières minérales..................... 0.83 —
Azote............................... 1.51 —

Pour les raisons développées à propos de la chair musculaire et du sang, on associera ces déchets à des aliments
d'origine végétale.

Depuis plusieurs années, la porcherie de notre ferme
d'application reçoit chaque jour des résidus de triperie
qui sont distribués à tous les sujets qu'elle renferme;
ils entrent par conséquent dans les rations d'élevage et

dans celles d'engraissement; les effets en sont excellents, et aucun inconvenient n'en est résulté.

Voici quelques exemples de rations pour jeunes porcs :

		kil.
1º	Résidus de triperie.......................	1.000
	Pommes de terre........................	2.500
	Petit-lait...............................	3 litres.
2º	Résidus de triperie.....................	0.800
	Chataignes avariées....................	1.500
	Eaux grasses...........................	4 litres.
3º	Résidus de triperie.....................	1.300
	Débris de pâtes alimentaires............	1.000
	Eau.	3 litres.
4º	Issues animales........................	1.400
	Farine d'orge..........................	0.300
	Son...................................	0.300
	Lait de beurre.........................	21.500

§ IV. — *Bouillons et eaux grasses ou de vaisselle.*

On sait déjà que dans les chantiers d'équarrissage, des bouillons sont produits lors de la cuisson des viandes en vases clos par l'arrivée de la vapeur. Ces bouillons après avoir été débarrassés de leur matière grasse, sont habituellement jetés au ruisseau. Ils sont pourtant pourvus de principes alibiles abandonnés par la viande; ils renferment une certaine quantité d'azote sous forme d'osmazone et des sels, particulièrement de la potasse. Un agriculteur avisé peut donc faire recueillir ces bouillons, qu'on lui cèdera souvent pour en être débarrassé. Il en arrosera des farines troisième, des recoupes, du son pour en former des pâtées, il les mélangera à des pommes de terre, à du sarrazin. Il pourra aussi les verser sur des aliments trop durs, grossiers, afin de les faire mieux appéter.

En faisant cuire ensemble la viande et les issues, on obtient un bouillon plus riche que le précédent, puisqu'il n'a pas été dépouillé de sa graisse. Il doit entrer aussi dans la ration des animaux. Sa composition varie nécessairement avec l'état d'engraissement de l'animal qui a fourni la chair et avec les sortes d'issues employées. Voici le résultat de trois analyses faites par Chevreul :

	I.	II.	III.
	gr.	gr.	gr.
Eau......................	985.60	991.30	991.00
Matières organiques.........	16.91	12.56	10.33
— minérales solubles...	10.72	7.67	9.15
— — insolubles.	0.53	0.46	0.51
Poids du litre.........	1013.76	1 011.99	1010.99

Il est utilisé dans les préparations alimentaires de la même façon que le précédent.

Une troisième sorte de bouillon est préparée avec le lard de conserve. Il est salé, et cette circonstance fait qu'il est plutôt distribué aux ruminants, friands de sel comme chacun sait, qu'aux porcs. On le donne tiède aux vaches, aux brebis laitières et aux femelles qui viennent de mettre bas; on l'associe souvent à du foin pour en faire de véritables soupes destinées à ces bêtes.

Il y a dissidence dans l'appréciation de la valeur nutritive du bouillon. Les uns ne lui en attribuent qu'une très faible, en se basant sur ce que la petite proportion de matière azotée qu'il renferme s'y trouverait sous une forme dont l'organisme tirerait peu de parti, car ce seraient surtout des produits d'usure et de désas-

similation (créatine, créatinine, tyrosine) associés à de
la gélatine. L'albumine proprement dite, coagulée
pendant la cuisson, serait restée dans la viande ou les
issues. D'autres, tenant compte de pratiques sécu-
laires et aussi du relèvement du coefficient de digestibilité qu'amène le mélange d'aliments de sortes différentes,
pensent que le bouillon, surtout associé à des farines ou
à des fourrages, est nourrissant. Ils invoquent la pratique
des Arabes du Nedji et des Bédouins qui préparent des
bouillons dégraissés de chameau et d'agneau et qui les
font prendre à leurs chevaux quand ceux-ci sont exté-
nués; ils se basent aussi sur des observations où des
animaux anémiques et forcés ont été rapidement remis
sur pied en recevant des bouillons de viande, surtout des
bouillons provenant de la cuisson de têtes de moutons,
qu'on mélangeait à de la farine. Il faut également tenir
compte de la pratique médicale ordonnant des lave-
ments de bouillon à des malades qui ne peuvent plus
être alimentés par la voie supérieure; elle en prolonge
l'existence.

Enfin, l'extension de l'industrie des extraits de viande,
qui ne sont en définitive que des bouillons concentrés
et dont l'usage s'est passablement généralisé, est aussi une
forte présomption en faveur de leur valeur nutritive.

Tous ces faits sont à prendre en sérieuse considération. Sans attribuer aux bouillons une valeur exagérée,
on les utilisera en les associant à d'autres aliments.
Ils seront toujours préférables à l'eau pure, quand il
s'agira d'humecter les aliments du porc et du chien, de
faire des pâtées et des soupes. Leur emploi ne peut être
suivi d'aucune transmission de maladie contagieuse,
quand même les animaux qui auraient fourni la viande
et les issues eussent été malades, puisqu'il y a eu cuisson, ébullition et destruction des germes morbides.

A côté de ces bouillons, se placent les eaux grasses. Elles proviennent, comme chacun sait, du lavage de la vaisselle et des couverts qui ont servi à nos propres repas ; elles contiennent en outre quelques reliefs de nos aliments et souvent des parcelles détachées lors de leur préparation, telles qu'épluchures de pommes de terre et de fruits, aponévroses et tendons enlevés à la viande, etc. Leur composition est donc variée comme la cuisine humaine elle-même.

A ma demande, M. Müntz a bien voulu analyser les eaux grasses d'une ferme d'Alsace ; il leur a trouvé la composition suivante :

Eau	985.0 pour 1.000
Matières grasses	1.3 —
— azotées	1.2 —
— amylacées et sucrées	4.3 —
— cellulosiques	6.0 —
— minérales	1.2 —

(Acide phosphorique dans matières minérales : 0.27)

Ces eaux sont relativement pourvues de matières amylacées et sucrées, ce qui tient aux débris de pain et au petit-lait qu'y jetait la fermière.

La quantité d'eaux grasses produite chaque jour est considérable, et il est des hôtels, des internats, des casernes, qui peuvent en mettre beaucoup à la disposition des agriculteurs. Nous connaissons un établissement qui en produit 1200 litres par jour, avec lesquels il entretient une fort belle porcherie.

Si un usage plus que séculaire n'avait consacré l'utilisation des eaux grasses dans l'alimentation du porc, l'analyse ci-dessus indiquerait qu'il y a là une ressource à ne pas laisser perdre. On les emploie comme il a été dit tout à l'heure, à propos des bouillons ; ce sont les excipients dans lesquels on désagrège et on prépare des aliments secs, durs ou grossiers.

Dans le Sud-Est de la France, on présente des eaux grasses aux brebis laitières et aux chèvres qui s'accoutument facilement à les prendre. Dans toutes les régions, on voit des fermières en donner aux vaches parturientes ou convalescentes; des bêtes les acceptent, d'autres les refusent.

§ V. — *Produits de l'écharnage des peaux.*

Après avoir été épilées et lavées à l'eau, les peaux subissent avant le tannage une opération qui consiste à leur enlever, au moyen de couteaux, les parties charnues restées adhérentes, les tétines, les lèvres et quelquefois les oreilles. Ces rognures d'écharnage sont le plus souvent employées pour la fabrication de colle forte, quelquefois aussi on en donne aux porcs et aux chiens. Elles constituent une matière essentiellement azotée dont la composition ne diffère que peu de celle de la viande comme le montre le résultat suivant d'une analyse de M. Müntz :

Eau...	75.38 %
Matières azotées...............................	15.20
— grasses........................	3.75
Autres substances...........................	5.67

Ce qui a été dit de l'utilisation de la viande est applicable aux produits d'écharnage.

§ VI. — *Des pains de cretons et des dégras.*

Après la peau, la graisse est la partie la plus recherchée dans le cinquième quartier; bouchers, charcutiers et équarrisseurs la recueillent soigneusement en raison de ses usages. L'agriculteur ne peut l'acheter en nature pour la faire entrer dans l'alimentation de ses animaux, mais l'un des traitements industriels auquel on la soumet laisse des résidus utilisables.

Tel qu'il est extrait des ruminants tués dans les abattoirs, le suif est en masses irrégulières; on le dit *suif en branches*. La graisse intra-abdominale du porc constitue la *panne*. Chez tous les animaux, la graisse est enfermée dans les mailles du tissu conjonctif; des travées de ce tissu sont jetées dans la masse adipeuse et la maintiennent. On trouve des ganglions noyés dans cette masse.

Pour obtenir la graisse débarrassée de sa gangue conjonctive et des rognons ganglionnaires, divers procédés sont mis en usage suivant l'espèce qui l'a fournie, l'usage auquel on la destine et le perfectionnement de l'outillage.

L'un des plus simples et des plus primitifs, dit procédé de la *fonte aux cretons*, consiste à diviser en petits morceaux le suif et la panne et à les jeter dans des chaudières pour les faire fondre. Sous l'influence de la chaleur, la graisse se fluidifie et les membranes de tissu connectif deviennent libres. On les recueille à l'aide d'écumoires, elles prennent alors le nom de *cretons;* on en obtient de 8 à 10 pour 100 du suif employé. Celles qui proviennent du porc sont fréquemment vendues aux ménages pauvres qui les utilisent pour les usages culinaires. Lorsqu'elles n'ont pas cette destination, et c'est le cas général des cretons de suif, on les soumet à la presse de façon à en faire sourdre encore la graisse; la pression a aussi pour résultat d'agréger les membranes les unes aux autres, d'en former des sortes de tourteaux qu'on appelle *pains de cretons, pains de dégras* ou encore *registres de cretons.*

On trouve des pains de cretons de toutes les dimensions et de tous les poids, depuis les énormes registres
fournis par quelques fonderies jusqu'aux pains de
2 à 3 kilogr. fabriqués par les charcutiers.

Indépendamment de la matière grasse qui reste toujours dans les pains de creton en quantité inversement
proportionnelle à la puissance des presses, on y trouve
« des quantités assez notables d'azote et d'acide phosphorique, jusqu'à 5,5 % du premier et 2 à 3 % du second ». (Müntz et Girard.) Les propriétaires d'animaux
ont donc raison d'acheter de ces pains pour les faire
entrer dans la ration des chiens, des porcs et de quelques oiseaux.

Les possesseurs de meutes qui les nourrissent au pain
de seigle ou de farine troisième, au riz ou aux débris de pâtes alimentaires ont avantage à mêler des cretons à ces aliments. On constitue ainsi des soupes et des
bouillies dont les chiens se trouvent bien.

Lorsque les eaux grasses et les résidus de laiterie font
défaut pour humecter les grains et les farineux destinés au porc, les pains de creton ont leur rôle à jouer.

Ce rôle n'est pas sans importance dans l'élevage et
l'entretien d'oiseaux de basse-cour et de volière. Nous
savons que chez un grand amateur de faisans, des pains
de cretons de suif sont concassés et mis à bouillir toute la
nuit. Au matin, avec cette sorte de potage chaud on
humecte un mélange de farines. On fait avec le tout
des pâtons en boule qui sont jetés dans les parquets ;
en tombant, ces boules s'émiettent et les morceaux en
sont pris par les faisans.

§ VII. — *Des déchets de ganterie.*

Depuis une époque qu'il est impossible de préciser, aux environs des villes comme Chaumont et Annonay, où la fabrication des gants s'est implantée, on utilise pour l'alimentation des porcs, les débris sortant des ateliers de mégisseries. Ces rognures de peaux de gants sont connues sous le nom vulgaire de *parun*.

Les peaux des différents animaux qui servent à la confection des gants, après avoir subi les diverses préparations qui constituent l'art du mégissier, sont imprégnées en dernier lieu d'un mélange dont la composition proportionnelle est la suivante : farine 100 kilogr., jaunes d'œufs 100 douzaines, sel de cuisine 6 kilogr., alun 1 kilogr. Ainsi traitées, les peaux ont une couleur blanche tirant légèrement sur le jaune, elles sont douces et souples au toucher.

Pour en faire des gants, elles sont coupées et rognées suivant telle ou telle pointure; les rognures ont naturellement les mêmes propriétés physiques et la même composition chimique que les peaux entières.

En voici l'analyse d'après M. Boutmy :

Eau...............................	13.00 %
Matières azotées....................	4.88 —
— non azotées (par différ.).....	77.78 —
— minérales..................	4.34 —

L'énumération spéciale des différentes matières minérales est la suivante :

Silice.........................	traces notables.
Alumine et oxyde de fer...........	1.13
Chaux...............	0.32
Magnésie.......................	0.09 } 4.34
Acide phosphorique..............	1.29
Acide sulfurique, chlore..........	1.51

On ne s'étonnera pas trop de voir utiliser ces déchets, parce qu'ils dérivent en grande partie de peaux d'animaux tués très jeunes, particulièrement d'agneaux et de chevreaux, c'est-à-dire de peaux où les couches épithéliales n'ont pas acquis encore une grande épaisseur. Elles n'ont point la ténacité qu'elles posséderaient si elles provenaient d'animaux plus âgés; elles sont donc plus facilement attaquables par les sucs digestifs. D'autre part, le traitement par la farine et le jaune d'œuf qu'elles ont subi, leur a apporté des matériaux nourrissants et digestibles. Ces diverses circonstances expliquent qu'on emploie les rognures de ganterie pour l'alimentation animale, quand les rognures de cuir ne peuvent être utilisées que comme engrais, et encore faut-il qu'elles aient été désagrégées par l'action de la vapeur suivie de la dessiccation et de la mouture, ou par une torréfaction préalable.

Le porc est l'animal auquel sont destinées les rognures de peaux de gants. On les met en contact avec quantité suffisante d'eau tiède pendant quelques heures; il en résulte une bouillie blanchâtre un peu salée qui, déposée dans les auges, est prise sans hésitation.

Nous avons étudié les effets de l'alimentation au parun. Dans une première expérience, nous nous sommes demandé si ce produit pourrait constituer à lui seul la ration. Pendant 41 jours, un porcelet de 3 mois en a mangé à discrétion, exclusivement et sans adjonction d'aucun autre aliment. Son poids pendant ce

laps de temps a augmenté de 10 kilogr., soit 244 gr.
par jour.

Dans une seconde expérience, ce même porcelet reçut
du parun, non plus exclusivement mais avec du seigle
et du lait. Sa ration journalière était la suivante :

Rognures de peaux de gants.......... 1 kilogr.
Seigle.............................. 1 kilogr.
Lait............................... 2 litres.

L'expérience dura 35 jours, pendant chacun desquels
l'augmentation en poids fut de 571 gr., soit plus du
double que quand la ration était exclusivement constituée de rognures.

Différentes autres expériences ont été conduites sur
des porcelets de 4 à 5 mois, dans lesquelles les déchets de
ganterie, donnés quotidiennement à la dose de 1 kilogr.,
étaient associés à divers aliments, grains et farineux.
L'augmentation journalière et moyenne du poids des
animaux en observation fut de 428 grammes.

Ces recherches montrent que de tels résidus pourraient, en cas de nécessité, constituer à eux seuls la ration du porc, mais qu'il est plus avantageux de les associer à d'autres aliments.

Elles comportent une autre leçon : elles tendent à
prouver que la matière azotée de la peau, qui s'y trouve
à l'état de kératine et de gélatine, n'est pas absolument
inassimilable, ainsi qu'on l'a avancé. Au reste, M. Nencki
a montré qu'en soumettant la colle forte à une fermentation à 40°, en présence du pancréas, on obtient au
bout de 17 heures un liquide riche en peptone et en
acide valérique, et au bout de 24 heures, de la peptone de
gélatine, de la leucine, du glycocolle, des acides gras
et de l'ammoniaque. Il a été démontré également que

si du cuir est soumis à l'action de la vapeur, une fraction de sa matière azotée devient soluble, tandis qu'il n'en est pas de même si l'on a recours à la torréfaction.

Du moment qu'une fraction seulement de l'azote des rognures de peaux de gants est assimilable, l'agriculteur n'a intérêt à utiliser ces résidus que s'ils lui sont fournis à bas prix; autrement, il trouvera nombre de produits industriels plus avantageux.

§ VIII. — *Des circonstances qui empêchent l'utilisation des déchets animaux à l'état cru et nécessitent leur cuisson prolongée.*

Il n'a pu échapper au lecteur que, dans tout ce chapitre, nous avons donné la préférence à la cuisson des déchets d'origine animale à leur distribution à l'état cru, malgré le surcroît de dépense pour le combustible que cela occasionne. L'augmentation de la digestibilité qui en résulte ne nous a pas seulement guidé; nous avions aussi en vue, comme nous l'avons dit d'ailleurs, le côté hygiénique de la question. Tirer un excellent parti des résidus animaux pour l'alimentation est bien, mais éviter que ces résidus ne soient des agents de transmission de maladies ou ne soient nuisibles d'autre façon aux sujets qui les ingéreront, doit être la première préoccupation.

Les déchets donnés à l'état cru sont dangereux dans quatre circonstances : 1° lorsqu'ils proviennent d'animaux atteints de maladies parasitaires spéciales; 2° quand ils dérivent de sujets qui ont succombé à une maladie contagieuse ou ont été abattus pendant l'évolution de la dite maladie; 3° lorsqu'ils se sont altérés depuis l'abatage; 4° quand ils ont été fournis par des animaux ayant succombé à certains empoisonnements.

1° **Chairs et déchets provenant d'animaux atteints de quelques maladies parasitaires.** — Il n'y a pas à se préoccuper des parasites qui siègent sur la peau, puisque celle-ci est enlevée; d'ailleurs, quelques-uns de ces parasites eussent-ils été ingérés quand on distribue des rognures provenant de tanneries, qu'ils seraient détruits dans le tube digestif. Il y a peu à se préoccuper également des parasites intestinaux, car ils sont expulsés ordinairement avec les fèces lors du lavage que boyaudiers et tripiers font subir aux intestins. Ce sont ceux qui se fixent sur quelques organes ou dans leur épaisseur qu'il faut surveiller. La trichine, les cœnures, les échinocoques et les psorospermies sont à signaler.

A. Trichine. — La trichine (*Trichina spiralis*, Owen) est un petit nématode qui vit à l'état adulte dans l'intestin grêle des mammifères et des oiseaux. Le mâle a $1^{mm}\frac{1}{2}$ de long sur 40 μ. de large, et la femelle peut atteindre des dimensions deux fois plus grandes dans tous les sens.

La fécondation a lieu dans le tube digestif des animaux. Les œufs de la femelle se développent dans son utérus, et au bout de peu de temps les embryons qui en proviennent sont expulsés en nombre prodigieux (10 à 15 mille) par la fente vaginale. Ceux-ci ne tardent pas à perforer les parois intestinales et à gagner les faisceaux musculaires où ils subissent l'enkystement soit isolément, soit deux à deux et plus rarement trois à trois.

Les kystes sont leurs tombeaux dans les conditions ordinaires; mais si l'individu qui les héberge devient la proie d'un autre, il en est différemment. Les coques protectrices des embryons sont détruites par les sucs

digestifs et les trichines, dont le développement sexuel
s'est effectué pendant la captivité, deviennent libres dans
un milieu qui leur est propice et perpétuent leur espèce
avec une prodigieuse activité. Par ce fait, l'hôte nouveau
se trouve sous le coup d'une affection spéciale : *la tri-
chinose.*

Le porc est celui des animaux domestiques qui offre
le terrain le plus favorable au développement de la
maladie, mais il y résiste bien. Sa chair constitue un
danger pour l'homme qui la consommera aussi bien
que pour les animaux qui en recevront les débris.

L'infection spontanée n'a été remarquée jusqu'ici que
sur les suidés, les chiens et les chats; mais M. Colin
l'a provoquée expérimentalement chez le bœuf, le mouton et la chèvre.

La chaleur détruisant les embryons, il y a lieu d'y
avoir recours pour s'opposer à la transmission de l'affection. Fjord, Kuchenmeïster, Colin, etc., ont démontré que les trichines adultes ou larvaires sont tuées
à 70° c.; on aura donc toute garantie en· ne distribuant
les débris suspects qu'après les avoir soumis à une coc-
tion d'une demi-heure dans l'eau bouillante. L'expérience d'ailleurs appuie cette conclusion.

B. **Cœnures.** — Les cœnures constituent la forme
cystique de deux tænias très voisins : *Tænia cœnurus,
— T. serialis.*

Les chiens qui portent les tænias en expulsent les
anneaux et les œufs avec leurs excréments; les herbivores les absorbent en même temps que leurs aliments
et des larves hexacanthes se répandent dans toute l'é-
conomie. Quelques-unes gagnent les enveloppes du
cerveau ou de la moelle et occasionnent chez le mouton une maladie : le *tournis,* qui est *encéphalique* ou
médullaire, suivant le lieu d'élection.

L'affection a été observée chez le bœuf, la chèvre et le cheval; mais très rarement, tandis qu'elle est fréquente sur l'espèce ovine.

Pour s'opposer à sa propagation, il y a lieu de ne distribuer aux chiens les centres nerveux qu'après une cuisson suffisante.

C. **Échinocoques.** — Leur présence dans les tissus occasionne une affection particulière, l'*échinococcose*, dont la cause indirecte est le *Tænia echinococcus* qui vit dans l'intestin grêle du chien. Les œufs de ce tænia sont ingérés par les herbivores, soit avec leurs aliments, soit avec leurs boissons et se transforment en larves hexacantes dans leur tube digestif. De là ces larves gagnent divers organes, de préférence le foie ou le poumon, s'y transforment lentement en vésicules hydatiques parfois très volumineuses, dont le dernier terme est l'*Echinococcus veterinorum.* Tous les mammifères domestiques et, parmi les oiseaux, le dindon (von Siebold) y sont exposés.

Veut-on utiliser les organes qui sont envahis par le parasite, la meilleure garantie est fournie par un ébouillantage prolongé.

D. **Psorospermies.** — Ce sont des sporozoaires dont le développement est assez mal connu. Il y en a plusieurs sortes : les seules qui nous intéressent sont celles qui produisent :

a. La *psorospermose musculaire.* — Maladie occasionnée par trois sortes de sarcosporidées :

α). *Sarcocystis miescheri.*
β). — *tenella.*
γ). *Balbiana gigantea.*

et qui a été observée chez la plupart des bêtes de la

ferme, mammifères et oiseaux, par Herbst, Rayney, Leuckart, Manz, Laulanié, Moulé, Morot, etc.

b. La *psorospermose hépatique*. — Affection qui reconnaît pour cause le *Coccidium oviforme*, Leuck, sporozoaire dont le développement se fait dans les caneaux biliaires du lapin et de quelques animaux sauvages. Le symptôme dominant du mal est l'amaigrissement et l'état cachectique des individus atteints.

2° **Chairs et déchets provenant d'animaux morts de maladies contagieuses ou abattus pendant l'évolution de ces affections.** — La loi du 21 juillet 1881, complétée par le décret du 28 juillet 1888, énumère comme maladies contagieuses auxquelles des mesures spéciales doivent être appliquées, les affections suivantes : la peste bovine dans toutes les espèces de ruminants, la péripneumonie contagieuse, le charbon symptomatique ou emphysémateux et la tuberculose dans l'espèce bovine, la clavelée et la gale dans les espèces ovine et caprine, la fièvre aphtheuse dans les espèces bovine, ovine, caprine et porcine, la morve, le farcin et la dourine dans les espèces chevaline et asine, le rouget et la pneumo-entérite dans l'espèce porcine, la rage et la fièvre charbonneuse ou sang de rate dans toutes les espèces.

L'article 14 de la loi du 21 juillet 1881 est ainsi conçu : « La chair des animaux morts de maladies contagieuses *quelles qu'elles soient*, ou abattus comme atteints de la peste bovine, de la morve, du farcin, du charbon et de la rage, ne peut être livrée à la consommation. Les cadavres ou débris des animaux morts de la peste bovine et du charbon ou abattus comme atteints de ces maladies, devront être enfouis avec la peau tailladée, à moins qu'ils ne soient envoyés à un atelier d'équarrissage régulièrement autorisé. Les con-

ditions dans lesquelles devront être exécutés le transport, l'enfouissement ou la destruction des cadavres seront déterminées par règlement d'administration publique. »

La loi est formelle, elle exige que les cadavres soient
enfouis ou conduits à un chantier d'équarrissage pour
être « détruits », c'est-à-dire mis par le feu ou l'action
d'agents chimiques, comme l'acide sulfurique, dans un
état tel qu'ils soient minéralisés ou tout au moins transformés en engrais. Quand même on ne serait pas arrêté
par les dangers que la manipulation des cadavres fait
courir aux personnes chargées de ce soin ou par la
crainte de la transmission de quelques maladies contagieuses aux carnivores ou aux omnivores qui recevraient
les chairs et les débris, on ne peut sans enfreindre la loi,
distribuer ceux-ci comme aliments aux animaux pas
plus qu'à l'homme. Mais il n'est point interdit de se demander si la loi ne pourrait être modifiée dans quelques-unes de ses parties sans que l'hygiène publique eût
à en souffrir.

A mesure que s'élargissent et se précisent les connais-
sances sur la biologie des microbes agents des maladies
contagieuses, on est amené à reconnaître que l'enfouissement, surtout tel qu'il est pratiqué dans la plupart des
campagnes, est une mesure insuffisante; les germes se
conservent longtemps dans la terre et ils peuvent être ra-
menés à la surface du sol par les lombrics, ainsi que
M. Pasteur l'a prouvé pour le sang-de-rate et MM. Lortet
et Despeignes pour la tuberculose. Les dangers de con-
tamination subsistent donc alors que le cadavre ou
du moins toutes les parties autres que le squelette ont
disparu.

Il ne faut pas compter sur le froid, sur la congélation
même prolongée pour la destruction des virus. Ceux du

sang-de-rate et du charbon symptomatique ont été soumis pendant 84 heures à un froid de — 70°-76° produit
avec de l'acide carbonique solide et pendant vingt heures
à un froid de — 120°-130° produit également avec de
l'acide carbonique solide et en faisant le vide ; ces épreu-
ves ne leur avaient point enlevé leur virulence Nous
avons soumis à plusieurs congélations à 25°, successives et espacées, le virus charbonneux sans qu'il perdît
son activité et une observation analogue a été faite par
Celli avec le virus de la rage.

C'est donc à la chaleur qu'il faut avoir recours.

Dans son application à la destruction des virus, il
est indispensable de tenir compte de la température, de
la durée du chauffage et de la nature du corps qui transmet le calorique aux agents virulents. Une température
élevée les détruit rapidement, une température plus
modérée mais plus prolongée en amène également la destruction.

Dans nos recherches sur le charbon symptomatique
faites en commun avec MM. Arloing et Thomas, nous
avons été des premiers à démontrer la grande influence de la nature du corps qui transmet la chaleur.
Dans un bain d'air chauffé à 100°, vingt minutes
sont nécessaires pour stériliser 1 centimètre cube de sé-
rosité virulente du charbon symptomatique; dans un
bain d'eau bouillante de même volume, deux minutes
suffisent. A 100°, le pouvoir destructeur de l'eau est
donc dix fois plus rapide que celui de l'air.

L'état dans lequel se trouvent les virus doit aussi
entrer en ligne de compte; frais, ils sont plus facilement détruits que desséchés ; s'ils renferment des spores
ou des arthrospores, leur destruction est moins aisée
que lorsqu'ils sont à l'état de mycélium.

En mettant les choses au pis, en supposant les

virus dans l'état qui provoque leur résistance maximum
aux causes de destruction, c'est-à-dire desséchés et
sporulés, il est acquis que

	Est détruit par une chaleur sèche de	Prolongée pendant
Le microbe de la fièvre charbonneuse....	123°	3 heures,
— du charbon symptomatique.	110°	6 —
— du rouget:...................	46°	3 — 1/2
Le virus de la rage.....................	48°	1 heure 1/2
— tuberculose....................	100°	40 minutes.
— morve.........................	70°	5 —

On ne connaît pas de virus qui résiste à une température de 125° continuée pendant 3 heures ou à une
chaleur de 100° poursuivie pendant 8 heures.

Le pouvoir destructeur de l'eau bouillante étant dix
fois plus considérable que celui de l'air sec à 100°, il
en résulte que la cuisson à l'eau des viandes virulentes,
amène plus sûrement et plus rapidement la destruction de leur nocivité que la cuisson à sec, fût-ce à
un feu très vif.

La capacité calorifique de l'eau à l'état de vapeur étant
moins élevée que celle de l'eau à l'état liquide, on serait
tenté d'en conclure que l'emploi de la vapeur serait
moins avantageux que celui de l'eau bouillante, mais
cette infériorité est compensée et au delà par la combinaison de l'action de la vapeur à celle de la pression qui
élève la température au delà de 100° et la rend plus des-
tructive. La preuve en est faite par les résultats obtenus
au moyen des appareils à désinfection basés sur cette
combinaison et dont le plus connu en France actuellement est l'étuve Geneste, Herscher et Cie. Les virus,
même les plus résistants, comme celui de la gangrène,
sont détruits dans ces appareils; la sécurité est donc
complète.

Si le lecteur veut bien se reporter à ce qui a été dit antérieurement (Voyez page 471) de la façon dont se pratique la cuisson des cadavres et de l'agencement des chaudières dans les clos d'équarrissage bien outillés, où la vapeur agit pendant 8 heures, il reconnaîtra qu'une cuisson de pareille durée et dans de semblables conditions rend les chairs et les déchets inoffensifs et qu'après l'avoir subie, on pourrait les faire consommer.

Nous ne disons rien de l'alimentation humaine, bien que la conclusion précédente lui soit applicable, parce que, dans cette question, des considérations de sentiment interviennent.

A nous en tenir à la nourriture du bétail, il est incontestable qu'à suivre — ainsi qu'on le doit — les prescriptions des lois et décrets de police sanitaire, on détourne une source importante d'énergie ainsi que des matériaux d'édification ou de reconstitution de l'organisme, en privant d'aliments d'origine animale les individus qui pourraient les ingérer. Ces aliments, producteurs de force et de matière, ne sont pas complètement perdus puisqu'actuellement ils sont utilisés comme engrais, qu'ils concourent à l'alimentation du végétal et indirectement à celle de l'animal. Mais ne serait-il pas plus avantageux de les faire passer directement dans l'organisme animal?

Pour éclairer d'un exemple notre proposition, prenons la tuberculose. D'une communication de M. Arloing au Congrès d'hygiène de Londres il résulte qu'en France, dans la période qui va de 1885 à 1889, l'inspection des viandes a trouvé :

0.024 pour 1.000..... Veaux tuberculeux.
3.088   —   ..... Bœufs et vaches tuberculeuses.
0.112   —   ..... Porcs tuberculeux.

En admettant, comme l'autorise la loi du reste, qu'on

n'ait saisi que les animaux chez lesquels la tuberculose
était généralisée, soit un tiers seulement, nous arrivons,
en chiffres ronds, à la destruction annuelle de 677,200 kg.
de viande. Pour peu que chacune des autres maladies
propres aux espèces comestibles fournisse son contin-
gent, on pressent à quel chiffre s'élève la quantité de
viande qui doit être dénaturée et ne peut légalement entrer ni dans l'alimentation humaine ni dans la nourriture animale.

Nous pensons que cet état de choses pourrait et devrait être modifié.

Puisque la cuisson détruit le virus tuberculeux, pourquoi ne pas la mettre en pratique sur les viandes de
pthisiques? Si l'on veut aller au delà même de ce qui est
nécessaire, pourquoi ne pas adopter la proposition d'un
inspecteur de la boucherie, M. Morot, et fabriquer des
extraits avec ces viandes comme on le fait avec celles
d'animaux sains?

La cuisson complète et à plus forte raison la fabrication d'extraits ne peuvent se faire convenablement que
dans des établissements bien outillés. Aussi souhaitons-
nous qu'à proximité de chaque centre rural un peu important, des ateliers d'équarrissage soient installés, dus-
sent les communes contribuer aux frais de premier établissement ou donner sur leurs ressources affouagères tout
ou partie du combustible nécessaire à la cuisson. L'hygiène n'y gagnerait pas moins que l'alimentation, car
la pratique de l'enfouissement disparaîtrait.

Une autre mesure désirable serait de pourvoir les abattoirs d'un appareil spécial pour rendre inoffensives et
utilisables les viandes saisies par les inspecteurs de la
boucherie. Cette adjonction aurait deux résultats heu-
reux; aujourd'hui toute viande saisie est détruite, sans
profit pour personne et le propriétaire de l'animal qui l'a

fournie ne reçoit aucune indemnité; en la faisant passer
au stérilisateur, on la conserverait pour la consommation
des animaux tout au moins, s'il répugne de la vendre
à bon marché comme viande de basse boucherie, et la
valeur de cette viande, si minime qu'on la suppose,
serait toujours une atténuation à la perte subie par le
propriétaire.

Ce vœu n'est point une utopie, car il vient d'être réalisé en Allemagne. A l'abattoir de Berlin, on a récemment installé un appareil, dit de Rohrbeck du nom de son
inventeur, dans lequel on introduit les viandes saisies.
On y amène d'abord de la vapeur surchauffée dite
vapeur sèche, puis de la vapeur ordinaire ou vapeur
humide qui pénètrent profondément dans tous les tissus
et amènent la destruction des parasites et des microbes
qu'ils renfermaient et qui les altéraient. On s'assure de la
température atteinte au milieu des chairs à l'aide de
thermomètres à maxima; ce moyen est complété par
des pyromètres introduits dans l'intérieur des viandes
avec des sondes qui mettent en mouvement des son-
neries électriques quand la température arrive à 100°.
On a donc une garantie de la marche de la cuisson.

Quel que soit l'appareil qu'on adopte et quelques perfectionnements que l'avenir y apporte, nous insistons
pour qu'on sorte de la voie dans laquelle les prescriptions de la police sanitaire du bétail et de l'inspection des
viandes se maintiennent pour la destination à donner
aux viandes et aux déchets provenant d'animaux malades.

3° **Chairs et déchets altérés depuis l'abatage.** — Quand la température est chaude et humide,
surtout par les tmps orageux, les viandes provenant
d'animaux très sains se corrompent rapidement et
l'homme répugne à les consommer. La même chose se

produit pour certaines préparations de charcuterie, confectionnées parfois avec des viandes qui commençaient à se corrompre ou même avec des viandes saines. Peut-on distribuer sans danger ces viandes gâtées aux animaux ? Nous envisagerons deux altérations qui se présentent dans la pratique : la *phosphorescence* et la *putréfaction*.

Chairs phosphorescentes. — Les chairs de poissons fraîches ou salées deviennent parfois phosphorescentes, c'est-à-dire émettent dans l'obscurité des lueurs d'un blanc-verdâtre disposées en traînées irrégulières et mobiles. Les viandes de boucherie présentent quelquefois aussi, mais plus rarement, la même particularité. On a reconnu qu'elle était due à des bactéries photogènes dont on a isolé plusieurs espèces. Ces microorganismes ne communiquent aucune propriété nuisible à la viande qu'ils rendent phosphorescente ; si l'homme refusait de consommer celle-ci, on pourrait la donner aux animaux sans aucune crainte.

Putréfaction. — Altération très commune, la putréfaction n'est pourtant connue que dans son ensemble, par ses particularités les plus caractéristiques. Elle est occasionnée par des bactéries, qu'on voit fréquemment accompagnées de moisissures et d'infusoires sans pouvoir dire si ces derniers jouent un rôle dans sa production. Ces bactéries paraissent appartenir à plusieurs espèces dont l'histoire spéciale n'est point achevée. C'est une lacune qu'il importerait de combler, car l'observation montre qu'il y a plusieurs sortes de putréfactions, les unes qui rendent dangereuses les substances qu'elles envahissent, les autres qui les laissent inoffensives. Dans la pratique, on ne peut les distinguer que par leurs effets ; aussi doit-on, jusqu'à nouvel ordre n'avoir qu'une même ligne de conduite pour toutes les substances en décomposition.

Les bactéries ou mieux quelques espèces de bactéries de la putréfaction produisent des matières toxiques, véritables poisons auxquels le nom de *ptomaïnes* a été donné. Les chimistes en ont isolé déjà plusieurs et les ont obtenues à l'état de pureté. Les unes sont volatiles, les autres très fixes.

Ce sont ces ptomaïnes qui causent, chez les individus qui mangent des viandes corrompues, l'*intoxication putride*, encore dite *botulisme*, bien que ce dernier nom soit surtout réservé aux accidents produits par les saucissons et les boudins gâtés. Les symptômes principaux sont : troubles gastriques et intestinaux, vomissements, diarrhée, dysenterie, stupeur, coma, faiblesse générale, paralysie, dépression du cœur, troubles circulatoires, quelquefois troubles de la vue. Une proportion élevée des individus ainsi empoisonnés succombe.

La règle de conduite qui s'impose est de ne point distribuer de chairs ou d'abats corrompus aux porcs, aux chiens, aux canards. La fixité de certaines ptomaïnes les fait résister à la cuisson.

4° **Chair d'animaux empoisonnés.** — Nous avons dit ailleurs que nombreuses sont les circonstances où les animaux domestiques s'empoisonnent, qu'aucune créance ne doit être accordée à l'opinion qui prétend que leur instinct les défend constamment et suffisamment contre l'ingestion de plantes et de graines vénéneuses qu'ils trouvent dans les pâturages ou qui leur sont distribuées à l'étable. Comme il est rare que les animaux soient entretenus isolément, il s'ensuit que quand une intoxication se produit, elle frappe habituellement plusieurs sujets à a fois. Le lecteur sait déjà qu'un propriétaire du Midi perdit 80 moutons d'un coup, après leur avoir fait donner du tourteau de ricin et il n'y a pas longtemps que dans l'Est, sept bœufs moururent en 24 heures après avoir brouté des ifs qui se trouvaient dans le pâturage où on les avait placés.

Faut-il, sans exception, enfouir ou transformer en engrais les cadavres de ces animaux empoisonnés? Leur chair ne peut-elle jamais entrer dans l'alimentation du porc, du chien, du chat et des oiseaux de basse-cour? Une réponse générale ne peut être donnée à cette question, car le mode d'action des poisons, les lésions qu'ils amènent et la façon dont ils se comportent vis-à-vis de la chaleur sont différents. Pour que le cadavre d'un animal qui a succombé à un empoisonnement puisse servir de nourriture, il faut ou que le toxique qui a causé la mort soit décomposé et détruit par la chaleur lors de la cuisson ou qu'il se localise sur un ou plusieurs appareils et organes en respectant les autres. Lorsque ces deux conditions ne sont pas remplies et que le poison charrié par le sang dans toutes les masses musculaires n'est détruit qu'à des températures qui ne sont pas atteintes dans la cuisson, il faut s'abstenir.

La localisation des poisons, soit qu'ils s'y fixent par une sorte d'action élective, soit qu'ils les choisissent comme point d'élimination, se fait habituellement sur l'encéphale, le foie, le tube digestif, les reins et, mais plus rarement, sur les poumons. Ne voulant point entrer dans des détails qui sont du domaine de la toxicologie pure, nous donnons le conseil d'enlever, à la suite de n'importe quel empoisonnement, *tous les organes splanchniques ainsi que la tête* des animaux intoxiqués, et de ne point les laisser consommer, même après cuisson prolongée.

Quant aux chairs, des expériences particulières à chaque sorte de poison et d'empoisonnement devraient être faites pour savoir à quoi s'en tenir sur leur innocuité ou leur toxicité. Nous en avons déjà poursuivi plusieurs, et d'après leur résultat nous concluons qu'*il n'y a pas de danger à faire consommer les chairs d'animaux empoisonnés par* :

Ifs (*Taxus baccata* et *fastigiata.*)
Cytises (*C. laburnum, alpin., purpur., biflora.*)
Anagyre (*Anagyris fœtida.*)
Gesses (*Latyrus sativ., cic., odorat., amœnum.*)
Œnanthe (*Œnanthe crocata.*)
Cyclamen (*Cyclamen europeum.*)
Mercuriales (*Mercurialis annua* et *perennis.*)
Renonculacées (Genres *Ranunculus* et *Caltha.*)

Des intoxications se produisent aussi à la suite d'erreurs pharmaceutiques et même, mais rarement, de l'administration volontaire de corps toxiques, minéraux ou organiques. Il serait nécessaire qu'on fît pour chacun des poisons d'officine des recherches analogues à celles dont nous venons de faire connaître le résultat pour un certain nombre de plantes vénéneuses. Grâce aux expériences de Harms, de Fröhner et Knudsen, de Feser, il est acquis que *les chairs des animaux empoisonnés par l'ésérine, l'émétique, la strychnine ou la noix vomique, peuvent être consommées impunément* (1).

(1) *Monatsschrift für praktische Tierheilkunde*, n° 12, 1890.

CHAPITRE III.

RÉSIDUS DE L'INDUSTRIE DES EXTRAITS DE
VIANDE ET DES CONSERVES ALIMENTAIRES.
DU SANG ET DE LA VIANDE POUR L'ALIMEN
TATION DES CHEVAUX ET DES RUMINANTS.

SECTION PREMIÈRE. — RÉSIDUS DE L'INDUSTRIE DES CON-
SERVES ALIMENTAIRES.

L'industrie des conserves alimentaires d'origine animale a pris une grande extension de notre temps où les
aliments de force sont de plus en plus nécessaires aux
travailleurs. Le produit principal des établissements où
l'on se livre à ce genre d'industrie est destiné à
l'homme, mais il reste des résidus qui peuvent entrer
dans la nourriture des animaux.

Les principales conserves proviennent des viandes de
bœufs et de moutons ou sont fournies par plusieurs espèces de poissons; étudions tour à tour leurs déchets.
Nous ajouterons un mot sur la valeur du résidu de la
salaison, la saumure, et sur celle de déchets de l'industrie
séricicole.

§ I. — *Résidus de l'industrie des extraits de viande.*

Il n'est pas besoin de dire que ce n'est ni en Europe ni dans aucun pays à population humaine dense que l'industrie des extraits de viande existe. Dans ces pays, la quantité de viande nécessaire à chaque habitant est encore insuffisante; il serait insensé de traiter les chairs des animaux comestibles pour en extraire quelques principes et abandonner le reste. On ne le fait que très exceptionnellement quand il s'agit d'alimenter des malades que quelque grave affection de l'appareil digestif met dans l'impossibilité de digérer et parfois même d'ingérer la viande. Cette application toute médicale doit être négligée ici.

Tout autre est la situation de pays exotiques où la population humaine est clair-semée, les animaux nombreux, le territoire très vaste et les communications avec des régions plus peuplées difficiles ou coûteuses. La consommation sur place n'absorbe qu'une faible proportion des animaux. L'exportation du bétail sur pied y est toujours onéreuse et parfois impraticable, celle des cadavres dépecés en quartiers ne suffit point à enlever tout le disponible; des perfectionnements sont encore nécessaires pour ces transports.

On s'est donc ingénié à trouver des procédés qui permettent une expédition plus sûre et moins coûteuse des parties alimentaires. L'application de ces procédés se fait spécialement dans l'Amérique du Sud, notamment dans la République Argentine et l'Urugay, dont les pampas nourrissent d'immenses troupeaux de bœufs et de moutons. Cet exemple a été suivi en Austrasie où le développement si rapide de la population ovine est un sujet d'étonnement pour tous ceux qui le suivent. Il en est de même pour deux de nos colonies, la Nouvelle Calédonie et Diégo-Suarez, qui sont pourvues d'usines en vue de la mise en pratique de ces procédés.

Ces procédés se rangent sous deux chefs : 1° préparation des conserves proprement dites, 2° fabrication des extraits de viande.

Nous n'entrerons dans aucun détail relatif à la préparation des conserves, d'autant que plusieurs méthodes sont encore dans la période d'expérimentation. Les plus connues sont l'occlusion dans des boîtes hermétiquement fermées à chaud, l'immersion dans la saumure ou dans un jus acide, l'emprisonnement dans la graisse ou dans la gelée de viande. Elles ne permettent que l'utilisation des morceaux de choix; il y a donc beaucoup de déchets. Nous ignorons si on tire quelque parti autre que la consommation sur place de ce qui peut être mangé par l'homme. A ces déchets, d'ailleurs, s'appliquent tout ce qui a été dit au chapitre précédent relativement aux chairs et aux débris qu'on recueille dans les tueries européennes.

Il n'est personne qui ne sache que l'Amérique du Sud expédie en Europe des extraits de viande, dont le plus connu est désigné sous le nom d'extrait Liebig.

Il a été installé dans cette partie du globe plusieurs établissements pour la préparation de ces extraits. Le plus important est celui de Fray-Bentos, non loin de Buenos-Ayres. On y abat annuellement une moyenne de 400,000 bœufs.

Chaque partie de l'animal passe aux mains d'un spécialiste qui l'utilise. Le cuir est salé et mis en fosse jusqu'au moment de l'embarquement; les langues subissent une préparation particulière et sont mises en boîtes; les intestins sont transformés en cordes à violon. Tous les déchets sont jetés dans de grandes cuves où la vapeur enlève les graisses et les fond; ainsi liquides, elles sont

portées par des canaux dans des réfrigérants et mises en
caisses pour l'exportation. La chair enlevée par les
charqueadores est mise à l'ombre pour se refroidir : une
partie est salée et séchée, l'autre employée à la fabrication de l'extrait Liebig. Celle-ci est conduite par des wa-
gons jusqu'à des hachoirs mécaniques et de là dans de
grandes marmites où la vapeur en extrait les sucs. Le liquide en résultant passe dans des vaporisateurs qui en
retirent l'eau et ensuite à des appareils de distillation
qui séparent toutes les matières mal dissoutes; sur-
chauffé, filtré, il tombe clarifié dans une nouvelle mar-
mite et se rend à un condensateur où un appareil gira-
toire le refroidit en le conservant liquide, et dans un
autre où il se refroidit complètement et se réduit en
pâte. Chaque bœuf ainsi traité produit huit livres d'extrait.
Pour donner de l'uniformité à tous ces bouillons, ils
sont analysés avant leur refroidissement.

Le résidu de la viande qui a servi à cette préparation
et à celle de la fonte des graisses, convenablement desséché, est conduit à un moulin spécial et réduit en une
farine assez grossière. D'autres fois on le presse de façon
à en faire des sortes de tourteaux.

Ces poudres de viande constituent encore de bons
aliments, car les bouillons enlèvent surtout les sels et de
faibles quantités de matières azotées. On leur a trouvé la
composition suivante :

Eau......................................	6 %
Matières azotées.........................	69 —
— hydrocarbonées.................	5 —
— grasses.........................	17 —
Cendres..................................	3 —

Des analyses de Vœlcker et de Petermann ont montré
que la proportion d'azote oscille entre 10,9 et 12,9 %.

Il existe en Australie des établissements où l'on traite

les cadavres de moutons pour l'extraction des suifs. Ils fournissent également des poudres de viande dont la composition ne s'éloigne pas sensiblement de celle des résidus américains.

Il arrive en Europe des quantités importantes de ces déchets. L'Angleterre en reçoit la part principale. On les emploie comme engrais et, dans le langage commercial, on désigne même sous le nom de *Guanos de Fray-Bentos* ceux qui proviennent de l'établissement cité plus haut. Il est vrai que ce Guano ne comprend pas seulement la viande, mais encore les os et les issues desséchés et pulvérisés.

L'utilisation des poudres de viande pour la fumure ne peut être exclusive, il en est de meilleure. On a commencé en Angleterre par faire entrer ces résidus dans la ration du porc; en présence des résultats obtenus, on s'est enhardi et aujourd'hui on les emploie dans l'entretien des bœufs. (Daireaux.)

Il a été fait, dans ce même pays, par les soins de M. Dünkelberg, des expériences sur les chevaux d'un escadron de cuirassiers. On a fabriqué avec des poudres de viande de provenance américaine et de l'avoine concassée, des biscuits (*meat meal biscuit*) dont on donna une certaine quantité à la place d'une portion correspondante d'avoine. Les résultats furent très satisfaisants car aux manœuvres, les chevaux ainsi nourris eurent une supériorité marquée sur ceux qu'on continua à alimenter à la façon ordinaire. Ces résultats suggérèrent même à M. Dünkelberg l'idée de faire entrer ce biscuit dans la ration du cheval de course, comme on introduit le biscuit Spratt, combinaison de viande et de matières hydrocarbonées, dans celle des chiens de chasse, parce que tout en étant très nourrissant, il ne pousse pas à la formation de la graisse.

M. Lavalard nous a appris que des essais d'alimentation du cheval avec cette viande pulvérisée ont été également poursuivis dans l'armée allemande. On la mêlait à du gruau d'avoine et on en fabriquait des pains pour chevaux. Les résultats auraient été favorables.

L'usage des poudres de viande mêlées à des substances d'origine végétale pour la nourriture des oiseaux de basse-cour est à conseiller. Pour celle des poissons, il est répandu dans les pays de l'Europe centrale. M. Von den Borne préconise les formules suivantes pour alimenter des truites adultes :

```
1er type. Poudre de viande................  65 %
          Farine de froment...............  23 —
            —    de sarrazin...............  10 —
          Sel.............................    1 —
          Phosphate de potasse............    1 —

2e type.  Poudre de viande ...............  80 —
          Farine de froment...............  18 —
          Sel.............................    2 —
```

Si la question de prix n'y met point obstacle, il paraît indiqué d'imiter ce qui se fait à l'étranger. On se trouve en présence d'un aliment très concentré, très azoté, d'un aliment de force par excellence; on aurait tort de ne point l'utiliser. Son association avec des matières plus riches en éléments hydrocarbonés est facile ; on pourrait donc composer des rations pour chevaux, bœufs, moutons et porcs et le faire entrer aussi dans la nourriture des oiseaux domestiques. Afin d'éviter des redites, nous renvoyons, pour les exemples de rations, à ce qui sera exposé plus loin, à propos du sang et de la viande dans l'alimentation des herbivores.

§ II. — *Résidus des conserves de poissons.*

Parmi les immenses quantités de poissons pêchés au
sein des océans et des mers, il en est une proportion importante qui n'entre pas immédiatement et à l'état frais
dans la consommation. On lui fait subir différentes
préparations, afin d'en faire des conserves. La morue, le
hareng, la sardine et le thon sont les principaux poissons
ainsi utilisés, et comme la plupart de ces animaux vivent en bancs, la quantité qu'on en prend est énorme.

La confection de ces conserves laisse des déchets,
têtes, nageoires et intestins. L'industrie des engrais,
grâce à l'initiative de MM. de Molon et Rohart, s'en est
emparée et les a transformés en produits commerciaux.
La fabrication de ceux-ci prend de l'extension et,
comme le disent judicieusement MM. Müntz et Girard,
les agronomes ne sauraient trop encourager le développement d'une industrie qui a pour but d'exploiter l'im-
mense réservoir marin au profit des continents dont la
fertilité s'épuise, et de récupérer ainsi les masses de matières fertilisantes entraînées par les fleuves vers la
mer. Cela vaut beaucoup mieux que de jeter à l'océan
tous ces déchets comme on le fit jusqu'à une date récente; quand on réfléchit que la morue seule fournit
chaque année 1,400,000 tonnes, on devine quelle masse
de résidu la pêche de cet animal laisse disponible. Si
aux poissons, on ajoute les cétacés qu'on capture pour
les fanons et l'huile, cette masse s'élève encore considérablement.

La composition des tissus autres que les os, diffère
peu chez les poissons de ce qu'elle est chez les mammifères terrestres; la richesse en azote est moindre, la
teneur en phosphate un peu supérieure.

Les procédés de traitement de ces résidus sont variables, mais ils se résument tous en la cuisson, puis en la pression pour exprimer la plus forte quantité possible de l'huile qui les imprègne, en la dessiccation à l'air, aux tourailles ou aux étuves, enfin au broyage ou pulvérisation. Les produits ainsi préparés qui proviennent de la sardine contiennent jusqu'à 12 % d'azote et 14 % de phosphate de chaux, et l'on obtient environ 22 de matière pulvérulente pour 100 de débris. (Müntz et Girard.)

A côté des usines qui manipulent le poisson pour en faire des conserves, il en est qui les travaillent seulement pour en extraire l'huile et la gélatine; elles laissent le reste comme engrais. La matière huileuse est séparée par pression et cuisson, puis le résidu est envoyé dans des autoclaves où, par action de la vapeur sous pression; il résulte une dissolution qu'on concentre pour obtenir de la gélatine. Ce qui reste est envoyé sur des plaques où il subit un commencement de torréfaction qui permet de le broyer facilement.

Il est des cas enfin où les poissons sont traités en entier et uniquement pour la confection d'engrais qui titrent jusqu'à 15 % d'azote.

Peut-on utiliser ces déchets à l'alimentation du bétail, soit à l'état frais, soit à l'état sec et pulvérulent, comme on utilise les déchets des mammifères terrestres? *A priori*, étant donnée leur teneur en azote et en phosphate, il n'est pas douteux qu'ils ne puissent constituer de bons aliments. Toute la question était de savoir si, en raison de l'odeur et de la saveur spéciales qu'ont les poissons marins, ils seraient acceptés des animaux et, au cas d'affirmative, si ce genre d'alimentation ne communiquerait point à leur chair et à leurs autres produits ce goût et cette odeur.

Le porc et le canard étant omnivores, il était à
prévoir qu'ils accepteraient sans difficulté les résidus
de poissons; pour les herbivores, c'était beaucoup plus
douteux. Il y a pourtant des faits de nature à encourager les tentatives. Sans remonter à Théophraste et à
Hérodote qui nous apprirent que des chevaux et des
bœufs étaient nourris de poisson dans les pays d'ichthyophages, il est bien connu que pendant l'hiver, les
Islandais, les Norwégiens et les Lapons alimentent
poneys, vaches et moutons, de poissons conservés. « Durant près de trois mois, dit M. Ch. Rabot qui a parcouru à plusieurs reprises les pays de l'extrême nord de
l'Europe et de l'Asie, les herbivores domestiques de la
Norwège septentrionale deviennent ichthyophages. A
partir de mars, la provision de fourrages est généralement épuisée en Finmark, et jusqu'en juin, époque à
laquelle les animaux peuvent aller aux pâturages, les
indigènes nourrissent leurs bêtes à cornes de têtes de
poissons, principalement de morues préalablement séchées à l'air et bouillies avec des algues ou du foin s'il
en reste. Ce mélange est connu sous le nom de *Löping*.
Les herbivores se sont parfaitement adaptés à cette
nourriture; ils la recherchent même et lorsqu'ils passent près des séchoirs de morue, ils essaient toujours
d'attraper quelque poisson, c'est pour eux un régal. Même
dans une partie de la Norwège située à une latitude
plus méridionale que le Finmark, sur la côte occidentale de Bergen, les algues forment en hiver la nourriture du bétail... A Elvenœs, dans le Sydvaranger, le
magistrat du district donne l'hiver à son troupeau, en
guise de fourrages, de la viande de baleine bouillie. A
Vardö, sur les chantiers où sont dépecés ces grands
cétacés, nous avons vu des moutons brouter les poils
des fanons et chercher quelque morceau comestible au

milieu des monceaux de graisse décomposée épars sur
le sol » (1).

En France, sur plusieurs points du littoral de l'O-
céan, on nourrit les porcs et les volailles de débris
frais de poisson, surtout de têtes de sardine. Mais la
chair et la graisse acquièrent un goût désagréable et, à
la cuisson, elles exhalent une odeur qui rappelle le
poisson rance. C'est un inconvénient sérieux analogue à
celui qui a été signalé précédemment au sujet des tourteaux de noix ayant subi le rancissement. On y remédie de la même façon, en cessant d'une façon radicale, trois semaines avant de tuer les animaux, ce genre
d'alimentation et en lui substituant une nourriture d'o-
rigine exclusivement végétale.

En Angleterre, des praticiens pour activer l'engraissement de leurs animaux emploient, non les débris de
poisson, mais l'*huile de foie de morue.* Ce liquide qui,
indépendamment de ses matières grasses, est constitué
par des alcaloïdes, un acide azoté et des métalloïdes
dont l'iode et le brome, est de facile digestibilité et il
entrave l'oxydation des tissus organiques; il exerce une
action favorable sur la nutrition. On peut le donner au
bœuf à la dose quotidienne de 300 gr.; au veau, au mouton et au porc à celles de 50 à 100 gr.; on le mélange à
du bouillon ou à du lait. Comme pour les débris de
poisson, il est indiqué d'en cesser l'usage quelque temps
avant l'abatage, surtout pour donner à la graisse le
temps de perdre la couleur jaune qu'elle acquiert sous
l'influence de cette substance.

D'après Merz, les riverains du lac d'Ammer auraient
reconnu que l'alimentation au poisson est un bon

---

(1) Ch. Rabot. De l'alimentation chez les Lapons, dans l'*Anthropologie,*
1890, pages 190 et 191.

moyen de combattre le rachitisme des poussins. S'il en est ainsi, l'addition de déchets de poisson aux résidus de laiterie ou aux pommes de terre serait à recommander pour les porcheries dans lesquelles sévit le rachitisme. L'état pulvérulent de ces débris en rend le transport facile. On pourrait également y songer pour l'alimentation des poulains et des jeunes chiens qui, eux aussi, sont parfois menacés de cette affection. En cette dernière occurrence, toute préoccupation relative au goût de la viande est sans objet.

Dans les pays scandinaves, on a cherché d'autres procédés d'utilisation des résidus de poissons et des poissons eux-mêmes. On a fait des *tourteaux de poissons*. Nelson a expérimenté sur deux de ces tourteaux : l'un constitué par 75 parties de hareng et 25 parties d'avoine grossièrement moulue, l'autre formé de 85 parties de poissons et 15 de son. D'après cet expérimentateur, ce dernier est convenable pour la vache laitière, il est bien digéré et ne communique pas de mauvais goût au lait.

§ III. — *De la saumure.*

Lorsque des chairs ont été recouvertes de sel, dans le but d'en assurer la conservation, et placées dans un récipient étanche, l'eau de constitution des tissus dissout assez rapidement ce sel, un liquide salé s'amasse au fond du récipient et baigne plus ou moins les quartiers de viande, ou les poissons; ce liquide est désigné sous le nom de *saumure*. Dans la salaison du porc, la saumure ne tient pas seulement du chlorure de sodium en dissolution, mais aussi un peu de nitrate de potasse qu'on ajoute au premier pour conserver aux chairs leur coloration rougeâtre et les empêcher de noircir.

Considérant que le sel est un condiment qui accélère la digestion et rend l'absorption plus puissante, on eut l'idée de distribuer la saumure aux animaux au lieu de la jeter au fumier quand le moment de sécher la viande et le lard est venu. Cette pratique est courante dans quelques parties de l'Ouest et du Midi.

Elle est mauvaise et ne doit point être suivie; elle n'a que des inconvénients et pas d'avantages. Elle amène des empoisonnements dont la terminaison est souvent mortelle. Il ne faut point oublier, en effet, que si le sel à petites doses est un condiment, à doses plus fortes il devient un poison. Donner de la saumure aux animaux, c'est leur faire prendre un liquide dont le degré de salure, très variable, peut être élevé. C'est s'exposer par conséquent à introduire dans leur organisme du sel à dose toxique. Mais la saumure n'est pas seulement dangereuse par le chlorure de sodium qu'elle contient, elle l'est aussi par les ptomaïnes qui s'y sont développées sous l'influence de microorganismes. De ce que le sel entrave la multiplication du ferment de la putréfaction et de quelques septicémies, il ne s'ensuit point qu'il agisse de même vis-à-vis de tous les microbes; la saumure constitue au contraire un milieu favorable à la prolifération de quelques-uns. On y trouve même des cryptogames d'ordre assez élevé, pourvus de thèques à spores; en un mot, on y voit ces associations de végétaux inférieurs qu'on rencontre si fréquemment dans une foule de produits organiques.

Une ou plusieurs des espèces composant cette flore d'eau salée sécrètent des toxines dont l'action vient s'ajouter à celle du sel, de sorte que la saumure est d'autant plus dangereuse qu'elle est plus vieille. Aux symptomes d'une violente gastro-entérite et aux accidents paralytiques produits par le chlorure de sodium, s'ajoutent des spasmes, une surexcitation nerveuse et des troubles respiratoires dus à l'action des ptomaïnes. La mort arrive rapidement; à l'autopsie on trouve des altérations inflammatoires du tube digestif avec hypérémie cérébrale et épanchement séreux dans les ventricules. Sur le porc, on voit des plaques rouges à la peau qui ne sont pas sans analogie avec celles du rouget. Il y a aussi de l'engouement du poumon, de la pharyngo-laryngite avec ganglions tuméfiés et très noirs.

Ces détails convaincront sans doute l'agriculteur du danger qu'il y a à donner la saumure aux animaux. Par une ébullition très prolongée, elle perd une partie de sa nocivité parce que les ptomaïnes sont attaquées, mais nous ne savons pas si elles sont entièrement détruites, puis le sel reste; conséquemment elle n'est pas inoffensive.

§ IV. — *Résidus de l'industrie séricicole.*

Dans les pays d'industrie séricicole, il arrive qu'après le dévidage du cocon, la larve du ver à soie qui a été tuée par l'ébouillantage est donnée aux volailles et même aux porcs. C'est une pratique à délaisser, car la chair prend un mauvais goût et il paraît que les œufs pondus par les poules ainsi alimentées sont désagréables à manger.

Nous donnons le même conseil en ce qui concerne la distribution aux porcs des vers à soie malades de la flacherie.

Section II. — Du sang et de la viande pour l'alimentation des chevaux et des ruminants.

La grande valeur nutritive des produits d'origine animale, et surtout du sang et de la chair, incite depuis

longtemps ceux qui s'occupent de bromatologie à rechercher s'il y aurait possibilité de les faire entrer
dans l'alimentation des Équidés ainsi que des grands
et petits Ruminants qui, en leur qualité d'herbivores, ne
les recherchent point spontanément. Elle pousse aussi
à la recherche des moyens à employer pour conserver
ces aliments dont l'altération est si prompte et si facile.

La solution de ces problèmes est d'une importance de
premier ordre; elle intéresse non seulement la production, l'entretien et l'utilisation du cheptel national, mais
aussi la défense du pays. Se figure-t-on quelles ressources on aurait si, en campagne, les corps de troupes
montées trouvaient dans les cadavres des chevaux tués
ou abattus pour blessures très graves, un aliment pour
les équidés survivants? Voit-on combien, avec ces
ressources judicieusement employées, une ville as-
siégée pourrait tenir; sans compter ce que l'hygiène y
gagnerait, puisqu'en utilisant les cadavres, on fait disparaître les dangers d'infection que leur enfouissement
à faible profondeur entraîne? Enfin, pressent-on
combien le service des fourrages serait allégé et sim-
plifié, si des poudres de viande et de sang constituant
des aliments de force et de résistance sous un petit
volume, faisaient partie de la ration des chevaux?

Dans l'utilisation des animaux aux services civils, les
grandes compagnies de transport n'auraient-elles pas
avantage à faire entrer le sang ou la chair pulvérisés
dans la ration de leurs chevaux, qui y puiseraient de l'é-
nergie? Ce faisant, elles imiteraient simplement une
vieille pratique des Arabes qui, lorsqu'ils veulent demander à leurs montures une de ces courses prolongées
dont ils sont coutumiers, leur font prendre avant de
partir de la chair cuite de mouton ou de chameau.
L'éleveur, pendant la période de croissance de ses jeu-

nes animaux, n'aurait-il pas avantage à leur donner une certaine quantité de cette nourriture animale pour hâter l'accroissement et remplacer ainsi une portion d'autres aliments coûteux, comme le lait, qui élèvent par trop le prix de revient des animaux et font que l'éleveur ne les vend pas toujours le prix qu'ils lui ont coûté depuis leur naissance. Enfin, ne pourrait-on pas ajouter avantageusement quelque peu de ces subtances aux rations des bœufs de travail et des vaches laitières ?

Avant d'examiner ces divers points, il est deux questions à résoudre : 1° Est-il possible de faire accepter aux *herbivores* domestiques des aliments d'origine animale ? 2° En cas d'acceptation, ces animaux peuvent-ils digérer une pareille nourriture ?

Peut-on faire accepter aux herbivores domestiques des aliments d'origine animale ? — Le cheval ne recherche point spontanément la viande ; quand on en dépose à l'état cru dans sa mangeoire il fait entendre, souvent, une sorte d'ébrouement spécial qui marque son aversion. Mais un grand nombre de faits attestent qu'il est possible de vaincre cette répulsion.

Sans attacher aux traditions, aux légendes et aux récits des anciens plus de crédit qu'il ne convient, leur lecture fait pourtant naître dans l'esprit l'idée que les Grecs savaient que les chevaux peuvent prendre de la viande et même s'y habituer. Ovide rapporte que l'archonte athénien Hippomène fit manger sa fille Limone par ses chevaux pour la punir d'avoir commis un adultère. D'autre part, les chevaux de Diomède passaient pour être nourris de chair humaine et devaient, croyait-on, une partie de leur vigueur à ce régime. A travers ces mythes, est-il permis de penser que les anciens Hellènes avaient recueilli des peuplades d'Asie la tradition que

le cheval peut recevoir de la viande ? C'est qu'en effet
l'usage de donner des boulettes de farine et de viande ou
de graisse aux chevaux asiatiques se perd, peut-on dire,
dans la nuit des temps. On va plus loin, on leur a donné
et on leur donne encore de la viande crue. Le témoignage de M. Bonvalot qui vient d'accomplir deux ex-
cursions à travers l'Asie centrale et ses hauts plateaux,
est très formel et très précis. Aux environs de Lhaça, cet
explorateur a vu, dit-il, « de petits chevaux thibétains,
pleins de feu, qui sont mangeurs de viande crue ainsi que
nous nous en sommes assuré de nos propres yeux. Ces
carnivores ont des jambes merveilleuses, une adresse
acrobatique; ils se tiennent en équilibre sur la glace,
sur les mottes des tourbières limoneuses, et s'enlevant,
bondissant sur le sentier, ils nous emportent avec un
trottinement rapide » (1). Il ne serait pas étonnant que
ce fût à l'Asie centrale que les Arabes ont emprunté
la coutume déjà signalée de donner de la viande à leurs
animaux.

Dans des laboratoires de physiologie et de zootechnie,
on s'est assuré qu'il est possible d'habituer le cheval et
l'âne à accepter de la viande, en procédant graduellement
On l'a vu aussi pendant une triste période de notre
histoire : lors du blocus de Metz en 1870, sur l'initiative d'un vétérinaire militaire au patriotisme ardent,
M. Laquerrière, de la viande de cheval fut distribuée
aux chevaux et on put se convaincre que si quelques-
uns refusèrent d'abord de la prendre, d'autres l'acceptèrent sans difficulté (2).

(1) Bonvalot, A travers le Thibet inconnu, *Le Tour du Monde*, 1891,
page 362.
(2) Laquerrière, Alimentation du cheval par la viande de cheval, dans le
Recueil de médecine vétérinaire, 1880, page 1000.

Les mêmes constatations ont été faites par des observateurs et des expérimentateurs sur le bœuf et le mouton. « Nous avons entretenu pendant une huitaine de jours, dit le physiologiste G. Colin, un bouc avec de la chair cuite qu'il mangeait par moments sans grande répugnance. Mais, chose plus étonnante, nous avons possédé un veau de six à sept mois qui venait spontanément manger la chair des cadavres dont on faisait l'autopsie, et il en aurait mangé beaucoup si ses mâchoires débiles lui eussent permis d'en arracher à la fois des lambeaux considérables, car un jour il dévora prestement un cœur coupé par morceaux qu'on mit à sa disposition. Depuis quelques années, j'ai eu plusieurs moutons qui, après avoir avalé de force de la viande trichinée crue, en mangeaient parfois avidement d'eux-mêmes quand on en mettait à leur disposition; ils prenaient en un instant un lapin désossé, avec ses viscères, sauf l'intestin (1). » Un inspecteur de la boucherie de Besançon, M. Mandereau, a rapporté il y a peu de temps une observation relative à un mouton qui, entretenu dans un chenil avec des chats et des chiens, devint peu à peu carnivore. Il prit part aux distributions quotidiennes de viande qu'on faisait à ses compagnons, et bien qu'il continuât à manger quelques poignées de foin, ses instincts carnivores s'éveillèrent de plus en plus. Il en arriva à lécher la main et le couteau qui avaient touché la chair crue (2).

La répugnance des ruminants, ces herbivores par excellence, pour les aliments d'origine animale n'est

(1) G. Colin, *Traité de physiologie comparée des animaux*, 3e édition, t. I, p. 602.
(2) Mandereau, Considérations sur le régime et la possibilité aux Ruminants de digérer les aliments de nature animale, dans le *Journal de médecine vétérinaire et de zootechnie*, 1889, page 196.

donc ni aussi profonde ni aussi invincible qu'on le pourrait supposer.

· Des animaux précédents, nous rapprocherons les rongeurs domestiques, lapins et cobayes. Il nous est arrivé de nourrir pendant tout un hiver des lots de ces deux sortes d'animaux avec des débris de pain et de la viande cuite; les lapins surtout s'habituent rapidement à ce régime.

Les herbivores digèrent-ils les substances d'origine animale? — En raison de la différence de conformation de l'appareil digestif des solipèdes et des ruminants, la question sera examinée successivement chez les uns et les autres où elle a été étudiée par M. G. Colin.

a. Ce physiologiste porta dans l'arrière-bouche de chevaux, afin qu'ils ne les mâchassent point, de petits morceaux de viande crue de 20 à 25 grammes; tantôt ces morceaux furent distribués à des animaux à jeun, tantôt à des sujets en pleine digestion mis ensuite à la diète ou entretenus avec leurs aliments ordinaires. Les uns furent tués vingt-quatre heures après ce repas, on ne trouva pas de chair dans l'estomac ni dans l'intestin grêle, mais le cœcum, le colon replié et le colon flottant en renfermaient les morceaux verdâtres à l'extérieur, encore rouges à l'intérieur, n'ayant perdu que le cinquième de leur poids. On observa les autres afin de voir s'il serait possible de retrouver la chair dans les crottins et dans quel état elle serait. Elle fut rendue à partir de la dix-huitième heure, avec une teinte verdâtre à sa surface, mais l'intérieur non altéré et les fibres encore reconnaissables à leur structure et à leur teinte.

Sous l'œil du même expérimentateur, le sang ne fut pas plus digéré que la chair crue et donnée en morceaux. Coagulé en partie une heure après être parvenu dans l'estomac, il fut retrouvé dix-sept heures après, en caillots, dans le cœcum et le colon.

Ainsi dans les conditions où s'est placé M. Colin, ni la chair en menus fragments ni le sang ne sont digérés dans l'estomac du cheval, ils traversent tout le tube intestinal sans avoir subi de profondes modifications. L'éminent physiologiste croit que cette inaptitude de ses chevaux d'expériences à digérer la chair et le sang tient *uniquement* à ce que ces substances ne séjournent pas assez longtemps dans l'estomac pour y être suffisamment attaquées par le suc gastrique; elle n'est donc pas absolue.

De fait, les conditions expérimentales dont il vient d'être question ne sont point celles où l'on se placerait et surtout où l'on devrait se placer dans la pratique. On ne donnerait point à boire le sang au sortir de la veine; outre qu'on serait la plupart du temps dans l'impossibilité de le faire accepter ainsi des solipèdes, la coagulation aurait à peu près toujours le temps de se produire Quant à la chair, la donnât-on crue comme le font les Thibétains, on laisserait l'animal la mâcher, la triturer à son aise, l'insaliver et la réduire en pulpe avant de la déglutir; sous cet état elle serait plus aisément attaquée par le suc gastrique et digérée en partie, malgré la brièveté de son contact avec ce produit organique. A plus forte raison si elle avait été cuite ou desséchée et pulvérisée. Il en serait de même pour le sang qui aurait subi la cuisson ou la pulvérisation. Ce que nous savons de la vigueur des chevaux carnivores du Thibet et de l'Arabie est une preuve de sa digestion. Mais il est une autre cause, dont il sera question plus loin, qui favorise singulièrement la digestion de la viande.

b. Ce qui vient d'être dit pour les Équidés fait supposer *à priori* que le sang et la viande ingérés par les

Ruminants sont plus imparfaitement digérés encore, puisque les aliments qui tombent dans la panse de ces animaux y subissent un brassage et ont besoin de revenir à la bouche pour être ruminés, puis passer dans les autres réservoirs pour subir enfin dans la caillette la véritable digestion. L'observation montre qu'il n'en n'est point ainsi; qu'on fasse manger de la viande à un mouton, que deux heures après on le tue, qu'on ouvre rapidement la panse, parfois on n'y trouve pas trace de viande, d'autrefois ce qu'on y rencontre a déjà subi une digestion partielle et a diminué de poids; à plus forte raison si le sujet d'expérience est mis à mort six, huit ou douze heures après le repas de carnivore qu'on l'a obligé de faire. Dans le cas où l'on ne trouve plus vestige de chair dans le rumen, serait-ce donc que celle-ci, suffisamment triturée, a suivi directement la gouttière œsophagienne après la déglutition et est allée tomber dans la caillette sans arrêt dans les trois estomacs précédents? On l'a avancé, mais sans preuve, car on n'en trouve pas davantage dans ce dernier compartiment gastrique. Les circonstances où l'on retrouve des morceaux de chair à moitié digérés dans la panse, celles où l'on introduit expérimentalement dans ce réservoir de la viande enveloppée de toile ou enfermée dans de petites boules métalliques ajourées (Colin) et où l'on constate sa réduction en pulpe et sa disparition partielle, prouvent qu'il s'opère dans la panse une réelle digestion des substances d'origine animale. Quel est l'agent de cette digestion? Il est acquis que le rumen n'a pas de sécrétion propre, le liquide qu'on trouve dans ce réservoir est un mélange de l'eau ingérée et de salive, c'est-à-dire de deux produits qui sont incapables d'agir sur les matières azotées. Restent les aliments d'origine végétale grossièrement triturés et les microbes qu'ils introduisent dans la panse ou qui y vivent normalement.

Nous nous sommes assuré que parmi les microbes, d'espèces variées suivant la nature des aliments ingérés, les préparations qu'ils ont subies et la saison dans laquelle ils ont été recueillis, qu'on trouve dans la panse, il en est qui agissent sur la viande, la ramollissent, la rendent pulpeuse et lui font subir une sorte de digestion. Le brassage incessant qui s'opère dans le rumen combiné à la température qui y règne ne peut qu'être favorable à leur attaque.

Il est sans doute plusieurs microbes qui sont capables de remplir ce rôle de digérants des chairs. La plus curieuse des découvertes dans cet ordre d'idées est due à M. Scheurer-Kestner. Il a prouvé que de la viande incorporée à de la pâte ensemencée du levain habituel de la panification se liquéfie, se dissout et s'unit si entièrement à la pâte, qu'après la cuisson on n'en trouve plus de fragments. C'est une digestion qui rappelle celle produite par les plantes dites carnivores.

Dans une communication à l'Académie des sciences, M. Scheurer-Kestner a fait connaître comme suit les détails de son procédé :

« On fait un mélange de 550 à 575 grammes de farine, de 50 grammes de levain de boulanger et 300 grammes de bœuf frais haché très menu. On ajoute à ce mélange la quantité d'eau nécessaire pour faire une pâte d'une épaisseur convenable. La pâte est exposée à une température modérée et elle fermente pendant deux à trois heures. L'expérience indique le temps qu'il faut pour que la viande soit *fondue* et ait complètement disparu dans la pâte. Puis on cuit le pain comme de coutume.

« Après de nombreux essais, j'ai reconnu que la fermentation suivant des conditions inconnues fournit des produits plus ou moins acides que l'on combat facilement en ajoutant à la pâte 1 gramme de bicarbonate de soude, mais le pain obtenu de cette façon est moins agréable au goût que celui sans soude. Je fus conduit alors à faire cuire d'abord la viande hachée pendant une heure, avec la quantité d'eau nécessaire pour faire la pâte. Dès ce moment, les fermentations ont fourni un résultat constant et toute acidité a disparu.

« Il ne faudrait pas dépasser la quantité de viande employée dans ces expériences (environ 2 parties de farine contre 1 partie de viande, soit 50 % de la farine employée); de nombreuses expériences ont démontré qu'en dépassant cette proportion, la fermentation reste incomplète.

« Le pain obtenu sans être séché a un goût agréable; on peut lui donner plus de goût en y ajoutant du sel, mais alors le pain devient hygrométrique et risque de se conserver plus difficilement. Le pain sans dessiccation fournit un excellent potage et il suffit, pour le préparer, de le faire bouillir par tranches pendant un quart d'heure.

En remplaçant une partie du bœuf par du lard fumé, on donne aux produits un goût relevé. Le mouton peut remplacer le bœuf à la même dose, avec addition d'oignon haché qui se fond pendant la fermentation comme la viande; il en est de même du veau qui fournit des consommés d'un goût exquis pour être distribué aux malades et aux blessés (1). »

M. Scheurer-Kestner dit encore que du pain préparé par ce procédé et séché ne présentait, après sept ans de conservation, aucune altération si ce n'est un goût de rance dû à la graisse qui accompagnait la viande.

Il vient d'être démontré qu'il est possible d'amener

(1) Scheurer-Kestner, Sur un ferment digestif qui se produit pendant la panification, *Comptes rendus de l'Académie des sciences*, 1880, 1er semestre, p. 369.

les herbivores à accepter le sang et la chair et que ces substances peuvent être digérées par eux; il faut se rappeler qu'elles se corrompent facilement et prennent alors une odeur repoussante. Et pourtant on n'est pas toujours prêt à les faire consommer à l'état frais et il peut y avoir un intérêt de premier ordre à en faire provision. Dans la pratique, il est donc indispensable qu'on puisse les emmagasiner et les conserver, tout en les mettant dans un état qui les fasse accepter sans difficultés des animaux et en rende la digestion aussi facile et aussi complète que possible. Examinons donc : 1° les procédés de préparation et de conservation; 2° les conditions les meilleures pour leur assimilation par l'organisme des herbivores. Nous verrons ensuite ce que les essais tentés ont déjà produit.

§ I. — *Procédés de préparation et de conservation du sang et de la chair destinés à l'alimentation des herbivores.*

Le sang et la viande pourraient être conservés quelque temps par la congélation. C'est le procédé employé par les Lapons; dès que le renne a été ouvert, le sang est recueilli dans un sac de peau puis mis à geler. On le pulvérise au moment de s'en servir et on en confectionne des bouillies. Inutile de dire que ce mode n'est pas pratique sous notre climat et ne peut assurer qu'une conservation temporaire.

Les autres procédés de préparation et de conservation mis à l'essai se rangent en quatre groupes : 1° celui où le produit animal pris à l'état frais est incorporé dans une pâte, puis immédiatement soumis à la cuisson; 2°

celui où ce produit est traité de la même façon, après addition préalable de levain à la pâte et fermentation; 3º celui où le sang ou la viande sont simplement desséchés à l'étuve et broyés; 4º celui où ces substances, au cours de la dessiccation, subissent une pulvérisation par un corps qui leur donne l'arôme du foin en même temps qu'il prévient la putréfaction.

Les deux premiers procédés donnent des pains et des biscuits-viandes; les deux seconds, des poudres uniquement constituées par des matières animales. Chacun d'eux a été désigné du nom de celui qui l'a inventé ou mis en pratique.

A notre connaissance, c'est M. Müntz qui a réalisé le premier l'idée de faire entrer les pains animalisés dans la ration des animaux et qui, grâce à l'obligeance de M. Lavalard, a pu l'expérimenter sur les chevaux de la Compagnie des omnibus de Paris. Dès 1879, il entreprit des recherches ayant pour but d'introduire dans leur ration divers débris d'abattoir et particulièrement le sang que son prix peu élevé et sa richesse en matières azotées indiquaient en première ligne. Voici son procédé :

Procédé Müntz. — Il a été confectionné des sortes de pains ou de biscuits, en mélangeant des farines grossières ou des grains d'avoine, de maïs, etc., simplement concassés avec une quantité de sang suffisante pour faire une pâte liante, qu'on cuisait au four ou qu'on desséchait simplement dans des étuves. Les produits obtenus se conservaient pendant assez longtemps, leur goût et leur odeur étaient agréables et les chevaux les mangeaient avec avidité.

Un de ces mélanges avec le sang, dans lequel l'avoine et le maïs concassés entraient en parties égales, a donné un biscuit contenant après dessiccation :

Eau..	9.3
Matières azotées..........................	17.0
— grasses..........................	3.2
— hydrocarbonées.................	65 8

C'était là un aliment de premier ordre et d'un prix de revient minime.

Procédé Chardin. — Ce procédé, préconisé par M. Chardin, vétérinaire militaire, est la stricte application de la découverte de M. Scheurer-Kestner. En d'autres termes, il ne se différencie du procédé Müntz que par l'addition de levain ou levure à la pâte. L'auteur a fait des pains au sang défibriné et au sang normal; dans le plus grand nombre de ses essais, il s'est servi de farines de froment de bonne qualité, ce qui fait penser qu'il se préoccupait de l'alimentation humaine. Il en a pourtant confectionné un qui, au besoin, aurait pu être donné aux animaux, étant moins cher que les précédents. Il se composait de :

Sang en nature........................	5oo gr.
Farine seconde.. } Quantités égales de chacune et	
Farine de seigle. } suffisantes pour incorporer le sang.	
Levure................................	100 gr.
Levain................................	100 gr.

Ce pain très serré exigeait un brassage prolongé. Pour en assurer la conservation, on le biscuitait.

La fabrication des pains et biscuits dont il vient d'être question dans les deux procédés précédents exige que le sang soit employé frais. Il est de toute nécessité que ces pains soient cuits et biscuités convenablement, sans quoi ils contractent un goût spécial qui les empêche d'être appétés. Enfin leur conservation exige des soins, car s'ils sont envahis par l'humidité, ils se gâtent rapidement; les parasites les recherchent et les criblent de trous.

Procédé Regnard. — Dans des expériences dont il sera question plus loin, M. Regnard a utilisé le sang comme il suit : il le portait à 100°, passait à la presse le coagulum résultant de cette température, desséchait rapidement à l'étuve, puis faisait pulvériser. Il obtenait ainsi une poudre facile à mêler à n'importe quels aliments.

Procédé Cornevin. — Il est applicable au sang et à la chair. Quand il s'agit du sang, on recueille ce liquide en couche mince dans des bassines plates et on le fait dessécher rapidement au soleil, en été, et à l'étuve dans les autres saisons; pendant la dessiccation on fait une pulvérisation légère de solution de coumarine; on broie ensuite. Veut-on utiliser de la chair, on la réduit en pulpe en la faisant passer dans un appareil analogue à celui qui est usité en charcuterie pour la préparation des viandes à saucisses, on la dessèche à l'étuve en lui faisant subir au cours de la dessiccation une pulvérisation semblable à celle dont il vient d'être question pour le sang. On la broie finement, comme il a été fait pour les poudres de viande qui arrivent de l'étranger.

L'addition de coumarine aux substances d'origine animale a été imaginée dans deux buts : *a*) empêcher les substances animalisées de se corrompre, fût-ce très légèrement, et de prendre l'odeur *sui generis* qui les fait repousser des herbivores; *b*) leur donner l'odeur du bon foin. En effet, la coumarine est un produit agréablement odorant qu'on trouve surtout dans le mélilot et la flouve, et qui communique au foin nouvellement récolté l'odeur qui lui est propre.

Ainsi que plusieurs autres corps odorants, il est antiseptique et nous avons même imaginé une méthode de transformation du virus de la gangrène foudroyante en vaccin, basée sur son emploi (1).

Le double but que nous poursuivions a été complètement atteint. Nous avons dans nos collections, depuis nos premiers essais, des échantillons de sang en poudre qui est aussi odorant qu'au début et dont la conservation ne laisse rien à désirer. Les animaux acceptent avec moins de résistance les matières animales coumarinisées que celles qui n'ont point subi cette préparation.

Il a été dit que la pulvérisation doit être légère, car la coumarine est irritante et même toxique. Les herbivores sont, il est vrai, moins sensibles à ses effets que les autres animaux, ils n'y sont pourtant pas réfractaires; quand on dépasse la dose de 25 gr. pour le bœuf et le cheval, on voit apparaître des troubles circulatoires et de l'irritation intestinale, et si on arrive à 50 gr., on détermine la mort par arrêt du cœur. Mais avec les pulvérisations telles que nous les faisons (nous n'employons que 2 gr. de coumarine dissous dans 200 gr. d'eau pour les pulvérisations s'appliquant à 4 kilogr. de sang ou de viande), il n'y a aucun effet nocif à redouter.

§ II. — *Règles de la distribution des substances d'origine animale aux herbivores.*

La résolution prise de faire entrer du sang ou de la chair dans le régime d'herbivores, il faut habituer ces animaux à ce genre de nourriture, les empêcher de s'en

(1) Ch. Cornevin, Contribution à l'étude de la gangrène foudroyante, dans la *Revue de Médecine*, 1888.

dégoûter et s'efforcer de la rendre utilisée le mieux possible par l'organisme.

En règle générale, le sang et la chair crus ne sont pas acceptés facilement par les chevaux et les ruminants. Quand cette acceptation a eu lieu, il n'est pas rare de voir les chevaux à partir du troisième ou du quatrième jour refuser de manger; les troubles gastro-intestinaux qu'ils éprouvent en sont probablement la cause. Cette particularité a été bien observée sur quelques chevaux pendant le siège de Metz. Mais puisque nous avons insisté antérieurement pour que ces substances ne soient jamais données en cet éat, nous ne nous y arrêterons pas à nouveau.

Nous croyons que les règles suivantes pour la distribution de substances d'origine animale au cheval doivent être formulées :

1° Donner ces substances après cuisson ou après qu'elles ont subi une des préparations indiquées dans le paragraphe précédent.

2° Quand elles ne sont pas incorporées dans des pains ou biscuits, les mélanger avec des grains concassés, des farines d'orge, d'avoine ou des troisièmes et quatrièmes.

3° Ces mélanges absorbant beaucoup d'eau et se gonflant, ne doivent être donnés qu'en petites quantités, afin qu'ils séjournent le plus longtemps possible dans l'estomac et que l'attaque par le suc gastrique se fasse bien.

4° Ils ne doivent être distribués qu'à la fin du repas, après que l'animal a déjà ingéré d'autres aliments non concentrés, pour qu'ils ne soient pas chassés de l'estomac par ceux-ci.

5° Il serait encore préférable de les donner seuls dans un repas, comme on le fait, par exemple, pour l'avoine distribuée aux chevaux soumis à un travail de vitesse.

6° On ne fera pas boire les chevaux de suite après qu'ils auront ingéré les substances animales, afin qu'elles ne soient pas entraînées hors de l'estomac avant digestion gastrique. Si le repas a été mixte, on distribuera d'abord le foin, puis on fera boire; ce n'est qu'ensuite qu'on donnera le sang ou la viande en mélange comme il a été dit.

7° Ne pas délayer les poudres de sang ou de viande dans l'eau, mais les distribuer à l'état sec.

En résumé, étant donné la capacité restreinte de l'estomac du cheval et la rapidité avec laquelle des aliments de grand volume traversent ce réservoir, étant donné aussi que la viande est attaquée seulement dans l'estomac, on combinera la distribution des divers aliments constituant la ration de telle sorte que les substances d'origine animale y séjournent le plus longtemps possible.

Pour les ruminants, on mêlera au contraire le sang ou la viande aux fourrages afin qu'ils tombent avec eux dans le rumen, qu'ils y soient brassés, attaqués par les ferments qui se trouvent dans ce premier estomac, et qu'une fois parvenus dans la caillette, celle-ci n'ait qu'à achever la digestion de ce qui pourrait avoir échappé.

La constipation se montre assez souvent comme une conséquence de l'alimentation aux poudres de viande; on l'écarte en donnant des substances rafraîchissantes à l'un des repas.

En suivant ces règles, les herbivores s'habituent aux substances animales qui, bien digérées, n'amènent point le dégoût. On voit même des moutons qui, devenus friands du sang et de la viande desséchés, la mangent comme s'il s'agissait de condiments ou de grains.

Voici quelques exemples de rations pour chevaux et moutons, dans lesquelles entrent le sang ou la viande.

CHEVAUX.

Premier type.

1er repas du matin. — 1/3 de la ration totale de foin.
Faire boire.
1/2 k. biscuit-viande.

2e repas. — Avoine.

3e repas. — 1/3 de la ration de foin.
Faire boire.
Avoine.

4 repas. — Paille.
Avoine.

5e repas. — 1/3 de la ration de foin.
Faire boire.
1/2 kil. biscuit-viande.

2e type.

1er repas du matin. — 1/3 de la ration totale de foin.
Faire boire.
Sang desséché } ensemble. { 400 gr.
Avoine broyée } { 500 gr.

2e repas. — Avoine.

3e repas. — 1/3 de la ration de foin.
Faire boire.
Son. .... } dans les boissons.
Farine d'orge. }

4e repas. — Paille.
Avoine.

5e repas. — 1/3 de la ration de foin.
Faire boire.
Sang desséché. 600 gr.
Maïs concassé. 1 kil.

3e type.

1ᵉʳ repas. — Cossettes desséchées.......... 500 gr.
Faire boire.
Sang de conserve .... } 200 gr.
Farine troisième............ } 600 gr.

2ᵉ repas. — Orge........................ 1 k.

3ᵉ repas. — Paille hachée..... .... 2 k.
Faire boire.
Carottes..................... 3 k.

4ᵉ repas. — Avoine...................... 1 k.

5ᵉ repas. — Drèche de conserve........... 3 k.
Faire boire.
Sang conservé.............. } 400 gr.
Féveroles égrugées.......... } 400 gr.

4e type.

1ᵉʳ repas. — Foin et paille ensemble....... 2 k. 500
Faire boire.
Poudre de viande........... } 300 gr.
Farine d'orge .... } 500 gr.

2ᵉ repas. — Avoine écrasée................ } 1 k. 400
Poudre de viande........... } 300

3ᵉ repas. — Foin et paille................ 1 k. 500
Faire boire.
Tourteau pulvérisé.......... 600 gr.
Avoine..................... 1 k. 900

4ᵉ repas. — Paille....................... 2 k.
Faire boire.
Poudre de viande........... } 300 gr.
Seigle concassé .... } 300 gr.

MOUTONS.

Premier type.

1ᵉʳ repas. — Foin .... 500 gr.
Betteraves.................. 1 k.
Sang desséché (saupoudrant les
tranches de betteraves)...... 50 gr.

| 2ᵉ repas. — Paille........................ | 5oo gr. |
| Maïs........................ | 5oo gr. |

3ᵉ repas. — Foin........................	5oo gr.
Farine de fèves.............)	25o gr.
Sang pulv.................)	4o gr.

2ᵉ type.

| 1ᵉʳ repas. — Drèche fraîche.............. | 1 k. |
| Farine quatrième............. | 3oo gr. |

| 2ᵉ repas. — Trèfle et paille mêlés.......... | 1 k. 200 |
| Poudre de viande............. | 6o gr. |

3ᵉ repas. — Paille........................	5oo gr.
Tourteau pulvérisé..........)	3oo gr.
Poudre de viande...........)	7o gr.

§ III. — *Résultats pratiques.*

Bien que ce qui a déjà été exposé du travail obtenu par les Arabes et les Thibétains et de la vigueur des chevaux auxquels ils distribuent de la chair, n'aie sans doute pas été sans influence sur l'esprit du lecteur, nous voulons, pour achever de le convaincre, lui présenter le résultat de deux expériences faites dans des conditions très différentes. L'une, portant sur le cheval, fut exécutée sous la pression de la nécessité, au milieu du tumulte de la guerre et des préoccupations d'un siège; l'autre, suivie dans le calme du laboratoire avec toute la précision et les précautions désirables, concerne le mouton.

Expérience sur le cheval. — En 1870, M. Laquerrière, enfermé à Metz avec son régiment, voyant les ressources fourragères s'épuiser et l'alimentation des animaux dont la surveillance lui était confiée devenir de plus en plus précaire, eut l'idée de recourir à la chair des chevaux tués ou abattus pour nourrir sa monture, celle de son ordonnance et une vingtaine d'autres. Ce régime commença six.semaines avant la capitulation; tout d'abord la viande fut donnée en petite quantité et associée aux quelques substances végétales qu'on pouvait encore se procurer; à la fin du blocus, les chevaux reçurent *exclusivement* chaque jour 3 kilogr. de viande cuite et hachée en morceaux. En comparant ce qu'il advint de ces animaux avec ceux qui ne reçurent point de viande, on apprend que dans les derniers temps du siège, officiers et soldats ne pouvaient plus guère monter leurs chevaux et plusieurs officiers envoyèrent les leurs à la boucherie hippophagique plutôt que de les voir souffrir de la faim. M. Laquerrière non seulement conserva le sien, mais continua à le monter; c'est avec lui qu'il s'évada de Metz et arriva jusqu'à la place forte de Langres où nous l'avons rencontré et avons pu constater *de visu* l'état de son cheval; c'est sur cette bête qu'il partit pour l'armée de la Loire. Des circonstances particulières, complètement étrangères à la santé de cet animal, forcèrent M. Laquerrière à le laisser à Nevers pendant la campagne de la Loire. Des mains de cet officier, ce cheval passa dans celles d'un capitaine d'infanterie auquel il fournit encore un bon service pendant huit ans.

Expérience sur le mouton. — Elle a été exécutée par M. Regnard à la ferme d'application de l'Institut agronomique. Elle a porté sur six agneaux abandonnés par leur mère et dans l'état le plus déplorable puisque, bien qu'âgés de deux mois, ils ne pesaient en moyenne que 6 kilogr.

M. Regnard en fit deux lots, composés de trois sujets chacun, un mâle et deux femelles. Un de ces lots servait de témoin et les animaux qui le composaient reçu-

rent pendant la durée de l'expérience, qui se prolongea
deux mois et demi, une ration composée de 2 kilogr.
de betteraves et 500 gr. de foin. L'autre fut nourri de la
même façon, mais reçut en plus du sang desséché et
pulvérisé dont on saupoudrait les betteraves. On commença par en donner 10 grammes et en augmentant
progressivement on arriva à 80 grammes à la fin de
l'expérience. Le tableau ci-dessous condense les résultats obtenus :

Lot recevant du sang.				Lot au régime ordinaire.		
	Poids vif au début de l'expérience.	Poids vif à la fin du 2ᵉ mois de l'expérience.			Poids vif au début de l'expérience.	Poids vif à la fin du 2ᵉ mois de l'expérience.
Mâle.....	6 k. 750	13 k. 750		Mâle.....	6 k. 300	11 k. 000
Femelle..	7 k. 650	15 k. 900		Femelle..	11 k. 200	12 k. 950
Femelle..	6 k. 750	14 k. 550		Femelle.	5 k. 900	8 k. 100
Gain total du lot = 23 k. 050				Gain total du lot = 9 k. 450		

Ces résultats sont très frappants; les agneaux nourris
au sang ont plus que doublé de poids, tandis que ceux
du lot témoin ont eu une augmentation beaucoup
moindre. Leur santé s'est maintenue excellente et
M. Regnard nous apprend qu'ils dépassaient en taille
et en beauté les agneaux du même âge allaités par
leur mère.

Le même expérimentateur se demanda également si
une ration riche en matières quaternaires comme celle
où entre le sang, n'active pas le développement des
phanères qui renferment une notable proportion d'azote.
La pesée de la laine fournie par les deux lots en expé-

rience, dont les sujets furent tondus à l'âge de quatre mois et demi, justifia les prévisions; en effet, le lot soumis au régime ordinaire donna au total 555 gr. de laine, tandis que celui qui fut alimenté au sang en fournit 1,060 gr. (1).

Les deux exemples qui viennent d'être fournis sont convaincants. Celui qui concerne le cheval d'armes prouve que cet animal peut puiser fructueusement à la source d'énergie condensée dans le sang et les muscles et que dans des circonstances suprêmes, on ne devra point hésiter à y recourir. La prudence exigerait même qu'on emmagasinât à l'avance, après des préparations *ad hoc*, ces substances animales.

Quant à celui qui concerne les agneaux, il n'est pas moins suggestif; on ne peut s'empêcher de se rappeler que le jeune herbivore à la mamelle est quelque peu carnivore puisque la substance dont il se nourrit, le lait, est d'origine animale et qu'à cette période il n'est pas atteint par quelques affections pour lesquelles il aura plus tard une grande réceptivité. Il était donc rationnel de songer à lui distribuer du sang à ce moment; l'expérimentation a montré que c'était chose pratique et que l'accroissement en était favorisé. Plus tard, la pousse de la laine s'accroît très largement, c'est une seconde considération qui a sa valeur.

(1) Regnard, Recherches sur les résultats de l'alimentation azotée chez les herbivores, dans les *Comptes rendus de la Société de Biologie*, 1882. — Influence du régime azoté sur la production de la laine, *ibidem*.

CHAPITRE IV.

ALIMENTATION PAR DES PRODUITS EXCRÉMENTITIELS.

Des circonstances multiples font qu'une fraction des aliments fournis à l'appareil digestif échappe au travail de la digestion; une autre portion ne le subit qu'imparfaitement. Il reste des éléments qui, introduits dans l'organisme d'espèces différentes, sont encore susceptibles d'être utilisés. On y a songé.

Il ne s'agit point de la très répugnante coutume qu'ont les porcs, élevés à l'antique, de chercher dans les excréments de l'homme de quoi apaiser leur faim et les chiens errants de fouiller dans les immondices pour le même motif. Nous visons la circonstance où l'homme distribue lui-même à des animaux domestiques les résidus de la digestion de quelques espèces.

Ces circonstances se présentent : 1° dans les pays méridionaux où s'exerce l'industrie séricicole, par l'utilisation des déjections des vers à soie; 2° dans les pays septentrionaux, par celles des chevaux.

§ I. — *Distribution des déjections des vers à soie aux animaux.*

Les vers à soie laissent beaucoup de déjections quand on les nourrit fortement au moment de leur croissance et avant leurs mues. On estime qu'une once de graine de vers à soie en produit 80 kilogr. ou 4 hectolitres. Chaque fois qu'on délite les vers, on les ramasse mê- lées aux restes de feuilles et aux brindilles de mûrier. Habituellement, on sépare ces dernières des excré- ments et on les donne aux bêtes bovines qui s'en nour- rissent.

On fait ensuite sécher les déjections des vers à soie auxquelles restent toujours mêlées quelques parcelles de feuilles. Après dessiccation, elles se présentent sous forme d'une matière grossièrement pulvérulente, ino- dore, noire, glissante à la main, qui n'est pas sans ana- logie physique avec la poudre à mine ; quelques frag- ments de feuilles de mûrier les mouchètent en vert. Elles pèsent de 670 à 680 grammes le litre et absor- bent environ cinq fois leur poids d'eau, ce qui varie, d'ailleurs, suivant leur état de dessiccation. Mêlées à l'eau, elles forment une bouillie d'un brun-verdâtre, dont la partie supérieure est franchement verte, car elle est formée entièrement par des fragments de feuilles qui, plus légères que les déjections, ont gagné la surface. En s'hydratant, les excréments prennent une coloration verdâtre qui se rapproche de celle des feuilles, mais n'exhalent aucune odeur désagréable ; on ne perçoit que celle de feuilles sèches. On comprend donc que les animaux n'aient aucune répugnance à les manger.

Les excréments des vers à soie de la 1re mue forment une poudre plus fine que celle des 3e et 4e mues.

Leur composition diffère un peu suivant l'âge des
vers qui les ont expulsées, ainsi qu'on en peut juger
d'après les analyses suivantes de M. A. Ch. Girard :

	Déjections de vers à soie recueillies après la	
	1ᵉ mue.	3ᵉ mue.
Eau..............................	12.10	9.70
Matières azotées..................	18.21 (1)	12.55
— grasses.....................	0.79	0.63
— hydrocarbonées............	50.29	59.28
— minérales.................	8.68	8.72
Cellulose.........................	9.93	9.12

Lorsque le départ entre les débris de feuilles et brin
dilles de mûrier et les excréments n'a pas été fait, le
taux d'azote s'élève.

Les porcs sont les animaux auxquels on distribue
habituellement les excréments de vers à soie; on les
leur donne délayés dans des eaux grasses, seuls ou
mélangés avec un peu de farine. Ils en reçoivent 1,500
grammes et plus chaque jour.

Les chevaux en reçoivent aussi, seuls ou mélangés à de l'orge, à de l'avoine, à des farines et à l'état
sec dans l'une et l'autre circonstances. Ils les mangent
sans difficultés; on leur en donne environ 600 à 700 gr.
à chaque repas.

Ces déjections passent pour constituer une nourriture
échauffante et amener, pour peu qu'elles soient données
sans interruption ou en trop fortes quantités, des poussées à la peau. Dans l'Ardèche, où leur distribution aux

---

(1) Matières azotées totales........................ 18.21   12.55
     — albuminoïdes........................... 11.51   8.97
     — non alimentaires (urée, amides, etc.).... 4.70   3.58

animaux est habituelle, les paysans les considèrent
comme un aliment de force pour le cheval; ils les lui
donnent à la façon de l'avoine quand cet animal
doit exécuter quelque travail pénible ou soutenu. On ne
devra point perdre de vue leur grande puissance absorbante et ne pas dépasser pour le cheval qui les reçoit
sèches, les quantités qui viennent d'être indiquées.

§ II. — *Distribution des déjections des chevaux aux bêtes bovines.*

Il y a longtemps que les naturalistes ont dénoncé le
goût étrange et très prononcé qui pousse le buffle de
l'Inde ou arni à se repaître du crottin de cheval. Est-ce
par imitation de cette manière de faire que les Lapons
et les Suédois de l'extrême Nord ont été amenés à donner
les déjections de leurs poneys aux bêtes bovines?
Avaient-ils remarqué que celles-ci, placées dans des pâturages que viennent de quitter des chevaux, mangent
très volontiers les touffes d'herbes qui ont végété au
contact des crottins? N'est-ce pas plutôt par suite de la
disette de fourrages que pour nourrir leurs bêtes ils ont
eu l'idée d'utiliser les crottins qui contiennent encore
une proportion d'aliments non digérés?

Quoi qu'il en soit, il paraît que, dès le milieu du siècle
dernier, les montagnards norvégiens ajoutaient du fumier de cheval au foin destiné à leurs vaches, et qu'en
Suède ce mode d'alimentation était recommandé. Aujourd'hui, au centre de la Laponie proprement dite et
dans la partie la plus septentrionale de la Laponie sué-
doise, le crottin des chevaux remplace en hiver le foin
dans l'alimentation du bétail.

D'après Fleischmann, c'est à M. Swartz, de Hofgarden

(Suède), inventeur du procédé d'écrémage qui porte son nom, « que revient le mérite d'avoir le premier entrepris, en 1868, dans son étable peuplée de vaches shorthorns, des essais étendus sur ce singulier moyen d'alimentation. Ces essais ont été, sous tous les rapports, si satisfaisants, que depuis cette époque le fumier de cheval constitue un élément constant de la ration quotidienne des vaches laitières de Hofgarden. D'après les observations recueillies jusqu'ici, 8 litres de fumier frais de chevaux de fatigue bien nourris équivalent, comme valeur nutritive, à environ 3 livres de bonne paille. Comme un cheval donne en moyenne 1 kilogr. 5 de fumier par jour, soit environ 11.000 litres par an, et que cette quantité comme valeur nutritive équivaut à peu près à vingt quintaux métriques de paille, on peut, en utilisant cette matière, économiser une notable quantité de fourrage brut. A Hofgarden, on donne aux vaches, par jour et par tête, 8 litres de fumier de cheval, et même 11 litres ces derniers temps, sans qu'on ait observé le moindre inconvénient, soit pour la santé des animaux, *soit pour la qualité de leur lait et de ses dérivés.* Beaucoup de vaches prennent immédiatement le fumier de cheval, d'autres doivent être accoutumées à cette nourriture par petites doses augmentant graduellement. Le crottin doit toujours être employé à l'état frais, le jour même ou au plus tard le lendemain, recouvert d'un peu de pouture. Une fois que les vaches y sont habituées, elles le prennent aussi sans aucune addition de pouture ».

Bien que la nature offre des exemples d'espèces animales ingérant les excréments d'autres espèces et même d'une espèce, celle du lapin, qui soumet ses propres déjections à une seconde ingestion (Morot), il n'en sera pas dit davantage sur le mode d'alimentation dont il vient d'être question, qu'un plaisant qualifiait d'appli-

cation pratique de la loi du circulus. On pourrait l'é-
tendre et, imitant le Lapon nomade qui, pressé par le
besoin, ouvre l'estomac du renne qu'il vient de tuer, en
retire le lichen (*Cladonia rangiferina*) non encore digéré pour le faire cuire et s'en nourrir, on chercherait à
utiliser pour l'alimentation du porc, peut-être du mouton et d'autres *herbivores,* les quantités considérables de
fourrage mâché et insalivé qu'on retire chaque jour, dans
les abattoirs et les boucheries, du rumen des bovins et
des ovins. Mais malgré les sentiments d'utilitarisme
à outrance dont on accuse notre siècle, ce sont là
des procédés peu acceptables pour la délicatesse de
peuples arrivés au degré de civilisation qui caractérise
le monde moderne.

FIN.

TABLE DES MATIÈRES

PREMIÈRE PARTIE.

DES RÉSIDUS INDUSTRIELS D'ORIGINE VÉGÉTALE.

CHAPITRE Ier.

CHAPITRE V.

DEUXIÈME PARTIE ·

CHAPITRE II.

CHAPITRE III.

CHAPITRE IV.

BIBLIOTHÈQUE DE L'ENSEIGNEMENT AGRICOLE